李建民先生基于多年的实践总结出来的古建筑设计的学习方法，可称之为『李建民古建设计教学法』。这为如何能更好更快地学习古建知识和设计古建筑开辟了一条颇为新奇的蹊径。

作者简介

李建民，1959年出生于陕西咸阳，汉族，陕西省建筑设计研究院（集团）有限公司副总工程师、高级工程师，中国勘察设计协会传统建筑人才库入库专家，中建专家人才数据库入库专家，中国民族建筑研究会入库专家，陕西省文物保护专修学院特聘教授。师从建筑名家李福禄先生，对中国传统建筑清工部《工程做法则例》以及梁思成先生的《清式营造则例》《清工部〈工程做法则例〉图解》有深入研究。设计项目有"陕西富平中华郡生态园""天水西关古城综合保护与利用"等，荣获"中国最具特色工匠名师""2021年人居年度行业领军人物"等荣誉，独立研发发明专利6项，致力于学研基地的研学工作，同时培养古建筑专业人才，为社会输送更多古建筑实用型人才。

清官式建筑营造设计法则

基础篇

李建民 著

中国建筑工业出版社

图书在版编目（CIP）数据

清官式建筑营造设计法则. 1，基础篇 / 李建民著.

北京：中国建筑工业出版社，2025. 2. --ISBN 978-7
-112-30733-3

Ⅰ. TU-092.49

中国国家版本馆CIP数据核字第2025GQ3358号

责任编辑：费海玲
文字编辑：田　郁
版式设计：锋尚设计
责任校对：王　烨

清官式建筑营造设计法则　基础篇、榫卯篇、设计篇

李建民　著

*

中国建筑工业出版社出版、发行（北京海淀三里河路9号）

各地新华书店、建筑书店经销

北京锋尚制版有限公司制版

北京富诚彩色印刷有限公司印刷

*

开本：880毫米×1230毫米　1/16　印张：67¾　字数：1969千字

2025年6月第一版　　2025年6月第一次印刷

定价：**498.00**元（共三册）

ISBN 978-7-112-30733-3

（44166）

本书编委会

《清官式建筑营造设计法则　基础篇》编委

《清官式建筑营造设计法则　基础篇》编委分工

朴实的工具箱

——《清官式建筑营造设计法则》读后

感谢王贵祥老师的介绍，让我结识了陕西省建筑设计研究院的李建民老师。也正是因为有了王老师对李老师研究工作的介绍，自己得以跳出以往惯性学术思维的象牙塔，阅读《清官式建筑营造设计法则》（以下简称《法则》），并认识到这份沉甸甸的成果的意义。在我看来，《法则》是面向清式古建筑研究人员、仿古建筑设计人员、广大学生和爱好者的一个朴实的工具箱。

工具箱是需要容量的。丰富的、系统的工具组合是工具箱的基本需求。《法则》工具箱备有基础篇、榫卯篇、设计篇三层"抽屉套装"。基础篇勾连历史，剖析概念，厘清尺度，自基础至屋面绘制图样，配合三维解读，不仅适合专业人士利用，同样适合爱好者学习提高；榫卯篇聚焦木作构造的拆解，对于榫卯类型和大木号的整理植根于古代匠作传统，二维图纸和三维模型配合的表现方法是当代手段舞台，在此达到了极佳的效果；设计篇则远远超出了对以往设计实践案例的总结，系统考察当代建筑设计规则和程序，进而以此指导仿古建筑设计工作——在我最初看来，这个努力并不符合新时代建筑发展大势，但我们无法否认社会对于此类业务的需求，更不能否认采用当代标准考察传统建筑功效、安全性等问题对于古建筑修复和利用的重要铺垫作用和潜在意义。

工具箱需要使用者的反馈与打磨。这套《法则》真真切切是李老师数十年工作的积累，是成果经验与挫折洗礼的产物。继续追溯，也是李老师亲临工地现场，奔波拜访古典大匠，大胆发声，对话不同意见的长期过程。于是，《法则》反映了不同匠作门类和流派的痕迹，也便成了未来学习者进一步挖掘研究的素材。与此同等重要的，是李老师与作者团队之间的互动与打磨。于是，工具是不是趁手，是不是能够适应行业的老手和新手、工地一线的巧手和绘图屏前的巧手、指点方案拍板定案的大手和擘画修改调整的勤手，便成为了《法则》的底色，是读者转换视角才能更好体会和参悟的本初定位。

工具箱也需要简明的使用说明书。意大利文艺复兴时期维尼奥拉的《五种柱式规范》成为当时工匠的挚爱。有趣的是，当时的工匠用自己方式"更好"地利用着此作品——将书拆开，将简单明确的插图带到工地上，直接指导施工。如此看来，《法则》如果要成为"法则"，简要的说明书似是要务。这一点更是我对这部厚重成果下一步工作的建议。如果《法则》能够关注不同读者之关注，跨越不同篇章，连缀成为线索，撰写相应之"导读"，则更起到说明书的作用，提高成果的利用效率。

《法则》厚重，尚无精力探微索隐。身为建筑遗产保护行业的工作者，在评骘建设、遗产交叉领域工作时立场尚难于把握。不当之处，敬请批评。

于清华大学建筑学院

2025 年 4 月 29 日

中国古代建筑技术自古而兴，其中由官方颁布的关于建筑标准的仅有两部古籍，即宋代李诚《营造法式》和清工部《工程做法则例》，著名建筑学家梁思成先生将这两部建筑典籍称为"中国建筑的两部文法课本"。

20世纪30年代，时任中国营造学社法式部主任的梁思成先生找到了有关中国建筑的技术读物清工部《工程做法则例》，通过参阅研读，梁思成先生认为研究中国古建筑必须从调查实物入手，同时参阅研究古籍，而且要从近代追溯到古代。作为"文法课本"之一的清工部《工程做法则例》，其详细记录了当时建筑工程的标准和做法，对了解清官式建筑技术和规范具有重要意义。书中内容虽至为详尽，但重点在工程方面，专门名词鲜有定义和解释，且书中素无标点，加之有特殊的专业语句，难以读懂。为此，梁思成先生决定从清工部《工程做法则例》入手进行深入研究，以故宫建筑群做实物教材，将清工部《工程做法则例》中的大木作制度以及斗科制度用现代建筑语言重新绘制，通过二维图解的表现形式让人们进一步解读清官式建筑的结构及构造关系，最终著成《清工部〈工程做法则例〉图解》，同时也论证了清工部《工程做法则例》的合理性。随着《清工部〈工程做法则例〉图解》编撰工作的阶段性结束，梁思成先生又通过前期大量的研究总结，编写了《清式营造则例》，尝试用白话文的文字形式深刻地诠释清工部《工程做法则例》，包括文字阐述清代"官式"建筑的做法及各部分构材的名称、权衡大小、功用等，同时配有绘图图样以及实物照片，列有各构件的权衡尺寸表，并附有《营造算例》。

通过对《清工部〈工程做法则例〉图解》的深入思考和研究，作者发现《清工部〈工程做法则例〉图解》中梁思成先生绘制的所有成图图例，已经推导总结出画图的主要思路和方法，只是成图中有关各组图绘制顺序和对应方法的表达更多是以"图解+附注"的方式进行阐释，未见其方法的详细说明。而《清式营造则例》是通过"文字+图样+图表"的方式详尽解读《清工部〈工程做法则例〉图解》，让人们对清官式建筑的构造关系及作用、构件的分类（梁板柱）及尺寸更加清晰明了，便于理解和查阅。然而，由于清官式建筑形制多样，空间组合叠加交错，构件烦琐名称繁杂，因此，要完全读懂《清工部〈工程做法则例〉图解》和《清式营造则例》，必须是对中国传统建筑有深刻认知，能够快速建立构件空间概念的研读对象，否则很难理解学习。作者自入行中国传统建筑近30年以来，对清工部《工程做法则例》、梁思成先生的《清工部〈工程做法则例〉图解》和《清式营造则例》进行了多年的不断研读和学习总结，并通过大量的设计实践和学术研究，从中国清官式建筑设计的角度出发，编制《清官式建筑营造设计法则》一书，本书正是在清工部《工程做法则例》、梁思成先生《清式营造则例》《清工部〈工程做法则例〉图解》理论研究的基础上，将梁思成先生推导出的画图思路和方法进行延展，提出了"关系对应法"绘图方法，该方法的特点主要体现在：一是界定了建筑的剖切位置，进一步细化剖切的分层部位和绘图的细节表现，采用分层剖切、折/曲线剖切等方法，严格按照由下到上的绘图顺序进行一一对应，达到快速提升绘图速度和图纸质量要求的目的；二是清晰表达了各层构件之间的遮挡关系，尤其是古代建筑的关系对应表达，对应后准确反映剖切和透视看到构件的相互关系，最终确保设计的完整性和准确性；此外对建筑的视角方向和视角距离，以及翼角的计算方法都有直观且详尽的表述。

《清官式建筑营造设计法则》以清官式建筑进行命名，分为基础篇、榫卯篇、设计篇三册，内容涉及清官式建筑设计全过程：

（1）基础篇主要是清官式建筑的认知篇，内容主要涵盖清官式建筑四大形制的基础知识、四大形制（硬山、悬山、歇山、庑殿）构件记忆诠释及设计计算，构件记忆诠释主要通过二维图形、三维模型有序拆解的案例表现形式进行解读，同步在三维空间中区块化诠释各构件的记忆理解；设计计算则是在构件记忆的基础上对三视图中的各构件进行区块化、有序化的权衡计算，主要是表达构件在相应图中能看到的尺寸，强化理解构件的空间位置和关系。

（2）榫卯篇主要是清官式建筑四大形制的设计图纸及模型示例，区别于基础篇的构件记忆诠释，榫卯篇除了四大形制的区块模型展示外，对四大形制中木构件体系的单个构件进行三维模型展示，包括构件自身的完整形态及其榫卯种类和尺寸，深入理解清官式建筑木构件之间的连接方式。

（3）设计篇则是通过基础篇、榫卯篇对清官式建筑构件名称和权衡计算的掌握，进入清官式建筑施工图的绘图阶段，设计篇1至3章提出适用于清官式建筑绘图的有效方法，即关系对应法，通过各个视图之间的有序对应，真正解决施工图绘制中出现的构件错误、遗漏的情况，4至9章主要是清官式建筑学习理解后的设计应用，目的是指导设计人员掌握从设计前期依据分析到设计最终出图的具体要求，设计篇最后以附录的形式，编写了清官式建筑灰浆、砖料、石料、木材、铁件、门窗的材料选择与应用，各部位砖作、瓦作的构造，地仗、油漆、彩绘工艺工法流程与要点，清官式建筑中木构架的结构计算、给水排水、暖通、电气专业知识要点和注意事项，并对传统抬梁式木结构的结构计算过程进行展示，以及附有常用木材的选择与设计内容，让学习者系统性地掌握并应用清官式建筑设计知识，使其真正成为一名合格的清官式建筑从业人员。

《清官式建筑营造设计法则》不是单一文字的理论描述，也不是简单的制图书目，而是将二维的理论研究与三维的空间表达相结合而总结出的一套设计方法资料，是一本贯穿清官式建筑设计入门到工程实际应用的系列型工具类书籍，能够有效指导设计人员快速理解和掌握，并运用于实践。

李建民

2024 年 9 月于西安

清华大学刘畅教授在为本书作序时，特别建议增设"导读"以提升实用价值。此提议与我们的编纂初衷完全一致——提供一个快速理解、学习传统建筑的记忆思路与计算设计途径，以最简朴的语言和配图解读传统建筑的空间关系。感谢刘畅教授的洞见，提高了《法则》的使用效率，助力读者更好地使用这本"朴实的工具书"。

基础篇

主要提供对清官式建筑的认知说明，涵盖清官式建筑四大形制的基础知识；四大形制记忆的逻辑关系以不同形制建筑为例，区块化划分建筑为多个平面记忆、构件诠释；清官式建筑的设计计算。

清官式建筑设计的基础规则。

2.1.2 清代官式建筑的通则

清代官式建筑的通则指的是建筑体量及构件尺寸所遵循的设计法则。如面阔与进深、面阔与柱高、步架与举架、柱高与柱径、收分与侧脚、上檐出与下檐出、歇山收山、庑殿推山、构件尺寸等。清代建筑的设计通则既是建筑结构安全的保障，又是各种形式建筑保持统一风貌的关键因素。

2.1.2.1 面阔与进深

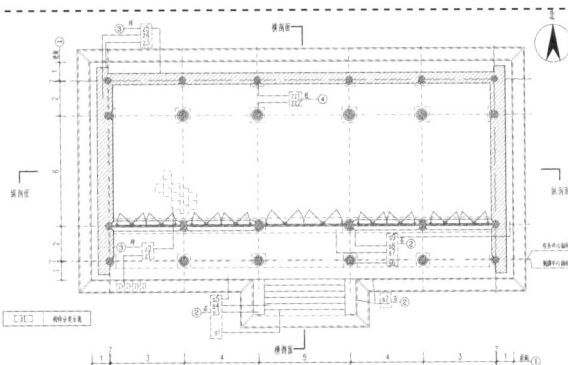

图3-1-12 七檩硬山建筑台基平面图

记忆方式：多个二维平面图表达建筑构件，树立不同剖切线建筑区块划分的初步概念及构件分布。

记忆方式：三维模型对应二维平面，加深建筑及构件的理解，二次记忆。

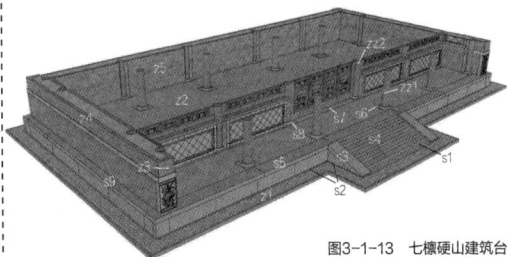

图3-1-13 七檩硬山建筑台基平面三维示意图

记忆方式：对应二维平面及三维模型中编号分别诠释构件，加深记忆。

表3-1-2

分类	图3-1-12中的序号	构件	诠释
①面阔、进深	1	台明出	详见3.1.6
	2	廊步距离	
	3	梢间面阔	
	4	次间面阔	
	5	明间面阔	
	6	间进深	
	7	侧脚	为了加强建筑的整体稳定性，古建筑最外一圈柱子的下脚通常向外侧移出一定尺寸，使外檐柱子的上端略向内侧倾斜①

设计计算：对应二维平面图中编号，分区块计算平面中需展示的构件尺寸。

	6	间进深	16D	按四步架核算 $4D \times 4 = 16D$
	7	侧脚	0.11D	小式：侧脚距离为柱高的1/100 $11D \times 0.01 = 0.11D$
材料	图3-2-2中的序号	构件	宽	依据
	s1	砚窝石	320mm	长：踏跺面阔加2份平头土衬的金边宽度 宽：同上基石（踏跺）宽度
	s2	平头土衬/土衬石（金边）	128mm+陡板厚	宽按陡板厚一份，加金边二份（金边宽2寸）
	s3	垂带石	1.64D	宽同阶条石，即1.64D

榫卯篇

主要介绍清官式四大形制建筑构件自身的完整形态及其榫卯种类和尺寸，深入理解清官式建筑木构件之间的连接方式。

分类介绍清官式建筑榫卯。

1.1.2.2　燕尾榫：用于连接拉结水平方向构件，如檐枋、大额枋、随梁枋、金枋、脊枋等。燕尾榫又称大头榫、银锭榫。燕尾榫尺寸长度根据柱头卯口的数量取柱径的1/4或3/10。燕尾榫的榫卯形态决定了其具有拉结构件的功能，具有上起下落安装条件的构件，均应做燕尾榫增加木结构稳定性。

燕尾榫端部宽根部窄称为乍，上宽下窄称为溜。榫头侧面乍根部的1/10，两面一共乍榫头的1/5；榫两面收溜的尺寸与乍相同。

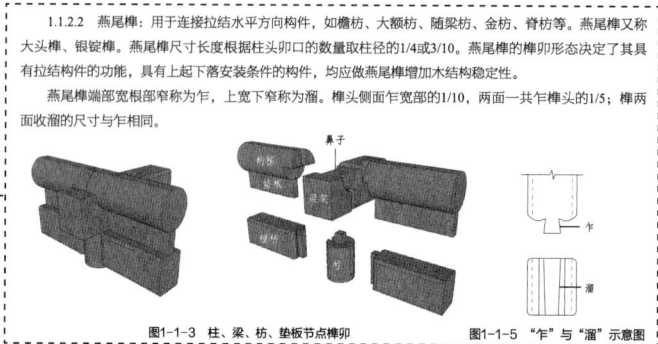

图1-1-3　柱、梁、枋、垫板节点榫卯

图1-1-5　"乍"与"溜"示意图

榫卯详解：对应基础篇各层平面结合表格表达构件尺寸及木料用量。

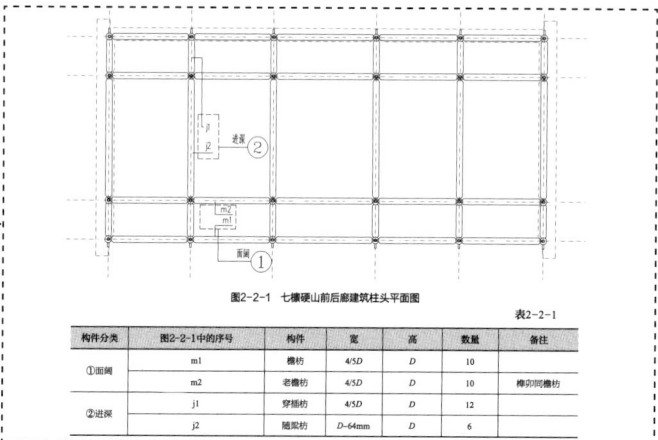

图2-2-1　七檩硬山前后廊建筑柱头平面图

表2-2-1

构件分类	图2-2-1中的序号	构件	宽	高	数量	备注
①面阔	m1	檐枋	4/5D	D	10	
	m2	老檐枋	4/5D	D	10	榫卯同檐枋
②进深	j1	穿插枋	4/5D	D	12	
	j2	随梁枋	D-64mm	D	6	

榫卯详解：再根据表格序号，所有构件以二维图纸和三模型表达榫卯尺寸及形态。

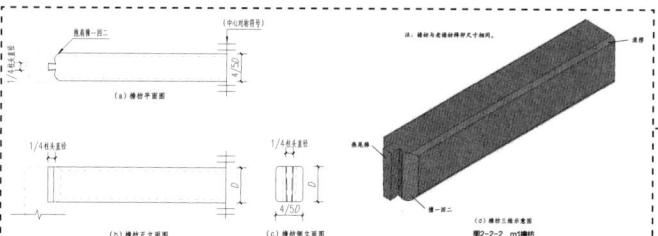

(a) 榫柱平面图

(b) 榫柱正立面图

(c) 榫柱侧立面图

图2-2-2　m1檐枋

斗栱分件：通过斗栱整体二维图纸和三维模型标注斗栱分件位置。

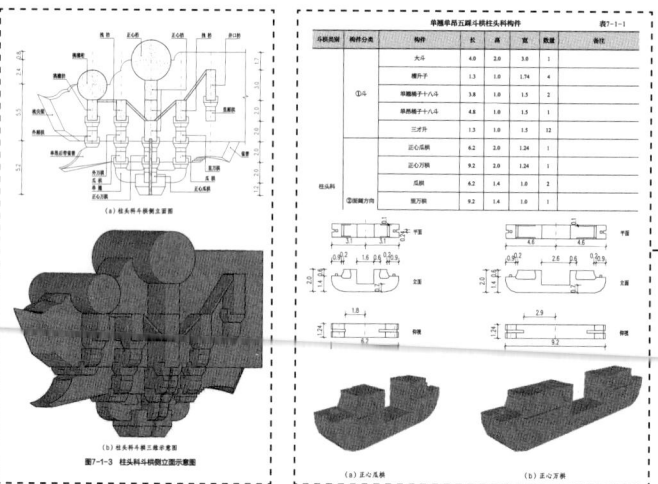

(a) 柱头科斗栱正立面图

(b) 柱头科斗栱三维示意图

图7-1-3　柱头科斗栱侧立面图

构件列表介绍斗栱分件尺寸及用量，再以二维图纸和三维模型分别介绍各分件。

单翘单昂五踩斗栱柱头科构件

表7-1-1

斗栱类别	构件分类	构件	长	宽	高	数量	备注
①斗		大斗	4.8	2.0	3.0	1	
		槽升子	1.3	1.0	1.74	4	
		单翘厢栱十八斗	3.8	1.0	1.3	2	
		单昂桶子十八斗	4.8	1.0	1.3	1	
		三才升	1.3	1.0	1.3	12	
	②栱（面阔方向）	正心瓜栱	6.2	2.0	1.24	1	
		正心万栱	9.2	2.0	1.24	1	
	柱头科	瓜栱	6.2	1.4	1.0	2	
	②栱（进深方向）	厢万栱	9.2	1.4	1.0	1	

(a) 正心瓜栱

(b) 正心万栱

设计篇

　　主要介绍清官式建筑设计及施工图的绘制方法，定义建筑区块化剖切线及位置；图纸中的视角方向和遮挡关系的表达；图纸绘制的关系对应法；大样的提取；设计时各方面的影响因素介绍；附录中对清官式建筑工艺工法、建筑材料、结构计算、传统建筑中给排水、暖通、电气的设计的介绍。

介绍建筑区块化剖切位置和剖切线定义。

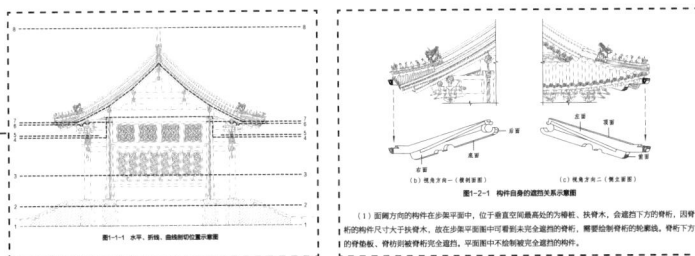

剖切位置对视角和遮挡关系的影响分类型介绍。

绘制图纸：平面图绘图方法逐步描述，以表格表达构件尺寸为绘制依据。

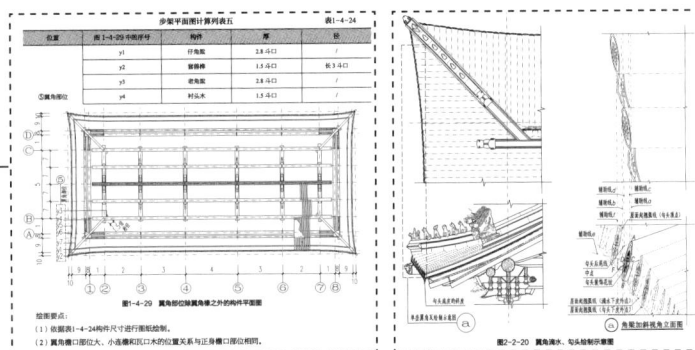

绘制图纸：关系对应法绘制剖面图、立面图。绘制难点局部放大、逐步描述。

绘制图纸：描述大样图绘制方法及图纸表达深度。

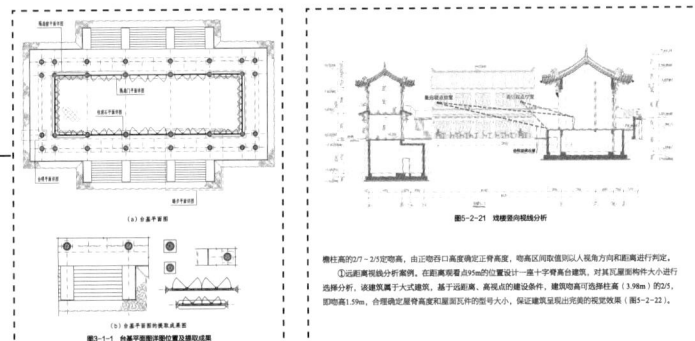

建筑设计：分析与清官式建筑设计相关要素的方法描述。

附录：传统建筑的工艺工法、建筑材料的表达。传统建筑结构计算、给水排水、暖通、电气的设计。

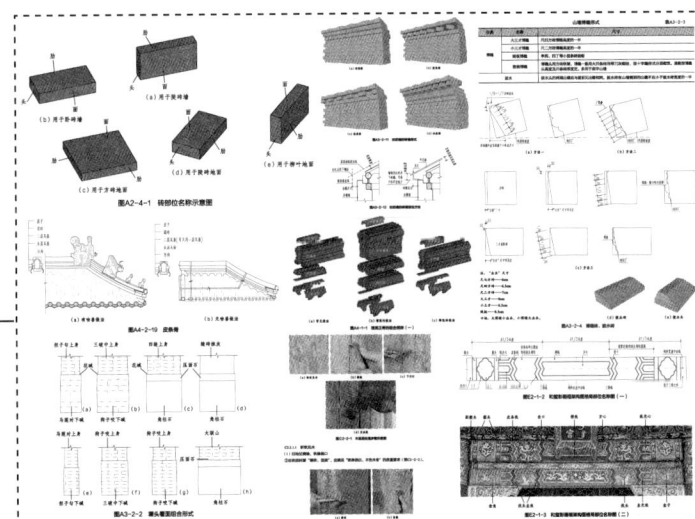

目 录

中国传统建筑经历了从原始社会巢居、穴居的自发性建造形态，到城市都城营建建筑雏形的确立，体现了建造标准化制度的形成和发展，而建造设计作为传递建造构想的有效途径和表现方式，从秦汉到唐宋再到明清时期，营造设计表现手法更加直观化，流程更加有序化，为营造设计方法的完善提供了思路和方向。

1.1 中国传统建筑基本形态

中国古代建筑最初的基本形态为南方地区的架空巢居和北方地区的穴居。

架空巢居，即依靠树木建造的巢居，架空巢居形式是穿斗式木结构的最初形态，其发展经历了4个主要环节：

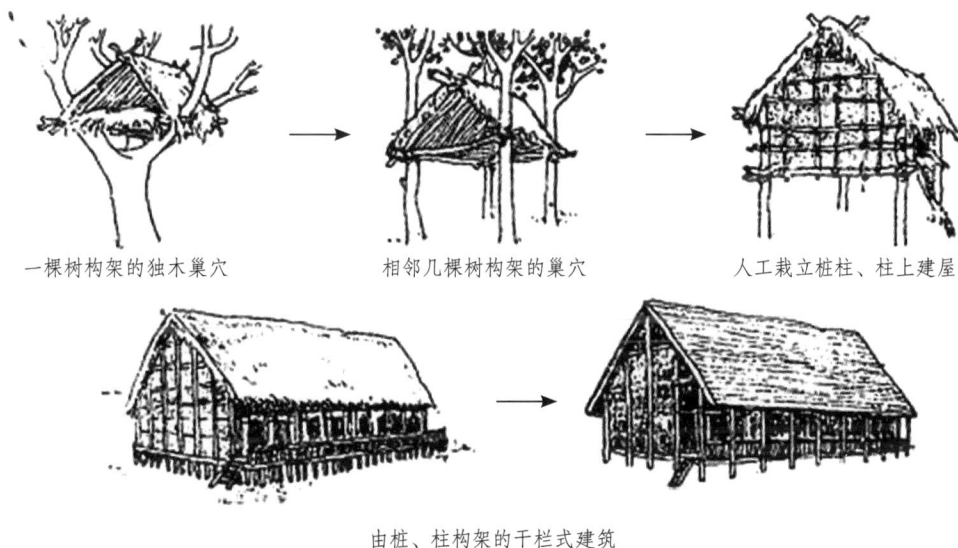

独木橧巢 ⟶ 多木橧巢 ⟶ 桩式干栏式建筑 ⟶ 架空地板的穿斗式地面房屋
楼阁

一棵树构架的独木巢穴　　　　相邻几棵树构架的巢穴　　　　人工栽立桩柱、柱上建屋

由桩、柱构架的干栏式建筑

图1-1-1　巢居发展序列（南方地区）
资料来源：杨鸿勋《中国早期建筑的发展》

从浙江余姚河姆渡早期遗址可知，这一时期木结构技术提升，出现榫卯技术，多在二杆垂直相交的节点采用榫接（多杆交接的复杂节点，仍用扎结）。

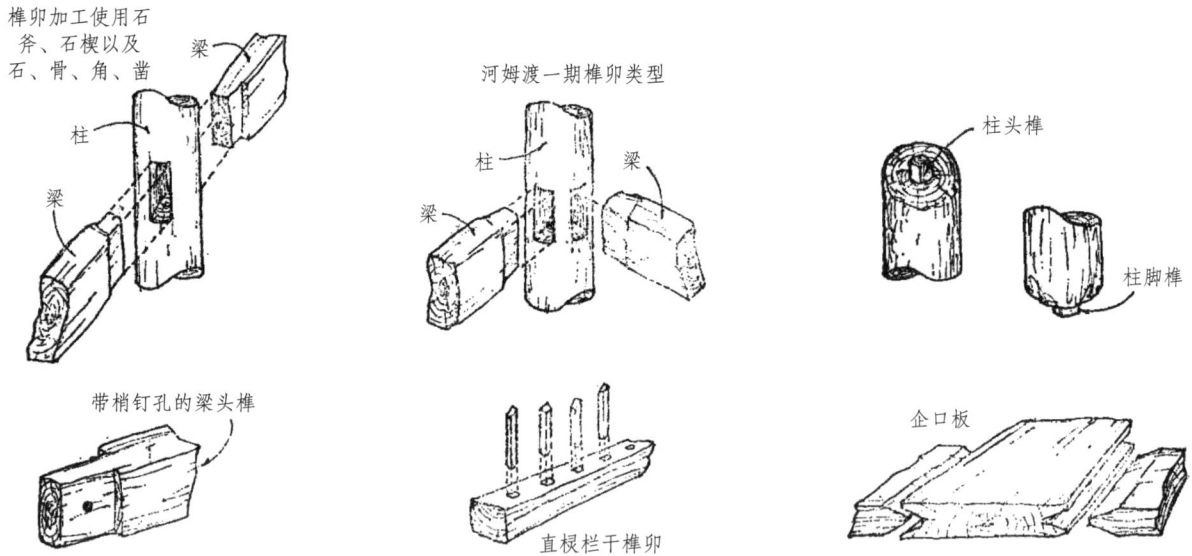

图1-1-2　河姆渡文化第一期木构榫卯类型
资料来源：杨鸿勋《中国早期建筑的发展》

穴居，源于黄河流域中游广阔而丰厚的黄土地层，这种地质为穴居发展提供了有利条件。穴居发展经历了旧石器时代的天然洞穴到新石器时代的半洞穴，其发展序列大致经历以下环节：

横穴→坡地横穴→袋型竖穴→袋型竖穴上方加盖遮蔽物→袋型半穴居→直壁半穴居→原始地面建筑→分室建筑

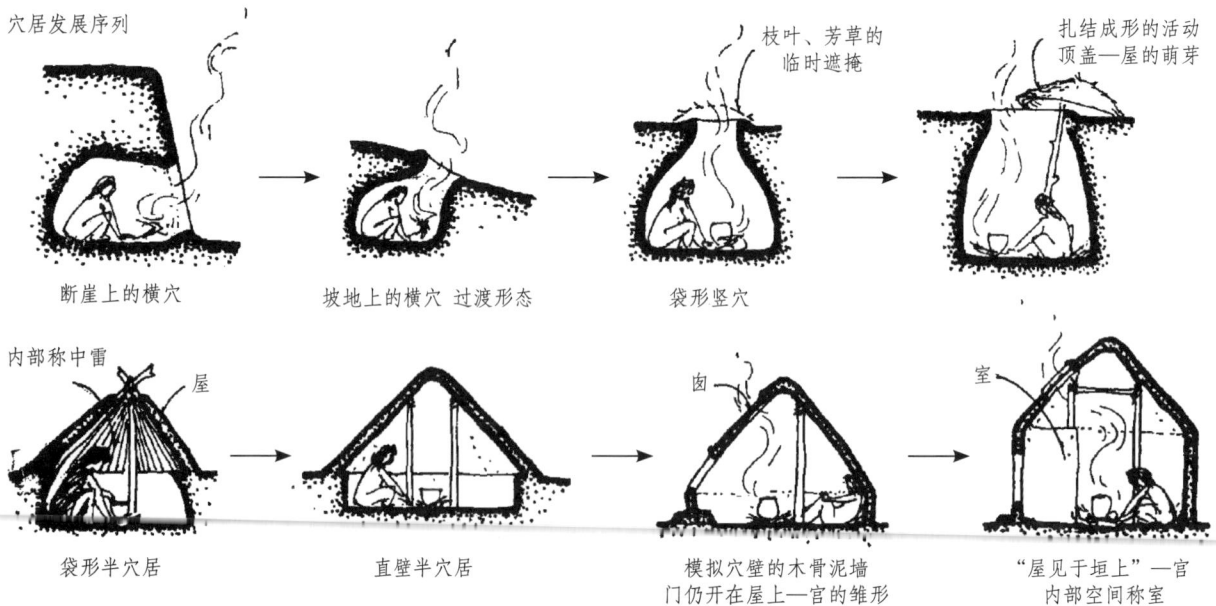

图1-1-3　穴居发展序列（北方地区）
资料来源：杨鸿勋《中国早期建筑的发展》

至此，以木构架为主的建筑萌芽出现，并发展为地面建筑，最终形成聚落。到春秋战国时代，城市开始营建，诸侯各国营造以宫室为中心的都城，建造形式均为夯土版筑，墙外周以城壕，开辟高大的城门。宫殿建在夯土台之上，建造工艺采用木构架、陶瓦（砖）、彩绘，标志着中国古代建筑已经具备雏形，同时也为中国古代建筑的发展奠定了基础。

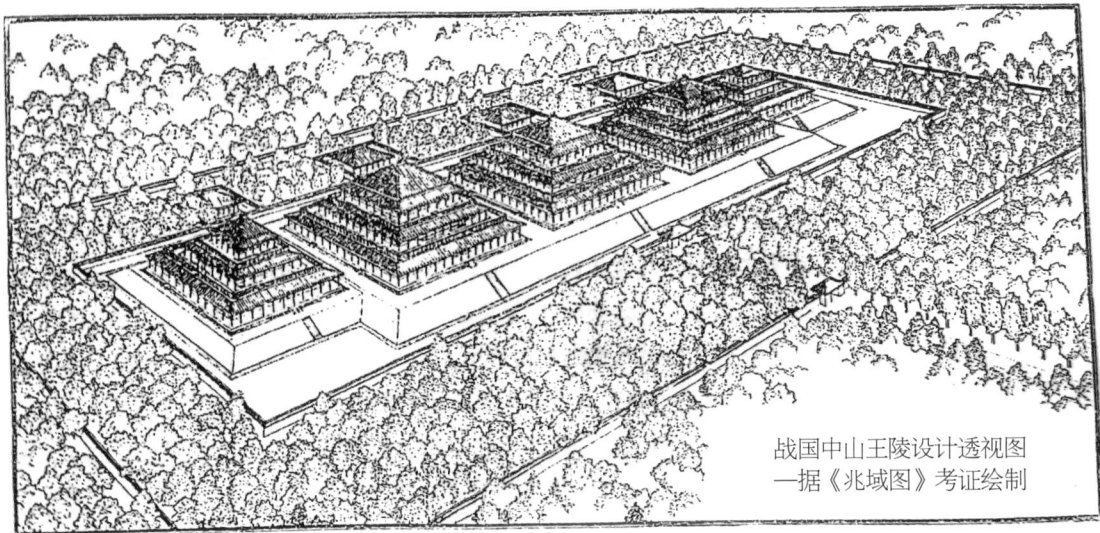

战国中山王陵设计透视图
—据《兆域图》考证绘制

图1-1-4 据《兆域图》复原的中山国王陵墓鸟瞰图
资料来源：《考古学报》1980年第1期

1.2 中国传统官营建造制度

中国古代建筑受到封建社会等级制度的严格制约，从商周时期城市出现开始，官营建造制度规定了从城市营建到建筑营造方面设立独立的分管机构和组织，并遵循各个历史时期营造的制式标准。

自城市营建时起，受中央集权和君主专制的影响，中国古代建筑很早就开始实行官营建造制度。周朝就有工商食官制度，官府统一管理工商业，形成官营手工业一统天下的局面；汉武帝时期，各类手工业被政府垄断，逐渐形成由官员专门管理官营手工业的制度，即工官制度。工官制度是中国古代中央集权与官本位体制的产物，工官是城市建设和建筑营造的具体掌管者和实施者，集制订法令法规、规划设计、征集工匠、采办材料、组织施工于一身，实行全过程领导与管理。工官掌管下建造的官式建筑，其设计、预算、施工均由将作（掌管修建宗庙、路寝、宫室、陵园土木的工匠）、内府或工部（隋代开始在中央政府设立工部，用以掌管全国的土木建筑工程和屯田、水利、山泽、舟车、仪仗、军械等各种工务，其职务范围比将作广泛）统一管理，建造过程均有图纸、法式和条例约束，建筑式样统一，能够反映当时全国的最高技艺和艺术水平。

中国古代官营建造制度方面，不同时期执行不同的设计标准，商代设有工官，战国《周礼·考工记》中记载了匠人营国和建国应该执行的标准，北宋时期以《营造法式》作为北宋官营建造的标准。中国古代建筑发展到清代，随着清康熙朝营造商业化的发展，官式建筑日臻标准化，大木作形成高度模式化的体系，雇工制度取代了匠役制度，清雍正朝时颁布了工部《工程做法则例》，梁思成先生1934年出版的《清式营造则例》则从中提炼出清代官式建筑的做法，建筑营造标准更加规范。

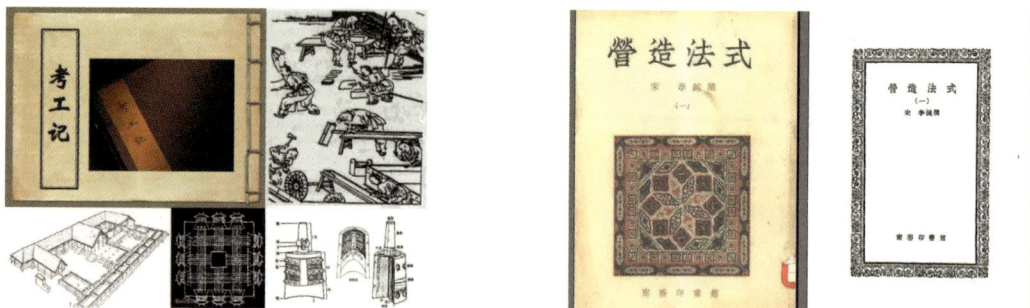

战国《周礼·考工记》　　　　　　　　　　北宋《营造法式》李诫著

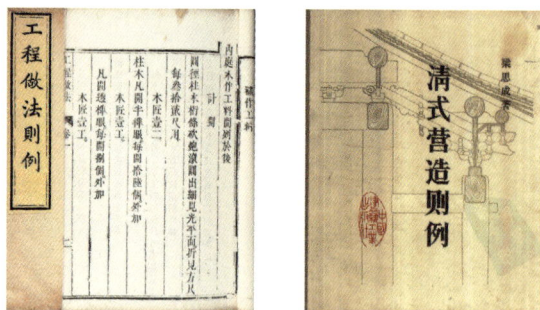

清工部《工程做法则例》　　　　《清式营造则例》梁思成著

图1-2-1　不同时期的官营建造设计标准

1.3　中国传统营造设计发展

1.3.1　秦时期

秦时期大兴土木，在土木建筑工程方面，扩建都城咸阳，阿房宫及离宫别苑，筑长城、修驰道、修治陵墓、开凿水利，城市防御功能需求增加，促进了秦砖材料的普及。

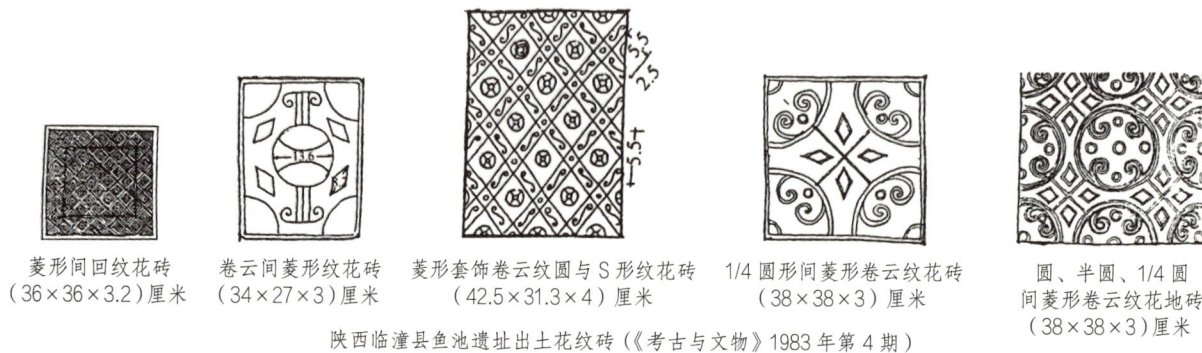

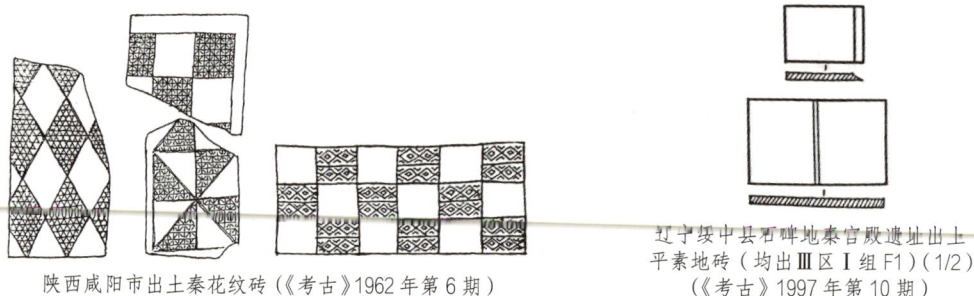

菱形间回纹花砖　　卷云间菱形纹花砖　　菱形套饰卷云纹圆与S形纹花砖　　1/4圆形间菱形卷云纹花砖　　圆、半圆、1/4圆间菱形卷云纹花地砖
（36×36×3.2）厘米　（34×27×3）厘米　　（42.5×31.3×4）厘米　　　（38×38×3）厘米　　（38×38×3）厘米

陕西临潼县鱼池遗址出土花纹砖（《考古与文物》1983年第4期）

陕西咸阳市出土秦花纹砖（《考古》1962年第6期）

辽宁绥中县石碑地秦宫殿遗址出土
平素地砖（均出Ⅲ区Ⅰ组F1）(1/2)
（《考古》1997年第10期）

图1-3-1　秦地砖及纹饰
资料来源：刘叙杰《中国古代建筑史》

1.3.2　汉时期

中国封建社会早期汉建筑规模宏大、建筑系统多样化，一切由建造设计统筹管理。而建筑风格方面，汉代的建筑风格奠定了中国古代建筑风格的基础。

原始社会、奴隶社会乃至封建社会早期的建筑形象简单，现存资料仅体现在战国时期青铜器上少量的图像中。汉代时期建筑实物仅存在汉代石阙中，而汉朝的图样设计则更多体现在汉画像砖及明器中，其提供了汉代建筑的形象性资料（比如大坡屋面、墙体收分）。

四川成都市出土东汉住宅画像砖 （《文物参考资料》1954年第9期）	山东苍山县汉墓画像中之水榭 （《考古与文物》1986年第2期）	河南焦作市西郊东汉陶仓楼明器 （《文物》1974年第2期）

图1-3-2　汉画像砖图样及汉明器

汉时期，曾经先后进行过规模庞大、数量众多的各类型建筑实践活动，汉代建筑发展更注重造型和装饰的精细化，汉瓦体现了汉时期建筑材料的发展，建筑设计、技术与艺术快速提升。

陕西兴平县茂陵李夫人墓	陕西兴平县茂陵	西安市北郊	洛阳市	卷云纹代瓦当
西安市北郊	青龙瓦当	白虎瓦当	朱雀瓦当	玄武瓦当
飞鸿延年 《汇款刊》第5卷第2期	山西洪洞县 古城一汉	朝鲜乐浪出土汉瓦当	奔鹿瓦当	千秋万岁

图1-3-3　汉代之瓦当

资料来源：刘叙杰《中国古代建筑史》

1.3.3 隋时期

明堂作为古代中国封建王朝宣明政教、举行大典的场所，是帝王权威的一个重要象征，所谓"天子坐明堂"就来源于此。隋朝建筑学家宇文恺主持建造了隋长城、隋宫殿等重要建筑工程，并在明堂设计方面取得重要成就。他绘制的明堂营造设计图样以及制作的木制立体模型，已经使用了比例尺（1∶100比例尺），这种利用比例关系绘制营造图形和制作立体模型的方法，是中国建筑史上的一大创举，具有重大的科学意义。

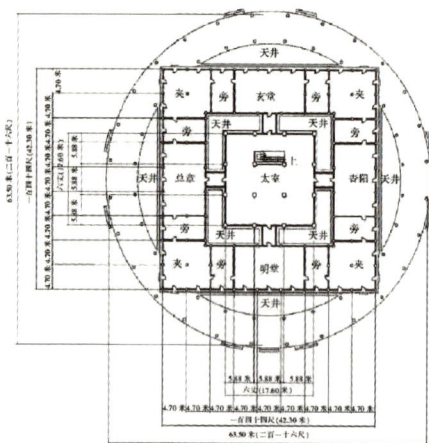

隋明堂方案推测底层平面图

隋明堂立体模型

图1-3-4　隋朝宇文恺《明堂议表》明堂方案

1.3.4 唐时期

唐时期中国封建社会的建筑设计已经发展到成熟阶段，以大明宫为代表的唐代建筑开创了"前朝后苑、三大殿制、左中右三路"的总体布局方式；开创了"宫苑结合、宫城中设内苑、外拥禁苑"的宫城建筑与大环境巧妙结合的处置体系等伟大建筑设计创新。并且在建筑技术创新方面，大明宫解决了木构架建筑大面积、大体量的技术问题，标志着唐代宫殿木构架建筑趋于定型化。

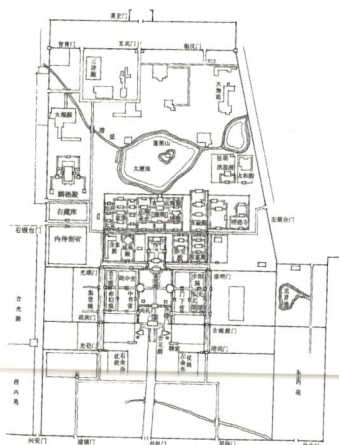

（a）平面复原图

（b）全景复原图

图1-3-5　陕西西安唐长安大明宫含元殿

1.3.5　宋时期

北宋时期城市建设发展迅速，建筑各种设计标准、规范，以及有关材料、施工定额、指标亟待制定。哲宗元祐六年（1091年），将作监第一次编成《营造法式》，由皇帝下诏颁行，此书史曰《元祐法式》。作者李诚（字明仲）参阅大量文献和旧有的规章制度，收集工匠讲述的各工种操作规程、技术要领及各种建筑物构件的形制、加工方法，最终在《元祐法式》的基础上编制完成《营造法式》。宋代《营造法式》是北宋官方颁布的一部关于建筑设计、施工的规范书。

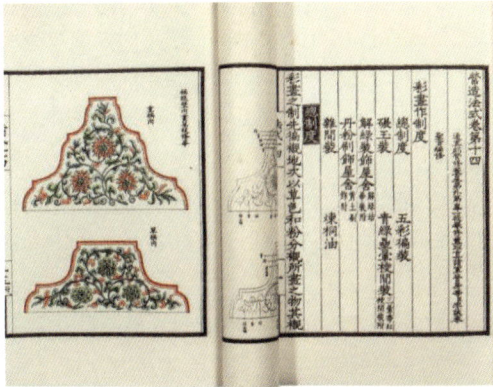
《营造法式》

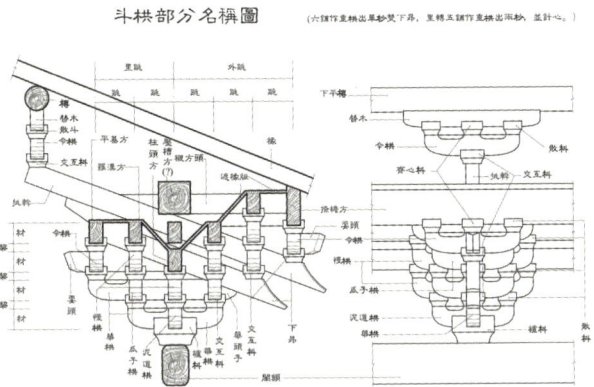
《营造法式》斗栱名称图

图1-3-6　《营造法式》图文节选展示
资料来源：《营造法式》图文节选展示 宋李诚

1.3.6　明时期

明成祖朱棣迁都北京后，于永乐四年（1406年）下令仿照南京皇宫营建北京宫殿，而主持的修建者就是当时著名的建筑匠师蒯祥。蒯祥，世袭工匠之职，被永乐帝朱棣任命为皇宫重大工程的设计师，他的第一项任务就是负责设计建造宫廷正门承天门，也就是今天的天安门，建成之后永乐皇帝大悦，称他为"蒯鲁班"，后来他又负责建了南京故宫奉天殿、谨身殿和华盖殿，并负责建造北京故宫太和、中和、保和三大殿。这些宫殿着火烧毁大半之后，明英宗又请他重建了面阔九间重檐高台建筑，以及"两宫、五府、六衙署"等，逐步由一名工匠成为授二品衔、享受一品俸禄的工部左侍郎。

图1-3-7　蒯祥画像图
资料来源：南京博物馆《明宫城图》

图1-3-8　天安门

1.3.7 清时期

清时期"样式雷"出现后传统营造设计有了系统的图样雏形，"样式雷"是对清代200多年间主持皇家建筑设计的雷姓世家的誉称。"雷"是这个家族的姓，在清代，内务府专门负责皇家营造样式设计的机构叫作样式房。雷家人因为营造技艺高超，好几代人都被选为内务府样式房的掌案，所以后人就尊称雷家为"样式雷"。

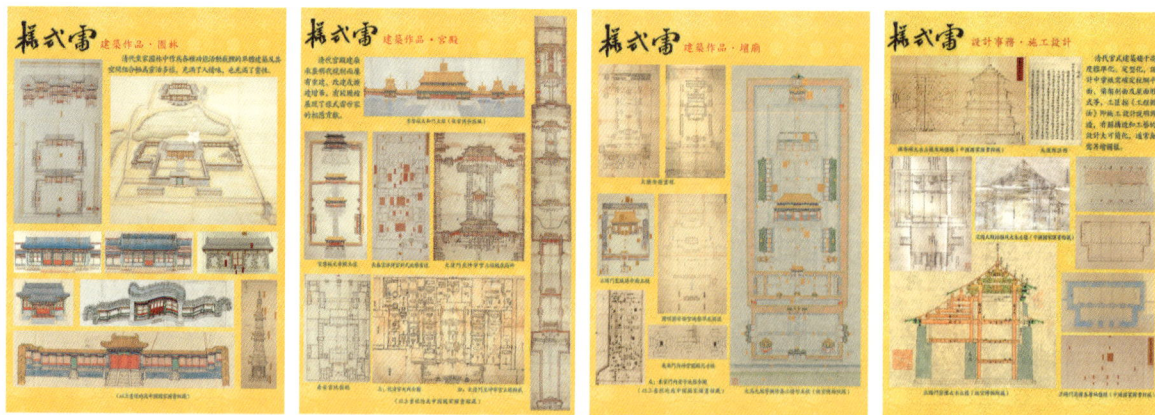

"样式雷"园林图样　　　"样式雷"宫殿图样　　　"样式雷"坛庙图样　　　"样式雷"施工设计图样
（立面、透视）　（总平面、立面、透视）　　（平面、透视）　　（平剖面、节点大样）

图1-3-9　"样式雷"图样（局部）
图片来源：中国国家图书馆、故宫博物院馆

"样式雷"家族进行的建筑设计方案，都按1∶100或1∶200比例先制作模型小样进呈内廷，以供审定。模型用草纸板热压制成，故名烫样。其台基、瓦顶、柱枋、门窗以及床榻桌椅、屏风纱橱等均按比例制成。"样式雷"图档独树一帜，是了解清代建筑和设计程序的重要资料。

圆明园勤政殿烫样模型　　　圆明园勤政殿模型正立面　　　圆明园勤政殿烫样透视

圆明园勤政殿内部构造烫样　　圆明园廓然大公环境模型烫样　　北海蟠青室、一房山烫样

图1-3-10　"样式雷"烫样模型
图片来源：故宫博物院

本章介绍了清官式建筑的形式、种类、通则及权衡，作为传统建筑的设计依据，再对四大建筑形制的基本概念和适用范围进行诠释，以便在实际工程设计中能够较为准确地选取合适的建筑形制及构件尺寸。

2.1 清官式建筑的形式、种类、通则及权衡

中国传统建筑文化遗产十分丰富，木结构从出现、发展到成熟经历了漫长的历史演变过程，建筑的平面布局、立面造型、内部结构方式和外观风貌上形成了各自的特点。

清时期的建筑形式、结构、材料、工艺工法和法式则例上都形成了较为统一的风格，清工部《工程做法则例》是这一时期官式建筑的设计标准，是对明代以来传统建筑理论和实际的概括和总结，也是中国建筑史学界的一部重要的"文法课本"。

目前我国遗存的传统建筑中清代建筑存量较多，这些建筑是我国重点保护文物和研究传统建筑的依据来源，通过研究清代建筑，找到学习传统建筑的切入点，能顺利地了解传统建筑的模数制、结构形式和风貌特征。梁思成先生的《清式营造则例》诠释了清代建筑的形式、种类、通则和权衡。通过解读《清式营造则例》形成对清代建筑的空间概念，总结出清代建筑营造设计法则。

2.1.1 清官式建筑的主要建筑形式

清代建筑按照建筑群规模、建筑单体体量、平面布置、建筑形制、工艺工法、木材用料大小和砖、瓦、石、油漆、彩画的规制划分种类，可以分为大式建筑和小式建筑。其中大式建筑主要包含宫殿、庙堂、城楼、官邸、衙署等，这类建筑服务于古代皇权和官僚阶级统治，为彰显使用者的身份和权力。小式建筑的应用范围主要为宅舍、商铺、仓储等，以实用为主，在用材用料和工艺工法细节上与大式建筑有明显差别。

传统建筑的四大形制有硬山、悬山、歇山、庑殿。根据屋檐层数分为单檐建筑、重檐建筑、三滴水建筑。其中硬山和悬山建筑多为小式建筑，也存在做重檐或者大式的情况。歇山建筑有单檐歇山、重檐歇山、三滴水楼阁式歇山，根据屋脊形式可分为大屋脊歇山和卷棚歇山。庑殿建筑主要有单檐庑殿和重檐庑殿两种。

传统建筑除了外观形制上的区别，在平面布局上也有多种多样的变化。最常见的是矩形布局，除此之外

还有圆形、扇形、套方、双环、卍字、曲尺、卷书等特殊的平面布局形式，更复杂的可以将上述的两种或多种再次进行组合成为复合式建筑，在平面和构造上进行创新，使得传统建筑呈现出极具艺术美感的外观形态。

2.1.2　清代官式建筑的通则

清代官式建筑的通则指的是建筑体量及构件尺寸所遵循的设计法则。如面阔与进深、面阔与柱高、步架与举架、柱高与柱径、收分与侧脚、上檐出与下檐出、歇山收山、庑殿推山、构件尺寸等。清代建筑的设计通则既是建筑结构安全的保障，又是各种形式建筑保持统一风貌的关键因素。

2.1.2.1　面阔与进深

一般来说，建筑的面阔（面宽）与进深根据其平面矩形的长短边区分，一座建筑在平面上有宽与深两种度量。其中较长的边为宽，较短的边为深。间之宽（建筑长边方向）称为面阔；间之深（建筑短边方向）称为进深。《清式营造则例》中规定："凡在四柱之中的面积，都称为间。"

清代建筑面阔方向正中位置为明间，两侧依次为次间、梢间、尽间。建筑物的各个单间面阔之和为"通面阔"，各个单间进深之和为"通进深"。通面阔指建筑面阔方向两端柱头中至中的距离，通进深指建筑进深方向两端柱头中至中的距离。

面阔与进深的计算方式一般有两种：一是根据檐柱径D或斗口计算，二是根据建设场地、建筑规模、功能等因素计算建筑单体的面阔与进深。

（1）大式带斗栱建筑计算方法：《清式营造则例》中对面阔的规定为，"按斗栱定；明间按空当七份，次梢间各递减斗栱空当一份。如无斗栱歇山庑殿，明间按柱高六分之七，核五寸止；次梢间递减，各按明间八分之一，核五寸止。或临期看地势酌定。"面阔尺寸按斗栱攒数确定，明间为七攒斗栱计算七份

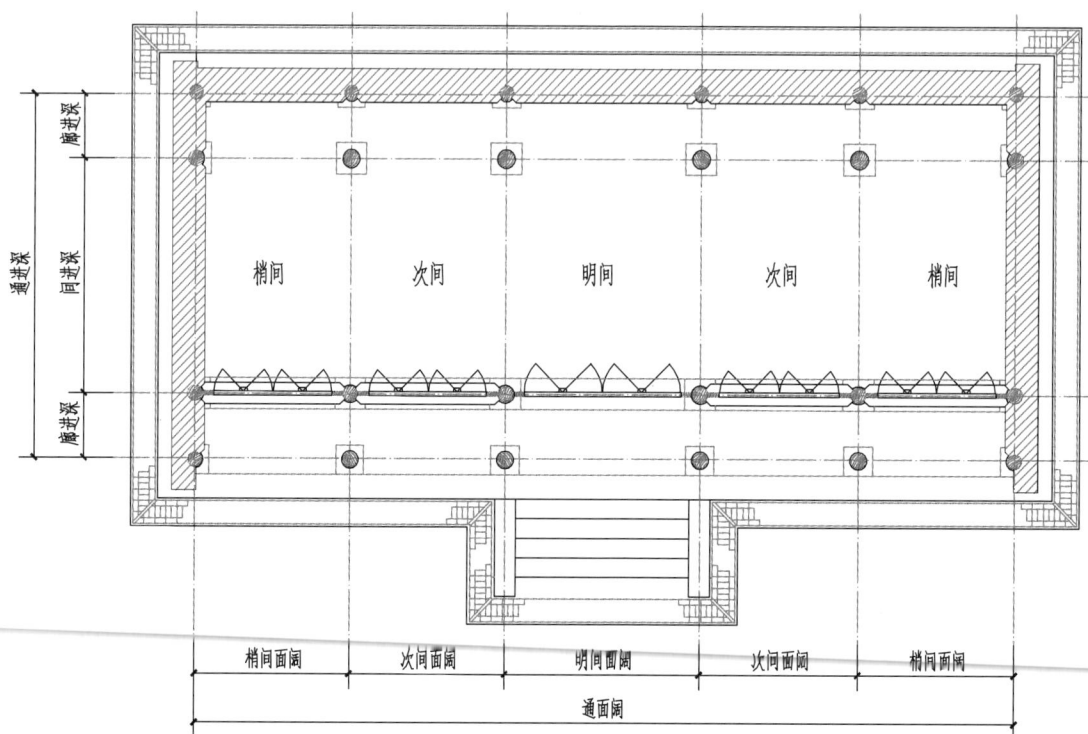

图2-1-1　面阔与进深

攒当长度，次间和梢间面阔各减一份攒当。如无斗栱的歇山或庑殿建筑，明间面阔为7/6檐柱高；次间和梢间面阔为7/8明间面阔，或根据实际情况确定。通进深为间进深与廊进深的长度总和，间进深根据步架计算。

在实际设计过程中，根据建设场地、功能等因素确定大式建筑单体的面阔和进深，例如场地限制建筑通面阔为26m，选用八等材（斗口为80mm），开间数为5间，计算明间面阔长度约为6.3m，七等分可得攒当为11.25斗口（900mm）。可以调整为每攒当略大于11斗口。

注：明间斗栱攒数应包括两端柱头上各半攒，明间斗栱攒数应为奇数（即空当坐中）。

（2）小式建筑计算方法：已知檐柱径D，柱高与柱径的比例为11：1，计算出檐柱高为11D；明间面阔与檐柱高的比例为10：8，计算出明间面阔为13.75D。次间面阔一般为明间的8/10，梢间面阔同次间。单体建筑的进深需根据步架计算，如七檩前后廊硬山建筑，间进深为4步架，每步架长度取4D，共16D，前后廊进深各5D，相加可得建筑通进深为26D。

在实际设计过程中，根据建设场地、功能等因素确定小式建筑单体的面阔和进深，反推檐柱径。例如场地限制建筑通面阔为16m，开间数为5间，已知明间面阔与次间（梢间）面阔的比例为10：8，可得明间面阔长度约为3.80m，次间（梢间）面阔长度约为3.05m；依据明间面阔与檐柱高的关系，可得檐柱柱高约为3.04m，檐柱径约为276mm。

2.1.2.2 柱高与柱径

清代建筑的檐柱径与檐柱高、檐柱高与明间面阔有着一定的比例关系，设计过程中可以通过调整檐柱高与檐柱径，实现对建筑体量的控制。

（1）大式带斗栱建筑檐柱高与檐柱径的比例关系在《工程做法则例》中规定为："凡檐柱以斗口七十份定高"，"如斗口二寸五分，得檐柱连平板枋、斗科通高一丈七尺五寸。内除平板枋、斗科之高，即得檐柱净高尺寸。如平板枋高五寸，斗科高二尺八寸，得檐柱净高一丈四尺二寸以斗口六份定径寸。如斗口二寸五分，得檐柱径一尺五寸。"

不同的斗栱踩数，其斗科高度有所不同。三踩斗栱高7.2斗口、五踩斗栱高9.2斗口、七踩斗栱高11.2斗口、九踩斗栱高13.2斗口，可以算得檐柱净高分别为：60.8斗口（三踩）、58.8斗口（五踩）、56.8斗口（七踩）、54.8斗口（九踩）。通过《工程做法则例》中计算出檐柱净高约为55~61斗口。《清式营造则例》规定："檐柱高按斗口六十份；径按斗栱口数六份。"二者结果相近。

（2）小式建筑檐柱高与檐柱径的比例关系在《工程做法则例》中规定为"凡檐柱以面阔十分之八定高低，十分之七（此处应为7/100）定径寸。如面阔一丈五寸，得柱高八尺四寸，径七寸三分"。即明间面阔与檐柱高度（净高，不包括榫长）的比例为10：8，檐柱高与檐柱径之比约为11：1。

2.1.2.3 侧脚与收分

清代建筑檐柱柱根通常要向外侧移出一定尺寸，使外檐柱的上端略向内侧倾斜，这种做法称为侧脚，也叫掰升。侧脚使檐柱柱头中点、柱根中点的连线与铅垂线之间形成夹角，使得建筑整体更加稳定。中国传统建筑的圆柱上下两端直径通常是不相等的，除去瓜柱等短柱外，其余都是根部略粗，顶部略细。这种做法称为收溜，又称收分。

清代建筑侧脚与收分的尺寸一般为"溜多少，升多少"。《营造算例》中规定大式建筑柱子的收分和侧脚均为柱高的7/1000。如檐柱径480mm、檐柱高4800mm时，柱头收分33.6mm，即柱头直径446.4mm，与此同时檐柱柱根向外推出侧脚33.6mm。小式建筑侧脚与收分尺寸为柱高的1/100，如檐柱径300mm、檐柱高3300mm时，则柱头收分33mm，即柱头直径267mm，檐柱柱根向外推出侧脚33mm。只在建筑最外一圈柱子做侧脚。

应注意清代建筑的权衡关系均以檐柱柱根直径*D*为基础，侧脚与收分以柱根直径为基础计算，同理小式建筑柱高11*D*、步架4*D*，尺寸都以檐柱柱根直径为模数计算，为了方便各构件之间的权衡计算，在清代建筑的设计绘制过程中，仍然以其根部尺寸进行标注。

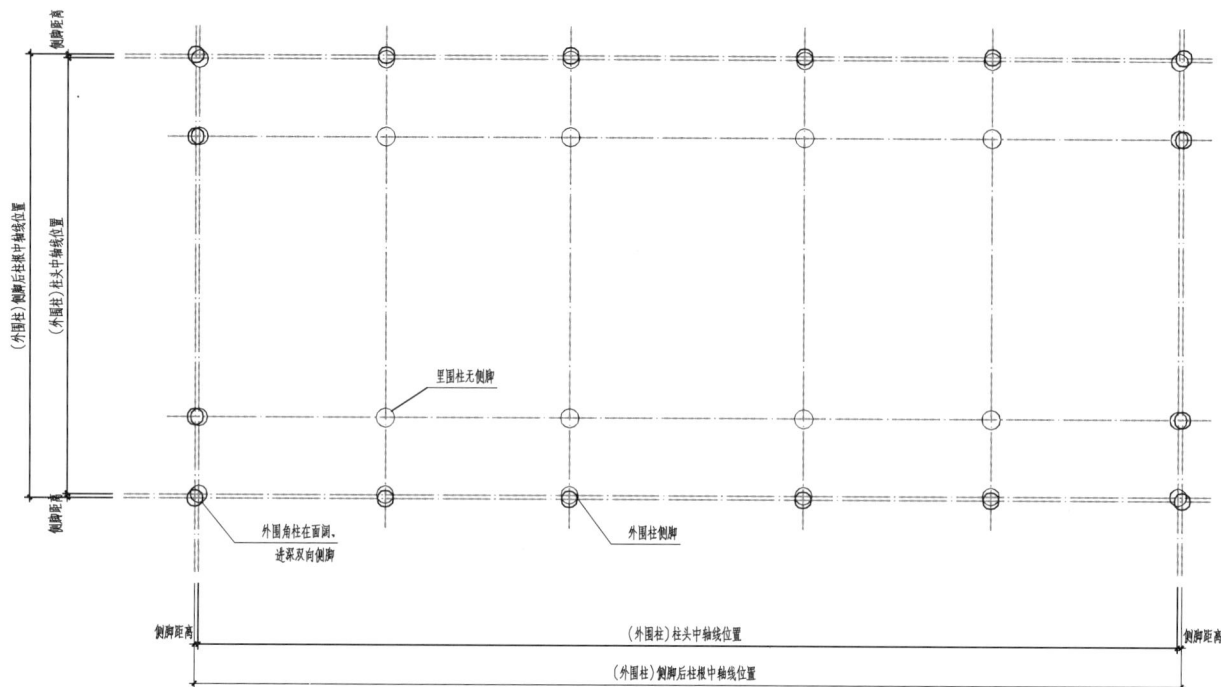

图2-1-2　侧脚示意图

2.1.2.4　上檐出（上出、上檐平出）与下檐出

传统建筑的上檐出指其屋面出檐尺寸，下檐出指其台明从檐柱根中至台明外皮的尺寸。传统建筑都建在台基之上，台基分为两部分，露出地面的部分称为台明，埋于地面以下的部分称为埋头。上檐出与下檐出之间的水平距离差称为回水，具有保护建筑免受雨水侵蚀的作用，它可以使雨水通过屋面出檐直接滴落在台明以外，保证雨水不直接与柱根、墙根等接触。

（1）带斗栱大式建筑的上檐出指正心桁中至飞椽外皮间的水平距离，可分为两段：一段为正心桁中至挑檐桁中的水平距离，称为斗栱出踩；一段为挑檐桁中至飞椽外皮的水平距离，称为檐椽平出，檐椽平出距离取21斗口。斗栱出踩的尺寸根据斗栱踩数变化，例如三踩斗栱的斗栱出踩为3斗口、五踩斗栱的斗栱出踩为6斗口等。檐椽平出的距离檐椽出占2/3，飞椽出占1/3。

通过核算《工程做法则例》得出大式建筑下檐出为上檐出的3/4，大式建筑台明高度为台明上皮至桃尖梁下皮高的1/4。埋头高度则根据单体建筑的檩数确定，《工程做法则例》规定："（大式建筑）凡埋头以檩数定高低，如四、五檩应深六寸（192mm），六、七檩应深八寸（256mm），九檩应深一尺（320mm）。"

（2）无斗栱大式建筑和小式建筑的上檐出指檐檩中至飞椽外皮（如无飞椽则至老檐椽外皮）间的水平距离，其尺寸为檐柱高的3/10。有飞椽的无斗栱大式建筑和小式建筑上檐出可分为两段：一段为檐檩中至檐椽外皮距离，占出檐尺寸的2/3；一段为檐椽外皮至飞椽外皮距离，占出檐的1/3（图2-1-3）。如小式建筑檐柱高3m，则上檐出为柱高的3/10即0.9m，檐檩至檐椽外皮的水平距离为0.6m，檐椽外皮至飞椽外皮的水平距离为0.3m。

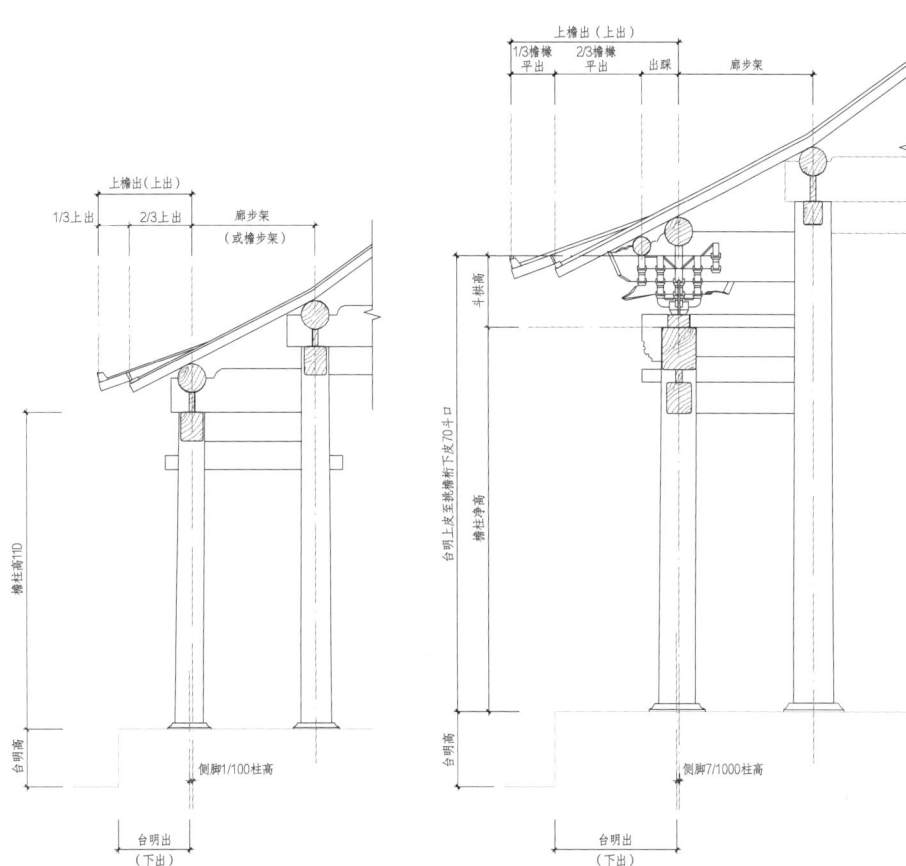

图2-1-3　上檐出与下檐出

通过核算《工程做法则例》得出小式建筑下檐出尺寸为上檐出的4/5，小式建筑的台明高度在《清式营造则例》中规定："每柱高一尺得一寸五分。"即台明高为0.15倍檐柱高。埋头高度则根据单体建筑的檩数确定，《工程做法则例》规定："（小式建筑）凡埋头以檩数定高低，如四、五檩应深四寸（128mm），六、七檩应深六寸（192mm）。"

2.1.2.5　步架

清式建筑木构架中，相邻两檩中至中的水平距离称为步架。步架根据位置的不同，从外向内、从下向上分别为廊步（无廊时为檐步）、金步、脊步等。金步根据建筑单体檩数的多少又可分为下金步、中金步、上金步，如九檩建筑的金步分为下金步、上金步。如果是卷棚建筑，最上面居中一步则称为"顶步"。

（1）对于大式建筑步架，《清式营造则例》中规定："廊步按桁下皮高十分之四，其余脊步架，按廊步架八扣，俱核双步，或临期按檩数再定。"按此规定，如檐柱高60斗口，根据单体建筑使用的斗栱不同可以求得其桁下皮高分别为65.2斗口（三踩斗栱）、67.2斗口（五踩斗栱）、69.2斗口（七踩斗栱）、71.2斗口（九踩斗栱），廊步架按其十分之四约为26·28.5斗口，金步、脊步按廊步的十分之八为20.8～22.8斗口。通过《清式营造则例》核算廊步架距离以斗栱攒数确定，一般取2～3攒档。

（2）对于小式建筑步架，《清式营造则例》中规定："金步按廊步八扣，如廊步深五尺，金步深四尺，其廊步按柱径五份定，是廊深。"即金步步架为廊步步架的8/10，如廊步深为五尺则金步深为四尺，其中廊步步架为檐柱径的5倍。

2.1.2.6 举架

举架指举高与对应步架的比值，步架的举高指步架前后檩之间中至中的垂直距离。实际设计过程中要根据具体情况合理地确定屋面举折变化。如小式建筑或园林亭榭，檐步可以采用四五举或五五举，亭子等建筑最上部的举架也可做到十举、十一举。受气候影响，雨水充沛地区相对于干旱地区举架会更高一些，以便于屋面尽快排水。屋面举架的变化旨在使屋面形成自然和缓的曲线，使其兼具有功能性和观赏性。举架中五举、六五举、七五举、九举，表示举高与步架之比为0.5、0.65、0.75、0.9。清式做法的檐步（或廊步）一般定为五举，称为"五举拿头"。

（1）对于大式建筑举架，《清式营造则例》中规定："檐步五举，飞檐三五举。如五檩脊步七举。如七檩金步七举，脊步九举。如九檩下金六五举，上金七五举。脊步九举。如十一檩下金六举，中金六五举，上金七五举，脊步九举。或看形势酌定。举架加斜，按每步步架，用每尺外加尺寸因之。"即一般檐步为五举，飞椽为三五举。七檩建筑，金步为七举，脊步为九举。九檩建筑，下金步为六五举，上金步为七五举，脊步为九举。十一檩建筑，下金步为六举，中金步为六五举，上金步为七五举，脊步为九举。或根据实际情况确定举架。

（2）对于小式建筑举架，《清式营造则例》中规定："如五檩四步架，檐步五举，脊步七举；如七檩六步架，檐步五举，金步七举，脊步九举。"即建筑为五檩四步架，则檐步为五举，脊步为七举；建筑为七檩六步架，则檐步为五举，金步为七举，脊步为九举。

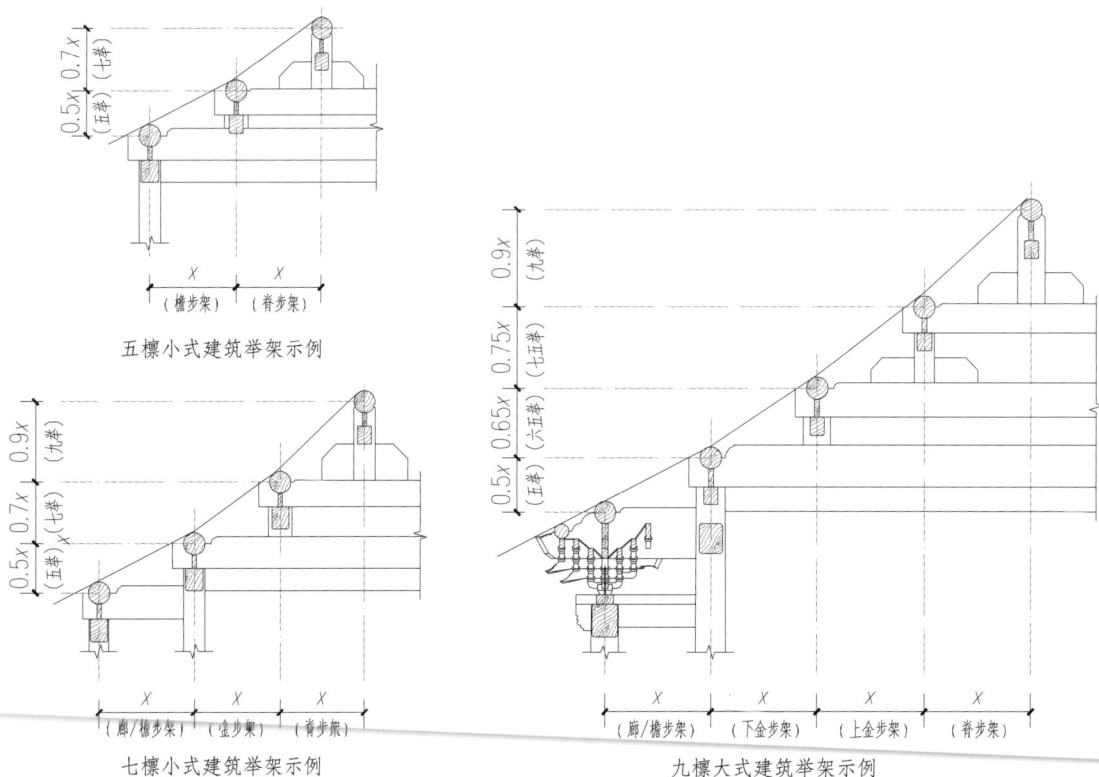

图2-1-4 步架与举架

2.1.2.7 歇山收山法则

歇山建筑确定山面山花板位置的法则称为收山法。《清式营造则例》中规定："按正心桁径一份，系正心桁中至立闸山花板外皮。"即山面正心桁中线向内侧收一桁径定做山花板外皮位置。如遇小式建筑，则由山面檐檩中向内侧收进一檩径，定做山花板外皮位置。此为清代官式歇山建筑的收山法则。

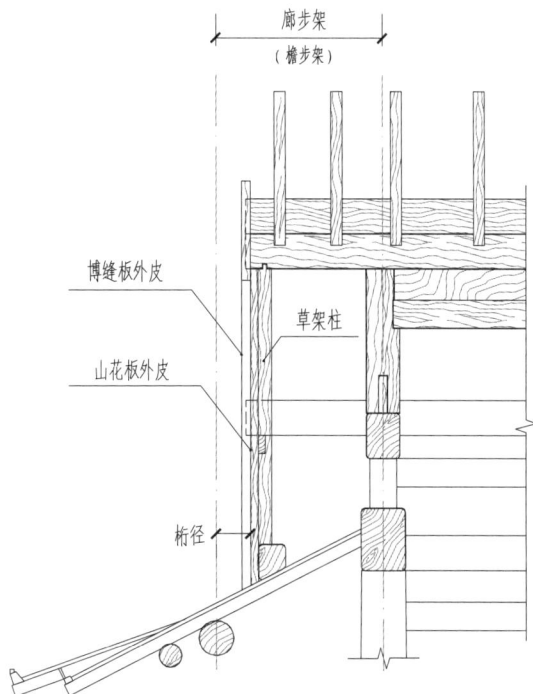

图2-1-5 歇山收山法则

2.1.2.8 庑殿推山法

推山法是庑殿建筑屋面特有的一种做法，其特征是将两山屋面向外推出，加长庑殿正脊长度。推山法让庑殿建筑垂脊从45°斜直线变为一条平滑且向外侧弯曲的曲线，这样无论从正面还是侧面看，垂脊都是一条平滑的曲线，使屋面更具美感。

庑殿推山虽然改变了山面步架的尺寸，但对应步架的举高与正身方向木构架高度相同，如此才能保证山面各桁檩等构件能与正身对应构件在同一高度交圈。如七檩庑殿正身金步架按22斗口，正身金步举高按七举算得15.4斗口，山面金步举高仍为15.4斗口，以保证正身上金桁与山面上金桁可以正常交圈。

（1）关于金、脊各步步架尺寸相同时的推山方法，《清式营造则例》中描述："（庑殿推山）除檐步方角不推外，自金步至脊步，按进深步架，每步递减一成。如七檩每山三步，各五尺；除第一步方角不推外，第二步按一成推，计五寸；再按一成推，计四寸五分，净计四尺〇五分"。"檐步方角不推"指的是山面檐步架尺寸与正身檐步架尺寸相同，不作推山处理，这是为了保证角梁摆放角度为45°。

在檐、金、脊各步架相等的条件下，檐步不推，自金步向脊步推算，每步按0.1步架值推山。如七檩庑殿建筑檐步架尺寸为1.8m，山面檐步架不做处理仍是1.8m，山面金步架尺寸为1.8-0.1×1.8=1.62m，山面脊步架尺寸为1.62-0.1×1.62=1.458m。将上述关系用公式进行表述：

设檐步架宽为x_0，金步至脊步未推山时为x，檐步至脊步推山后的步架值分别为x_0'、x_1、x_2……x_n。

其中：$x_0'=x_0$

$x_1=x-0.1x=0.9x$

$x_2=x_1-0.1x_1=0.9x-0.1\times0.9x=0.81x=0.9^2x$

$x_3=x_2-0.1x_2=0.9^2x-0.1\times0.9^2x=0.729x=0.9^3x$

......

$x_n=0.9^n x$

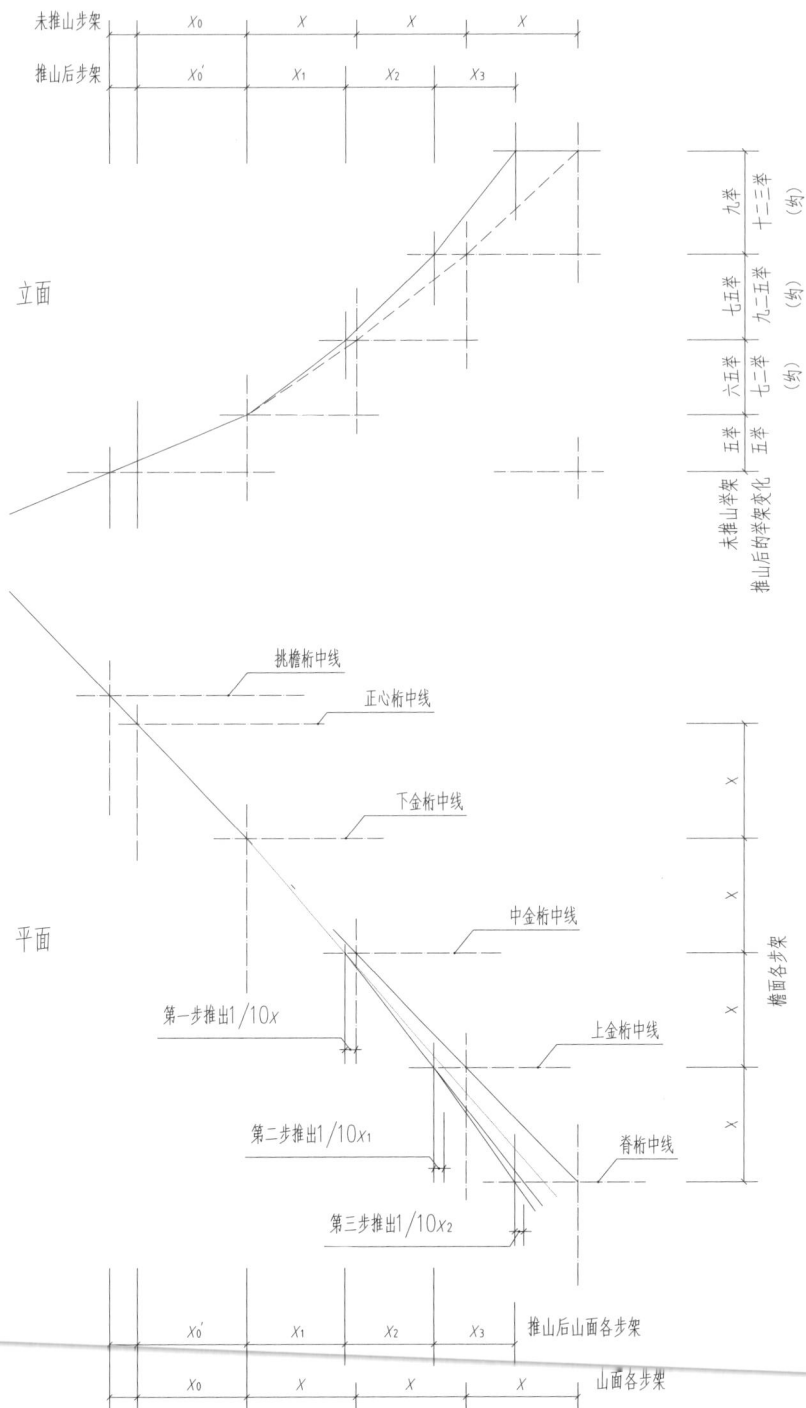

图2-1-6 各步架尺寸相同情况下的庑殿推山

（2）当各步架尺寸不等时，《清式营造则例》中描述："如九檩，每山四步，第一步六尺，第二步五尺，第三步四尺，第四步三尺；除第一步方角不推外，第二步按一成推，计五寸，净计四尺五寸；连第三步第四步，亦随各推五寸；再第三步，除随第二步推五寸，余三尺五寸外，再按一成推，计三寸五分，净计步架三尺一寸五分；第四步，又随推三寸五分，余二尺一寸五分，再按一成推，计二寸一分五厘，净计步架一尺九寸三分五厘"（图2-1-7）。"檐步方角不推"指的是山面檐步架尺寸与正身檐步架尺寸相同，不作推山处理，这是为了保证角梁摆放角度为45°。

其意为在檐、金、脊各步架尺寸不相等的条件下，如九檩庑殿每山各有四步架，尺寸分别为第一步（檐步）6尺、第二步（下金步）5尺、第三步（上金步）4尺、第四步（脊步）3尺。

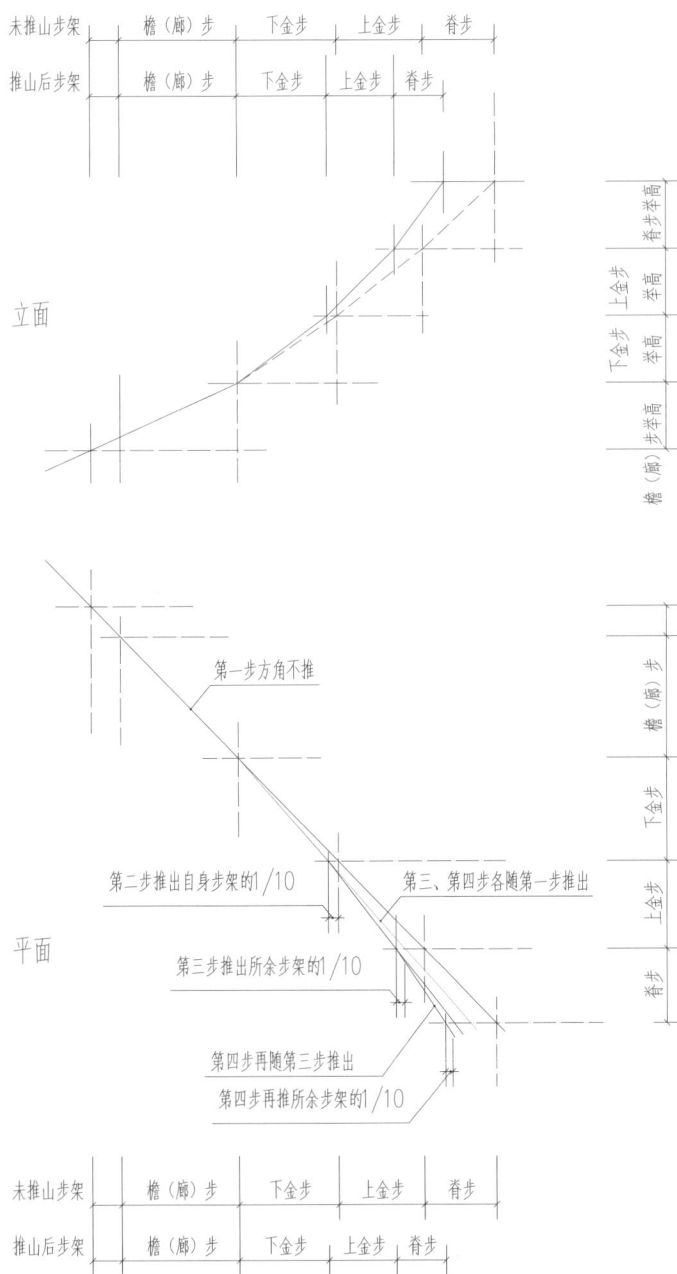

图2-1-7　各步架尺寸不同情况下的庑殿推山

第一步（檐步）不推，即为本步推山值是0，剩余6尺。

第二步（下金步）先减去第一步推山值0，剩余5尺，按剩余尺寸计算本步推山值为5尺的1/10，即0.5尺，再用剩余5尺减去本步推山值0.5尺，得到推山后第二步（下金步）尺寸为4.5尺。

第三步（上金步）先减去第一步和第二步的推山值0.5尺，剩余3.5尺，按剩余尺寸计算本步推山值为3.5尺的1/10，即0.35尺，再用剩余3.5尺减去本步推山值0.35尺得到推山后第三步（上金步）尺寸为3.15尺；

第四步（脊步）先减去第一步至第三步的推山值0.85尺，剩余2.15尺，按剩余尺寸计算本步推山值为2.15尺的1/10，即0.215尺，再用剩余2.15尺减去本步推山值0.215尺得到推山后第四步（脊步）尺寸为1.935尺。

设檐步架宽为x_0，金步至脊步未推山时为x_1、x_2、……、x_n，金步至脊步推山后的步架值分别为x_1'、x_2'、……、x_n'。

将上述推山步骤进行总结，当各步架不等时，庑殿推山的方法是：第一步（檐步）不推，此时第一步的推山值为0，第二步步架x_1减去第一步的推山值0得x_1，$0.1x_1$为第二步需要推山的尺寸，即第二步推山后的尺寸为$0.9x_1$，以此类推可以发现，第n步时，要先减去前面$n-1$个步架的推山值得到一个剩余尺寸x，则第n步的推山值为$0.1x$，第n步推山后尺寸为$0.9x_n$。

算式：$x_0'=x_0$

$x_1'=(x_1-0)\times0.9=0.9x_1$

$x_2'=(x_2-0.1x_1)\times0.9=0.9x_2-0.1x_1'$

$x_3'=[x_3-0.1x_1-0.1(x_2-0.1x_1)]\times0.9=0.9x_3-0.1x_1'-0.1x_2'=0.9x_3-0.1(x_1'+x_2')$

……

$x_n'=0.9x_n-0.1(x_1'+x_2'+\cdots+x_{n-1}')$

2.1.3 清代官式建筑的权衡

中国传统建筑的显著特点就是模数制。在现代建筑设计中，建筑模数是指选定一个尺寸作为基本模数，整个建筑物及建筑组合件的模数化尺寸是基本模数的倍数。传统建筑中的模数则是在已知建筑中一个构件尺寸的基础上，按照一定的权衡比例计算方法，推算出这个建筑的比例和所有构件的尺寸。

清代建筑通常以斗口或檐柱径为模数，而斗口和檐柱径又以营造尺确定度量单位。《辞源》中注释营造尺为"唐以来历朝工部营造用的尺，也称部尺"，在对清官式建筑的研究中一般采用营造尺，《清式营造则例》中的一营造尺为320mm。现代建筑设计中以公制尺为度量尺，为了方便读者理解以及适应现行制图标准及规范要求，本书采用了公制尺进行计算，尺寸换算的比例为1营造尺=10寸=320mm。

2.1.3.1 带斗栱建筑的权衡

带斗栱的建筑以斗口为基本模数。斗口，即平身科斗栱坐斗在面阔方向上的刻口，以刻口尺寸为1斗口，其余构件的尺寸以它的倍数计算。

《工程做法则例》卷二十八中述，"凡算斗科上升、斗、栱、翘等件、长短、高厚尺寸，俱以平身科迎面安翘昂斗口宽尺寸为法核算。斗口有头等材、二等材，以至十一等材之分。头等材迎面安翘昂斗口宽六寸，二等材斗口宽五寸五分，自三等材以至十一等材各递减五分，即得斗口尺寸"。由此可以看出，清代官式建筑将斗口用材标准划分了十一个等级，即头等材（一等材）斗口宽6寸（192mm）、二等材斗口宽5.5寸（176mm）……十一等材斗口宽1寸（32mm）。每差一个等级，斗口尺寸相差0.5寸（16mm），十一个等级斗口尺寸及换算比例见表2-1-1。斗口制是清代用来控制房屋规模和大式建筑大木做法等的模数制尺度，用材等级的大小决定着建筑物体量和各部尺寸的大小，如九檩歇山建筑斗口采用八等材，则斗口尺寸为2.5寸（80mm），以此为模数，可以算得檐柱径为6斗口（480mm）、金柱径为6.6斗口（528mm），明间面阔7攒斗栱时，计算得明间面阔为7×11=77斗口（6160mm）。

2.1.3.2 小式无斗栱建筑的权衡

无斗栱大式建筑和小式建筑，以檐柱径（ D ）为基本模数，建筑比例和构件的尺寸依据 D 的倍数来确定。例如 D =300mm，则可计算出檐柱高11 D （3300mm）、金柱径 D +1寸（332mm），明间面阔与柱高比例为10：8，得明间面阔为13.75 D （4125mm）。

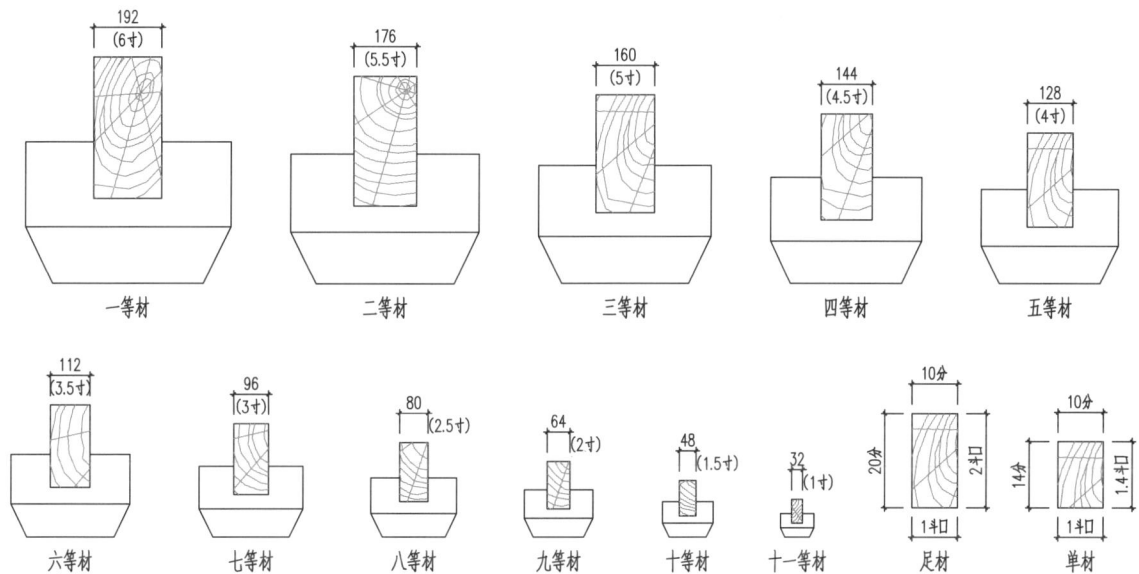

图2-1-8　清式建筑斗口的十一个等级、单材、足材

斗口等级及尺寸换算表　　　　　　　　　　　　表2-1-1

清营造尺（清尺）：寸

公尺：mm

用尺		等级										
		一等斗口	二等斗口	三等斗口	四等斗口	五等斗口	六等斗口	七等斗口	八等斗口	九等斗口	十等斗口	十一等斗口
清尺	高	12	11	10	9	8	7	6	5	4	3	2
	宽	6.0	5.5	5.0	4.5	4.0	3.5	3.0	2.5	2.0	1.5	1.0
公尺	高	384	352	320	288	256	224	192	160	128	96	64
	宽	192	176	160	144	128	112	96	80	64	48	32

＊　1. 1清营造尺＝10寸＝320mm；1斗口＝10分；

　　2. 足材为"材上加栔者，谓之足材"，高二十分，厚十分；

　　3. 单材高十四分，厚十分。

2.1.4 《清式营造则例》中的各件权衡尺寸表

《清式营造则例》中所述权衡尺寸表（即本部分节表2-1-2～表2-1-16）对官式建筑中各构件名称及权衡大小做出了整理归纳，本书作者以此为依据编制了清官式建筑各形制设计计算书示例。

在编制设计计算书示例的过程中能发现，一些构件在权衡尺寸表中并没有说明。针对此类构件，本书作者在查阅《工程做法则例》《中国古建筑木作营造技术》《中国古建筑瓦石营法》等书后，结合自身设计及施工经验给出了一般做法，可供读者参考确定其权衡尺寸。

在查阅上述书籍的过程中也发现，个别构件的权衡算法与《清式营造则例》中差异较大，例如：表2-1-12中陡板石厚1.5D，对照《工程做法则例》图解可以发现实际画图中并不完全相符。对此类构件，表注中交代了两种做法的差异可供读者对比选择。

斗栱各件口数（表一） 表2-1-2

斗栱	平身科			柱头科		
	长（斗口）	宽（斗口）	高（斗口）	长（斗口）	宽（斗口）	高（斗口）
攒档	11					
正心瓜栱	6.2	1.25	2			
单材瓜栱	6.2	1	1.4			
正心万栱	9.2	1.25	2			
单材万栱	9.2	1	1.4			
厢栱	7.2	1	1.4			
翘	按搜架定长	1	2	头翘2		
				或		
昂	按搜架定长	1	2（连嘴3）	头昂2		2（连嘴3）
耍头 撑头	按搜架定长 按搜架定长	1 1	2 2	}桃尖梁头	4	$5\frac{1}{2}$
坐斗	3*	3	2	4*	3	2
槽升子	1.3*	1.7	1			
三才升	1.3*	1.5	1			
十八斗	1.8*	1.5	1	翘昂头宽+0.8	按高低定	1
正心枋		1.25	2			
拽枋		1	2			
机枋		1	2			
井口枋		1	3			
宝瓶		径2.4	3.5			

* 凡升或斗皆以面阔方面之度量称为长。

梁（表二） 表2-1-3

梁	大式 高	大式 厚	小式 高	小式 厚
桃尖梁	$\dfrac{正心桁至挑檐桁}{2}$+4.75斗口	6斗口		
桃尖随梁	4斗口	3.5斗口		
桃尖假梁头	$\dfrac{正心桁至挑檐桁}{2}$+4.75斗口	5斗口		
抱头梁			$1\dfrac{1}{2}$檐柱径	$1\dfrac{1}{5}$檐柱径
穿插			$1D$	$\dfrac{4}{5}D$
桃尖顺梁	同桃尖梁			
随梁	4斗口+1%长	3.5斗口+1%长	$1D$	D-2寸
扒梁	6.5斗口	5.2斗口		
采步金	7斗口+1%长	6斗口		
采步金枋	4斗口	3.5斗口		
递角梁	桁径+平水	柱头径	桁径+平水	柱头径
角云	$\dfrac{1}{2}$桁径+平水	柱头径	$\dfrac{1}{2}$桁径+平水	柱头径
递角随梁	4斗口	3.5斗口	D+2寸	D
抹角梁	6.5斗口	5.2斗口	1.5正心桁径	1.2正心桁径
抹角随梁	5.8斗口	4.7斗口		
七架梁（大柁）	8.4斗口或1.2或1.3厚	7斗口或D+2寸或3寸	2.1或1.3厚	D+2寸
五架梁（二柁）	7斗口或$\dfrac{5}{6}$大柁高	5.6斗口或$\dfrac{4}{5}$大柁厚	同大式	同大式
三架梁（上柁）	$\dfrac{5}{6}$二柁高	4.5斗口或$\dfrac{4}{5}$二柁厚	同大式	同大式
双步梁	1.2厚	D+2寸	1.2厚	D+2寸
单步梁	$\dfrac{5}{6}$双步梁高	$\dfrac{4}{5}$双步梁厚	同大式	同大式
顶梁	按下架梁收2寸	按下架梁收2寸		
太平梁	同三架梁	同三架梁		
榻角木	4.5斗口	3.6斗口		
穿梁	2.3斗口	1.8斗口		
天花梁	6斗口+2%长	$\dfrac{4}{5}$高		
天花枋	6斗口	$\dfrac{4}{5}$高		
帽儿梁	径=4斗口+2%长			
贴梁	2斗口	1.5斗口		

算梁通例
凡大柁不论梁架数俱按柱径加二寸为厚，高按厚之1.2倍。往上每层梁之高厚，俱按下层之十分之八，或六分之五。

编者注：1. 对于梁类构件，表中的厚指其平面宽度；桃尖梁厚为6斗口，指构件平面宽度6斗口；　　　　　D=檐柱径
2. 此处小式七架梁高2.1或1.3倍厚，取2.1倍时，取值偏大，根据清工部《工程做法则例》卷七："（七架梁）高按本身厚每尺加三寸。"可得高按1.3倍厚即可。

柱（表三） 表2-1-4

柱	大式 高	大式 径	小式 高	小式 径
檐柱	60斗口	6斗口（收分$\dfrac{1}{1000}$）	$\dfrac{4}{5}$面阔或11径	$\dfrac{1}{11}$高
金柱	60斗口+廊步五举	6.6斗口	$\dfrac{4}{5}$面阔+廊步五举	檐柱径加1寸

柱	大式		小式	
	高	径	高	径
重檐金柱		7.2斗口		
童柱		6.6斗口		
中柱		7斗口		
山柱				檐柱径加2寸

枋（表四）

表2-1-5

编者注：对于枋类构件，表中的厚指其平面宽度。

枋	大式		小式	
	高	厚	高	厚
大额枋	6.6斗口	5.4斗口		
小额枋	4.8斗口	4斗口		
重檐上大额枋	6.6斗口	5.4斗口		
单额枋	6斗口	5.5斗口		
平板枋	2斗口	3.5斗口		
檐枋（老檐枋同）	4斗口	4斗口-2寸	同檐柱径	$\frac{4}{5}D$
金（脊）枋	3.6斗口	3斗口	D-2寸	$\frac{4}{5}D$-2寸
燕尾枋	3斗口	1斗口	$\frac{1}{2}D$	$\frac{1}{6}D$
支条	2斗口	1.5斗口		
贴梁	2斗口	1.5斗口		
天花枋	6斗口	4.8斗口		
承椽枋	7斗口	5.6斗口		
雀替	长=$\frac{明间净面阔}{4}$	高=$1\frac{1}{4}$柱径	厚=3/10柱径	

D=檐柱径

瓜柱（表五）

表2-1-6

瓜柱	大式		小式	
	宽	厚	宽	厚
柁墩	9斗口	按上一层柁厚收2寸	2D	按上一层柁厚收2寸
金瓜柱	厚加1寸	按上一层柁厚收2寸	1D	1D
脊瓜柱	5.5斗口	4.5斗口	1D	1D
交金墩	4.5斗口	按上一层柁厚收2寸		
雷公柱（庑殿用）	径同脊瓜柱厚			
角背	长1步架，宽$\frac{1}{2}$脊瓜柱高，厚$\frac{1}{3}$高			
草架柱	2.3斗口	1.8斗口		
脊瓜柱平水	高4斗口或$\frac{2}{3}D$		D-1寸	

D=檐柱径

编者注：对于瓜柱类构件，表中的厚指平面图面阔方向边长，同梁架（三架梁、五架梁）厚的方向，宽指平面与厚垂直的进深方向的边长。

桁檩（表六）

表2-1-7

桁檩	大式	小式
	径	径
挑檐桁	3斗口	
正心桁	4.5斗口	1D
金桁	4.5斗口	1D
脊桁	4.5斗口	1D
扶脊木	4斗口	

D=檐柱径

垫板（表七）

表2-1-8

垫板	大式		小式	
	高	厚	高	厚
由额垫板	2斗口	1斗口		
金（脊）垫板	4斗口	1斗口	$\frac{1}{2}D$+1寸	$\frac{1}{5}D$
檐垫板			$\frac{1}{2}D$+2寸	$\frac{1}{5}D$
燕尾枋	3斗口	1斗口	$\frac{1}{2}D$	$\frac{1}{6}D$

编者注：对于垫板类构件，表中的厚指板厚，即其平面宽度。

D=檐柱径

角梁（表八）

表2-1-9

角梁	大式			小式		
	长	高	厚	长	高	厚
老角梁	按出檐	4.2斗口	2.8斗口		$\frac{3}{5}D$	$\frac{8}{5}D$
仔角梁	出檐飞头	4.2斗口	2.8斗口			
由戗		4.2斗口	2.8斗口			

编者注：对于角梁类构件，此处的厚指其平面宽度。

D=檐柱径

椽、连檐、瓦口、望板、枕头木（表九）

表2-1-10

	大式		小式	
	高或长	厚，径，或见方	高	厚，径，或见方
方（飞）椽	按$\frac{3}{10}$柱高加拽架	1.5斗口		$\frac{3}{10}D$
圆（檐）椽	按$\frac{3}{5}$飞椽出	1.5斗口		
连檐	1.5斗口	1.5斗口	$\frac{3}{10}D$	$\frac{3}{10}D$
瓦口	1斗口	0.6斗口	按瓦酌定	$\frac{3}{10}$高
望板		0.5斗口		$\frac{3}{10}D$
枕头木	3斗口	1.5斗口	$\frac{3}{5}D$	$\frac{3}{10}D$

D=檐柱径

歇山、悬山各部（表十）

表2-1-11

	大式		小式	
	高	厚，径，或见方	高	厚，径，或见方
榻角木	4.5斗口	3.6斗口		
穿梁	2.3斗口	1.8斗口		

	大式		小式	
	高	厚，径，或见方	高	厚，径，或见方
草架柱	2.3斗口	1.8斗口		
燕尾枋	3斗口	1斗口	$\frac{1}{2}D$	$\frac{1}{6}D$
山花板		1斗口		
博缝板	8斗口	1.2斗口	$1\frac{4}{5}D$	$\frac{1}{4}D$
博脊板		$\frac{1}{10}$高		

编者注：对于歇山、悬山建筑的各部构件，表中的厚指其平面宽度。　　　　　　　　　　　　　　$D=$檐柱径

石作（表十一）　　　　　　　　　　　　表2-1-12

石作	大式			小式		
	高	宽	厚	高	宽	厚
柱顶	$1D$	$2D$	$2D$			
古镜	$\frac{1}{5}D$					
陡板	台明高-阶条高		$1.5D$			
阶条	$\frac{2}{5}$宽	$\frac{3}{4}$上檐出-$1D$		$\frac{1}{2}D$	$1.4D$	
角柱				$2\frac{1}{6}D$	$1.5D$	$\frac{1}{2}D$
押砖板				$\frac{1}{2}D$	$1.5D$	
挑檐石	$1D$	$1.5D$		$\frac{3}{4}D$	$1.5D$	长=廊深加2.4D
腰线石				$\frac{1}{2}D$	$\frac{3}{4}$	
级石	4寸	1尺				
垂带	同阶条	同阶条				
陡板土衬		2寸				$\frac{1}{5}D$
同高5尺以上		2寸+5%高				
槛垫石	$\frac{2}{3}D$	$2D$				
门枕	$\frac{6}{7}D$	$2D$	$\frac{3}{7}D$			
门鼓	$\frac{4}{5}D$	$\frac{3}{5}D$	$\frac{2}{5}D$			
门鼓（幞头）	$1\frac{1}{8}D$	$\frac{4}{5}D$	$\frac{1}{2}D$			
御路	长不定	$\frac{3}{7}$长	$\frac{3}{10}$宽			
龙头	$\frac{1}{2}$台明高	$\frac{7}{6}$高	明长=台明高			
望柱	$\frac{19}{20}$台明高	$\frac{2}{11}$柱高	$\frac{2}{11}$柱高			
栏板	$\frac{5}{9}$柱高	$\frac{11}{10}$柱高	$\frac{6}{25}$本身高			
望柱头	$\frac{4}{11}$柱高	径=$\frac{2}{11}$柱高				
地伏	同栏板厚	2本身高				

编者注：陡板厚此处为1.5D，对照《清工部〈工程做法则例〉图解》中陡板厚不足1.5D。　　　　　　　　$D=$檐柱径

此外清工部《工程做法则例》卷四十二、卷四十五中均规定："（陡板石）厚与阶条石同"。从陡板石的功能来看，其厚取阶条石厚即可。

瓦作	大式		小式	
	高	宽	高	宽
挑山 台基 歇山	$\dfrac{\text{地面至耍头下皮}}{4}$	$\dfrac{3}{4}$上檐出	$\dfrac{1}{5}$柱高或2D	2.4D或$\dfrac{4}{5}$上出檐
硬山山出			$\dfrac{1}{5}$柱高或2D	1.8山柱径
碴墩		2D+4见方寸		
拦土		2D		
山墙				2.4D
裙肩			$3\dfrac{2}{3}D$	2.4D
墀头			长=3D−小台	1.8D−金边或1.5D
檐墙		$1\dfrac{1}{2}D$+八字		
槛窗槛墙	$3\dfrac{2}{3}D$	$1\dfrac{1}{2}D$		$1\dfrac{1}{2}D$
支摘窗槛墙	$2\dfrac{3}{4}D$	$1\dfrac{1}{2}D$		$1\dfrac{1}{2}D$

D=檐柱径

编者注：根据《清式营造则例》第四章第二节，此处的瓦作实际是包括墙体做法在内的。此外，根据《工程做法则例》卷四十二至卷四十五也可看出，在分类上瓦作部分包括墙体及屋面做法。本书沿用此分类，因此此处仍称为瓦作。

槛框	宽	厚	长	槛框	宽	厚	长
下槛	$\dfrac{4}{5}D$	$\dfrac{3}{10}D$		门头枋	$\dfrac{1}{2}D$	$\dfrac{3}{10}D$	
中槛 挂空槛	$\dfrac{2}{3}D$	$\dfrac{3}{10}D$		门头板		$\dfrac{1}{10}D$	
上槛	$\dfrac{1}{2}D$	$\dfrac{3}{10}D$		榻板	$1\dfrac{1}{2}D$	$\dfrac{3}{8}D$	
风槛	$\dfrac{1}{2}D$	$\dfrac{3}{10}D$		连楹	$\dfrac{2}{5}D$		
抱柱	$\dfrac{2}{3}D$	$\dfrac{3}{10}D$		门簪	长=$\dfrac{1}{7}$门口宽	径=$\dfrac{1}{9}$门口宽	
门框	$\dfrac{4}{5}D$	$\dfrac{3}{10}D$		门枕	高=$\dfrac{2}{5}D$	$\dfrac{4}{5}D$	2D
				荷叶墩			

D=柱径

编者注：1. 对于上槛、中槛、下槛，宽指其立面高度，厚指沿进深方向板厚；

　　　　2. 对于抱框、门框，宽指其平面宽度，厚指沿进深方向板厚；

　　　　3. 对于踏板、连楹，厚指其立面高度方向板厚。

格扇	看面	进深	格扇	看面	进深
边梃	$\dfrac{1}{10}$格扇宽或$\dfrac{1}{5}D$	$\dfrac{3}{20}$格扇宽或$\dfrac{3}{10}D$	绦环板	高=$\dfrac{1}{5}$格扇宽	$\dfrac{1}{20}$格扇宽
抹头	$\dfrac{1}{10}$格扇宽或$\dfrac{1}{5}D$	$\dfrac{3}{20}$格扇宽或$\dfrac{3}{10}D$	群板	高=$\dfrac{4}{5}$格扇宽	$\dfrac{1}{20}$格扇宽
仔边	$\dfrac{2}{3}$边梃看面	$\dfrac{7}{10}$边梃进深	花（隔）心	高=$\dfrac{3}{5}$格扇宽	
棂条	$\dfrac{4}{5}$仔边看面	$\dfrac{9}{10}$仔边进深	帘架心	高=$\dfrac{4}{5}$格扇宽	

D=柱径

编者注：格扇同隔扇。

琉璃作（琉璃作度量以营造尺为单位）（表十五）

表2-1-16

琉璃作	两样 高	长	宽	三样 高	长	宽	四样 高	长	宽	五样 高	长	宽	六样 高	长	宽	七样 高	长	宽	八样 高	长	宽	九样 高	长	宽
吻	十三块10.5	9.1	1.6	十一块9.2	7.3	2.18	九块8/7	6.3	1.9	七块5.5	3.7	1.06	五块4.5/3.8	2.9/2.7	8.5	3.4	1.85/2.7	0.65	2.2	1.66	0.5	2.2	1.66	0.5
剑靶	3.25			2.5/2.7		2.1	1.9/2.4	4.9/1.3	1.6	1.6		0.98	1.2/1.5	0.7		0.95			0.65			0.65		
背兽	0.65	0.65	0.65	0.6	0.6	0.6		0.55	0.55	0.5	0.5	0.5	0.45	0.45	0.45	0.4	0.4	0.4	0.25	0.25	0.25	0.25	0.25	0.25
吻座		1.55		1	1	1.25	0.9	0.5/0.6	1.2	0.8/0.55	0.55/1.05	1/0.55	0.7	0.65/0.5	0.65/0.95	0.85	0.6	0.9	0.25	0.6		0.25	0.6	
垂兽头	2.2	2.1		1.9	1.9		1.6/1.8			1.5	1.5	0.46		1.2	0.5		1	0.45	0.6			0.6		
莲座		3.7			2.8			2.7			2.2			2.1			1.3			0.9			0.9	
仙人	1.55	1.35	0.65	1.35	1.25	0.6	1.25	1.15	0.55	1.05	1.1	0.5	0.7	1	0.45	0.6	0.95	0.4	0.4	0.9	0.35	0.4	0.85	0.2
走兽	1.35	1.35	1.35	1.2	1.2	1.35	1.05	1.05	1.05	0.9	0.9	0.9	0.6	0.6	0.6	0.55	0.6	0.55	0.35	0.35	0.35	0.35	0.35	0.35
通脊	1.95	2.4	1.6	1.75	2.4	1.4	1.55	2.4	1.2	1.15	2.2	0.9	0.85	2.2	0.85	0.85	1	0.69	0.55	1.5		0.55	1.5	0.35
黄道	0.65	2.4		0.55	2.4		0.55	2.4		0.35			五样以下不用黄道											
大群色	0.65	2.4	1.65	0.45	1.55/2.4		0.4			0.35			0.3			0.25								
垂脊	1.35/1.65	2/2.4	1.2	1.5	1.8		0.85	1.8	0.85	0.75/0.65	1.5	0.75	0.67/0.55	1.6/1.4	0.67	0.21		0.65						
撺头	0.85	1.55	0.85	0.45	1.55		0.38	1.55	0.85	0.25	1.4	0.85	0.28	1.4	0.67	0.25	1.4		0.25	1.4				
捎扒头		1.55		0.35	1.05/1.5		0.25	1.4	0.85	0.25	1.14	0.85	0.28	1.4		0.25	1.4		0.25	1.4				
三大连砖	0.95	1.3	1.05	0.33	1.3	0.75	1.45	1.3		0.3	1.25	0.85	0.3	1.2	0.7									
套兽	0.95	0.95	0.95	0.75	0.75		0.75	0.75	0.75	0.65	0.65	0.65												
吻下当沟		1.5			1.05			1.05																
博脊	0.85	2.2		0.85	2.2		0.65/0.75	2.2																
满面黄	厚0.15	1	1	厚0.15	1	1		1	1															

琉璃作	两样			三样			四样			五样			六样			七样			八样			九样		
	高	长	宽	高	长	宽	高	长	宽	高	长	宽	高	长	宽	高	长	宽	高	长	宽	高	长	宽
合角吻	3 3.4	2.1 2.7		2.5 2.8	2.1	0.6	2.8	2.1																
合角剑靶	0.8 0.95			0.75 0.95		0.56	0.75																	
群色条	0.4	1.3		0.4	1.3		0.35	1.3		0.3	1.3		0.25	1.3		0.22	1.3			1.3			1.3	
角兽										（比垂兽小一号）														
角兽座													0.3	1	0.7		1.3							
勾头	厚0.1	1.35	0.65		1.25	0.6	0.6	1.15	0.55	0.55	1.1	0.5		1	0.45		0.95	0.4	0.3	0.9	0.35		0.85	0.3
滴水		1.35	1.1		1.3	1	0.6	1.25	0.95	0.6	1.2	0.85		1.1	0.75		1	0.7		0.95	0.65		0.9	0.6
筒瓦		1.25	0.65		1.15	0.6	0.2	1.1	0.55	0.09	1.05	0.5		0.95	0.43		0.9	0.4		0.85	0.35		0.8	0.3
板瓦		1.35	1.1		1.25	1	0.2	1.2	0.95	0.09	1.15	0.85		1.05	0.75		1	0.7		0.95	0.6		0.9	0.6
正当沟	0.6	1.2		0.5	1.05			1			0.9		0.4	0.8		0.5	0.7		0.3	0.65		0.3	0.6	
斜当沟		1.75			1.6			1.5			1.35		0.5	1.2		0.5	1			0.9			0.3	
压带条	0.5	1.1		0.35	1			1	0.6		0.9		0.05	0.75		0.05	0.7		0.05	0.65			0.6	
平口条	0.5	1.1		0.35	1			1			0.9		0.05	0.75		0.05	0.7		0.05	0.65			0.6	
博缝砖																								
三连砖																								
托泥当沟										0.8	1.2		0.65	1.2		0.6	1							
博缝																1.3	1.6							
随山半砖																	1		0.15	1	0.55			
蝎头砖																								
眉磨砖																								
三色砖																								
承奉连二面							同			同			0.45	1.2	0.6	0.45	1.3							
博脊连砖一面							0.4	1.25		0.28	1.25	0.85	0.25	1.2		0.22	1.2	0.65						
博脊瓦							0.8	1.25		0.8	1.22		0.7	1.2		0.65	1.2							

2.2 四大形制的适用范围

2.2.1 硬山建筑的适用范围

2.2.1.1 基本概念

硬山建筑的基本特征是屋面仅有前后两坡，左右两侧山墙与屋面相交，并将檩木梁架全部封砌在山墙内，山墙在前后檐的位置一般有墀头造型。硬山建筑的装饰主要集中在屋顶、山墙和门窗等部位，屋顶常有脊兽、瓦当等构件，山墙则可能有壁画或砖雕，门窗上也常有精致的木雕。

按照屋脊形式，硬山建筑一般可分为大屋脊硬山与卷棚硬山，大屋脊硬山前后屋面相交处有一条正脊，卷棚硬山脊部置双檩，屋面无正脊，前后两坡屋面在脊部形成过陇脊。按照屋檐层数一般可分为单檐硬山、重檐硬山。按照是否带有廊间一般可分为无廊硬山、前后廊硬山、前廊后无廊硬山。按照是否有斗栱可分为带斗栱硬山与不带斗栱硬山，带斗栱硬山一般采用一斗三升或一斗二升交麻叶斗栱。

2.2.1.2 硬山建筑常见平面类型及对应剖面梁架形式

本部分案例采用三间柱网排列形式的单体建筑，在实际设计中当单体建筑为多开间时，可根据需求增加次间个数以达到五间、七间等，一般仅增加次间个数不会改变其剖面梁架形式。

（1）硬山三间不带廊建筑（五檩四步大屋脊、六檩五步卷棚）

硬山不带廊建筑常见的为五檩四步大屋脊和六檩五步卷棚，主要原因有两部分：一是受木材规格的限制，当单体建筑为五檩四步或六檩五步时，其进深最长的梁分别为五架梁（五檩四步大屋脊硬山）和六架梁（六檩五步卷棚硬山），长度较为适中，方便取材；二是对于一般民居类建筑，当单体建筑为五檩四步或六檩五步时，其进深长度基本可以满足人们日常的生活、活动需求。

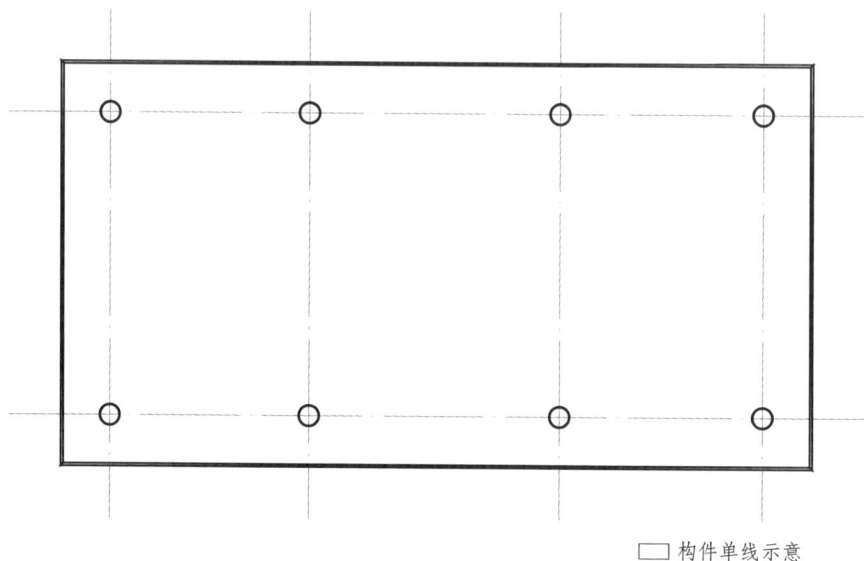

□ 构件单线示意

图2-2-1 硬山五檩四步三间不带廊建筑柱网示意图

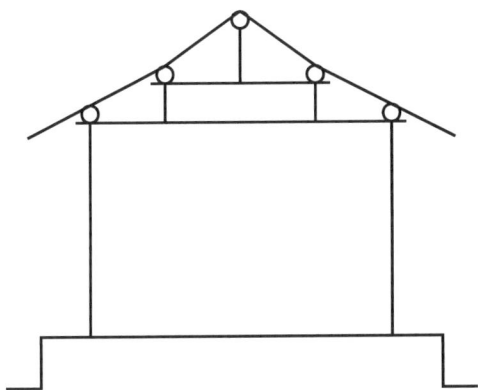

图2-2-2　硬山五檩四步三间不带廊大屋脊建筑
梁架示意图

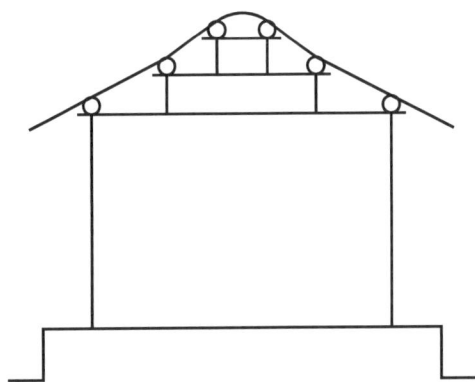

图2-2-3　硬山六檩五步三间不带廊卷棚建筑
梁架示意图

（2）硬山三间前廊后无廊建筑（六檩五步大屋脊、七檩六步卷棚）

硬山前廊后无廊建筑，常见的是在五檩四步大屋脊硬山或六檩五步卷棚硬山外加前廊一步架，通过这种做法可以得到六檩五步大屋脊硬山和七檩六步卷棚硬山。前廊通常为室外空间，但也有为了增加室内使用空间将外廊全部或部分设计为室内空间的情况。次间部分的外廊设计成室内空间，这样的平面形式类似古代锁的造型，故也称为锁字厅。

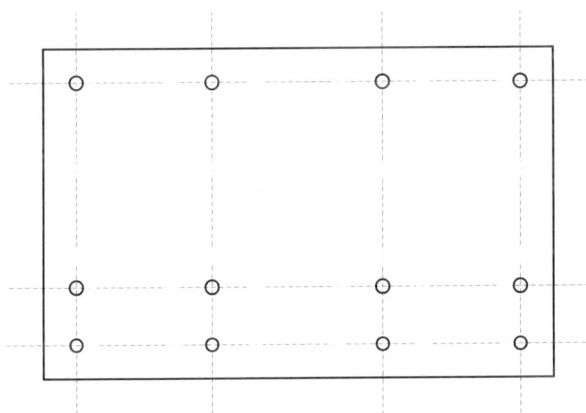

□ 构件单线示意

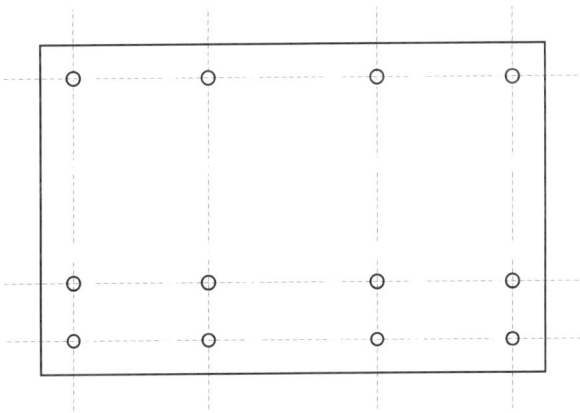

□ 构件单线示意

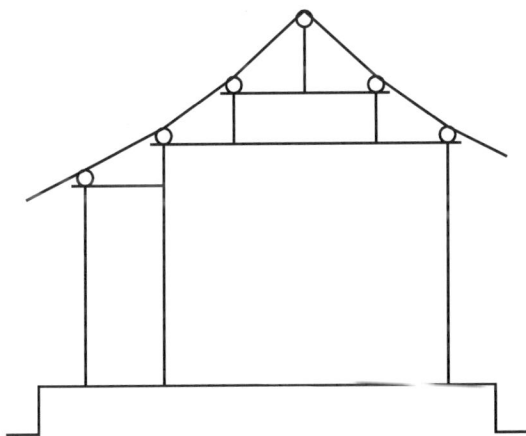

图2-2-4　硬山六檩五步三间带前廊大屋脊建筑
柱网及梁架示意图

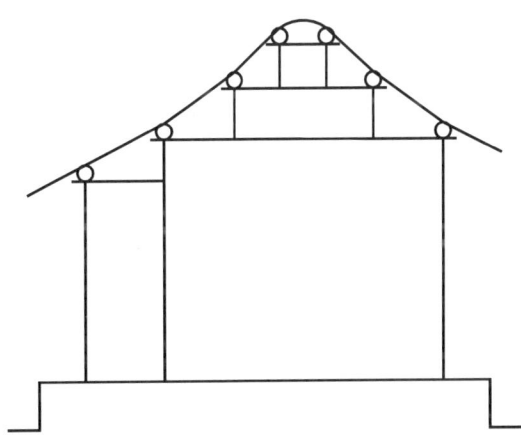

图2-2-5　硬山七檩六步三间带前廊卷棚建筑柱
网及梁架示意图

（3）硬山三间前后廊建筑（七檩六步大屋脊、八檩七步卷棚）

硬山前后廊建筑，常见的是在五檩四步大屋脊硬山或六檩五步卷棚硬山前后各增加廊步一步架，通过这种做法可以得到七檩六步大屋脊硬山和八檩七步卷棚硬山。一般会根据室内空间及室外走廊的需求选择是否将廊步架全部或部分砌筑在室内，其区别主要体现在外围护墙及门窗的位置不同，其柱网形式及其剖面梁架形式基本无差别。

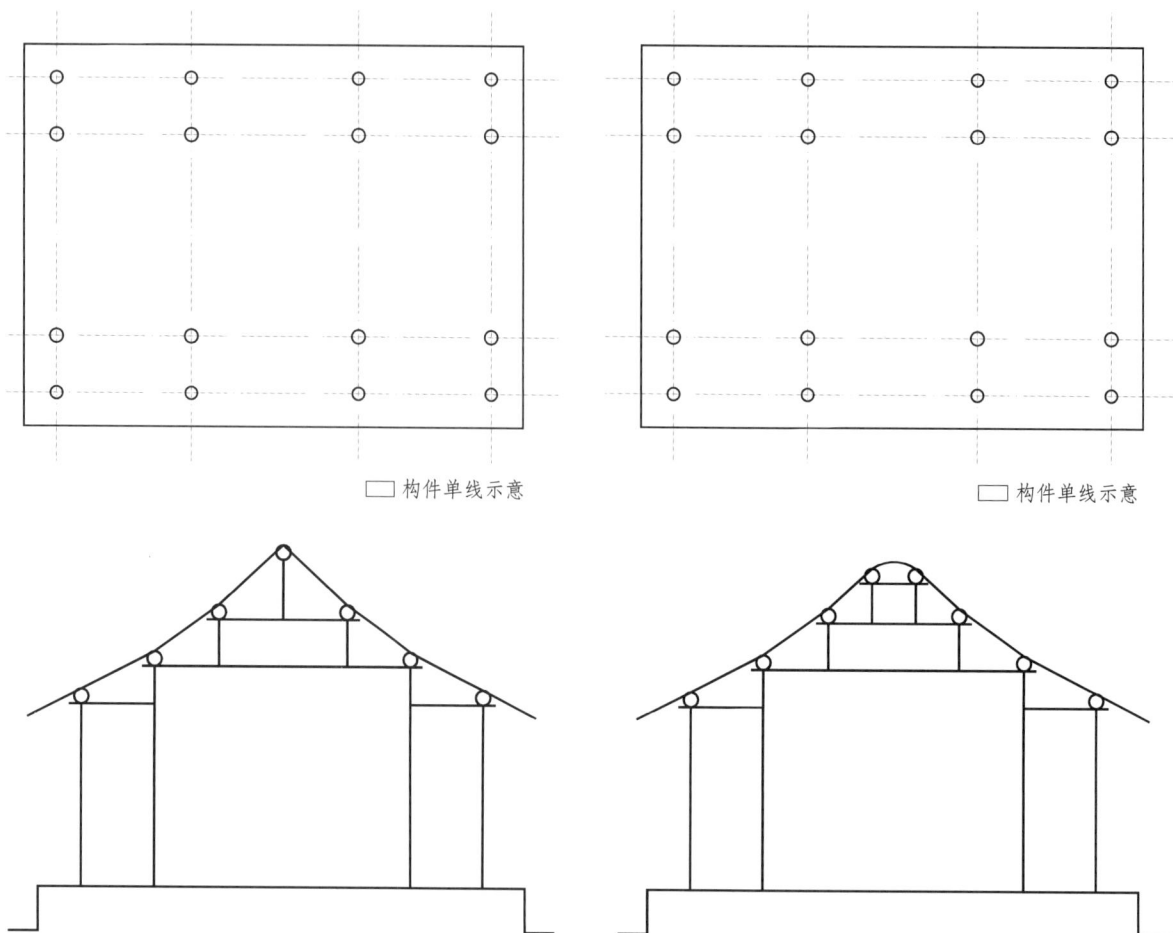

☐ 构件单线示意　　　　　　　　　　☐ 构件单线示意

图2-2-6　硬山七檩六步三间前后廊大屋脊建筑　　图2-2-7　硬山八檩七步三间前后廊卷棚建筑
　　　　　柱网及梁架示意图　　　　　　　　　　　　　柱网及梁架示意图

2.2.1.3　适用范围

硬山建筑多用于民居、宅第、祠堂、书院、庙宇、会馆等类型的建筑，多以合围的院落布局为主，如四合院。主要类型有七檩前后廊式、六檩前出廊式、五檩无廊式。

七檩前后廊式：是小式民居中体量最大、地位最显赫的建筑，常用它来作主房，有时也用作过厅。

六檩前出廊式：可用作带廊子的厢房、配房，也可用作前廊后无廊式的正房或后罩房。

五檩无廊式：多用于无廊厢房、后罩房、倒座房等。

四合院是传统合院式建筑，从四面将庭院围合在中间，根据围合庭院的个数可分为一进院落、二进院落、三进院落等。而四合院中根据单体所在位置不同、功能不同、形态不同，又有各自的名称，如大门、影壁、倒座、垂花门、正房、厢房、耳房、后罩房等。

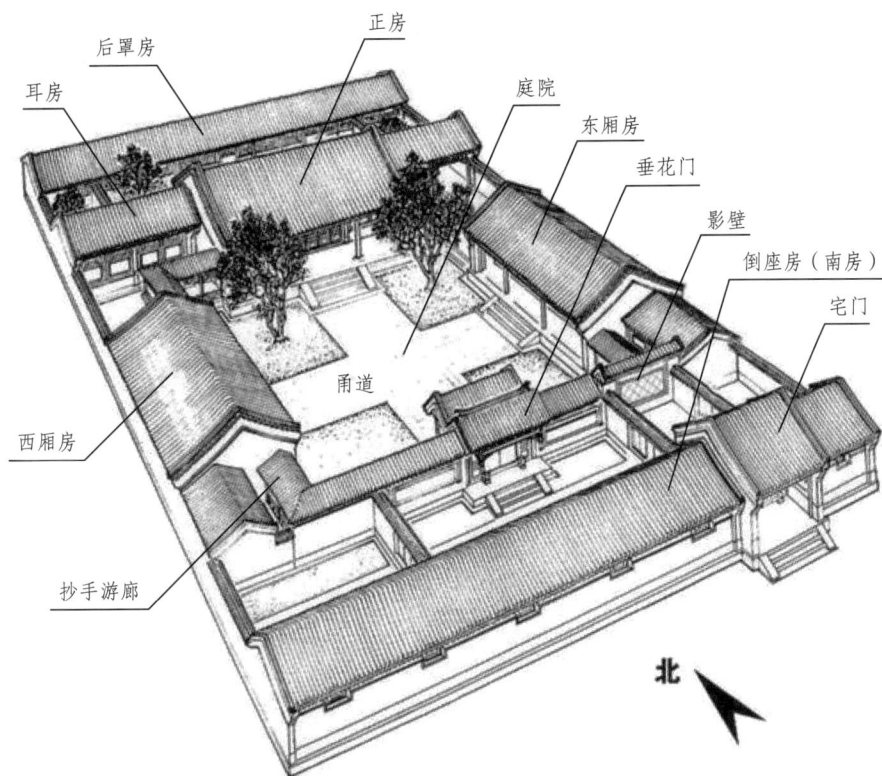

图2-2-8　三进四合院硬山建筑组合鸟瞰图

2.2.2　悬山建筑的适用范围

2.2.2.1　基本概念

悬山建筑也称为挑山建筑，是屋面有前后坡，且两山屋面悬出于山墙或山面屋架之外的建筑。

悬山也属于一种常见的建筑，它有前后两坡，从基座结构、柱网分布到正身梁架、屋面瓦饰、脊饰等与两坡硬山没有大的区别，不同的是它的屋面悬挑出山墙以外，檩木梁架不是被封护在墙体以内，而是悬在半空，故名悬山。悬山建筑整体造型比硬山建筑要活泼一些。

悬山建筑的分类与硬山建筑类似。按照屋脊形式，悬山建筑一般可分为大屋脊悬山与卷棚悬山两种；按照是否带有廊间，悬山建筑一般可分为无廊悬山、前后廊悬山、前廊后无廊悬山；按照是否有斗栱可分为带斗栱悬山与不带斗栱悬山。带斗栱悬山一般采用一斗三升或一斗二升交麻叶斗栱。一般以单檐悬山最为常见，带斗栱悬山相对使用较少。

2.2.2.2　常见平面类型及对应剖面梁架形式

本部分案例采用三间柱网排列形式的单体建筑，在实际设计中当单体建筑为多开间时，可根据需求增加次间个数以达到五间、七间等，一般仅增加次间个数不会改变其剖面梁架形式。

传统抬梁式建筑中一般有两种需要增加中柱的情况：一是建筑功能的需求，二是结构上的原因，为了解决进深方向跨度过大的问题。例如本小节案例中的五檩四步三间带中柱悬山、七檩六步三间带中柱悬山，二者多用于门庑类建筑，增加中柱主要是为了在中柱之间安装门窗构件，实现其功能需求。

（1）悬山五檩四步三间带中柱建筑

门庑建筑一般在明间中柱位置设实榻门或攒边门。

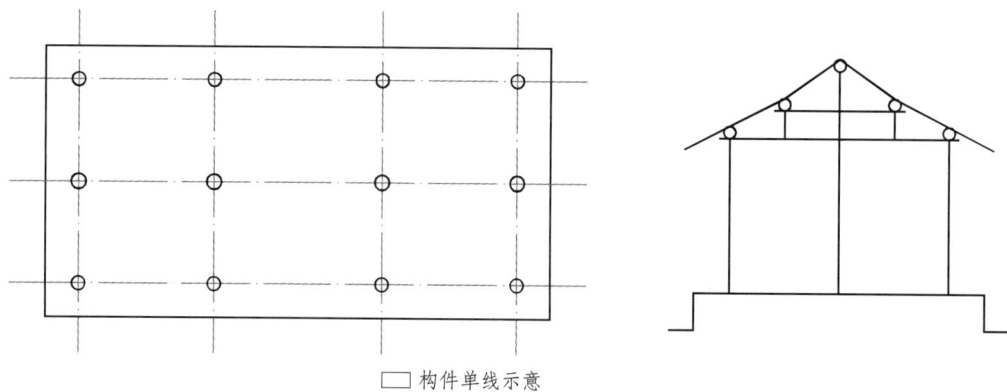

□ 构件单线示意

图2-2-9　悬山五檩四步三间带中柱大屋脊建筑柱网及梁架示意图（门庑建筑）

（2）悬山七檩六步三间带中柱建筑

门庑建筑一般在明间中柱位置设实榻门或攒边门。

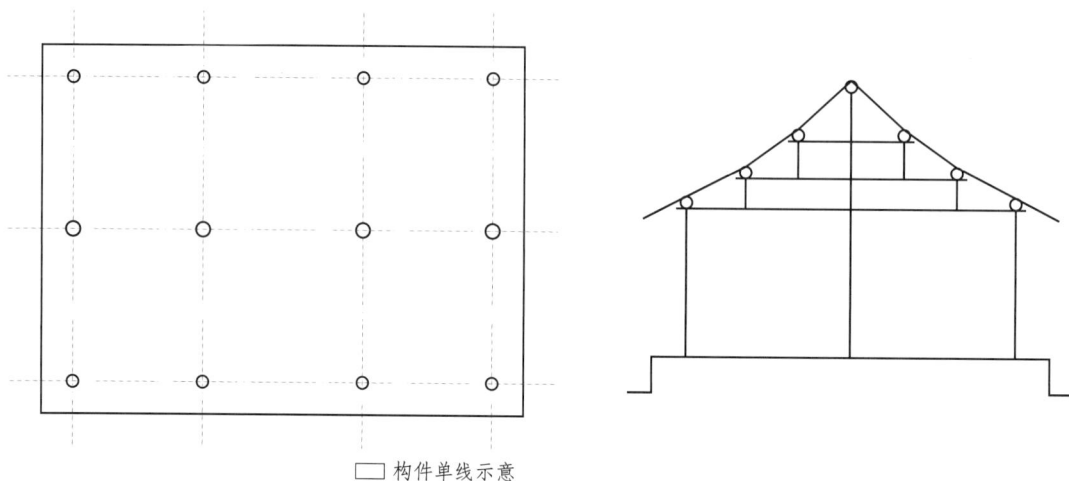

□ 构件单线示意

图2-2-10　悬山七檩六步三间带中柱大屋脊建筑柱网及梁架示意图（门庑建筑）

（3）悬山七檩六步三间带山柱前后廊建筑

七檩六步带山柱前后廊悬山的做法实际上是在七檩六步前后廊悬山（可参见七檩六步前后廊大屋脊硬山柱网及梁架形式）的基础上，在建筑两山部位增加山柱，两山部分的五架梁和三架梁做成双步梁和单步梁。

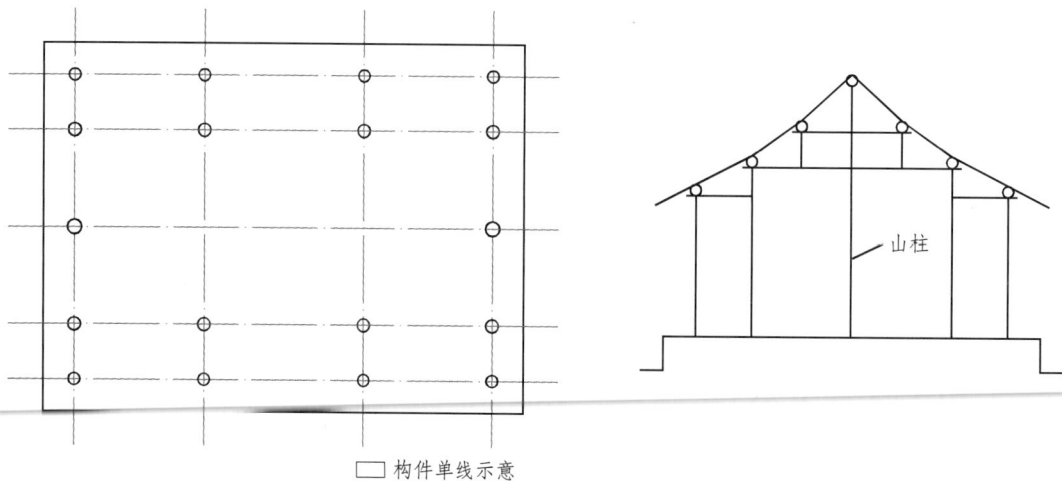

山柱

□ 构件单线示意

图2-2-11　悬山七檩六步三间带中柱前后廊大屋脊建筑柱网及梁架示意图

（4）悬山三间无廊建筑（五檩四步大屋脊、六檩五步卷棚）

悬山五檩四步大屋脊和六檩五步卷棚建筑的柱网布置相同，梁架构造不同。

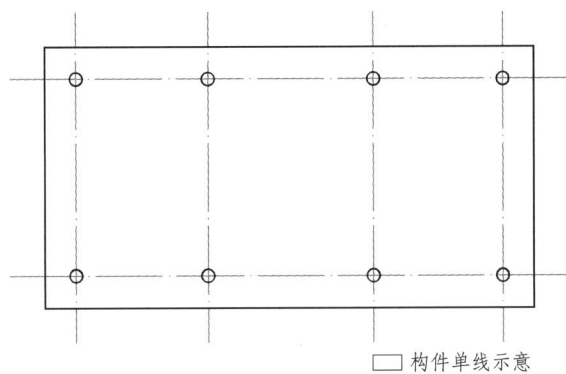

□ 构件单线示意

图2-2-12　悬山五檩四步、六檩五步三间建筑柱网示意图

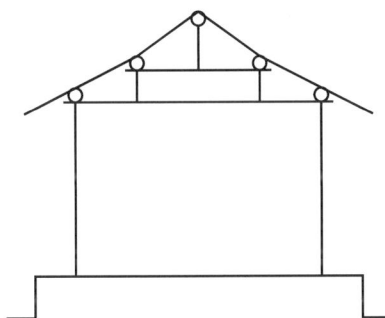

图2-2-13　悬山五檩四步三间大屋脊建筑梁架示意图

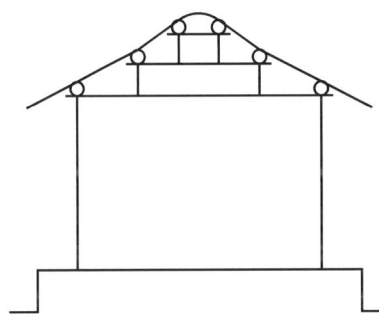

图2-2-14　悬山六檩五步三间卷棚建筑梁架示意图

（5）悬山三间无廊建筑（七檩六步大屋脊、八檩七步卷棚）

悬山七檩六步大屋脊和八檩七步卷棚建筑屋面的柱网布置相同，梁架构造不同。

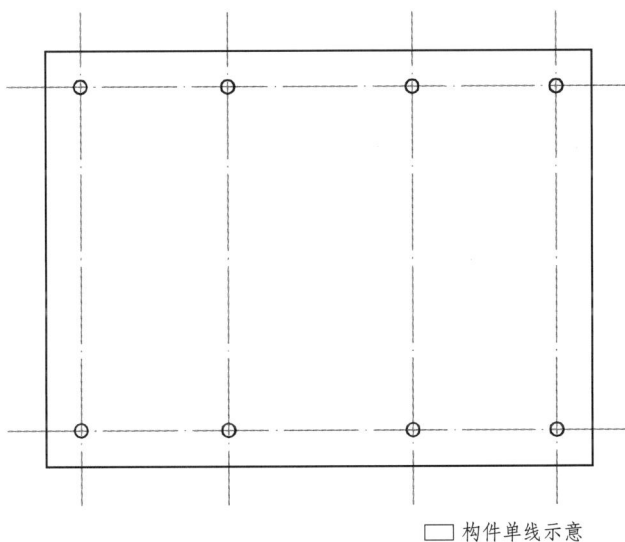

□ 构件单线示意

图2-2-15　悬山七檩六步、八檩七步三间建筑柱网示意图

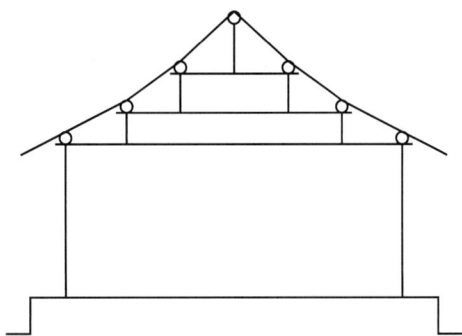

图2-2-16　悬山七檩六步三间大屋脊建筑梁架示意图

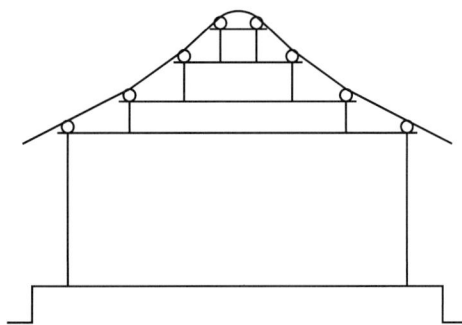

图2-2-17　悬山八檩七步三间卷棚建筑梁架示意图

（6）悬山三间带前后廊建筑（七檩六步大屋脊、八檩七步卷棚）

悬山七檩六步大屋脊和八檩七步卷棚建筑的柱网布置相同，梁架构造不同。

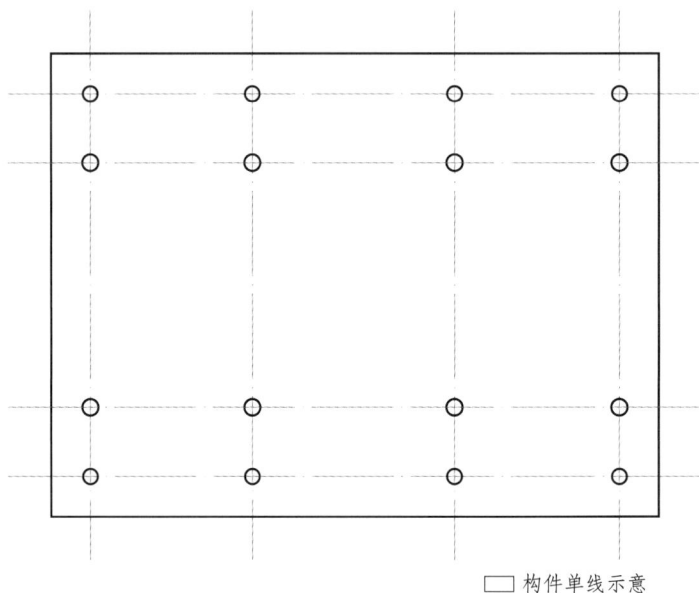

□ 构件单线示意

图2-2-18　悬山七檩六步、八檩七步三间带前后廊建筑柱网示意图

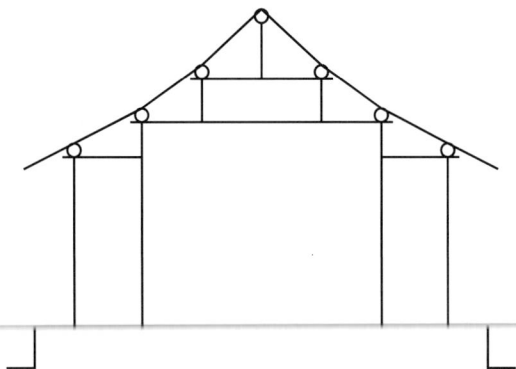

图2-2-19　悬山七檩六步三间带前后廊大屋脊
建筑梁架示意图

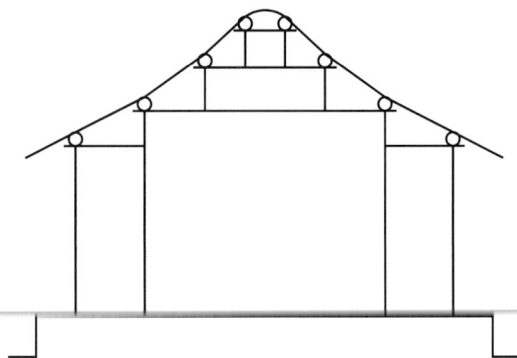

图2-2-20　悬山八檩七步三间带前后廊卷棚建筑
梁架示意图

2.2.2.3 适用范围

悬山建筑的主要适用范围与硬山类似，多用于民居、宅第、祠堂、书院、庙宇等类型的建筑。大进深的悬山建筑还常作为仓储建筑，山面出梢部分可以为山墙遮阳、挡雨，保持墙体干燥、不受潮，利于屋内储存货物。

2.2.3 歇山建筑的适用范围

2.2.3.1 基本概念

歇山建筑，即歇山式屋顶的建筑。歇山顶共有九条屋脊，即一条正脊、四条垂脊和四条戗脊，因此又称九脊顶。从外形上看，歇山建筑是庑殿建筑与悬山建筑的有机结合，仿佛一座悬山屋顶歇栖在一座庑殿顶上。歇山顶作为古代中国建筑屋顶样式之一，在规格上仅次于庑殿。

按照屋檐层数划分，歇山建筑可分为单檐歇山、重檐歇山、三滴水（即三重檐）歇山。所谓重檐，就是在基本歇山顶的下方，再加上一层屋檐。

按照屋脊形式划分，歇山建筑可分为大屋脊歇山、卷棚歇山。卷棚歇山是指没有正脊，而采用卷棚脊的歇山顶，又称歇山式卷棚顶。

2.2.3.2 歇山建筑常见平面类型及对应剖面梁架形式

本部分案例采用三转五、五转七柱网排列形式的单体建筑，在实际设计中当单体建筑为多开间时，可根据需求增加开间个数，一般增加开间个数不会改变其剖面梁架形式。

（1）单檐歇山

①单檐歇山七檩六步周围廊建筑

在建筑的外围一周均有檐柱的单檐歇山称为单檐歇山周围廊建筑，无中柱时其柱网排列形式一般为四排。

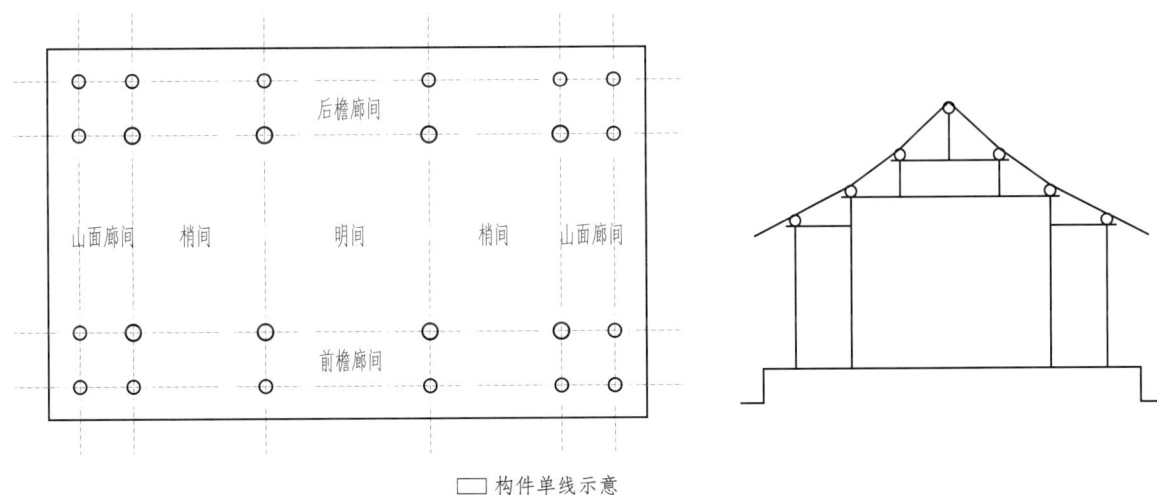

□ 构件单线示意

图2-2-21 单檐歇山七檩六步三转五周围廊建筑柱网及梁架示意图

②单檐歇山七檩六步三间前后廊建筑

仅在建筑的前檐和后檐有檐柱的单檐歇山建筑称为单檐歇山前后廊建筑，无中柱时其柱网排列形式一般为四排。

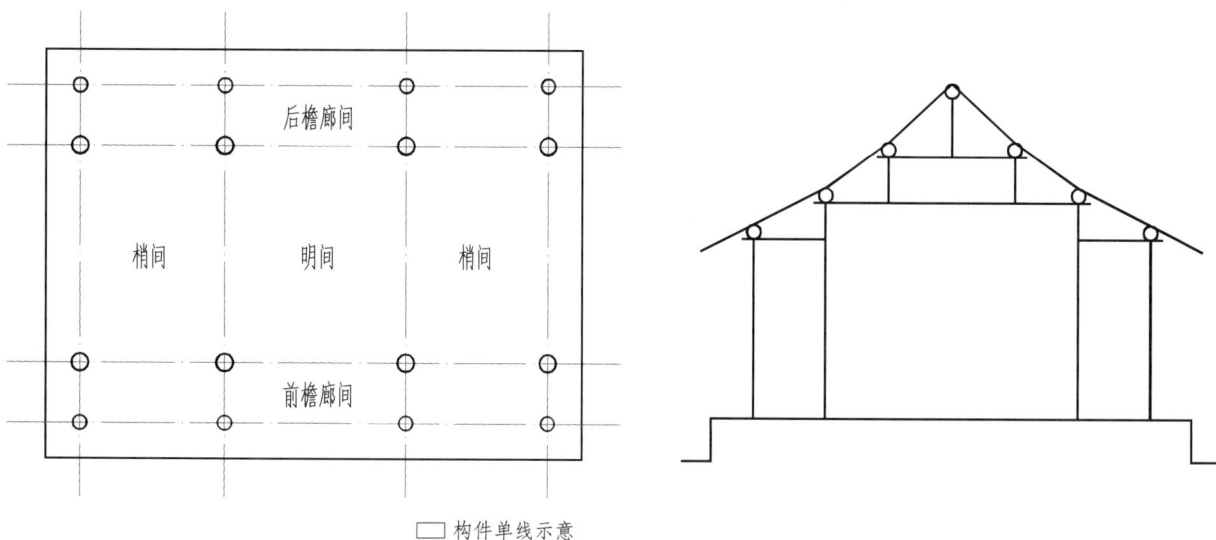

构件单线示意

图2-2-22　单檐歇山七檩六步三间前后廊建筑柱网及梁架示意图

③单檐歇山五檩四步三间建筑

在建筑四周的没有外廊柱的单檐歇山称为单檐无廊歇山，无中柱时其柱网排列形式一般为两排。

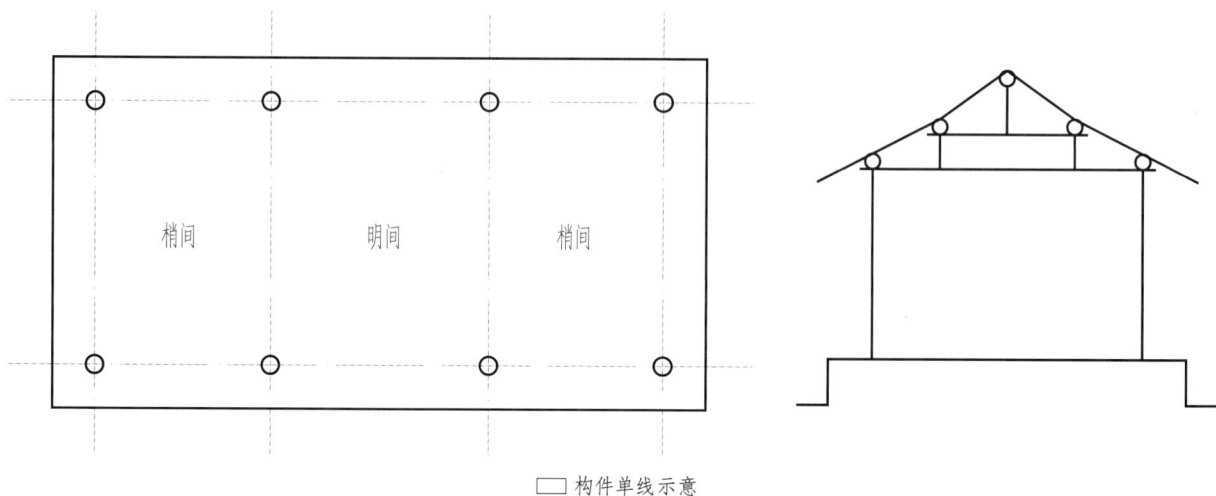

构件单线示意

图2-2-23　单檐歇山五檩四步三间建筑柱网及梁架示意图

④单檐歇山五檩四步三间前廊后无廊建筑

仅在建筑的前檐有檐柱的单檐歇山称为单檐歇山前廊后无廊建筑，无中柱时其柱网排列形式一般为三排。

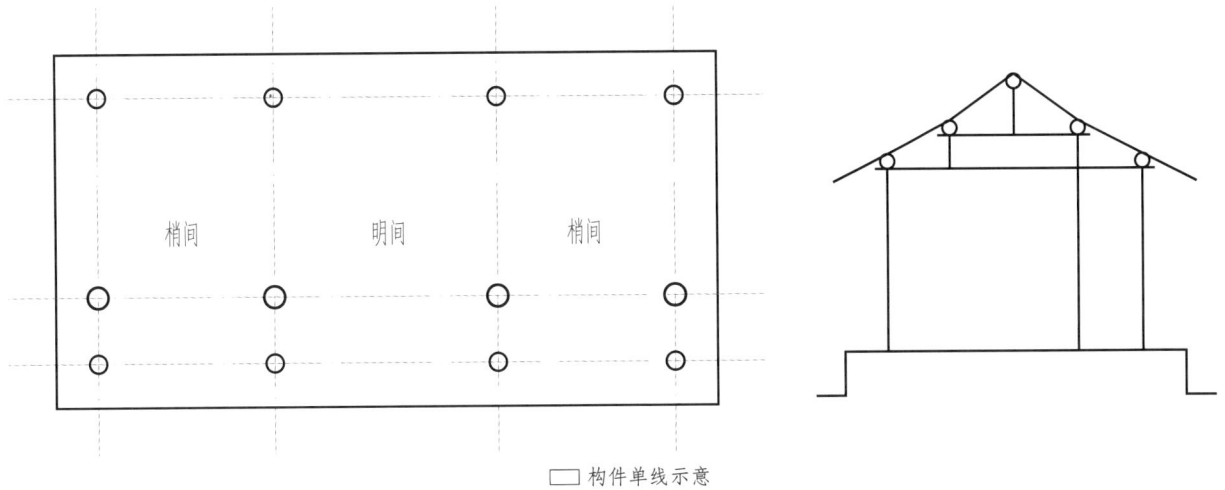

□ 构件单线示意

图2-2-24　单檐歇山五檩四步三间前廊后无廊建筑柱网及梁架示意图

⑤单檐歇山五檩四步单开间建筑

单开间无廊歇山整个建筑只有四根柱子，平面布局有正方形和矩形之分。

园林中的小型亭、榭和寺庙里的钟楼、方楼常用这种形式，许多苏州园林中的亭也应用了歇山顶。苏州明清园林中尚存的较具代表性的歇山顶亭，多分布在古城区保存较好的一些私家园林中，尤以较具代表性的拙政园、留园、沧浪亭、怡园等大型私家园林为常见。明清时期大量南方工匠到了北方，所以北方园林中也有许多类似的做法，这些园林中的歇山顶亭种类繁多，文化与艺术价值也更高。此外，在一些大型园林中歇山顶亭也有较为广泛的分布，如虎丘风景区中的真娘墓亭、天平山风景区中的逍遥亭及恩纶亭等。

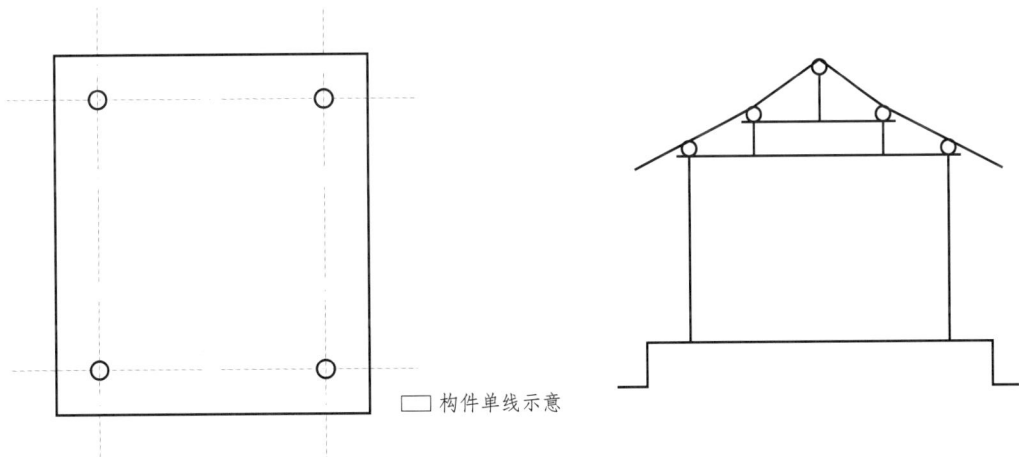

□ 构件单线示意

图2-2-25　单檐歇山五檩四步单开间建筑柱网及梁架示意图

（2）重檐歇山

①重檐歇山七檩六步三转五周围廊建筑

有两层屋檐，且在建筑的外围一周均有檐柱的歇山称为重檐歇山周围廊建筑。

一层柱网示意图　　　　　　　　　　　　二层柱网示意图

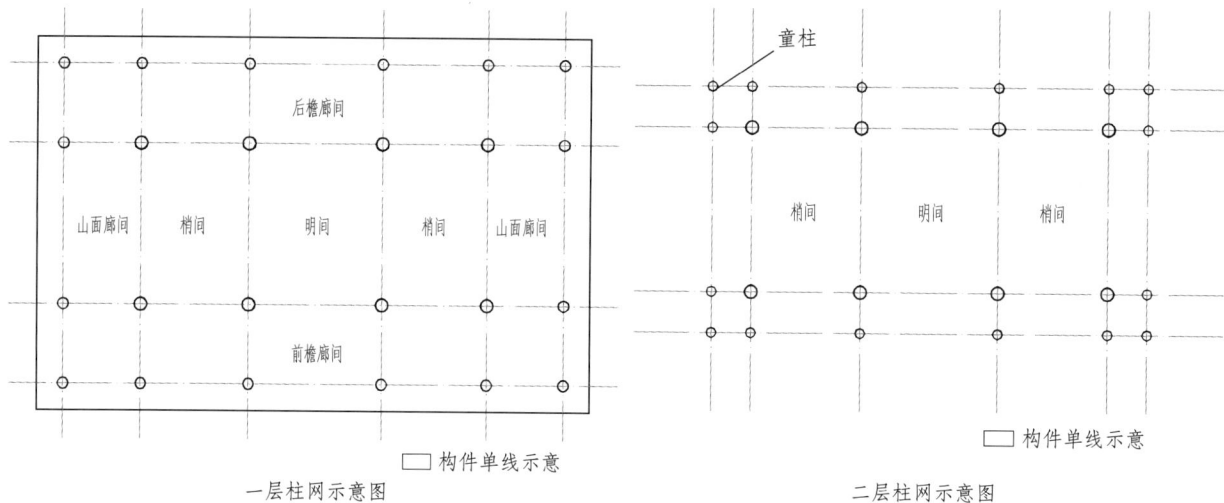

图2-2-26　重檐歇山七檩六步三转五周围廊建筑柱网示意图

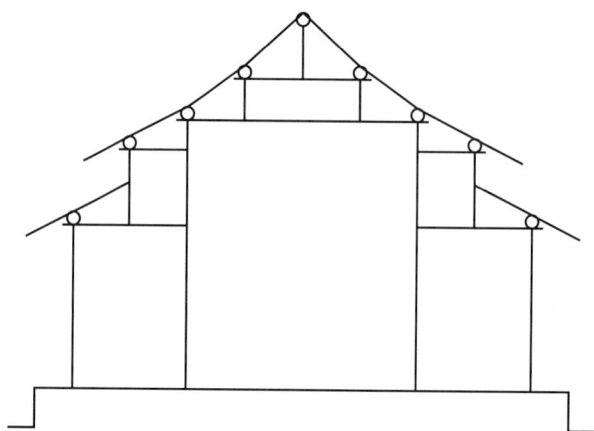

图2-2-27　重檐歇山七檩六步三转五周围廊建筑梁架示意图

②重檐歇山九檩八步五转七周围廊建筑

有两层屋檐，在建筑的外围一周均有檐柱，且在金柱以内还有一圈里围金柱的歇山称为重檐歇山带里围金柱周围廊建筑。

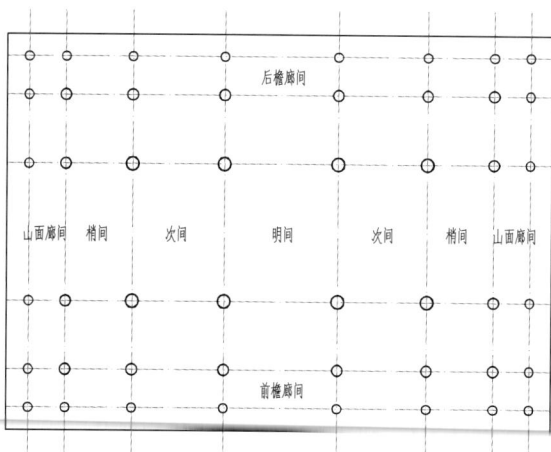

图2-2-28　重檐歇山九檩八步五转七周围廊建筑
一层柱网示意图

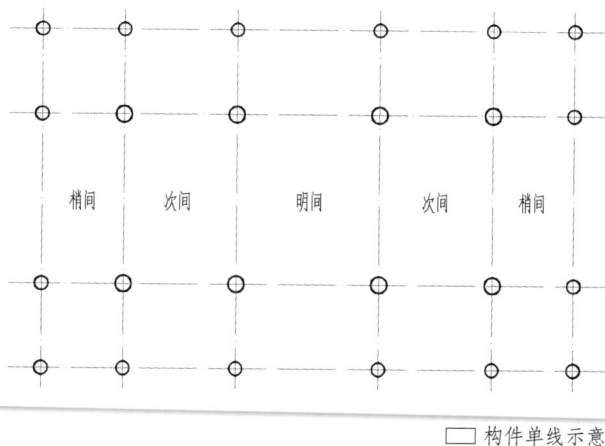

图2-2-29　重檐歇山九檩八步五转七周围廊建筑
二层柱网示意图

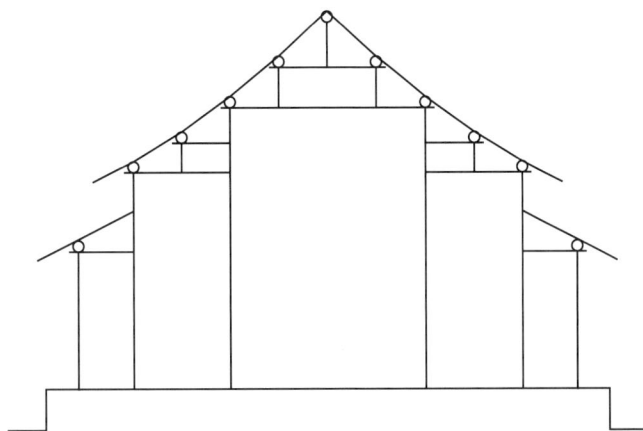

图2-2-30　重檐歇山九檩八步五转七周围廊建筑梁架示意图

2.2.3.3　适用范围

歇山建筑体量大小差异悬殊，小至四檩卷棚，大至像天安门、正阳门、鼓楼之类的大型宫殿城垣建筑都有。无论帝王宫阙、王公府邸、城垣敌楼、坛遗寺庙，还是商贾铺面，各类建筑都大量采用歇山这种建筑形式。

重檐歇山等级高于单檐庑殿，仅次于重檐庑殿，因此重檐歇山多见于各类大型宫殿城垣建筑，例如城墙上的箭楼、部分寺庙中的大雄宝殿、北京天安门、故宫三大殿中的保和殿等。

2.2.4　庑殿建筑的适用范围

2.2.4.1　基本概念

庑殿建筑是中国古建筑中的最高等级。庑殿建筑屋面有四大坡，前后坡屋面相交形成一条正脊，两山屋面与前后屋面相交形成四条垂脊，故庑殿又称四阿殿、五脊殿。

按照屋檐层数划分，庑殿建筑也可分为单檐庑殿建筑、重檐庑殿建筑。

2.2.4.2　庑殿建筑常见平面类型及对应剖面梁架形式

本部分案例采用单体建筑三间柱网排列形式，在实际设计中当单体建筑为多开间时，可根据需求增加开间个数以达到五间、七间等，一般仅增加开间个数不会改变其剖面梁架形式。

（1）单檐庑殿

①单檐庑殿七檩六步三间带中柱建筑

在建筑山面的中轴线设计山柱、中柱的单檐庑殿，多见于门庑建筑，门庑建筑一般在明间中柱位置设实榻门和攒边门。

②单檐庑殿七檩六步三转五周围廊建筑

在建筑的外围一周均有檐柱的单檐庑殿称为单檐周围廊庑殿，无中柱时其柱网排列形式一般为四排。

（2）重檐庑殿

①重檐庑殿九檩八步五转七周围廊建筑

有两层屋檐，在建筑的外围一周均有檐柱，且在金柱以内还有一圈里围金柱的庑殿称为重檐庑殿带里围金柱周围廊建筑。

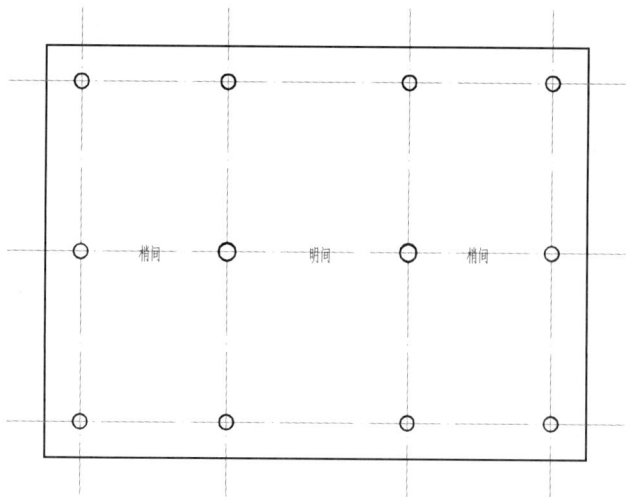

□ 构件单线示意

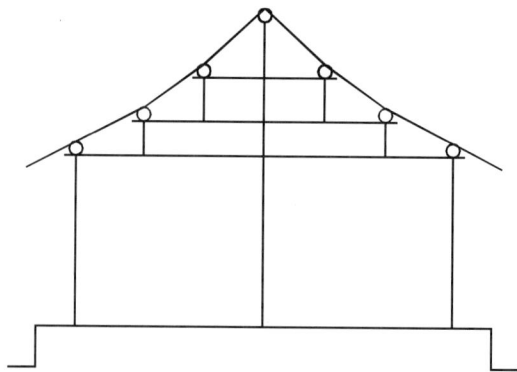

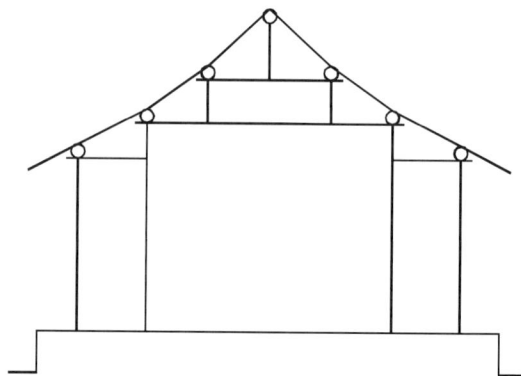

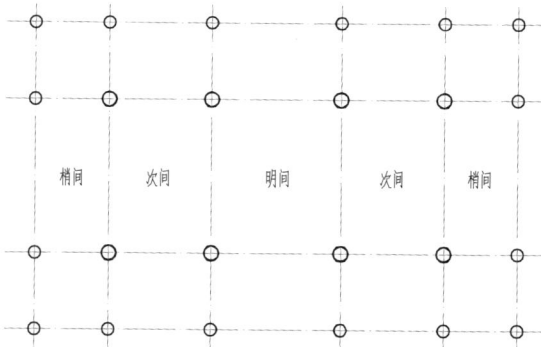

图2-2-31 单檐庑殿七檩六步三间带中柱建筑柱网及梁架示意图（门庑建筑）

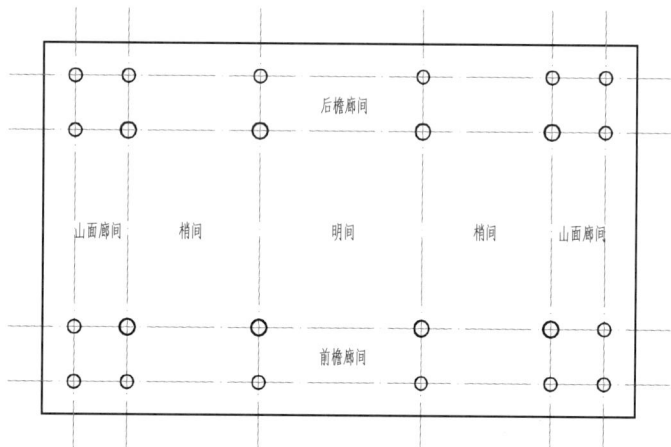

□ 构件单线示意

图2-2-32 单檐庑殿七檩六步三转五周围廊建筑
柱网示意图

图2-2-33 单檐庑殿七檩六步三转五周围廊建筑
梁架示意图

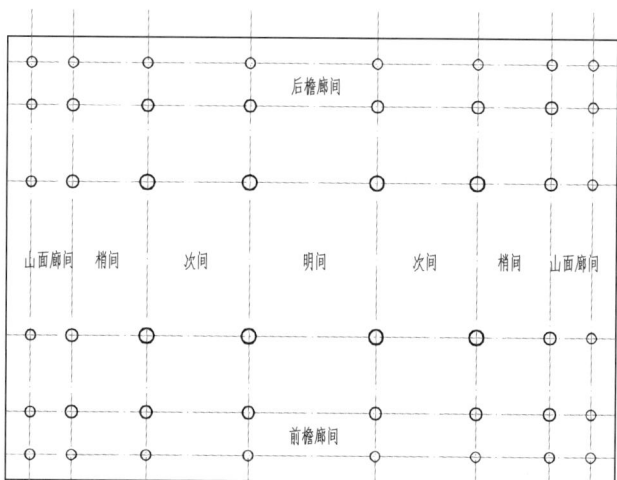

□ 构件单线示意

图2-2-34 重檐庑殿九檩八步五转七周围廊建筑
一层柱网示意图

图2-2-35 重檐庑殿九檩八步五转七周围廊建筑
二层柱网示意图

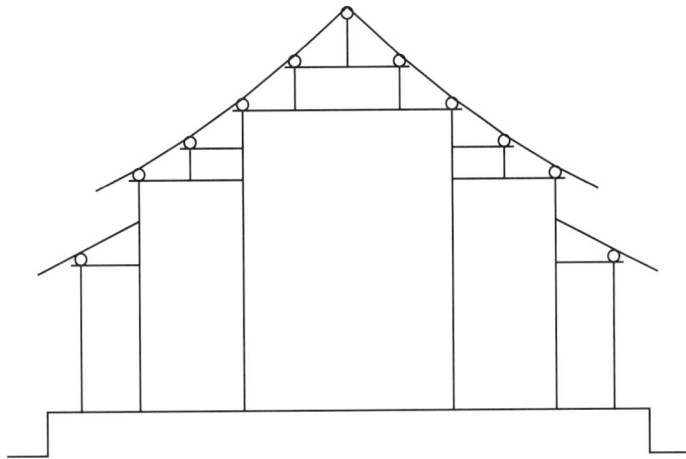

图2-2-36 重檐庑殿九檩八步五转七周围廊建筑梁架示意图

2.2.4.3 适用范围

庑殿建筑形式常用于宫殿、坛庙等皇家建筑，是建筑群中轴线上重要建筑最常采取的形式。如故宫午门、太和殿、乾清宫、坤宁宫，太庙大戟门、景山寿皇殿等，都是庑殿式建筑。

在封建社会，庑殿建筑实际上已经成为皇家建筑独有的建筑形式，其他建筑如官府、衙署、民宅等，是绝不允许采用庑殿这种建筑形式的。庑殿建筑的这种特殊政治地位决定了它体量雄伟、装饰华贵的特点，具有较高的文化价值和艺术价值。

3 四大形制的构件记忆及诠释（案例解读）

本章采用三维模型图片与文字结合的方式，通过构件记忆及诠释、建筑设计计算书两大板块，对清官式建筑中具有代表性的七檩硬山、七檩悬山、七檩周围廊歇山、九檩周围廊重檐歇山与九檩周围廊庑殿建筑进行详解，旨在提供一种区块化的构件记忆方法和规律性的设计计算方法，助力设计师快速掌握清官式建筑设计法则。

构件记忆法说明：

构件记忆法以典型的硬山、悬山、歇山、庑殿四大形制为例，根据构件由下至上、由外至内的位置关系进行理解记忆，同时匹配构件模型附图，辅助理解传统建筑复杂的结构关系。

3.1 清官式建筑七檩硬山构件记忆及诠释

七檩硬山构件记忆法分为15小节：

3.1.1：诠释梁思成先生《清式营造则例》中单体建筑的"三个基本要素"。

3.1.2：诠释清官式建筑施工图表达、建筑模型剖切位置对应关系和"三个基本要素"分别对应的模型部位。

3.1.3和3.1.4：概括性地介绍七檩硬山建筑砖、瓦、石、大木构件的各部名称，以及竖向高度的分层位置和构件关系，建立对七檩硬山建筑的外观和内部构造的初步认识。

3.1.5至3.1.15：详细介绍七檩硬山建筑各层平面、剖面和立面中的实体构件及其顺序、名称、位置、功能，同时标注其来源，以便查找更加详细的资料。

本书在构件记忆的学习中将构件分为"有实体的构件"（有具体形态、材料的构件，如五架梁、三架梁、阶条石等）和"无实体的部位"（表示距离、位置这类无具体形态的空间的名称，如天井、花碱、雀台等），防止因为古建筑的构件名称繁多，造成概念混淆不清的情况。构件记忆顺序主要针对"有实体的构件"，需要掌握它们的位置、功能、工艺工法、材料选择，"无实体的部位"需要掌握位置、尺寸。

3.1.1 《清式营造则例》中的"三个基本要素"概念的诠释

《清式营造则例》中提到："单个建筑物，由最古代简陋的胎形，到最近代穷奢极巧的殿宇，均始终保留着三个基本要素：台基部分，柱梁或木造部分，及屋顶部分。"[①]

将七檩硬山建筑模型分为下段、中段、上段，对应《清式营造则例》中的"三个基本要素"，可得：

下段（台基部分）：阶条石上皮以下为台基部分，包含基坑开挖、基础和台基平面三部分内容。

中段（柱梁或木造部分）：阶条石上皮以上至望板以下（包含望板、椿桩）为柱梁（木造）部分，包含柱头平面、步架平面两部分内容。

上段（屋顶部分）：望板、大连檐以上为屋顶部分，包含屋顶平面。

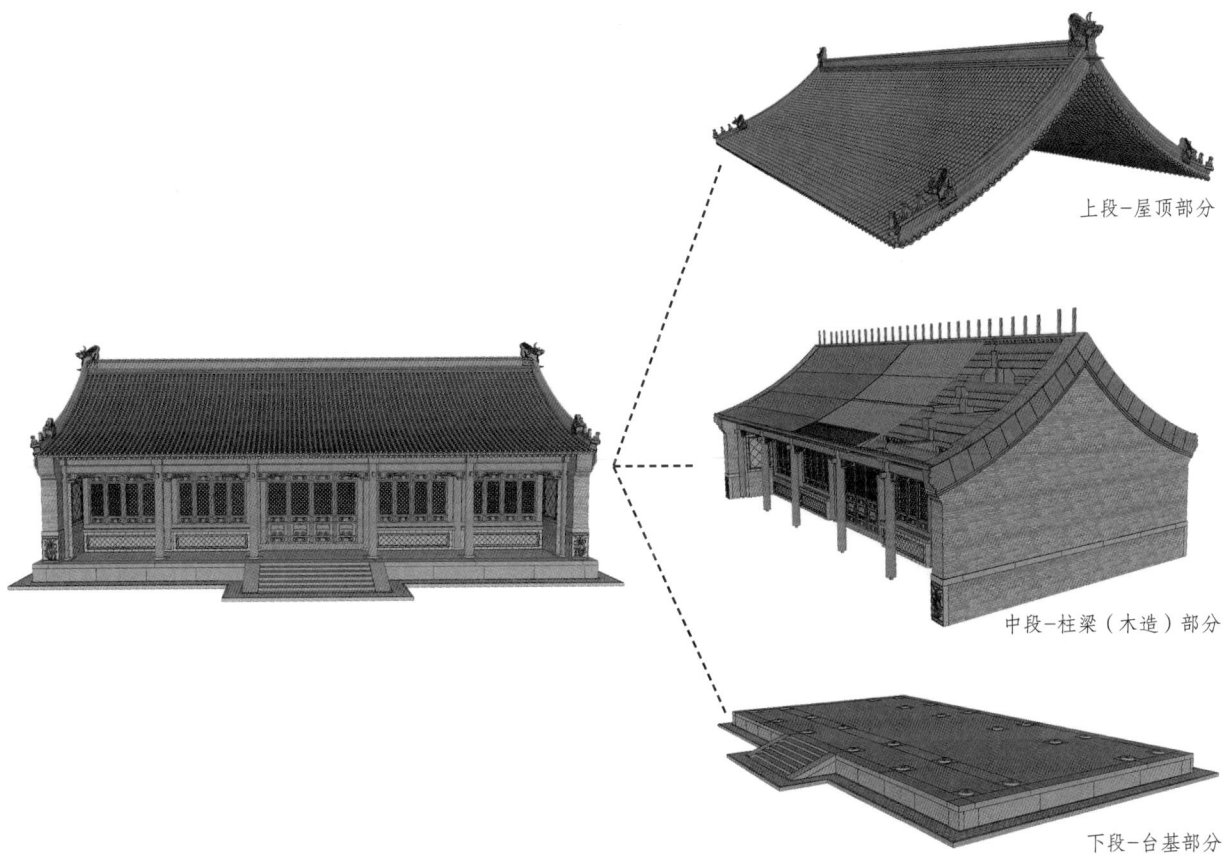

上段-屋顶部分

中段-柱梁（木造）部分

下段-台基部分

图3-1-1　七檩硬山前后廊建筑模型分段示意图

单体建筑分段的作用在于将建筑的砖作、石作、木作、瓦作结合竖向高度进行分类，"三段"分别与设计成果图的各层平面图对应，能够帮助读者对七檩硬山前后廊建筑的构造建立更系统的认知和更全面的空间概念。

---

① 参见：梁思成. 清式营造则例[M]. 北京：清华大学出版社，2006：9.

3.1.2　七檩硬山建筑分段竖向高度剖切位置示意图

将七檩硬山建筑按竖向高度关系剖切后，可以清晰展现出建筑的内部构造。屋顶平面的瓦件在步架平面之上，由于屋面有坡度高差，屋顶平面和步架平面在高度上有重合，故将屋顶平面和步架平面分在一个高度区间内。

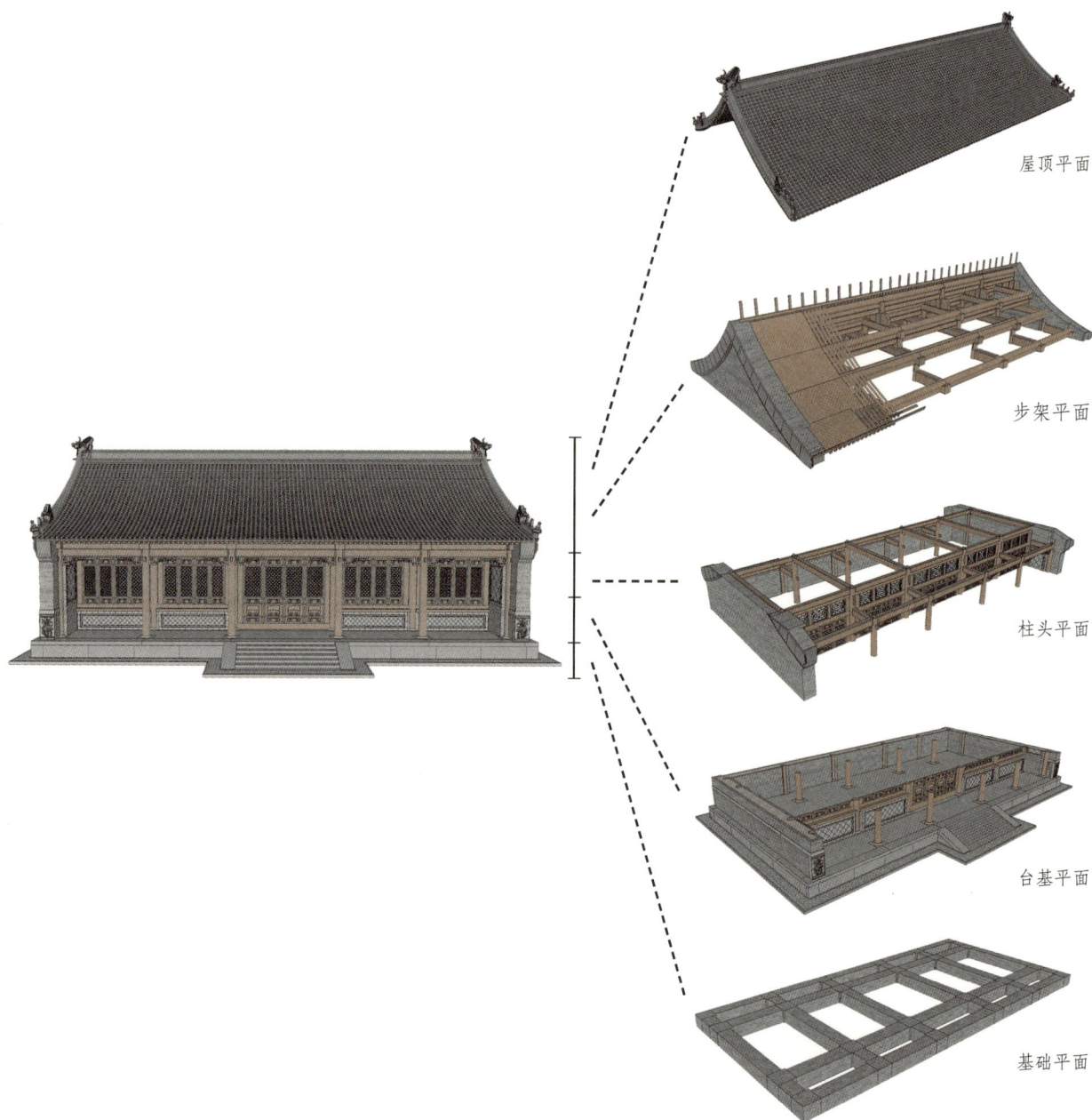

屋顶平面

步架平面

柱头平面

台基平面

基础平面

图3-1-2　七檩硬山建筑分段竖向高度剖切位置示意图

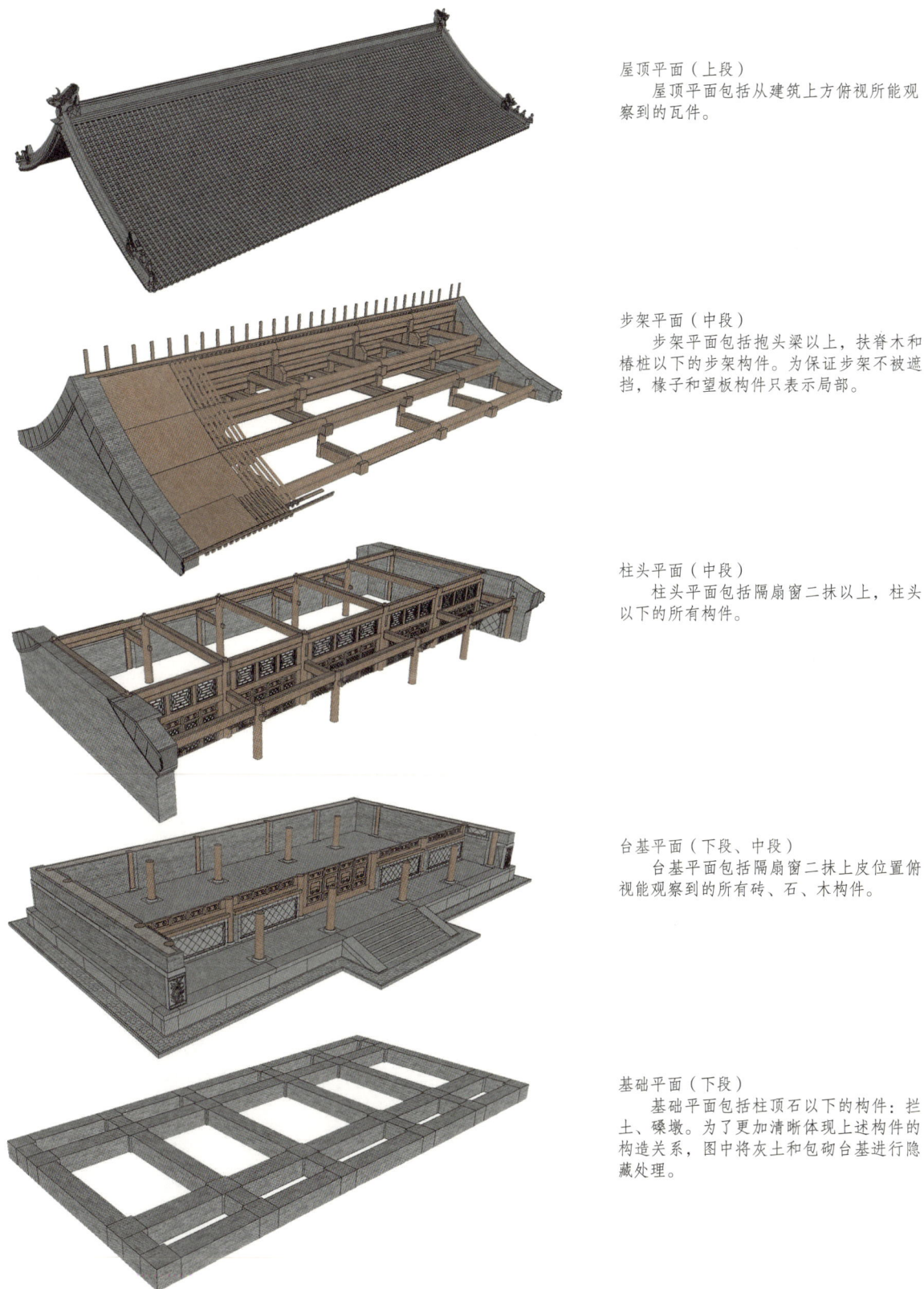

屋顶平面（上段）

屋顶平面包括从建筑上方俯视所能观察到的瓦件。

步架平面（中段）

步架平面包括抱头梁以上，扶脊木和椿桩以下的步架构件。为保证步架不被遮挡，椽子和望板构件只表示局部。

柱头平面（中段）

柱头平面包括隔扇窗二抹以上，柱头以下的所有构件。

台基平面（下段、中段）

台基平面包括隔扇窗二抹上皮位置俯视能观察到的所有砖、石、木构件。

基础平面（下段）

基础平面包括柱顶石以下的构件：拦土、磉墩。为了更加清晰体现上述构件的构造关系，图中将灰土和包砌台基进行隐藏处理。

图3-1-3　七檩硬山建筑模型与分段剖切位置示意图

3.1.3　七檩硬山建筑砖、瓦、石构件名称示意图

图3-1-4、图3-1-5直观展示了七檩硬山建筑砖作、瓦作、石作构件的形态、位置和名称。

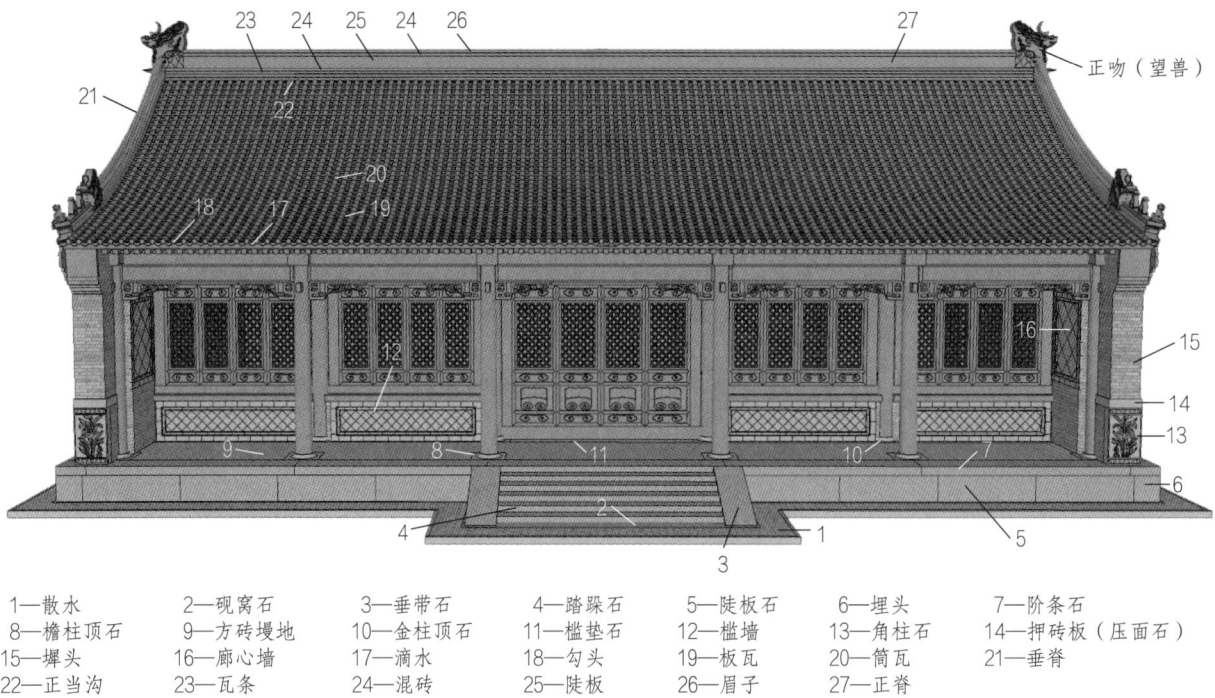

正吻（望兽）

1—散水　　　　2—砚窝石　　　　3—垂带石　　　　4—踏跺石　　　　5—陡板石　　　　6—埋头　　　　　7—阶条石
8—檐柱顶石　　9—方砖墁地　　　10—金柱顶石　　11—槛垫石　　　12—槛墙　　　　13—角柱石　　　14—押砖板（压面石）
15—墀头　　　　16—廊心墙　　　17—滴水　　　　18—勾头　　　　19—板瓦　　　　20—筒瓦　　　　21—垂脊
22—正当沟　　　23—瓦条　　　　24—混砖　　　　25—陡板　　　　26—眉子　　　　27—正脊

图3-1-4　七檩硬山建筑模型正面构件名称示意图

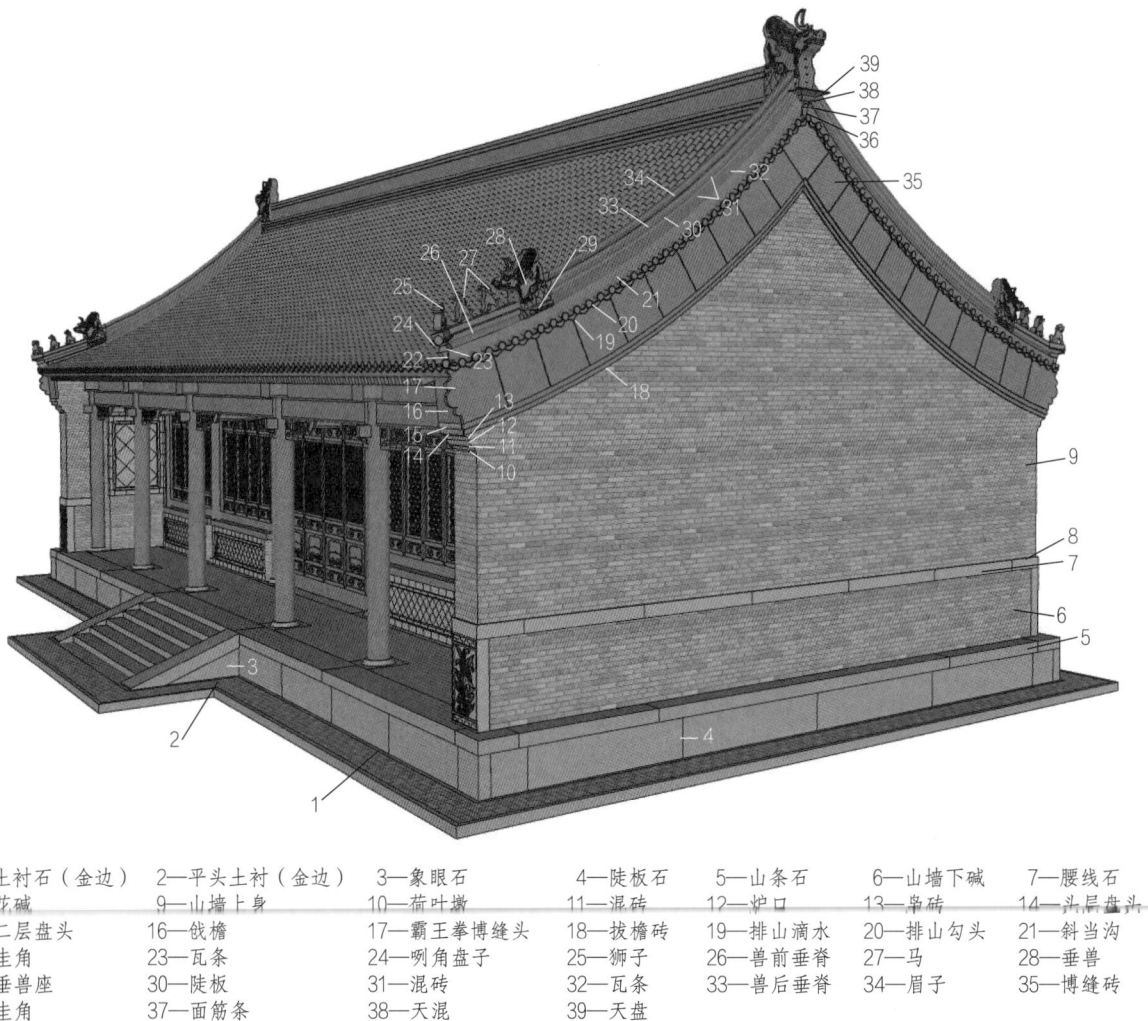

1—土衬石（金边）　2—平头土衬（金边）　3—象眼石　　　4—陡板石　　　5—山条石　　　6—山墙下碱　　7—腰线石
8—花碱　　　　　　9—山墙上身　　　　10—荷叶墩　　　11—混砖　　　　12—炉口　　　　13—鼻砖　　　　14—头层盘头
15—二层盘头　　　16—饯檐　　　　　　17—霸王拳博缝头　18—拔檐砖　　　19—排山滴水　　20—排山勾头　　21—斜当沟
22—圭角　　　　　23—瓦条　　　　　　24—咧角盘子　　25—狮子　　　　26—兽前垂脊　　27—马　　　　　28—垂兽
29—垂兽座　　　　30—陡板　　　　　　31—混砖　　　　32—瓦条　　　　33—兽后垂脊　　34—眉子　　　　35—博缝砖
36—圭角　　　　　37—面筋条　　　　　38—天混　　　　39—天盘

图3-1-5　七檩硬山建筑模型侧面构件名称示意图

3.1.4 七檩硬山建筑大木构件名称示意图

图3-1-6、图3-1-7直观展示了七檩硬山建筑木作构件的形态、位置和名称，按照构件分类（梁架构件、檩三件、檐口）的顺序从下到上进行排序标注记忆。

隔扇门、隔扇窗构件诠释见3.1.8。

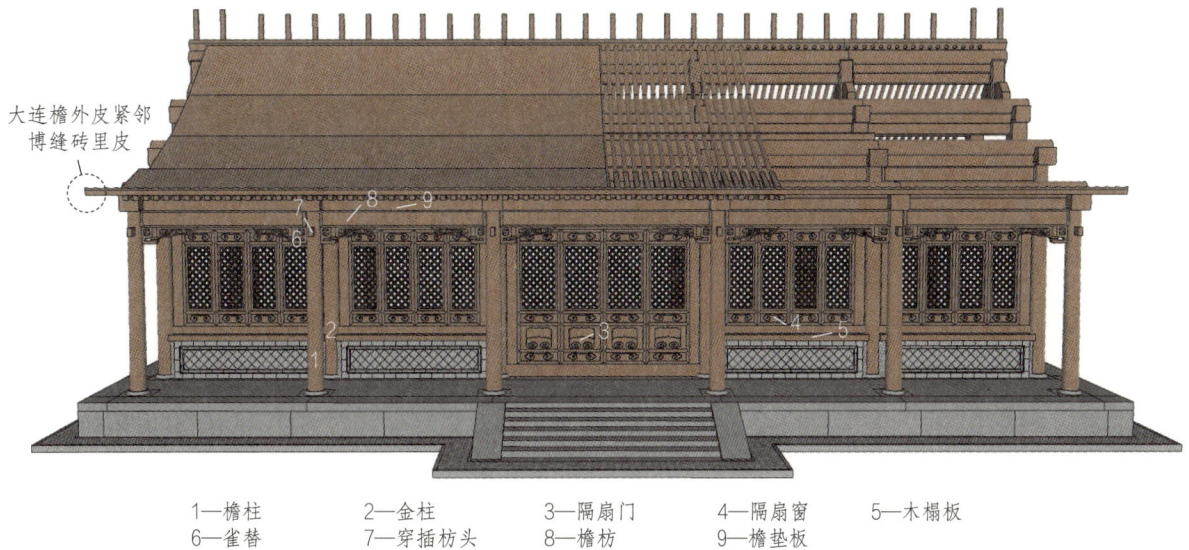

1—檐柱	2—金柱	3—隔扇门	4—隔扇窗	5—木榻板
6—雀替	7—穿插枋头	8—檐枋	9—檐垫板	

图3-1-6　七檩硬山建筑模型正面大木构件名称示意图

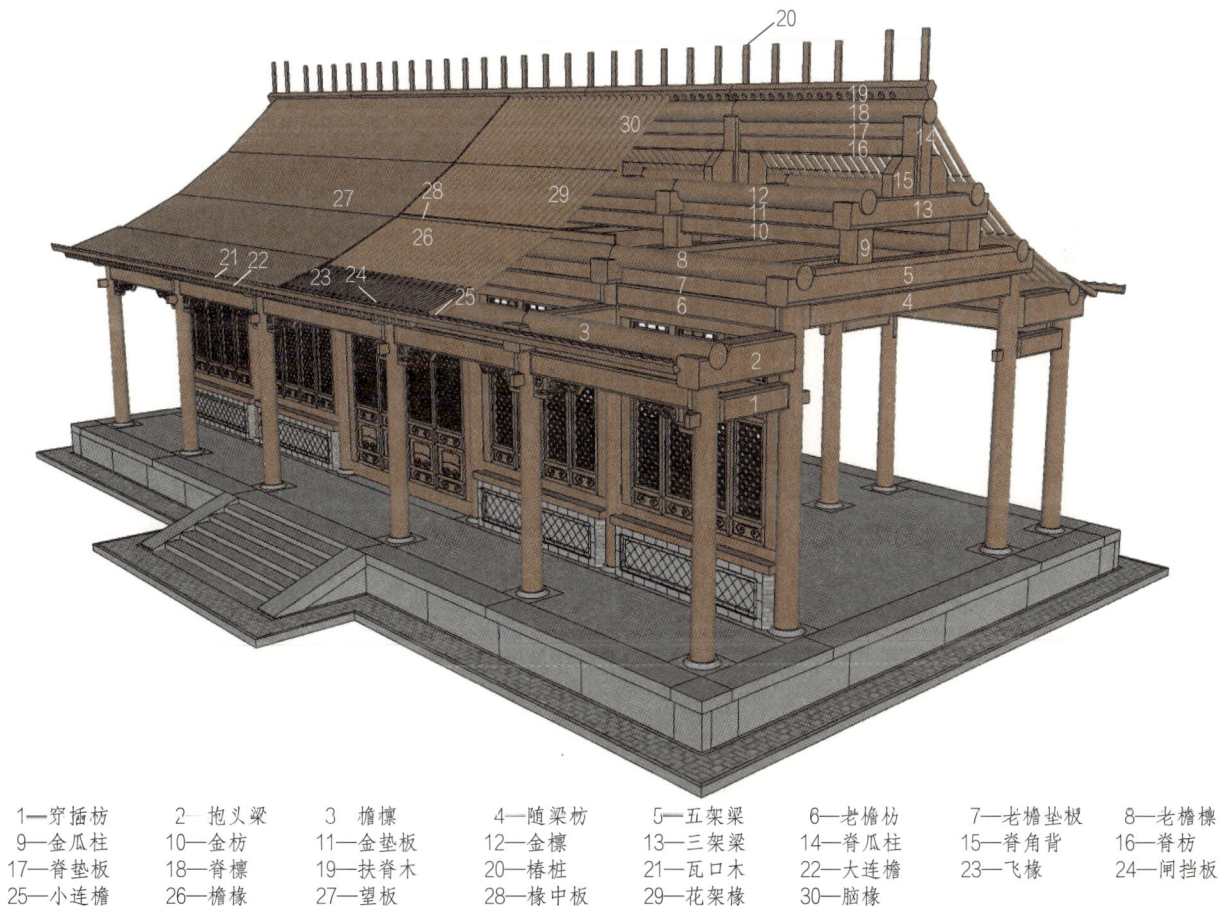

1—穿插枋	2—抱头梁	3—檐檩	4—随梁枋	5—五架梁	6—老檐枋	7—老檐垫板	8—老檐檩
9—金瓜柱	10—金枋	11—金垫板	12—金檩	13—三架梁	14—脊瓜柱	15—脊角背	16—脊枋
17—脊垫板	18—脊檩	19—扶脊木	20—椿桩	21—瓦口木	22—大连檐	23—飞椽	24—闸挡板
25—小连檐	26—檐椽	27—望板	28—椽中板	29—花架椽	30—脑椽		

图3-1-7　七檩硬山建筑模型侧面大木构件名称示意图

3.1.5 基坑开挖图——地基处理工艺工法诠释

灰土做法：古建灰土与现代灰土垫层相同，均应分层夯筑。每一层叫作"一步"，有几层就叫几步，最后一步又叫"顶步"。小式建筑的灰土步数为1～2步。一般大式建筑的灰土步数为2～3步。……每步厚度为虚铺22.4厘米（7寸），夯实厚为16厘米（5寸）……一般普通房屋的基础灰土配合比多为3∶7（体积比，下同），散水或回填用灰土也可采用2∶8或1∶9的灰土配合比。大式房屋的灰土配合比以4∶6居多。[①]

素土做法：素土夯实做法是清代以前建筑的基础常用做法。至清代晚期，仅遗存于极少数次要建筑、部分民居与临时性的构筑物的基础中。素土夯实用于地面垫层，在清晚期的大式建筑中虽已不多见，但在小式建筑中还是较常采用的。[②]

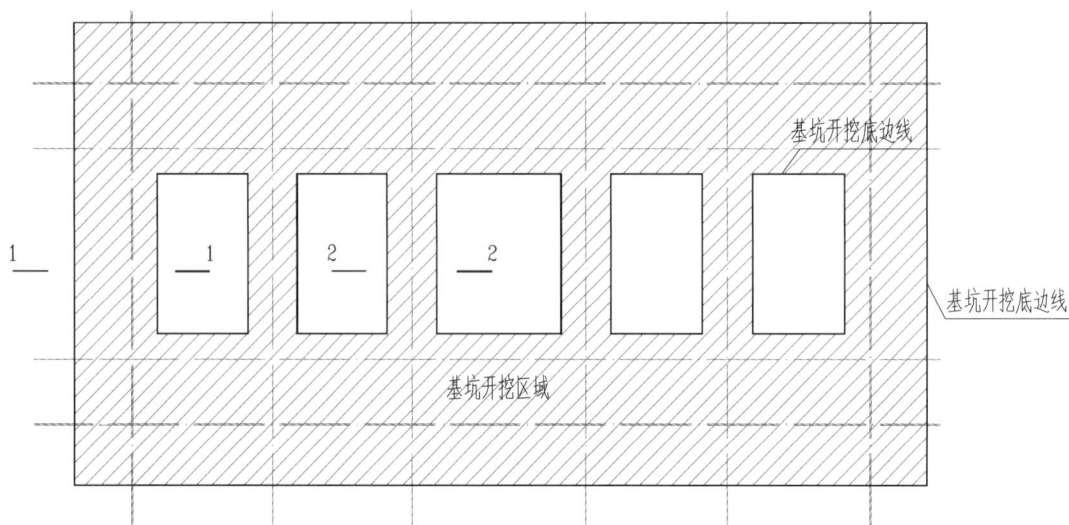

图3-1-8 七檩硬山建筑基坑开挖图

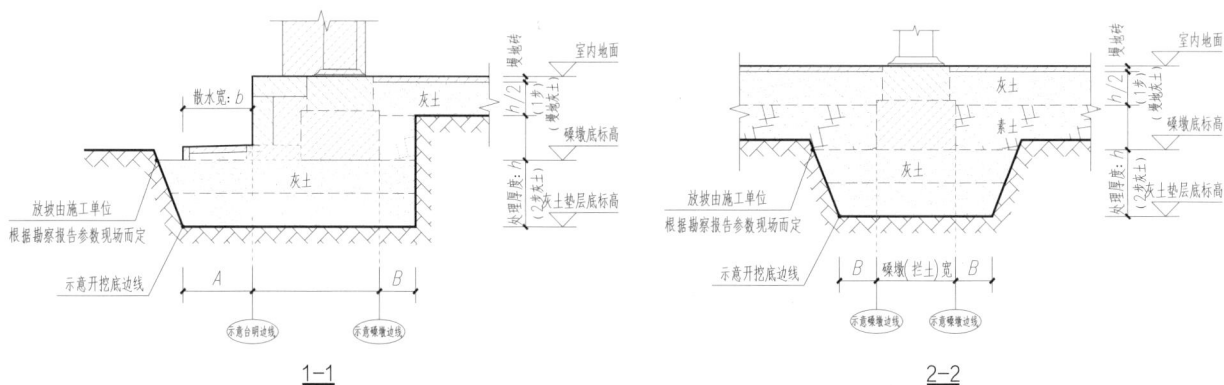

图3-1-9 七檩硬山建筑灰土垫层处理范围组合剖面示意图

注：A≥散水宽；B≥1/2拦土宽；部分未注明尺寸按实际情况确定。

---

① 参见：刘大可. 中国古建筑瓦石营法[M]. 2版. 北京：中国建筑工业出版社，2015：4.
② 同①，15页。

3.1.6 基础平面图

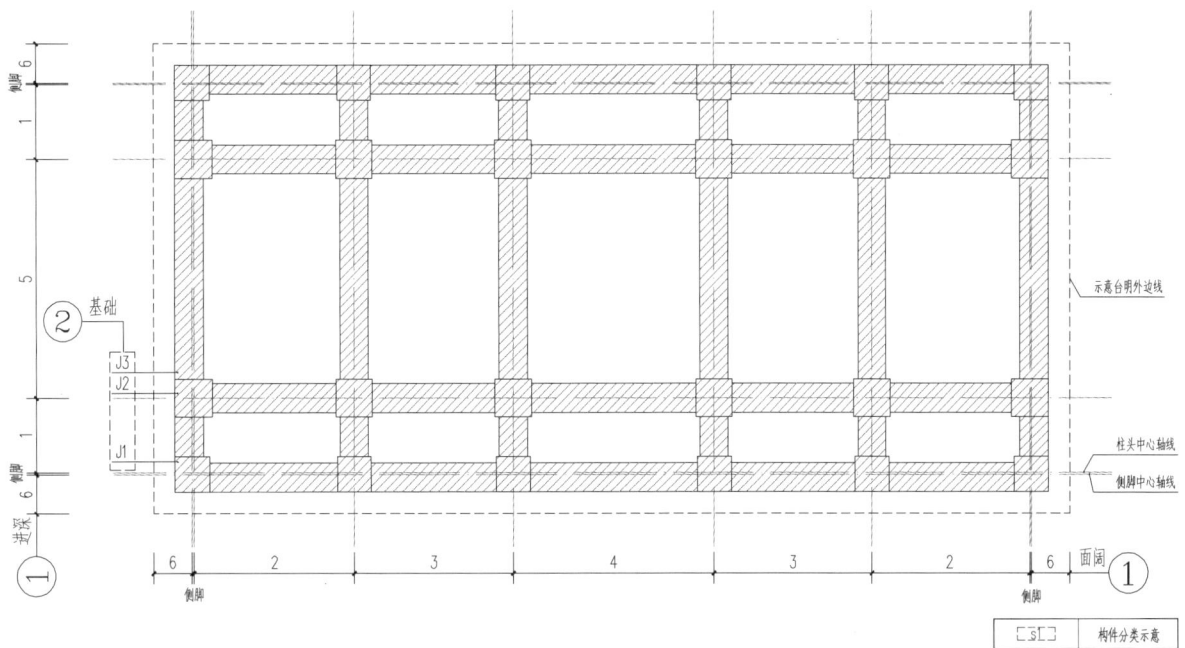

图3-1-10 七檩硬山建筑基础平面图

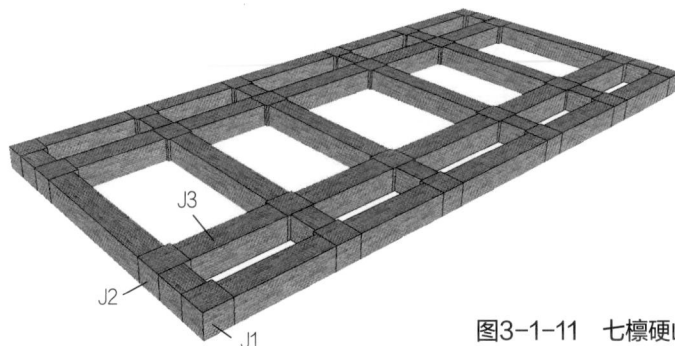

图3-1-11 七檩硬山建筑磉墩拦土三维示意图

表3-1-1

分类	图3-1-10中的序号	构件	诠释
①面阔、进深	1	廊步距离	小式廊步架一般为4D～5D[①]
	2	梢间面阔	面阔，一指建筑物正面之长度，二指建筑物正面檐柱与檐柱间之距离，又称间宽。明间面阔即建筑物正面中央、两柱间之部分；梢间面阔即建筑物在左右两端之间；次间面阔即建筑物在明间与梢间间之间[②]
	3	次间面阔	
	4	明间面阔	
	5	间进深	四根柱子围成一间，深为"进深"。[③]间进深即房间的进深
	6	台明出	台基露出地面部分称为台明，台明由檐柱中向外延展出的部分为台明出沿，即台明出[④]

---

① 参见：马炳坚. 中国古建筑木作营造技术[M]. 2版. 北京：科学出版社，2003：6.

② 参见：梁思成. 清式营造则例[M]. 北京：清华大学出版社，2006：73-79.

③ 同①，2页。

④ 同①，5页。

分类	图3-1-10中的序号	构件	诠释
②基础	J1	檐磉墩	磉墩，柱顶石下之基础[1]，檐柱顶石下为檐磉墩，金柱顶石下为金磉墩
	J2	金磉墩	
	J3	拦土	磉墩与磉墩间之矮墙，高同磉墩[2]

3.1.7 台基平面图

台基平面图是在隔扇窗二抹以上进行剖切，能够表达俯视视角水平投影方向可见的建筑构件信息的图。

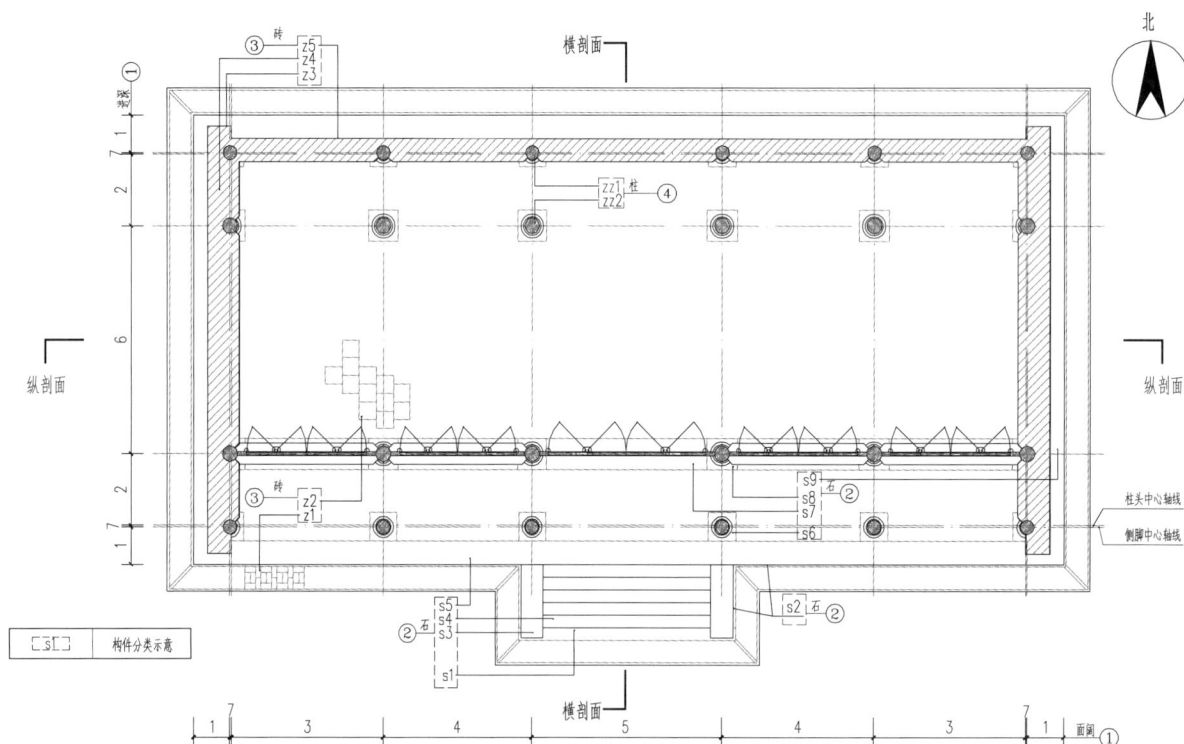

图3-1-12 七檩硬山建筑台基平面图

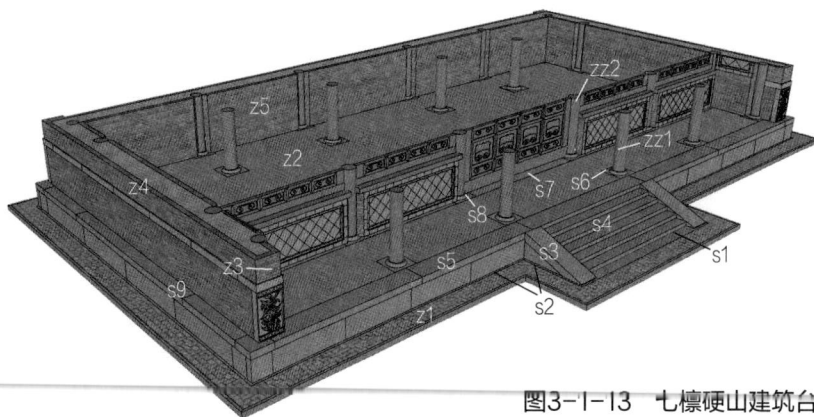

图3-1-13 七檩硬山建筑台基平面二维示意图

---

① 参见：梁思成. 清式营造则例[M]. 北京：清华大学出版社，2006：81.

② 同①，76页。

表3-1-2

分类	图3-1-12中的序号	构件	诠释
①面阔、进深	1	台明出	详见3.1.6
	2	廊步距离	
	3	梢间面阔	
	4	次间面阔	
	5	明间面阔	
	6	间进深	
	7	侧脚	为了加强建筑的整体稳定性，古建筑最外一圈柱子的下脚通常要向外侧移出一定尺寸，使外檐柱子的上端略向内侧倾斜①
②石	s1	砚窝石	踏跺之最下一级，较地面微高一、二分之石②
	s2	平头土衬或土衬石（金边）	平头土衬，踏跺象眼之下，与砚窝石土衬石平之石。③土衬石，在台基陡板以下与地面平之石。④金边，建筑物任何立体部分上皮沿边处，其上立另一立体；上者竖立之侧面，较下者之上边略退入少许而留出狭长之部分。例如土衬石上未被陡板遮盖之部分⑤
	s3	垂带石	即垂带，踏跺两旁由台基至地上斜置之石⑥
	s4	踏跺石	即踏跺，由一高度达另一高度之阶级⑦
	s5	阶条石	即阶条，台基四周上面之石块⑧
	s6	檐柱顶石	承托柱下之石。②檐柱下为檐柱顶石
	s7	槛垫石	门槛下，与槛平行，上皮与台基面平，垫于槛下之石⑦
	s8	金柱顶石	同檐柱顶石，金柱下为金柱顶石
	s9	山条石	位于建筑山面的阶条石
③砖	z1	散水	即散水砖，台基下四周，与土衬石平之墁砖，以受檐上滴下之水者⑨
	z2	方砖墁地	用方砖铺装地面的做法
	z3	墀头	山墙伸出至檐柱外之部分为墀头⑦
	z4	山墙	建筑物两端之墙⑧
	z5	后檐墙	檐墙是檐柱之间砌至檐口附近的墙体的统称。在后檐位置的叫后檐墙⑪
④柱	zz1	檐柱	承支屋檐之柱⑫
	zz2	金柱	在檐柱一周以内，但不在纵中线上之柱⑤

① 参见：马炳坚. 中国古建筑木作营造技术[M]. 2版. 北京：科学出版社，2003：4.

② 参见：梁思成. 清式营造则例[M]. 北京：清华大学出版社，2006：77.

③ 同②，73页。

④ 同②，71页。

⑤ 同②，75页。

⑥ 同②，76页。

⑦ 同②，81页。

⑧ 同②，74页。

⑨ 同②，80页。

⑩ 同②，70页。

⑪ 参见：刘大可. 中国古建筑瓦石营法[M]. 2版. 北京：中国建筑工业出版社，2015：135.

⑫ 同①，82页。

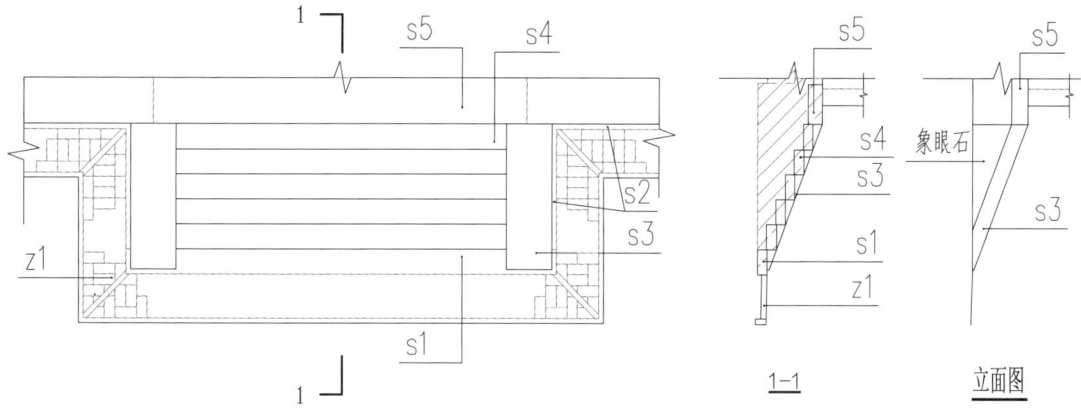

图3-1-14 七檩硬山建筑踏步构件详图

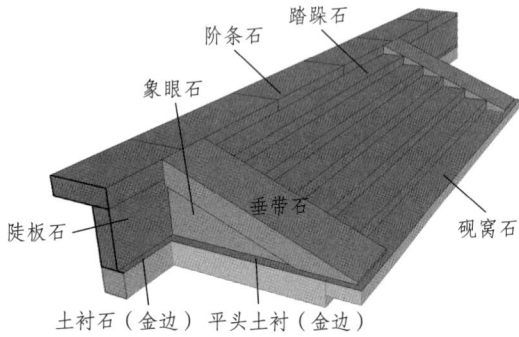

图3-1-15 七檩硬山建筑踏步构件示意图

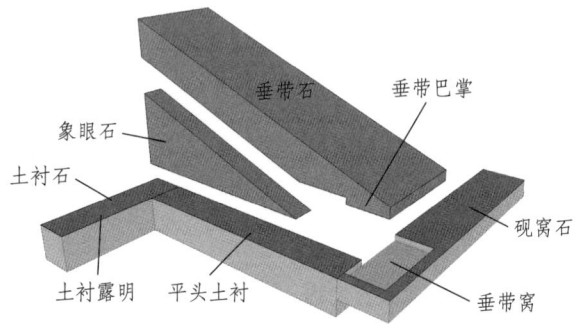

图3-1-16 七檩硬山建筑踏步分解图

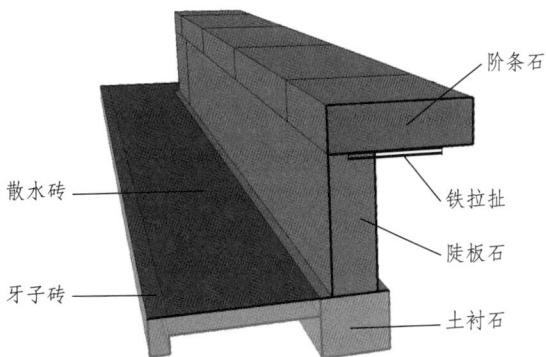

图3-1-17 七檩硬山建筑阶条、陡板、
土衬构件示意图

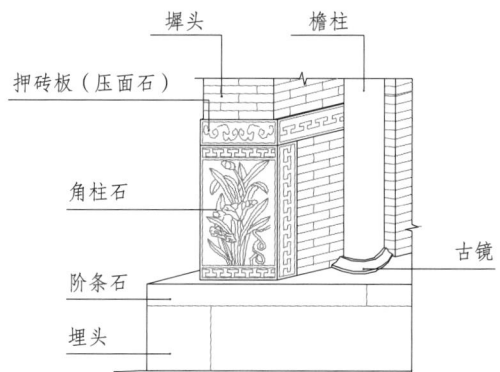

图3-1-18 七檩硬山建筑墀头看面—角柱石
构件示意图

3.1.8 隔扇门窗

图3-1-19 隔扇窗正面模型组合示意图

图3-1-20 隔扇窗背面模型组合示意图

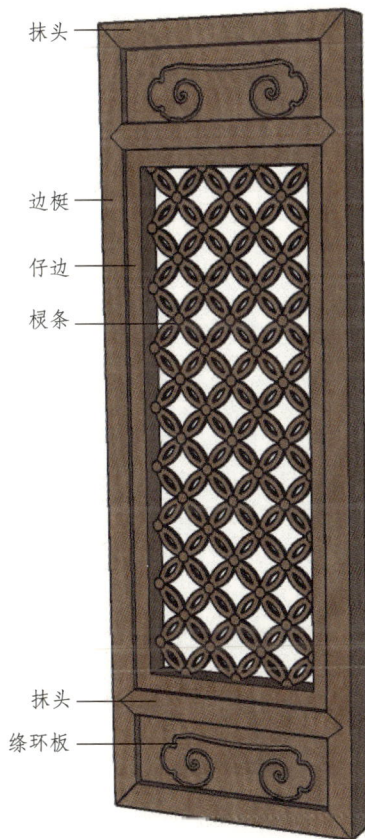

图3-1-21 四抹隔扇窗模型示意图

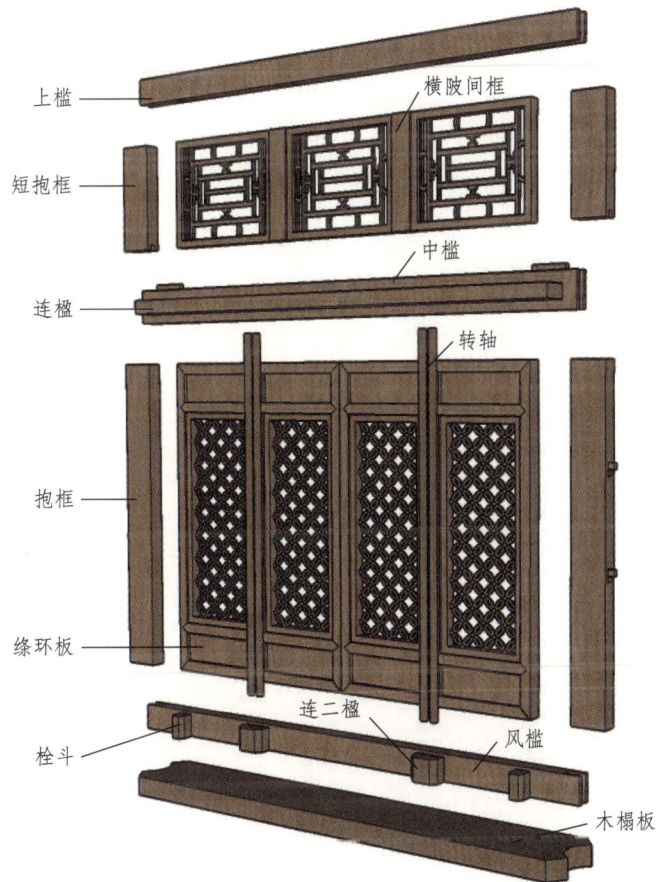

图3-1-22 隔扇窗背面模型分解示意图

图3-1-23 隔扇门正面模型组合示意图

图3-1-24 隔扇门背面模型组合示意图

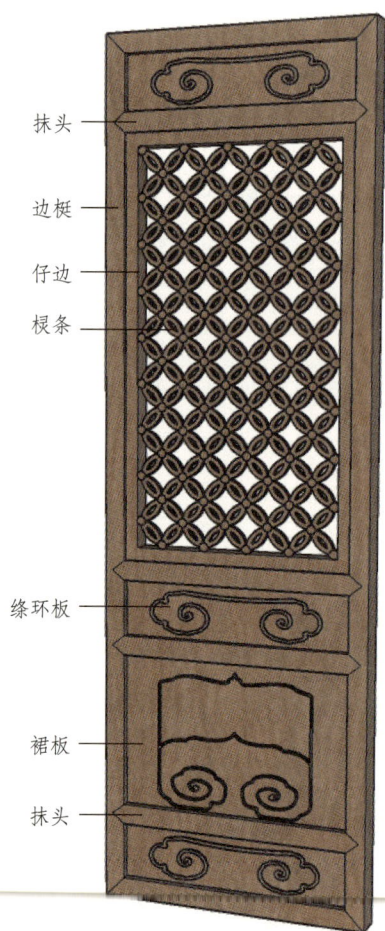

抹头

边梃

仔边

棂条

绦环板

裙板

抹头

图3-1-25 六抹隔扇门模型示意图

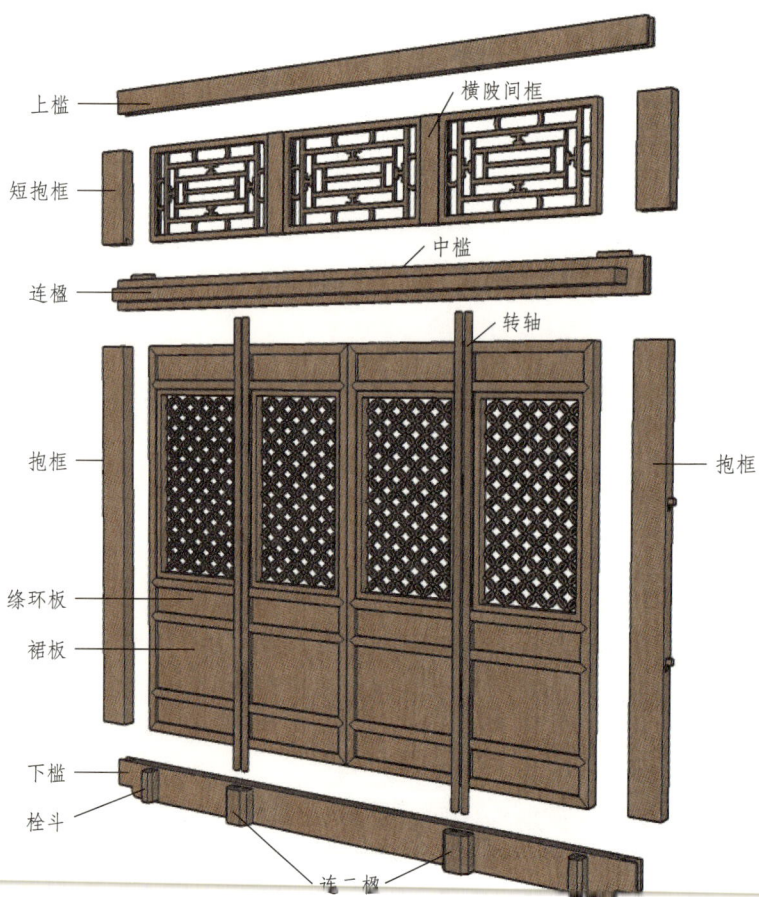

上槛

短抱框

连楹

抱框

绦环板

裙板

下槛

栓斗

横陂间框

中槛

转轴

抱框

连二楹

图3-1-26 隔扇门背面模型分解示意图

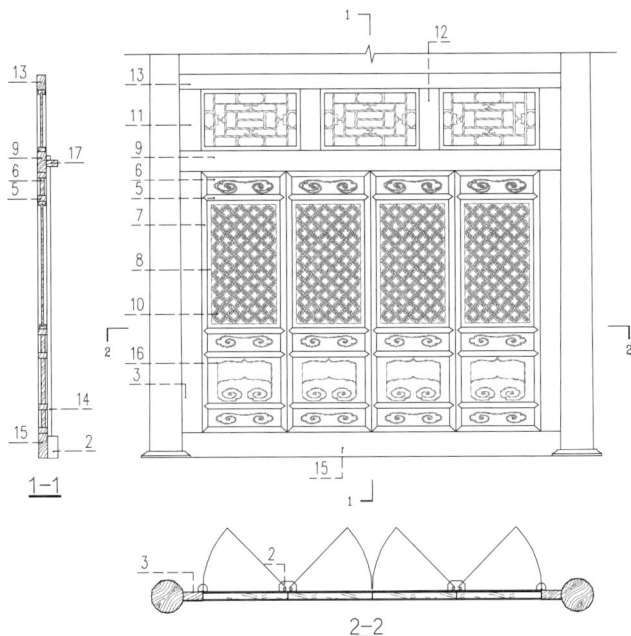

图3-1-27 六抹隔扇门详图

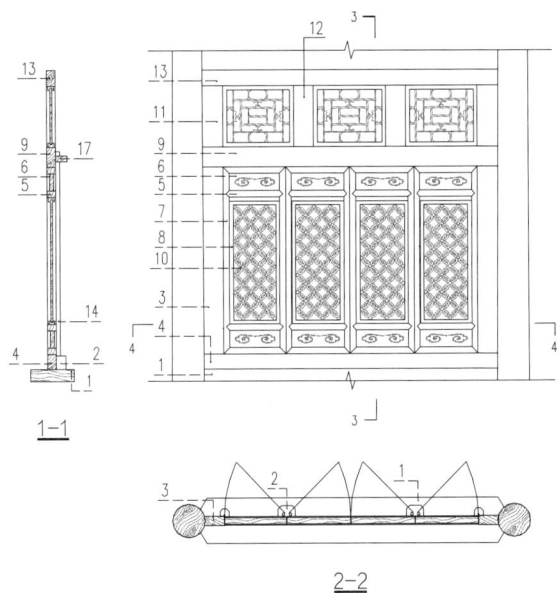

图3-1-28 四抹隔扇窗详图

本案例采用六抹隔扇门和四抹隔扇窗，安装于金柱间，用于分隔室内外。

表3-1-3

分类	图3-1-27、图3-1-28中的序号	构件	诠释
隔扇门窗	1	木榻板	即榻板，槛墙上风槛下所平放之板[1]
	2	连二槛	隔扇门下槛或隔扇窗风槛一侧安放转轴之部分
	3	抱框	即抱柱，柱旁安装窗牖用之立框亦称抱框[2]
	4	风槛	槛窗之下槛[3]
	5	抹头	隔扇门窗左右大边或边梃间之横材[2]
	6	绦环板	隔扇下部之小心板[4]
	7	边梃	隔扇左右竖立之木材[5]
	8	仔边	隔扇内棂子之边[5]
	9	中槛	柱与柱之间，安装门或隔扇之构架内，在隔扇以上横陂以下之横木[6]
	10	棂条	隔扇上部仔边以内横直支撑之细条[7]
	11	短抱框	上槛中槛之间安横陂之抱柱，亦称短抱框[7]

---

① 参见：梁思成. 清式营造则例[M]. 北京：清华大学出版社，2006：81.

② 同①，75页。

③ 同①，72页。

④ 同①，78页。

⑤ 同①，73页。

⑥ 同①，71页。

⑦ 同①，79页。

分类	图3-1-27、图3-1-28中的序号	构件	诠释
隔扇门窗	12	横陂间框	中槛与上槛之间安装横陂窗，横陂窗通常分作三当，中间由横陂间框分开[1]
	13	上槛	柱与柱之间，安装门或隔扇之构架内最上之横木[2]
	14	转轴	门轴，门扇旋转枢纽构件
	15	下槛	柱与柱之间，安装门或隔扇之构架内贴在地上之横木[3]
	16	裙板	隔扇下部主要之心板[4]
	17	连槛	大门中槛上安放转轴之部分[5]

3.1.9 柱头平面图

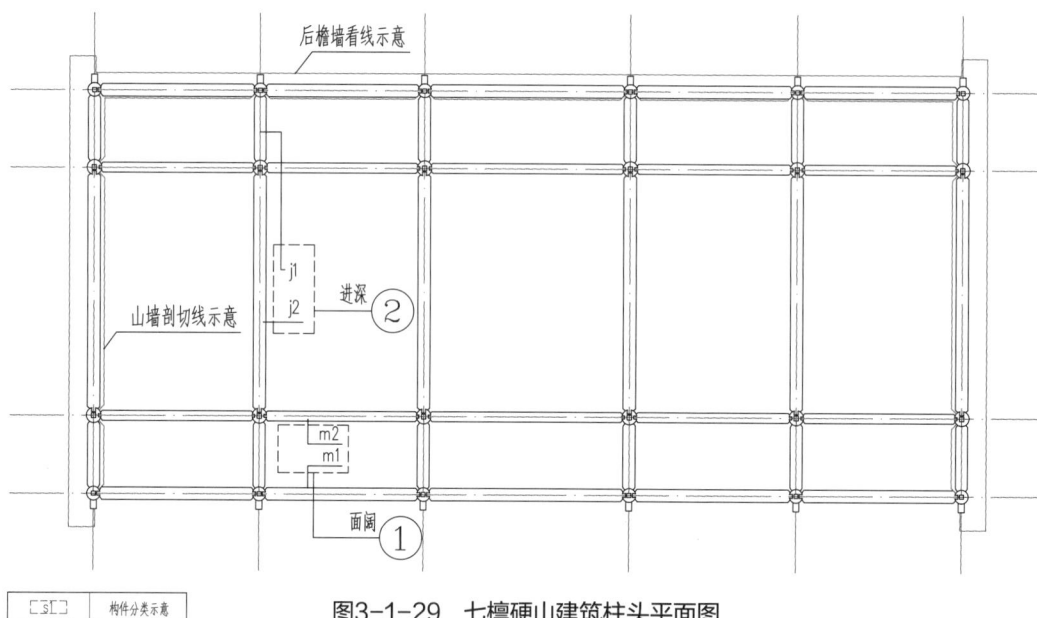

图3-1-29 七檩硬山建筑柱头平面图

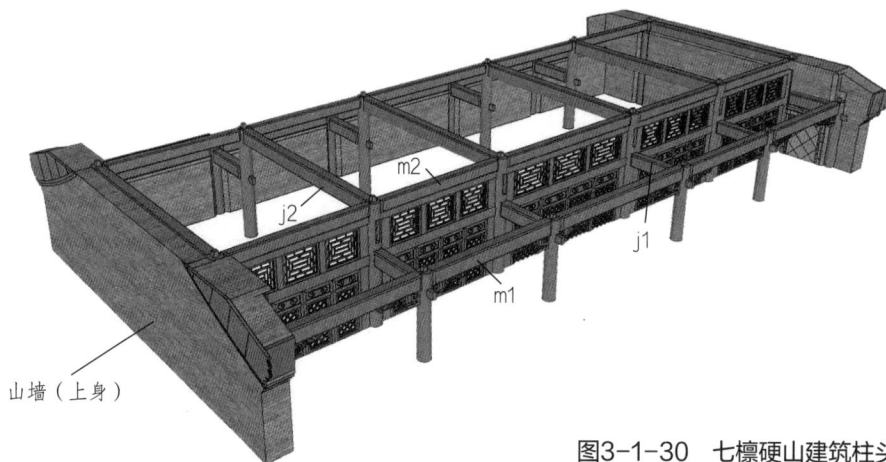

图3-1-30 七檩硬山建筑柱头平面三维示意图

[1] 参见：马炳坚. 中国古建筑木作营造技术[M]. 2版. 北京：科学出版社，2003：263.

[2] 参见：梁思成. 清式营造则例[M]. 北京：清华大学出版社，2006：70页.

[3] 同[2]，71页。

[4] 同[2]，79页。

[5] 同[2]，75页。

表3-1-4

分类	图3-1-29中的序号	构件	诠释
①面阔方向	m1	檐枋	连接檐柱柱头间之联络材
	m2	老檐枋	金柱柱头间，与建筑物外檐平行之联络材，在老檐桁之下[①]
②进深方向	j1	穿插枋	抱头梁下与之平行，檐柱与老檐柱间之联络辅材[②]
	j2	随梁枋	紧贴大梁之下，与之平行之辅材[③]

3.1.10 步架平面图

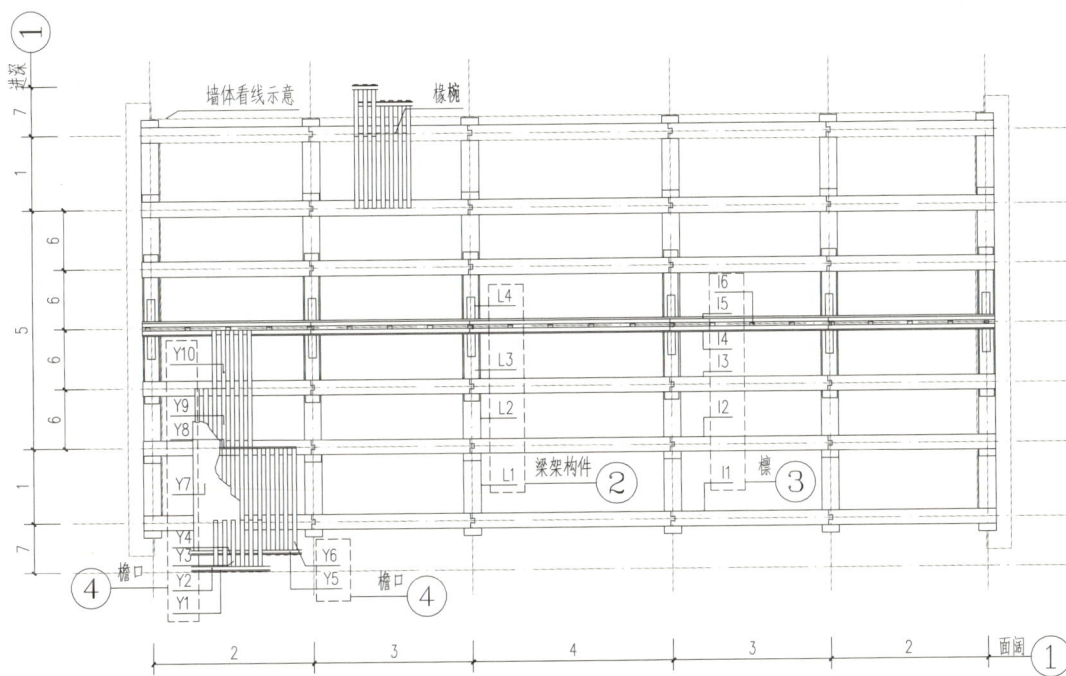

图3-1-31 七檩硬山建筑步架平面图

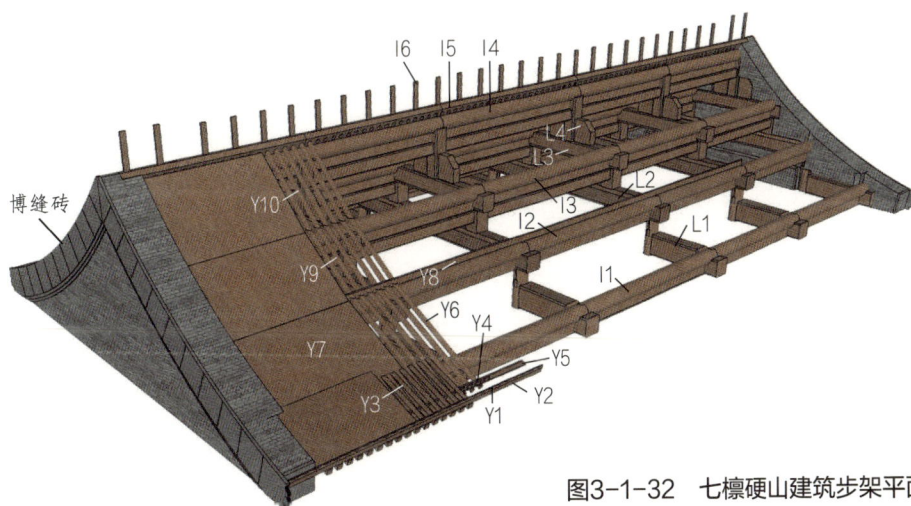

图3-1-32 七檩硬山建筑步架平面三维示意图

① 参见：梁思成. 清式营造则例[M]. 北京：清华大学出版社，2006：73.

② 同①，78页。

③ 同①，79页。

表3-1-5

分类	图3-1-31中的序号	构件	诠释
①面阔、进深	1	廊步距离	详见3.1.6
	2	梢间面阔	
	3	次间面阔	
	4	明间面阔	
	5	间进深	
	6	步架距离	即步架，梁架上檩与檩间之平距离[①]
	7	上檐平出	小式房座，以檐檩中至飞檐椽外皮（如无飞椽至老檐椽头外皮）的水平距离为出檐尺寸[②]
②梁架构件	L1	抱头梁	大式无斗栱大木及小式大木檐柱与金柱或老檐柱间之梁，一端在檐柱之上，一端插入金柱或老檐柱[③]
	L2	五架梁	长四步架之梁[④]
	L3	三架梁	长两步架，上共承三桁之梁[⑤]
	L4	脊角背	三架梁上脊瓜柱脚下之支撑木[⑥]
③檩	l1	檐檩	檩，小式大木之桁，径同檐柱。[⑦]檐柱上之檩为檐檩；金柱上之檩为老檐檩；老檐檩之上，脊檩之下为金檩
	l2	老檐檩	
	l3	金檩	
	l4	脊檩	屋脊之主要骨架，在脊瓜柱之上[⑧]
	l5	扶脊木	承托脑椽上端之木，脊桁之上，与之平行，横断面作六角形[①]
	l6	椿桩	即脊桩，扶脊木上竖立之木桩，穿入正脊之内，以防正脊移动者[⑨]
④檐口	Y1	瓦口木	大连檐之上，承托瓦陇之木[⑩]
	Y2	大连檐	飞椽头上之联络材，其上安瓦口[④]
	Y3	飞椽	附在檐椽之上的飞檐椽[⑪]
	Y4	闸挡板	屋顶起翘处飞檐椽头间之板[⑫]
	Y5	小连檐	檐椽头上之联络材，在飞椽之下[⑥]
	Y6	檐椽	檐椽即钉置于檐（或廊）步架，向外挑出之椽[⑦]
	Y7	望板	椽上所铺以承屋瓦之板[⑧]
	Y8	椽中板	是在金里安装修时，安装在金檩之上的长条板[⑦]
	Y9	花架椽	两端皆由金桁承托之椽[⑨]
	Y10	脑椽	最上一段椽，一端在扶脊木上，一端在上金桁上[⑨]

① 参见：梁思成. 清式营造则例[M]. 北京：清华大学出版社，2006：74.
② 参见：马炳坚. 中国古建筑木作营造技术[M]. 2版. 北京：科学出版社，2003：5.
③ 同①，85页。
④ 同①，71页。
⑤ 同①，70页。
⑥ 同①，77页。
⑦ 同①，82页。
⑧ 同①，78页。
⑨ 同①，75页。
⑩ 同①，72页。
⑪ 同②，176页。
⑫ 同②，76页。
⑬ 同①，79页。

3.1.11 屋顶平面图

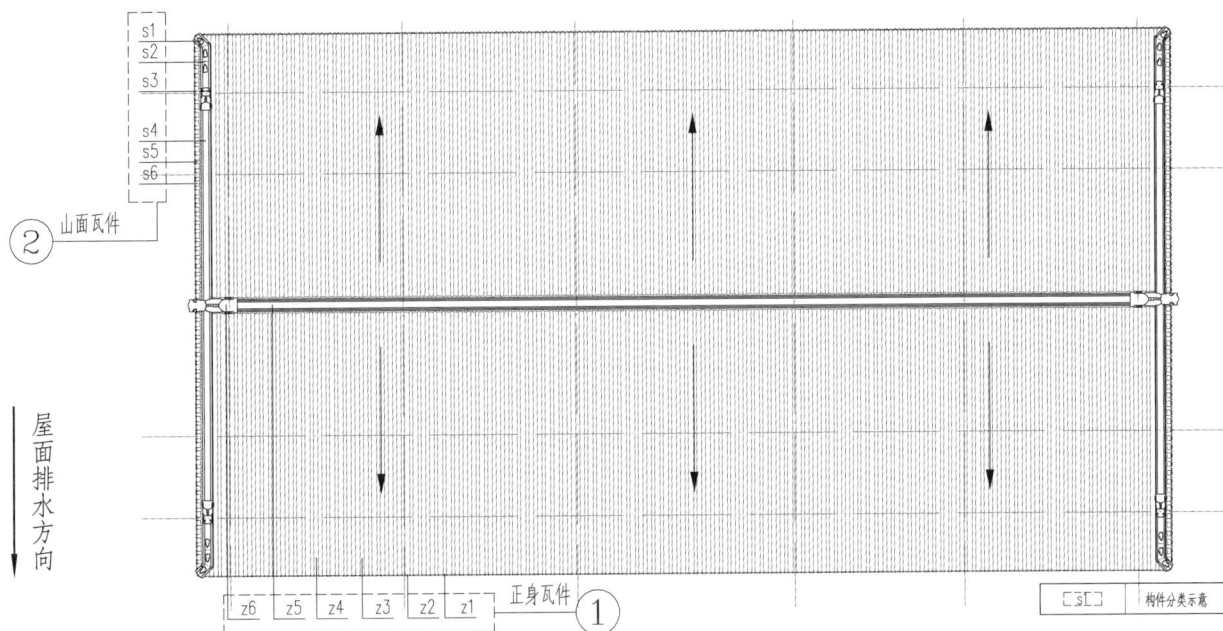

图3-1-33 七檩硬山建筑屋顶平面图

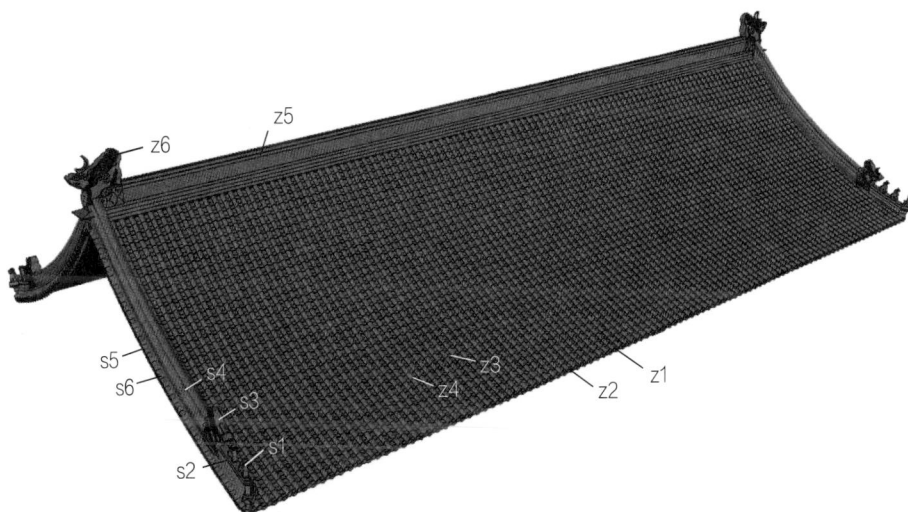

图3-1-34 七檩硬山建筑屋顶平面三维示意图

本案例采用黑活屋脊—铃铛排山脊，筒瓦屋面。

表3-1-6

分类	图3-1-33中的序号	构件	诠释
①正身瓦件	z1	滴水	陇沟最下端有如意形舌片下垂之板瓦①
	z2	勾头	筒瓦每陇最下有圆盘为头之瓦②
	z3	板瓦	横断面作四分之一圆之弧形瓦③
	z4	筒瓦	横断面作半圆形之瓦④
	z5	正脊	屋顶前后两斜坡相交而成之脊⑤
	z6	正吻	即吻，正脊两端龙头形翘起之雕饰⑥
②山面瓦件	s1	小兽	垂脊下端上之雕饰⑥
	s2	兽前垂脊	即兽前，垂脊垂兽以前之部分⑦
	s3	垂兽	垂脊近下端之兽头形雕饰，亦称角兽③
	s4	兽后垂脊	即兽后，垂脊垂兽以后之部分⑦
	s5	排山滴水	博缝上之勾头与滴水⑦
	s6	排山勾头	

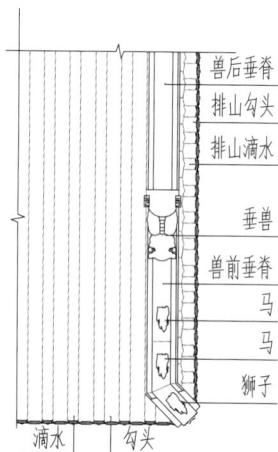

图3-1-35 七檩硬山建筑垂兽、小兽平面详图

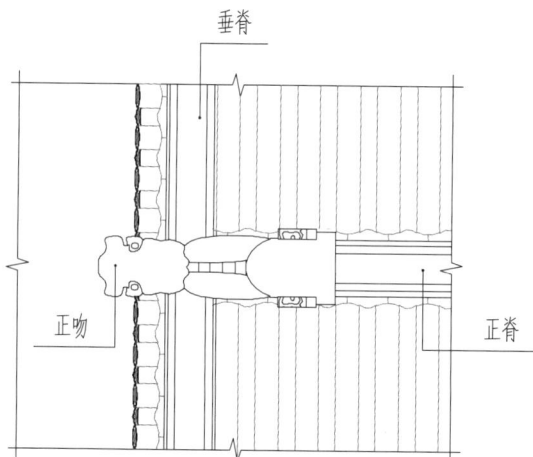

图3-1-36 正吻平面详图

① 参见：梁思成. 清式营造则例[M]. 北京：清华大学出版社，2006：81.
② 同①，73页。
③ 同①，76页。
④ 同①，80页。
⑤ 同①，72页。
⑥ 同①，74页。
⑦ 同①，79页。

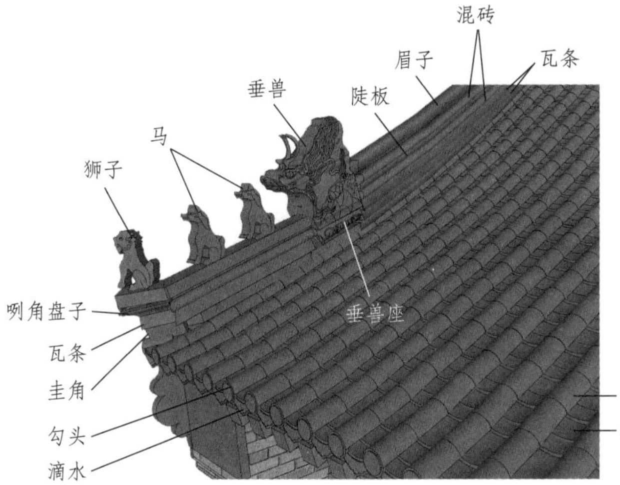

图3-1-37 七檩硬山建筑垂脊三维示意图

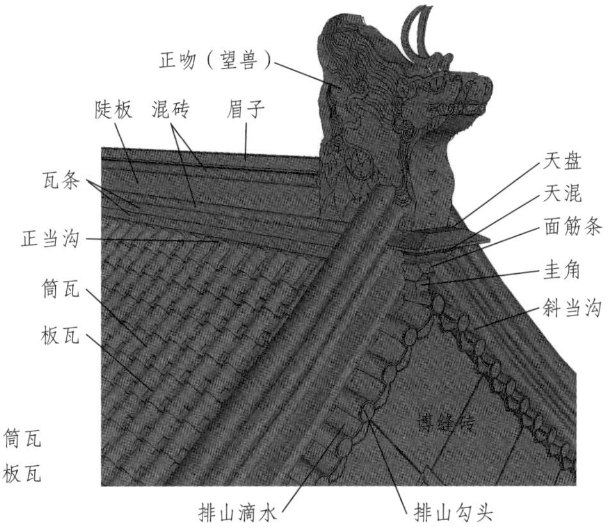

图3-1-38 七檩硬山建筑正脊三维示意图

3.1.12 横剖面图

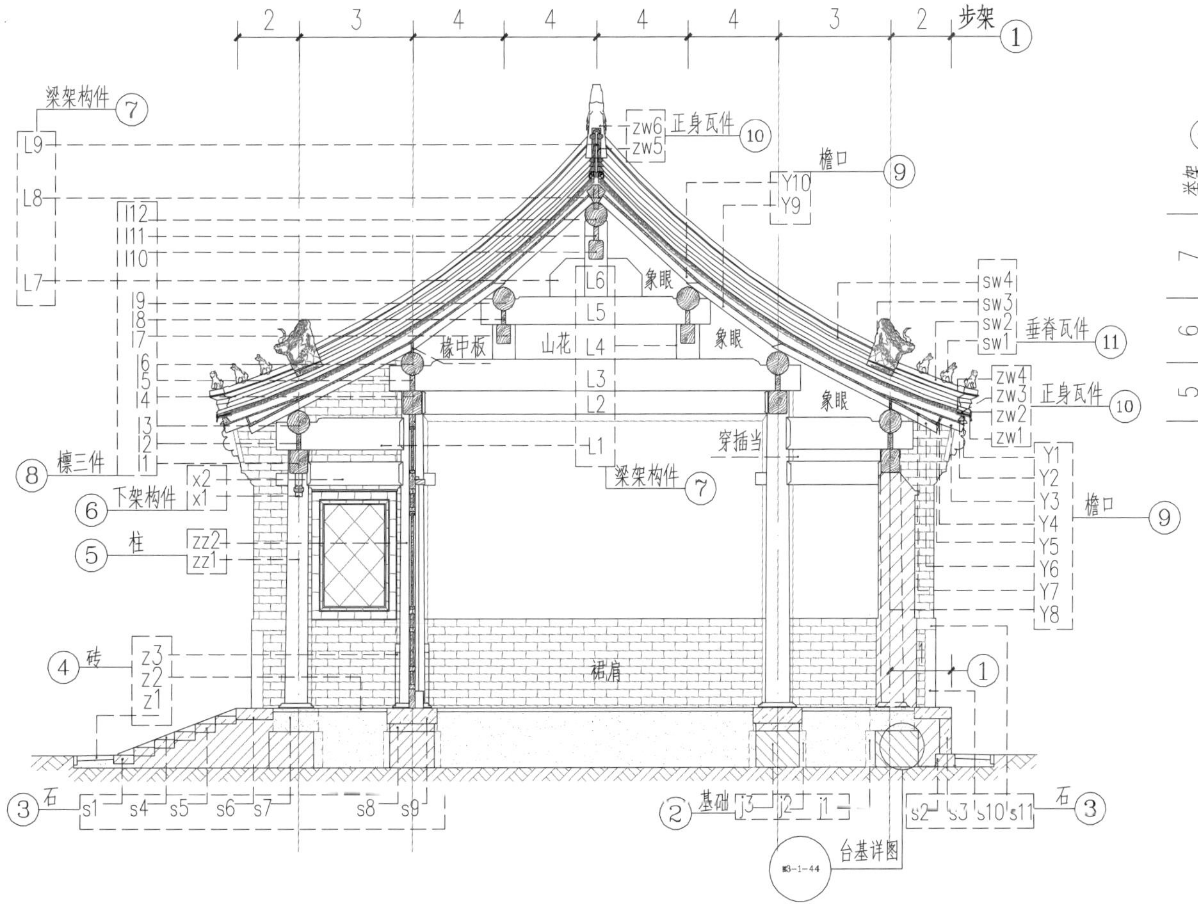

图3-1-39 七檩硬山建筑横剖面图

表3-1-7

分类	图3-1-39中的序号	构件	诠释
①步架、举架	1	台明出	详见3.1.6
	2	上檐平出	详见3.1.10
	3	廊步距离	详见3.1.6
	4	步架距离	详见3.1.10
	5	廊步举架	举架，为使屋顶斜坡或曲面而将每层桁较下层比例的加高之方法。[1] 廊步举架为檐檩中与老檐檩中的垂直距离与水平距离之比；金步举架为老檐檩中与金檩中的垂直距离与水平距离之比；脊步举架为金檩中与脊檩中的垂直距离与水平距离之比
	6	金步举架	
	7	脊步举架	
②基础	j1	檐磉墩	详见3.1.6
	j2	金磉墩	
	j3	拦土	
③石	s1	砚窝石	详见3.1.7
	s2	土衬石	
	s3	陡板石	台基阶条石以下，土衬石以上，左右角柱之间之部分[2]
	s4	垂带石	详见3.1.7
	s5	踏跺石	
	s6	阶条石	
	s7	檐柱顶石	
	s8	金柱顶石	
	s9	槛垫石	
	s10	角柱石	台基角上或墀头下半置之石[3]
	s11	押砖板（压面石）	山墙墀头角柱石之上，裙肩与上身间之横石[4]
④砖	z1	散水	详见3.1.7
	z2	方砖墁地	
	z3	槛墙	槛窗以下之矮墙[5]
⑤柱	zz1	檐柱	详见3.1.7
	zz2	金柱	
⑥下架构件	x1	雀替	即角替，额枋与柱相交处，自柱内伸出，承托额枋下之分件[3]
	x2	穿插枋	详见3.1.9
⑦梁架构件	L1	抱头梁	详见3.1.10
	L2	随梁枋	详见3.1.9
	L3	五架梁	详见3.1.10
	L4	金瓜柱	金桁下之瓜柱[6]
	L5	三架梁	详见3.1.10
	L6	脊瓜柱	立在三架梁上，顶托脊桁之瓜柱[1]

---

① 参见：梁思成. 清式营造则例[M]. 北京：清华大学出版社，2006：77.

② 同①，78页。

③ 同①，74页。

④ 同①，76页。

⑤ 同①，81页。

⑥ 同①，75页。

分类	图3-1-39中的序号	构件	诠释
⑦梁架构件	L7	脊角背	详见3.1.10
	L8	扶脊木	
	L9	椿桩	
⑧檩三件	l1	檐枋	详见3.1.9
	l2	檐垫板	无斗栱大式大木及小式大木檐檩及檐枋间之垫板[①]
	l3	檐檩	详见3.1.10
	l4	老檐枋	详见3.1.9
	l5	老檐垫板	老檐桁下，老檐枋上之垫板[②]
	l6	老檐檩	详见3.1.10
	l7	金枋	在金桁之下，与之平行，而两端在左右金瓜柱间之联络构材[③]
	l8	金垫板	金桁之下，金枋之上之垫板[③]
	l9	金檩	详见3.1.10
	l10	脊枋	脊桁之下，与之平行，两端在脊瓜柱上之枋[④]
	l11	脊垫板	脊桁之下，脊枋之上之垫板。[⑤]
	l12	脊檩	详见3.1.10
⑨檐口	Y1	瓦口木	详见3.1.10
	Y2	大连檐	
	Y3	飞椽	
	Y4	闸挡板	
	Y5	小连檐	
	Y6	檐椽	
	Y7	望板	
	Y8	椽椀	桁上承椽之木[⑥]
	Y9	花架椽	详见3.1.10
	Y10	脑椽	
⑩正身瓦件	zw1	滴水	详见3.1.11
	zw2	勾头	
	zw3	板瓦	
	zw4	筒瓦	
	zw5	正脊	
	zw6	正吻（望兽）	
⑪垂脊瓦件	sw1	小兽	
	sw2	兽前垂脊	
	sw3	垂兽	
	sw4	兽后垂脊	

---

① 参见：梁思成. 清式营造则例[M]. 北京：清华大学出版社，2006：82.

② 同①，73页。

③ 同①，75页。

④ 同①，77页。

⑤ 同①，78页。

⑥ 同①，80页。

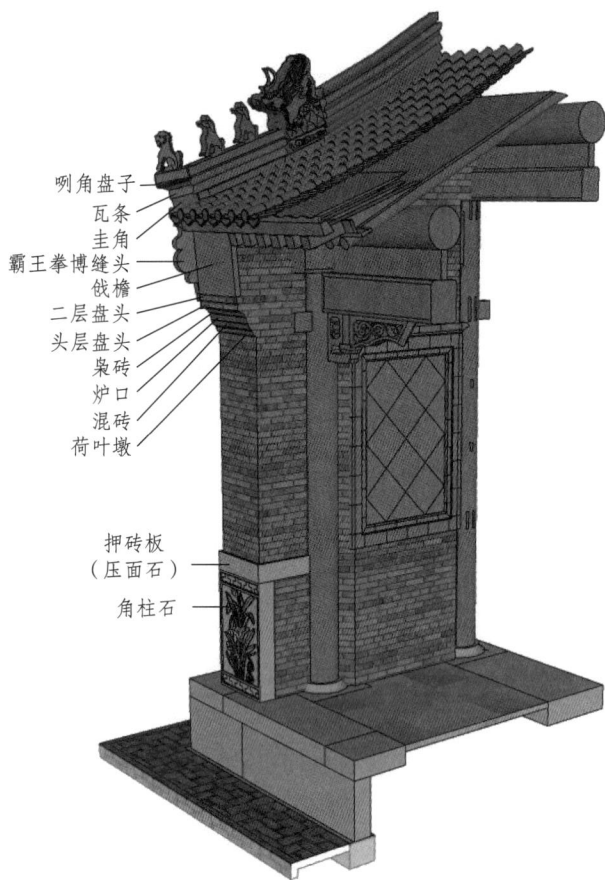

咧角盘子
瓦条
圭角
霸王拳博缝头
戗檐
二层盘头
头层盘头
枭砖
炉口
混砖
荷叶墩

押砖板
（压面石）
角柱石

图3-1-40　墀头构件示意图1

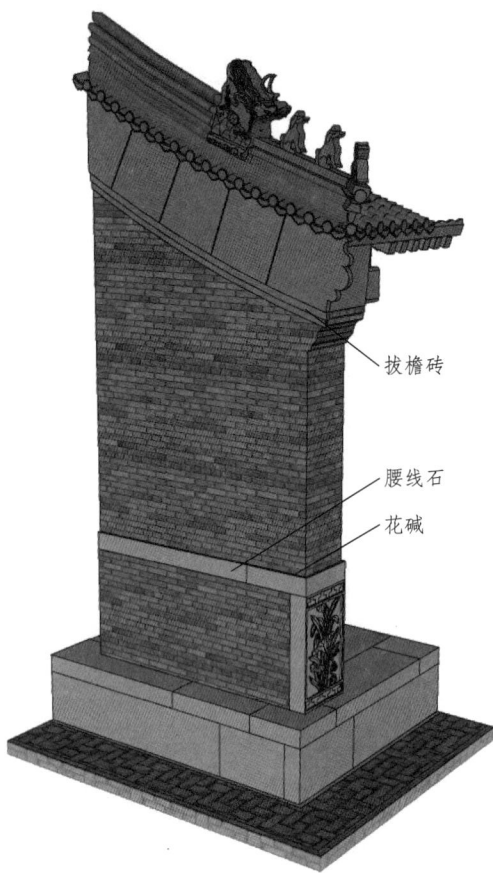

拔檐砖

腰线石
花碱

图3-1-41　墀头构件示意图2

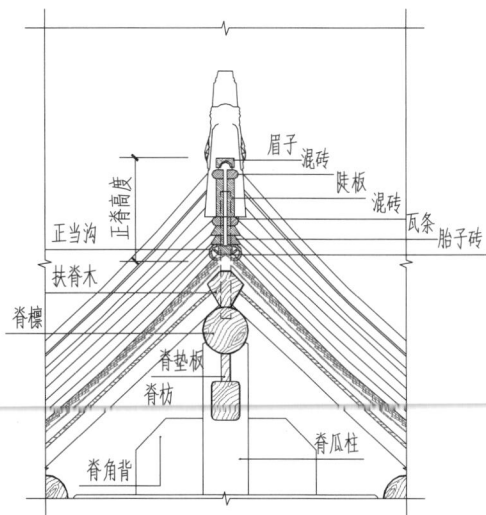

眉子
混砖
陡板
混砖
瓦条
胎子砖

正脊高度
正当沟
扶脊木
脊檩
脊垫板
脊枋
脊瓜柱
脊角背

图3-1-42　七檩硬山建筑正脊剖面详图

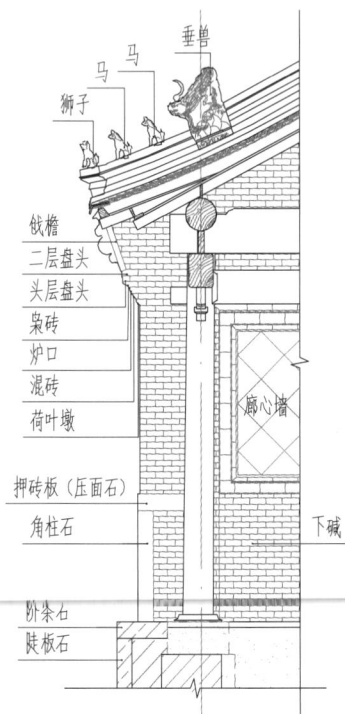

垂兽
马
马
狮子

戗檐
二层盘头
头层盘头
枭砖
炉口
混砖
荷叶墩

押砖板（压面石）
角柱石

阶条石
陡板石

廊心墙

下碱

图3-1-43　七檩硬山建筑墀头示意图

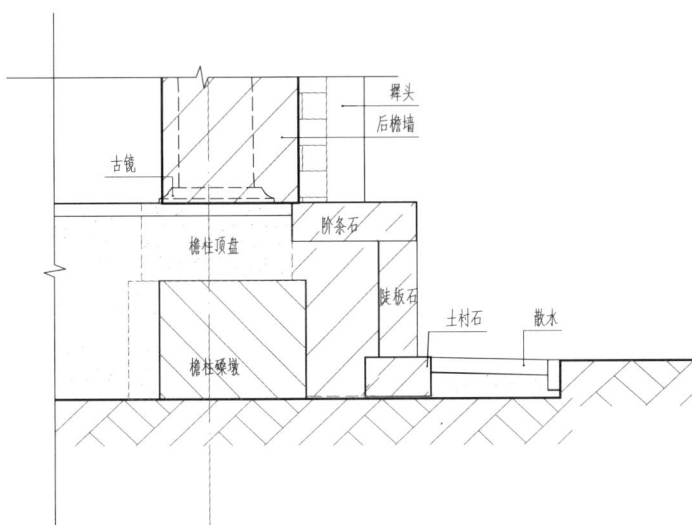

图3-1-44 七檩硬山建筑台基详图

3.1.13 纵剖面图

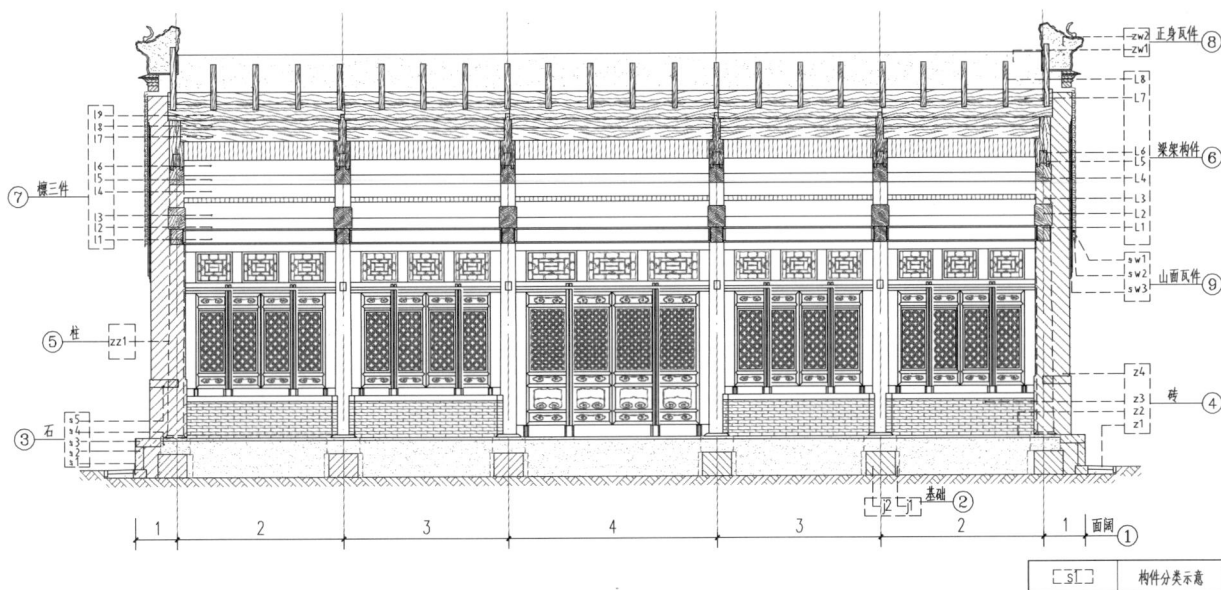

图3-1-45 七檩硬山建筑纵剖面图

表3-1-8

分类	图3-1-45中的序号	构件	诠释
①面阔	1	台明出	详见3.1.6
	2	梢间面阔	
	3	次间面阔	
	4	明间面阔	
②基础	j1	金磉墩	
	j2	拦土	

分类	图3-1-45中的序号	构件	诠释
③石	s1	土衬石	详见3.1.7
	s2	陡板石	详见3.1.12
	s3	山条石	详见3.1.7
	s4	金柱顶石	
	s5	腰线石	山墙裙肩之上，上身以下，前后压砖板之间之石块①
④砖	z1	散水	详见3.1.7
	z2	方砖墁地	
	z3	槛墙	详见3.1.12
	z4	山墙	详见3.1.7
⑤柱	zz1	金柱	
⑥梁架构件	L1	随梁枋	详见3.1.9
	L2	五架梁	详见3.1.10
	L3	金瓜柱	详见3.1.12
	L4	三架梁	详见3.1.10
	L5	脊瓜柱	详见3.1.12
	L6	脊角背	详见3.1.10
	L7	扶脊木	
	L8	椿桩	
⑦檩三件	l1	老檐枋	详见3.1.9
	l2	老檐垫板	详见3.1.12
	l3	老檐檩	详见3.1.10
	l4	金枋	详见3.1.12
	l5	金垫板	
	l6	金檩	详见3.1.10
	l7	脊枋	详见3.1.12
	l8	脊垫板	
	l9	脊檩	详见3.1.10
⑧正身瓦件	zw1	正脊	详见3.1.11
	zw2	正吻（望兽）	
⑨山面瓦件	sw1	排山滴水	
	sw2	排山勾头	
	sw3	博缝砖	硬山上部随前后坡做成博缝形之砖①

① 参见：梁思成. 清式营造则例[M]. 北京：清华大学出版社，2006：80.

3.1.14 正立面图

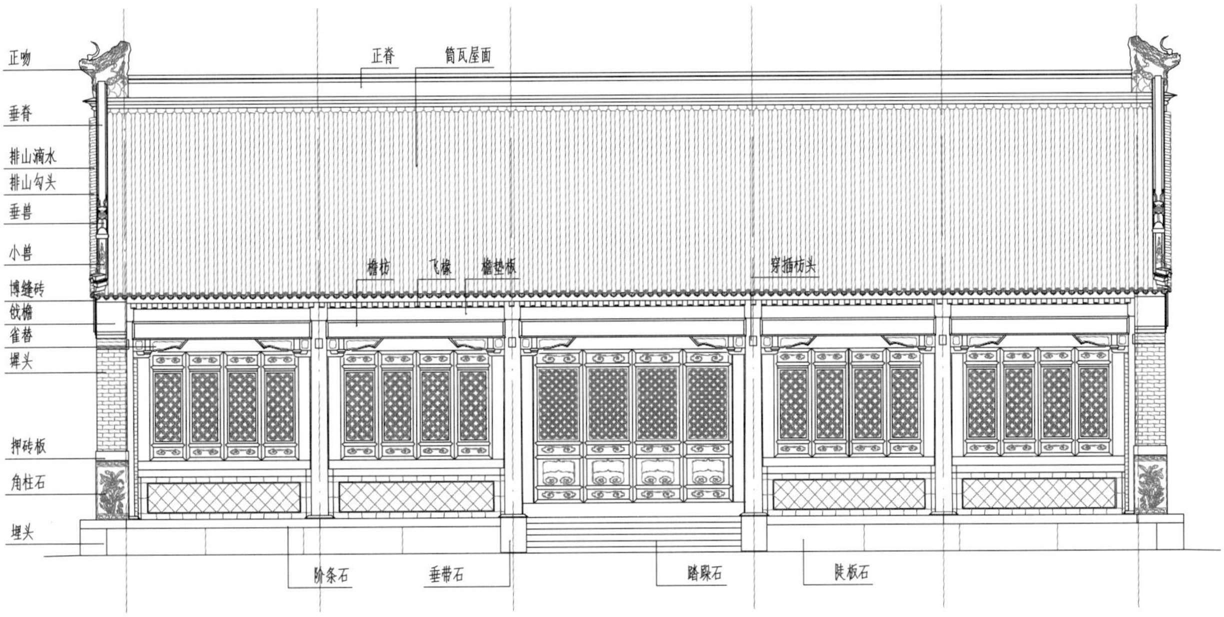

图3-1-46 七檩硬山建筑正立面图

3.1.15 侧立面图

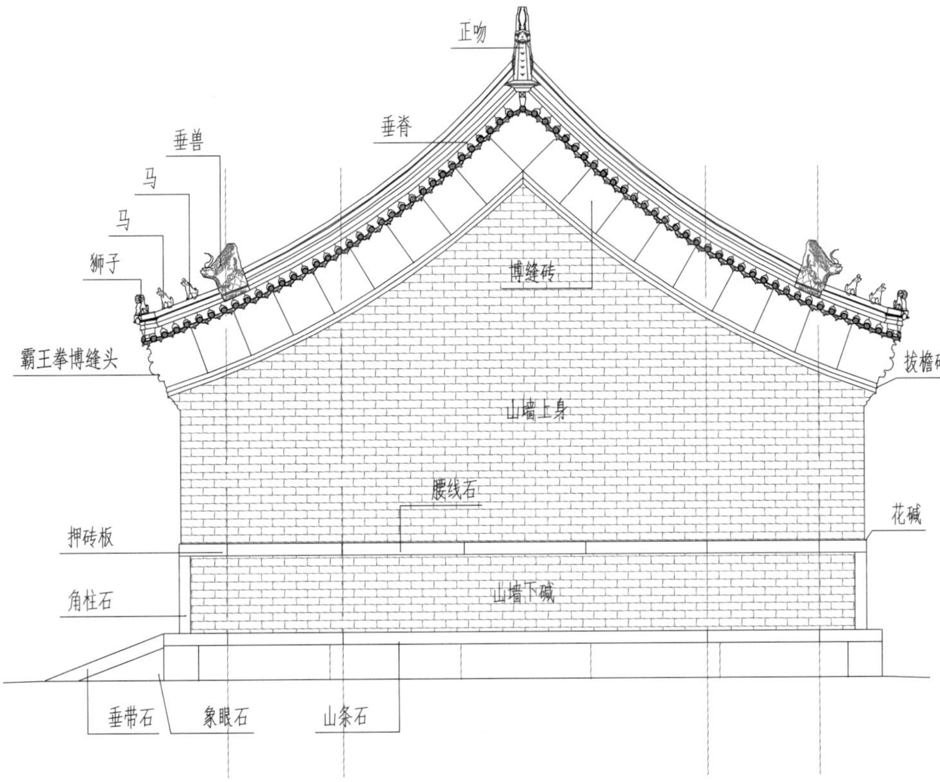

图3-1-47 七檩硬山建筑侧立面图

3.2 硬山建筑设计计算书

本节为硬山建筑的设计计算书示例（以七檩硬山前后廊建筑为例），主要编制思路按照实际画图顺序，即先平面后剖面，从下向上逐层编制。

设计计算书中标注为"/"表示构件在图中不可视的尺寸。具体权衡可参考2.1.4。

七檩硬山前后廊建筑，以檐柱径D为基本模数，依次编制建筑设计计算书。

3.2.1 基础平面图

基础平面图是在柱顶石下皮处进行剖切，主要表达有柱根轴线定位、磉墩定位、拦土定位等内容的图。在基础平面图中磉墩、拦土等构件仅画出其平面长、宽尺寸，与此对应，在基础平面设计计算书中也只表示出了磉墩、拦土的平面长、宽，不表示其高度。

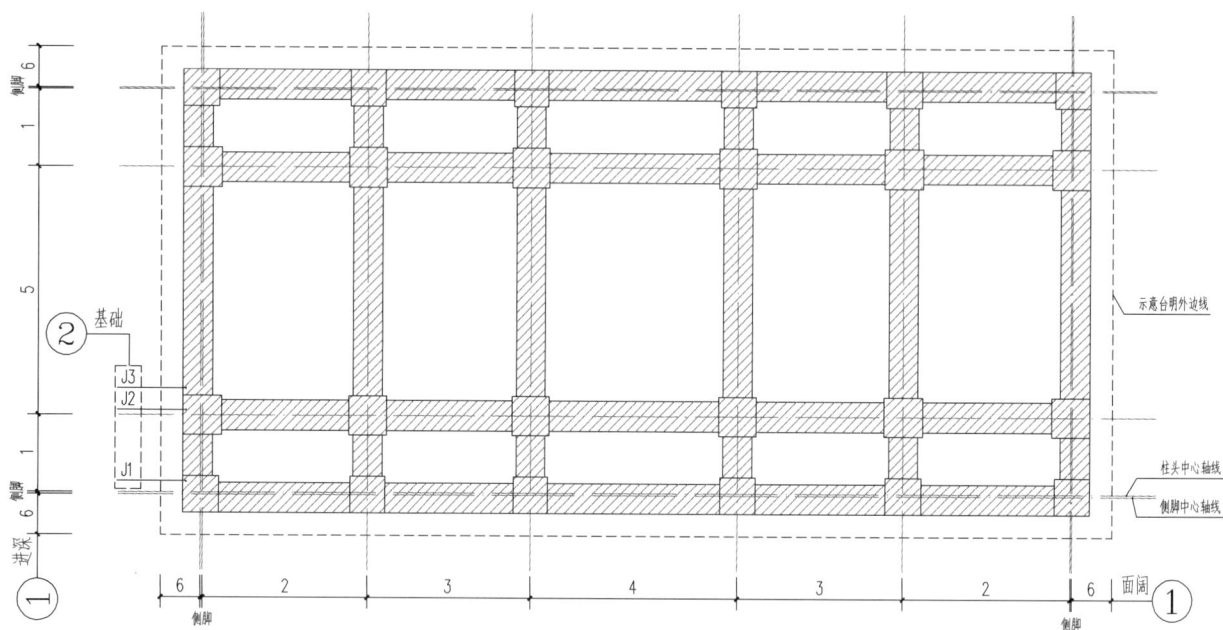

图3-2-1 七檩硬山前后廊建筑基础平面图

表3-2-1

位置	图3-2-1中的序号	构件	长	依据
①面阔、进深	1	廊步距离	5D	廊步按柱径五份定廊深
	2	梢间面阔	11D	同次间面阔 11D/0.8×0.8=11D
	3	次间面阔	11D	明间面阔的8/10 11D/0.8×0.8=11D
	4	明间面阔	13.75D	明间面阔与柱高比例为10∶8 11D/0.8=13.75D
	5	间进深	16D	按四步架核算 4D×4=16D
	6	台明出	2.64D	4/5上檐平出，即11D×3/10×0.8=2.64D 其中上檐平出为柱高的3/10

位置	序号	构件名称	宽	依据
②基础	J1	檐磉墩	2*D*+128mm（见方）	宽：2*D*+4寸
	J2	金磉墩	2*D*+192mm（见方）	宽：2（*D*+1寸）+4寸=2*D*+6寸（注：*D*+1寸=金柱径）
	J3	拦土	1/2（磉墩长+柱径）+96mm	长按面阔进深，除磉墩得净长 按磉墩半份柱径半份再加三寸定宽

3.2.2 台基平面图

台基平面图在隔扇窗二抹以上进行剖切，表达剖切面及俯视视角水平投影方向可见的建筑构造以及必要的尺寸等信息的图。

台基平面图表达的构件较为繁杂，在编制设计计算书时首先计算建筑面阔、进深、台明出等尺寸以确定其轴网定位，再根据构件材质分别计算各构件的尺寸，（如石类构件中的砚窝石、垂带石等，砖类构件中的散水、山墙等）。对于这些构件，在台基平面图中仅画出其平面长、宽尺寸，与此对应，在台基平面设计计算书中也只表示构件的平面长、宽，不表示其高度。

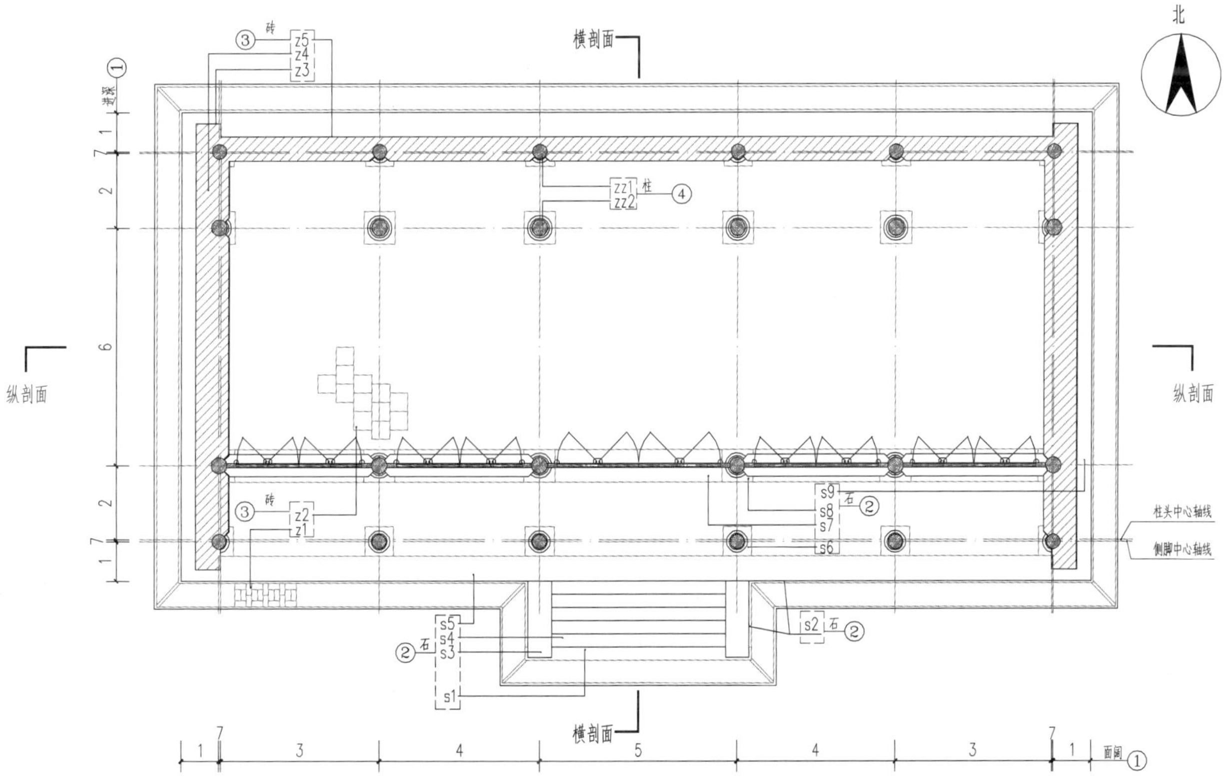

图3-2-2　七檩硬山前后廊建筑台基平面图

表3-2-2

位置	图3-2-2中的序号	构件	长	依据
①面阔、进深	1	台明出	2.64D	上檐平出的4/5，即11D×3/10×0.8=2.64D 其中上檐平出为柱高的3/10
	2	廊步距离	5D	廊步按柱径五份定廊深
	3	梢间面阔	11D	同次间面阔 11D/0.8×0.8=11D
	4	次间面阔	11D	明间面阔的8/10 11D/0.8×0.8=11D
	5	明间面阔	13.75D	明间面阔与柱高比例为10：8 11D/0.8=13.75D
	6	间进深	16D	按四步架核算 4D×4=16D
	7	侧脚	0.11D	小式：侧脚距离为柱高的1/100 11D×0.01=0.11D

材料	图3-2-2中的序号	构件	宽	依据
②石	s1	砚窝石	320mm	长：踏跺面阔加2份平头土衬的金边宽度 宽：同上基石（踏跺石）宽度
	s2	平头土衬/土衬石（金边）	128mm+陡板厚	宽按陡板厚一份，加金边二份（金边宽2寸）
	s3	垂带石	1.64D	宽同阶条石，即1.64D
	s4	踏跺石	320mm	长：垂带之间的距离 宽：小式0.85～1.3尺
	s5	阶条石	1.64D	宽：台明出−1/2檐柱顶石宽，即2.64D−1/2×2D=1.64D
	s6	檐柱顶石	2D	檐柱顶石由檐柱顶盘和古镜石组成 柱顶盘：宽2D 古镜石：宽1.2D
	s7	槛垫石	2D+64mm	宽：2金柱径=2×（D+1寸）
	s8	金柱顶石	2D+64mm	金柱顶石由金柱顶盘和古镜石组成 柱顶盘：宽2D+2寸 古镜石：宽1.2金柱径
	s9	山条石	1.64D	宽同阶条石
③砖	z1	散水	620mm	八锦方散水
	z2	方砖墁地	448mm（见方）	尺四方砖
	z3	墀头	1.5D+80mm	咬中：宽1寸；外包金：宽同山墙外皮，即1.5金柱径
	z4	山墙	2D+112mm	里包金厚：0.5金柱径+1.5寸；外包金厚：1.5金柱径
	z5	后檐墙	1.5D+48mm	里包金：0.5D+1.5寸；外包金：D

位置	图3-2-2中的序号	构件	径	依据
④柱	zz1	檐柱	D	《清式营造则例》权衡尺寸表
	zz2	金柱	D+32mm	《清式营造则例》权衡尺寸表

3.2.3 柱头平面图

柱头平面图应在檐柱柱头和金柱柱头处呈折线剖切，表达剖切面及俯视视角水平投影方向可见的建筑构造以及必要的尺寸等信息。

柱头平面图表达的构件主要有穿插枋、檐枋、老檐枋、随梁枋等，按照先面阔、后进深的顺序逐个计算其尺寸。对于这些构件，在柱头平面图中仅画出其平面长、宽尺寸，其长随面阔或进深尺寸确定，与此对应，在柱头平面设计计算书中也只表示构件的平面厚（宽），不表示其高度。

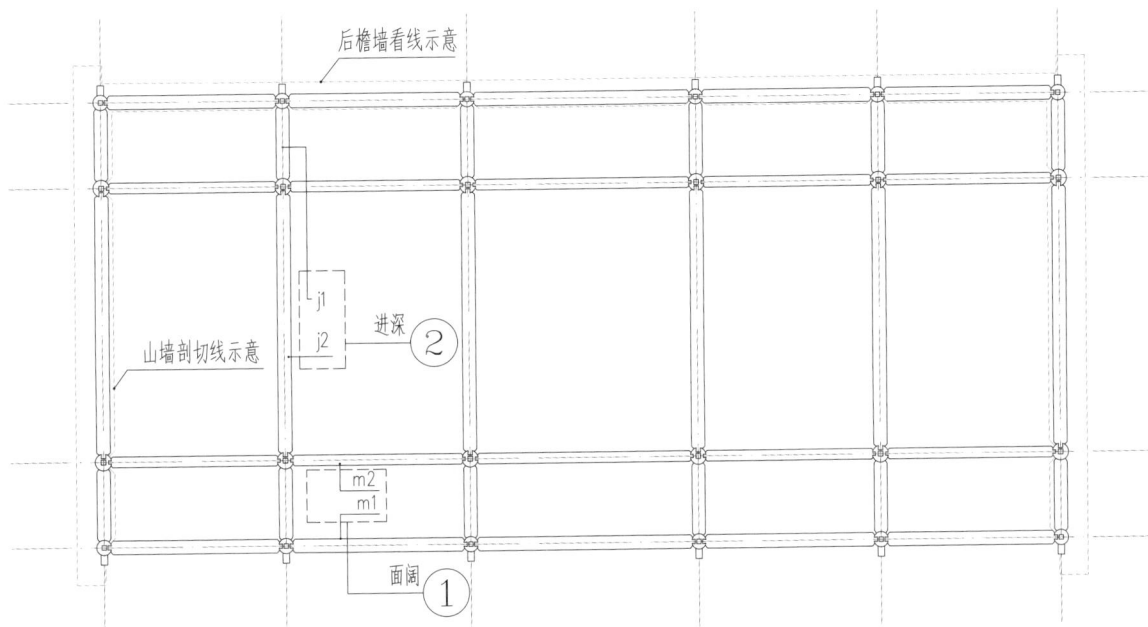

图3-2-3　七檩硬山前后廊建筑柱头平面图

表3-2-3

位置	图3-2-3中的序号	构件	厚	依据
①面阔	m1	檐枋	0.8D	《清式营造则例》权衡尺寸表
	m2	老檐枋	0.8D	《清式营造则例》权衡尺寸表
②进深	j1	穿插枋	0.8D	《清式营造则例》权衡尺寸表
	j2	随梁枋	D−64mm	《清式营造则例》权衡尺寸表

3.2.4 步架平面图

步架平面图在飞椽、檐椽、花架椽、脑椽、扶脊木上皮处呈折线剖切，表达剖切面及俯视视角水平投影方向可见的建筑构造，以及必要的尺寸等信息，包括梁架构件、檩类构件、檐口构件等。

步架平面图表达的构件较为繁杂，在编制设计计算书时首先计算建筑面阔、进深、步架、出檐等尺寸以确定其轴网定位，再根据构件类别及位置分别计算各构件的尺寸（如梁架构件中的五架梁、三架梁等，檩类构件中的檐檩、老檐檩等）。对于这些构件，在步架平面图中仅画出其平面长、宽尺寸，其长随面阔或进深尺寸确定，与此对应，在步架平面设计计算书中也只表示构件的平面厚（宽），不表示其高度。

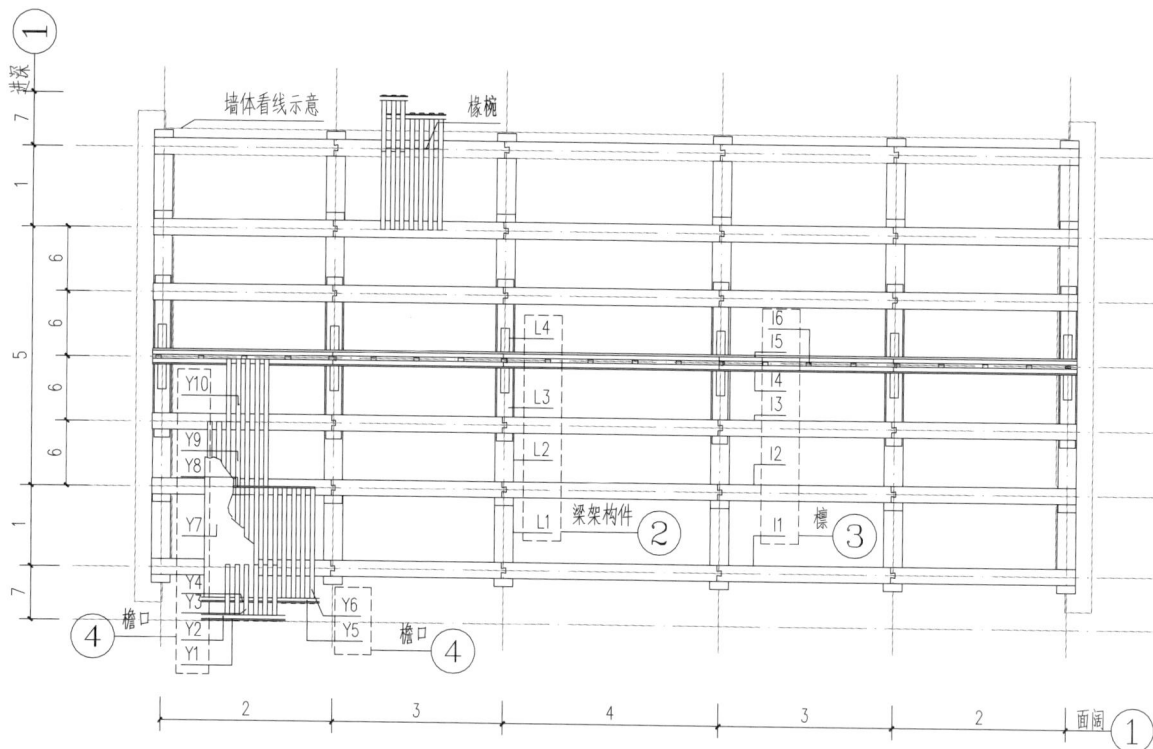

图3-2-4 七檩硬山前后廊建筑步架平面图

表3-2-4

位置	图3-2-4中的序号	构件	长	依据
①面阔、进深	1	廊步距离	5D	廊步按柱径五份定廊深
	2	梢间面阔	11D	同次间面阔 11D/0.8×0.8=11D
	3	次间面阔	11D	明间面阔的8/10 11D/0.8×0.8=11D
	4	明间面阔	13.75D	明间面阔与柱高比例为10：8 11D/0.8=13.75D
	5	间进深	16D	按四步架核算 4D×4=16D
	6	步架距离	4D	按廊步八扣 5D×0.8=4D
	7	上檐平出	3.3D	柱高的3/10 11D×3/10=3.3D

位置	图3-2-4中的序号	构件	长	厚	依据
②梁架构件	L1	抱头梁	/	D+64mm	高按柱径加四寸 厚按高收两寸
	L2	五架梁	/	D+64mm	高按柱径加四寸 厚按高收两寸
	L3	三架梁	/	D	高厚按五架梁高厚各收两寸
	L4	脊角背	一步架	1/3自身高	

位置	图3-2-4中的序号	构件	宽	厚	径	依据
③檩	l1	檐檩	/	/	D	径同金檩
	l2	老檐檩	/	/	D	径同金檩

位置	图3-2-4中的序号	构件	宽	厚	径	依据
③檩	l3	金檩	/	/	D	《清式营造则例》权衡尺寸表
	l4	脊檩	/	/	D	《清式营造则例》权衡尺寸表
	l5	扶脊木	/	/	0.8D	径0.8D
	l6	椿桩	1/3D	2/9D	/	每通脊一件用一根。宽按1/3桁径，厚按2/3宽
④檐口	Y1	瓦口木	/	0.063D	/	厚0.3自身高，高0.7椽径，即厚：0.3×0.7×0.3D=0.063D
	Y2	大连檐	/	0.3D	/	《清式营造则例》权衡尺寸表
	Y3	飞椽	0.3D	/	/	长按实际
	Y4	闸挡板	长0.36D	0.075D	/	高按椽径，厚按1/4高 厚：1/4×0.3D=0.075D；长1.2椽径，即1.2×0.3D=0.36D
	Y5	小连檐	1/3D	/	/	小连檐尺寸宽1/3D
	Y6	檐椽	/	/	0.3D	同飞椽
	Y7	望板	/	/	/	屋面满铺
	Y8	椽中板	/	1/15D	/	厚同望板
	Y9	花架椽	/	/	0.3D	同檐椽
	Y10	脑椽	/	/	0.3D	同檐椽

3.2.5 屋顶平面图 （以黑活瓦屋面为例）

屋顶平面图在屋面以上俯视，表达水平投影方向可见的建筑构造以及必要的尺寸等信息，主要包括屋面瓦的排布、正脊、垂脊、小兽等构件的尺寸及平面定位，屋面排水方向等。其中瓦类构件主要包括板瓦、筒瓦、滴水、勾头以及各类脊和小兽等。屋顶平面图中仅画出其平面尺寸及定位，与此对应，在屋顶平面设计计算书中也只表示构件的平面厚（宽），不表示其高度。

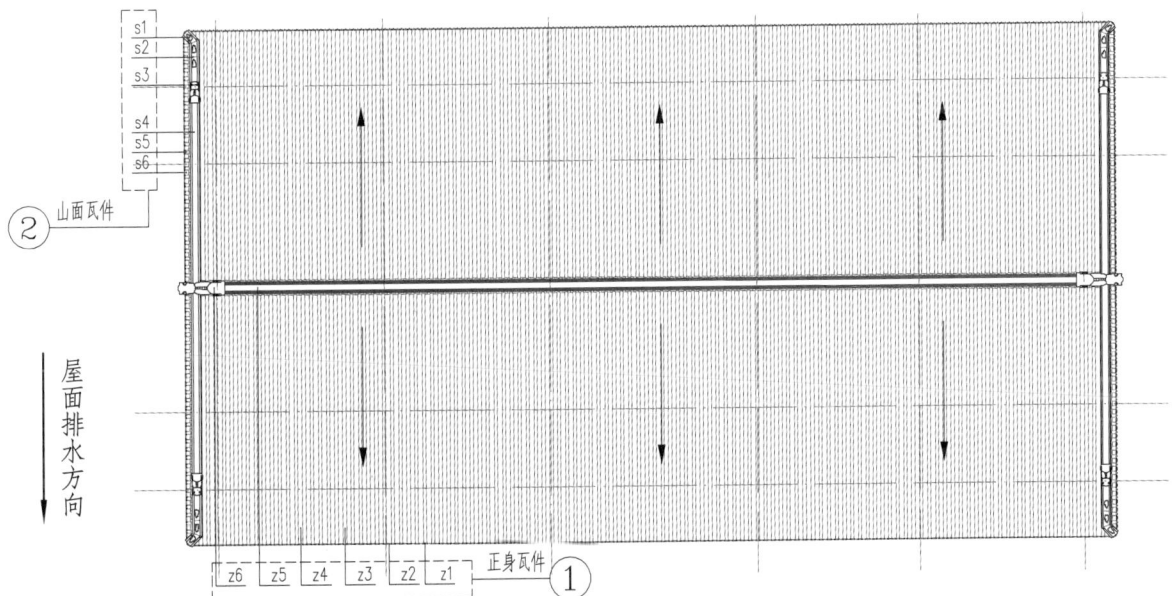

图3-2-5 七檩硬山前后廊建筑屋顶平面图

表3-2-5

位置	图3-2-5中的序号	构件	长	宽	依据
①正身瓦件	z1	滴水	/	180mm	选择与椽径相近的筒瓦宽度，宜大不宜小，确定为2号瓦
	z2	勾头	/	110mm	
	z3	板瓦	/	180mm	
	z4	筒瓦	/	110mm	
	z5	正脊	按通长	厚约300mm	
	z6	正吻（望兽）	约1100mm	厚330mm	高：长=15：14.5，正吻高：约为柱高的2/5~2/7，$11D \times 2/7=1131$mm 长：$1131/15 \times 14.5=1093$mm，约为1100mm 厚：约为1.3倍筒瓦宽+两层瓦条厚，即330mm
②山面瓦件	s1	小兽	180mm	厚约90mm	长：高=6：10，小兽高：狮子、马高约为兽高（量至眉）的6.5/10，即$700 \times 2/3 \times 6.5/10=303$mm，约为300mm，即$300/10 \times 6=180$mm 厚：约为90mm
	s2	兽前垂脊	/	厚约240mm	
	s3	垂兽	约680mm	厚约260mm	高：长=15：14.5，垂兽高：两层混砖、陡板、眉子的总高：垂兽全高=2：5，即垂兽高为（140+50+90）×5/2=700mm 长：$700/15 \times 14.5=677$mm，约为680mm 厚：约为260mm
	s4	兽后垂脊	/	厚约240mm	
	s5	排山滴水	/	180mm	规格2号瓦
	s6	排山勾头	/	110mm	规格2号瓦

3.2.6 横剖面图

横剖面图是沿进深方向在建筑中线上假设一个垂直于地面的面将建筑剖切的侧面投影图。剖面图用以表示建筑内部的构造及其竖向高度等，是与平面图、立面图相互配合的不可缺少的图样之一。

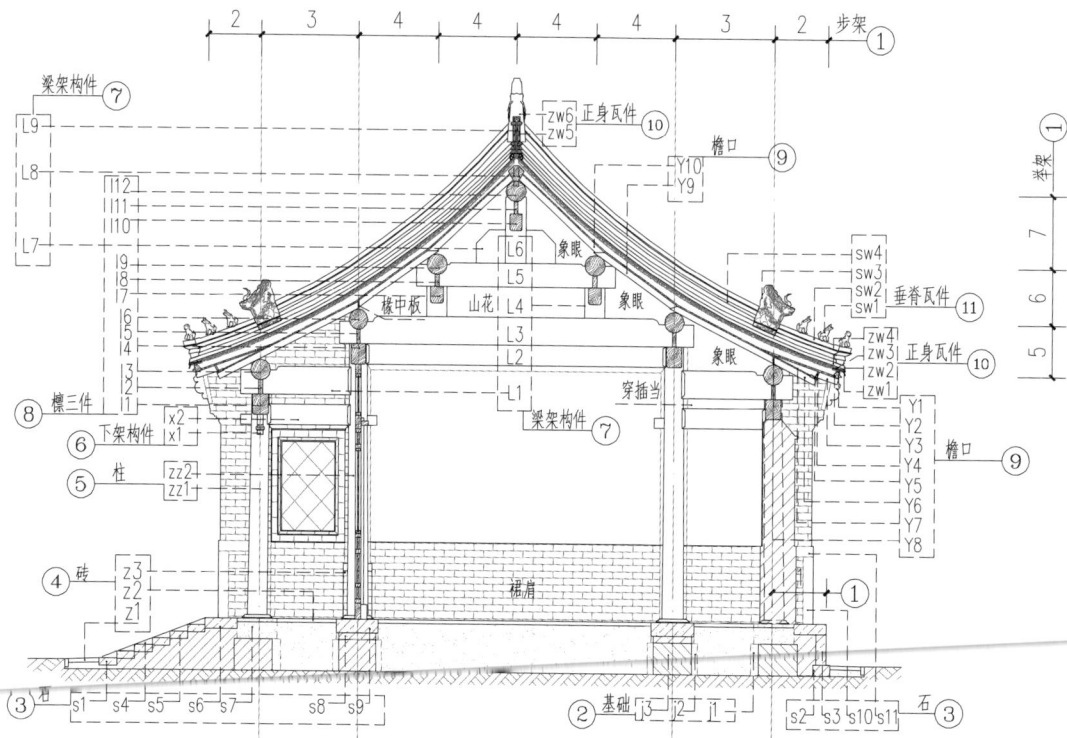

图3-2-6　七檩硬山前后廊建筑横剖面图

横剖面图表达的构件较为繁杂，在编制设计计算书时首先计算建筑步架、举架、出檐、台明出等尺寸，然后从基础到屋面，根据构件类别及位置分别计算各构件的尺寸（如基础构件中的檐磉墩、金磉墩等，梁架构件中的五架梁、三架梁等）。

横剖面图中所表达的构件，可以根据其是否被剖切到分为被剖切到的构件和投影看到的构件，横剖面设计计算书中表示出了各构件的长、宽、高、厚、径。

表3-2-6

位置	图3-2-6中的序号	构件	长	高	依据
①步架、举架	1	台明出	2.64D	2D	上檐平出的4/5，即11D×3/10×0.8=2.64D；高2D 其中上檐平出为3/10柱高
	2	上檐平出	3.3D	/	柱高的3/10 11D×3/10=3.3D
	3	廊步距离	5D	/	廊步按柱径五份定廊深
	4	步架距离	4D	/	按廊步八扣 5D×0.8=4D
	5	廊步举架	/	2.5D	廊步距离×0.5，即5D×0.5=2.5D
	6	金步举架	/	2.8D	金步距离×0.7，即4D×0.7=2.8D
	7	脊步举架	/	3.6D	脊步距离×0.9，即4D×0.9=3.6D
②基础	j1	檐磉墩	2D+128mm	D+192mm	檐磉墩 宽：2D+4寸 金磉墩 宽：2（D+1寸）+4寸=2D+6寸（注：D+1寸=金柱径） 单磉墩高：随台除柱顶石之厚，外加地皮以下埋头尺寸 埋头：以檩数定高低。七檩深6寸 则檐磉墩、金磉墩高：2D-D+6寸=D+6寸
	j2	金磉墩	2D+192mm	D+192mm	
	j3	拦土	1/2（磉墩长+柱径）+96mm	D+192mm	按磉墩半份柱径半份再加三寸定宽；高同磉墩

材料	图3-2-6中的序号	构件	宽	厚	依据
③石	s1	砚窝石	320mm	128mm	宽：同上基石（踏跺石）宽度 厚：同上基石（踏跺石）厚，露明高同平头土衬露明高
	s2	土衬石	128mm+陡板厚	0.5D	宽按陡板厚一份，加金边二份。金边按1/10台明高，厚同阶条
	s3	陡板石	高1.5D	0.5D	高：台明高-阶条高；厚：0.5D
	s4	垂带石	/	斜高0.5D	斜高：同阶条（0.5D）
	s5	踏跺石	320mm	128mm	宽：小式0.85~1.3尺 厚：小式约4寸
	s6	阶条石	1.64D	高0.5D	宽为台明出-1/2檐柱顶石宽；宽：2.64D-1/2×2D=1.64D 高1/2D
	s7	檐柱顶石	2D	1.2D	檐柱顶石由檐柱顶盘和古镜石组成 柱顶盘：宽2D，厚D 古镜石：宽1.2D，厚0.2D
	s8	金柱顶石	2D+64mm	1.2D	金柱顶石由金柱顶盘和古镜石组成 柱顶盘：宽2D+2寸，厚D 古镜石：宽1.2（D+1寸），厚0.2D
	s9	槛垫石	2D+64mm	2/3D	宽：2金柱径=2（D+1寸）；厚：2/3D
	s10	角柱石	高3.3D	0.5D	厚：同阶条厚 高：3/10檐柱高

材料	图3-2-6中的序号	构件	宽	厚	依据
③石	s11	押砖板（压面石）	/	$0.5D$	厚：同阶条厚
④砖	z1	散水	620mm	70mm	八锦方散水
	z2	方砖墁地	448mm	64mm	尺四方砖
	z3	槛墙	$1.5D$	高按实际	里包金厚$0.75D$，外包金厚$0.75D$
⑤柱	zz1	檐柱	$11D$	D	《清式营造则例》权衡尺寸表
	zz2	金柱	$13.5D$	$D+32mm$	高：$11D$+廊步五举=$11D+5D×0.5=13.5D$

位置	图3-2-6中的序号	构件	高	厚	依据
⑥下架构件	x1	雀替	D	$0.3D$	高：同檐枋 厚：3/10檐柱径
	x2	穿插枋	D	/	《清式营造则例》权衡尺寸表

位置	图3-2-6中的序号	构件	长	宽	高	依据
⑦梁架构件	L1	抱头梁	/	/	$D+128mm$	高按柱径加四寸
	L2	随梁枋	/	/	D	《清式营造则例》权衡尺寸表
	L3	五架梁	/	/	$D+128mm$	高按柱径加四寸
	L4	金瓜柱	/	D	按实际	《清式营造则例》权衡尺寸表
	L5	三架梁	/	/	$D+64mm$	高按五架梁高收两寸
	L6	脊瓜柱	/	D	按实际	《清式营造则例》权衡尺寸表
	L7	脊角背	一步架	/	1/2脊瓜柱高	
	L8	扶脊木	/	径$0.8D$	/	径$0.8D$
	L9	椿桩	/	厚$2/9D$	$2.87D$	每通脊一件用一根。高按1/4桁径，8/10扶脊木径，又9/10脊高，三共凑即高。宽按1/3桁径，厚按2/3宽 高：$1/4×D+8/10×0.8D+9/10×1/5×11D=2.87D$ 厚：$1/3×D×2/3=2/9D$

位置	图3-2-6中的序号	构件	高	厚	径	依据
⑧檩三件	l1	檐枋	D	$0.8D$	/	《清式营造则例》权衡尺寸表
	l2	檐垫板	$0.5D+64mm$	$0.2D$	/	《清式营造则例》权衡尺寸表
	l3	檐檩	/	/	D	同金檩
	l4	老檐枋	D	$0.8D$	/	《清式营造则例》权衡尺寸表
	l5	老檐垫板	$0.5D+64mm$	$0.2D$	/	同檐垫板
	l6	老檐檩	/	/	D	同金檩
	l7	金枋	$D-64mm$	$0.8D-64mm$	/	《清式营造则例》权衡尺寸表
	l8	金垫板	$0.5D+32mm$	$0.2D$	/	《清式营造则例》权衡尺寸表
	l9	金檩	/	/	D	《清式营造则例》权衡尺寸表
	l10	脊枋	$D-64mm$	$0.8D-64mm$	/	《清式营造则例》权衡尺寸表
	l11	脊垫板	$0.5D+32mm$	$0.2D$	/	《清式营造则例》权衡尺寸表
	l12	脊檩	/	/	D	《清式营造则例》权衡尺寸表

位置	图3-2-6中的序号	构件	高	厚	径	依据
⑨檐口	Y1	瓦口木	0.21D	0.063D	/	厚0.3自身高；高0.7椽径 厚：0.3×0.7×0.3D=0.063D；高：0.7×0.3D=0.21D
	Y2	大连檐	0.3D	0.3D	/	《清式营造则例》权衡尺寸表
	Y3	飞椽	0.3D	/	/	《清式营造则例》权衡尺寸表
	Y4	闸挡板	0.3D	0.075D	/	高按椽径，厚按1/4高 高：0.3D；厚：1/4×0.3D=0.075D
	Y5	小连檐	宽1/3D	1.5倍望板厚	/	宽1/3D，厚1.5倍望板厚
	Y6	檐椽	/	/	0.3D	同飞椽
	Y7	望板	/	1/15D	/	
	Y8	椽椀	按实际	1/15D	/	厚：同望板厚
	Y9	花架椽	/	/	0.3D	同檐椽
	Y10	脑椽	/	/	0.3D	同檐椽

位置	图3-2-6中的序号	构件	长	依据
⑩正身瓦件	zw1	滴水	180mm	选择与椽径相近的筒瓦宽度，宜大不宜小，确定为2号瓦
	zw2	勾头	190mm	
	zw3	板瓦	180mm	
	zw4	筒瓦	190mm	

位置	图3-2-6中的序号	构件	长	宽	高	依据
⑩正身瓦件	zw5	正脊	/	厚约300mm	790mm	高：按1/5檐柱高定高，即11D×1/5=792mm，正当沟+两层瓦条+混砖+陡板+混砖+眉子沟+眉子=130+140+70+290+70+15+75=790mm 厚：约为300mm
	zw6	正吻（望兽）	/	330mm	约1130mm	高：柱高的2/7~2/5，即11D×2/7=1131mm，约为1130mm 厚：约为1.3倍（筒瓦宽+两层瓦条厚），即330mm
⑪垂脊瓦件	sw1	小兽	/	长180mm	约300mm	高：狮子、马高约为兽高（量至眉）的6.5/10，即700×2/3×6.5/10=303mm，约为300mm 长：高=6：10，即300/10×6=180mm
	sw2	兽前垂脊	/	/	350mm	兽前自身高：斜当沟+瓦条+混砖+眉子沟+眉子=120+70+70+15+75=350mm
	sw3	垂兽	约680mm	/	700mm	高：两层混砖、陡板、眉子的总高：垂兽全高=2：5，即垂兽高为（140+50+90）×5/2=700mm 高：长=15：14.5，长：700/15×14.5=677mm，约为680mm
	sw4	兽后垂脊	/	/	470mm	兽后自身高：斜当沟+瓦条+混砖+陡板+混砖+眉子沟+眉子=120+70+70+50+70+15+75=470mm

3.2.7 纵剖面图

纵剖面图，是沿面阔方向在建筑中线假设一个垂直于地面的面将建筑剖切的正面投影图。

纵剖面图表达的构件较为繁杂，在编制设计计算书时首先计算面阔、台明出等尺寸，然后从基础到屋面，根据构件类别及位置分别计算各构件的尺寸（如基础构件中的金磉墩等，梁架构件中的五架梁、三架梁等）。

纵剖面图中的构件，可以根据其是否被剖切到分为被剖切到的构件和投影看到的构件，纵剖面设计计算书中表示出了各构件的长、宽、高、厚、径。

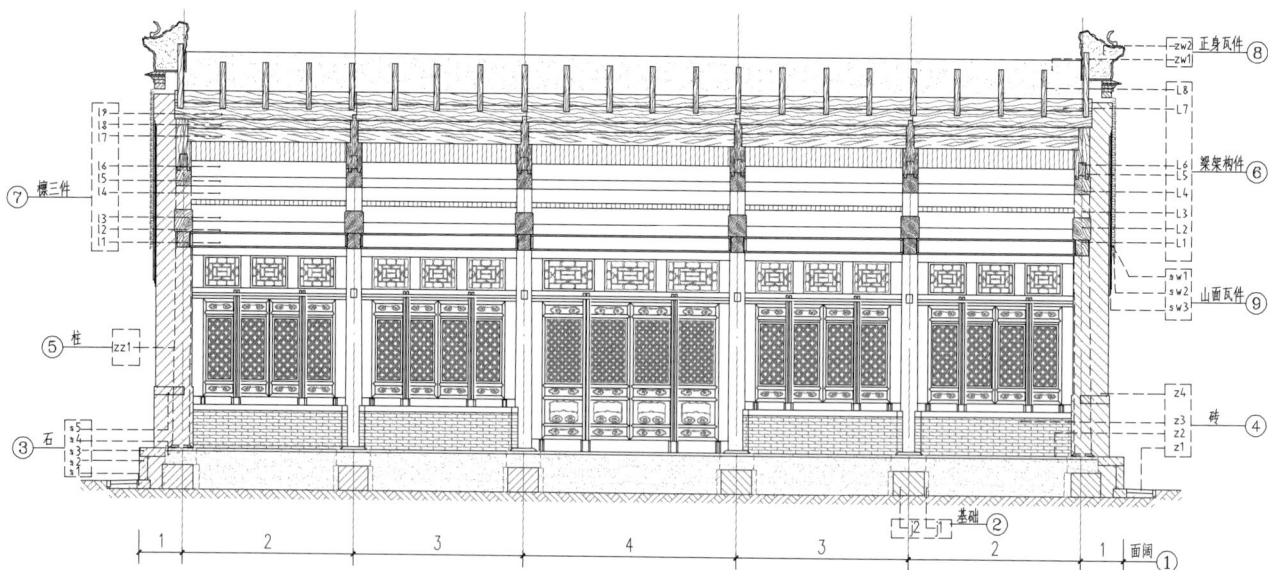

图3-2-7　七檩硬山前后廊建筑纵剖面图

表3-2-7

位置	图3-2-7中的序号	构件	长	高	依据
①面阔	1	台明出	2.64D	2D	4/5上檐平出，即$11D×3/10×0.8=2.64D$；高2D 其中上檐平出为3/10柱高
	2	梢间面阔	11D	/	同次间面阔 $11D/0.8×0.8=11D$
	3	次间面阔	11D	/	明间面阔的8/10 $11D/0.8×0.8=11D$
	4	明间面阔	13.75D	/	明间面阔与柱高比例为10：8 $11D/0.8=13.75D$

位置	图3-2-7中的序号	构件	宽	高	依据
②基础	j1	金磉墩	2D+192mm	D+192mm	宽：2（D+1寸）+4寸=2D+6寸（D+1寸=金柱径） 单磉墩高：随台基除柱顶石之厚，外加地皮以下埋头尺寸 埋头：以檩数定高低。七檩深6寸 则金磉墩高：2D−D+6寸=D+6寸
	j2	拦土	1/2（磉墩长+柱径）+96mm	D+192mm	按磉墩半份柱径半份再加三寸定宽 高同磉墩

材料	图3-2-7中的序号	构件	宽	厚	依据
③石	s1	土衬石	128mm+陡板厚	0.5D	宽按陡板厚一份，加金边二份（金边宽2寸）。厚同阶条高

材料	图3-2-7中的序号	构件	宽	厚	依据
③石	s2	陡板石	高1.5D	0.5D	高：台明高−阶条高，高：2D−1/2×2D=1.5D 厚同阶条石，即0.5D
	s3	山条石	1.64D	0.5D	宽：同阶条石，即1.64D 厚：同阶条石，即0.5D
	s4	金柱顶石	2D+64mm	1.2D	金柱顶石由金柱顶盘和古镜石组成 柱顶盘：宽2D+2寸，厚D 古镜石：宽1.2（D+1寸），厚0.2D
	s5	腰线石	1.5D+144mm	0.5D	厚同押砖板 宽为墀头宽加2倍花碱 宽：1.5D+80mm+2×32mm=1.5D+144mm
④砖	z1	散水	620mm	70mm	八锦方散水
	z2	方砖墁地	448mm	64mm	尺四方砖
	z3	槛墙	/	高按实际	《清式营造则例》权衡尺寸表
	z4	山墙	高按实际	2D+112mm	里包金厚：1/2金柱径+1.5寸，外包金厚：1.5金柱径

位置	图3-2-7中的序号	构件	高	径	依据
⑤柱	zz1	金柱	13.5D	D+32mm	高：11D+廊步五举=11D+5D×0.5=13.5D

位置	图3-2-7中的序号	构件	宽	高	厚	依据
⑥梁架构件	L1	随梁枋	/	D	D−64mm	《清式营造则例》权衡尺寸表
	L2	五架梁	/	D+128mm	D+64mm	高按柱径加四寸 厚按高收两寸
	L3	金瓜柱	/	按实际	D	《清式营造则例》权衡尺寸表
	L4	三架梁	/	D+64mm	D	高厚按五架梁高厚各收两寸
	L5	脊瓜柱	/	按实际	D	《清式营造则例》权衡尺寸表
	L6	脊角背	/	1/2脊瓜柱高	1/3自身高	
	L7	扶脊木	/	/	径0.8D	
	L8	椿桩	1/3D	2.87D	/	每通脊一件用一根。高按1/4桁径，8/10扶脊木径，又9/10脊高，三共凑即高。宽按1/3桁径 高：1/4×D+8/10×0.8D+9/10×1/5×11D=2.87D

位置	图3-2-7中的序号	构件	高	径	依据
⑦檩三件	l1	老檐枋	D	/	《清式营造则例》权衡尺寸表
	l2	老檐垫板	0.5D+64mm	/	同檐垫板
	l3	老檐檩	/	D	同金檩
	l4	金枋	D−64mm	/	《清式营造则例》权衡尺寸表
	l5	金垫板	0.5D+32mm	/	《清式营造则例》权衡尺寸表
	l6	金檩	/	D	《清式营造则例》权衡尺寸表
	l7	脊枋	D−64mm	/	《清式营造则例》权衡尺寸表
	l8	脊垫板	0.5D+32mm	/	《清式营造则例》权衡尺寸表
	l9	脊檩	/	D	《清式营造则例》权衡尺寸表

位置	图3-2-7中的序号	构件	长	高	依据
⑧正身瓦件	zw1	正脊	按通长	790mm	高：按1/5檐柱高定高，即11D×1/5=792mm，正当沟+两层瓦条+混砖+陡板+混砖+眉子沟+眉子=130+140+70+290+70+15+75=790mm
	zw2	正吻（望兽）	约1100mm	约1130mm	高：柱高的2/7～2/5，11D×2/7=1131mm，约为1130mm 高：长=15:14.5，长：1131/15×14.5=1093mm，约为1100mm

位置	图3-2-7中的序号	构件	厚	高	依据
⑨山面瓦件	sw1	排山滴水	/	/	规格2号瓦
	sw2	排山勾头	/	/	规格2号瓦
	sw3	博缝砖	60mm	按实际	

3.2.8 门窗

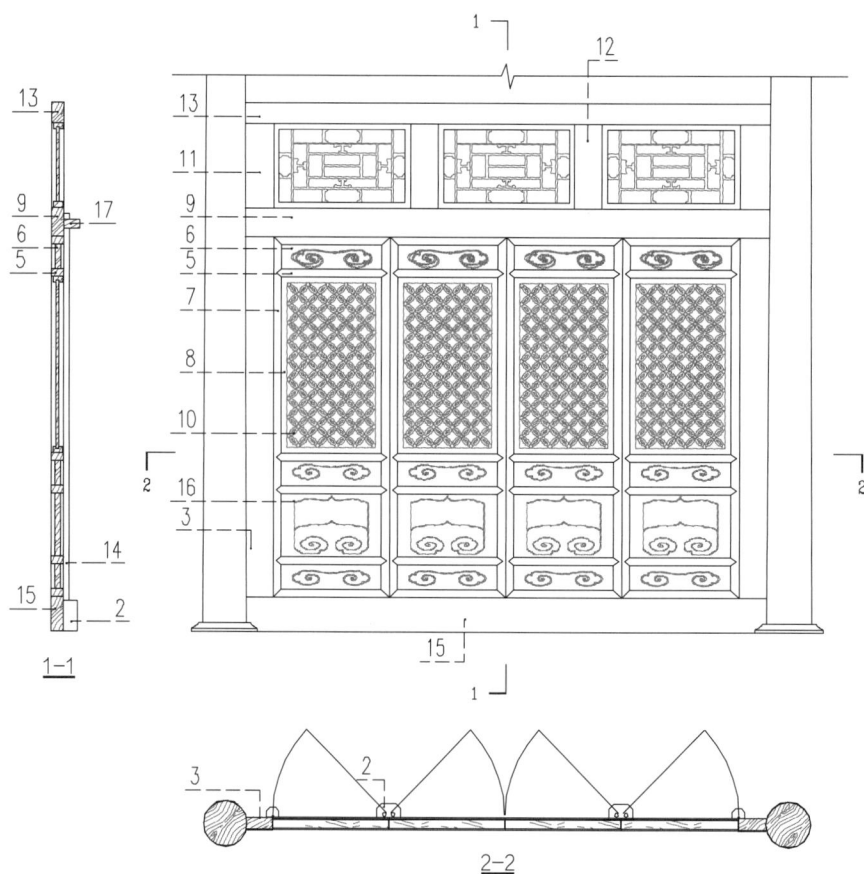

图3-2-8 七檩硬山前后廊建筑门详图

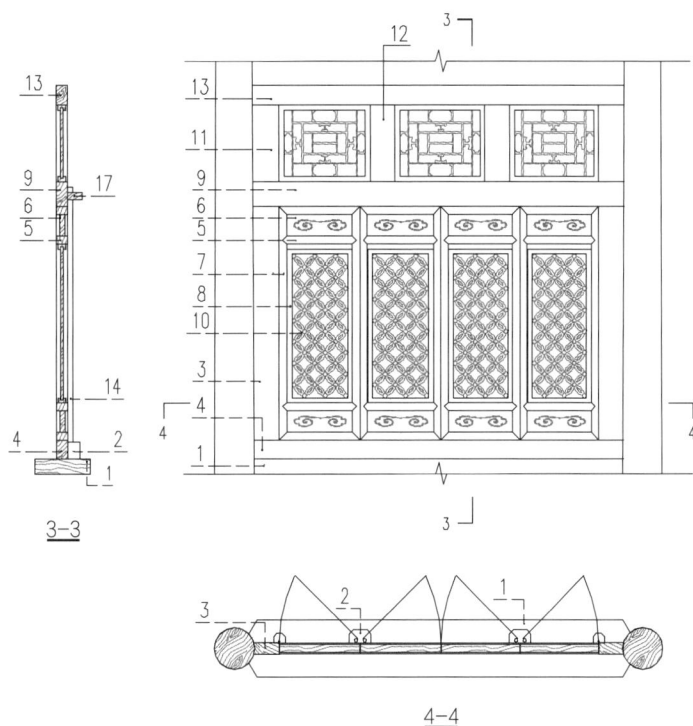

图3-2-9 七檩硬山前后廊建筑窗详图

表3-2-8

位置	图3-2-8和图3-2-9中的序号	构件	宽	高	厚	依据
隔扇门窗	1	木榻板	3/2D	/	3/8D	《清式营造则例》权衡尺寸表
	2	连二楹	120mm	0.72D	长210mm	长210mm，宽120mm，高0.9下槛宽
	3	抱框	2/3D	/	3/10D	《清式营造则例》权衡尺寸表
	4	风槛	1/2D	/	3/10D	《清式营造则例》权衡尺寸表
	5	抹头	1/5D	/	3/10D	《清式营造则例》权衡尺寸表
	6	绦环板	/	0.2隔扇宽	0.05隔扇宽	《清式营造则例》权衡尺寸表
	7	边梃	1/5D	/	3/10D	《清式营造则例》权衡尺寸表
	8	仔边	2/3边梃宽	/	7/10边梃厚	《清式营造则例》权衡尺寸表
	9	中槛	2/3D	/	3/10D	《清式营造则例》权衡尺寸表
	10	棂条	1/3仔边宽	/	9/10仔边厚	宽1/3~1/2仔边，厚9/10仔边
	11	短抱框	2/3D	/	3/10D	《清式营造则例》权衡尺寸表
	12	横陂间框	2/3D	/	3/10D	同抱框
	13	上槛	1/2D	/	3/10D	《清式营造则例》权衡尺寸表
	14	转轴	/	/	径50mm	径50mm
	15	下槛	4/5D	/	3/10D	《清式营造则例》权衡尺寸表
	16	裙板	/	0.8隔扇宽	0.05隔扇宽	《清式营造则例》权衡尺寸表
	17	连楹	2/5D	/	1/5D	《清式营造则例》权衡尺寸表

3.3 七檩悬山建筑构件记忆及诠释

七檩悬山构件记忆法分为15小节：

3.3.1：诠释梁思成先生《清式营造则例》中单体建筑的"三个基本要素"。

3.3.2：诠释清官式建筑施工图表达与建筑模型剖切位置对应关系和"三个基本要素"分别对应的模型部位。

3.3.3和3.3.4：概括性地介绍七檩悬山建筑砖、瓦、石、大木构件的各部名称，以及竖向高度的分层位置和构件关系，建立对七檩悬山建筑的外观和内部构造的初步认识。

3.3.5至3.3.15：详细介绍七檩悬山建筑各层平面、剖面和立面中的实体构件的记忆顺序、名称、位置、功能，同时标注其来源，以便查找更加详细的资料。

3.3.1 《清式营造则例》"三个基本要素"概念的诠释

将七檩悬山建筑模型分为下段、中段、上段，对应《清式营造则例》中的"三个基本要素"，可得：

下段-台基部分：阶条石上皮以下为台基部分，包含基坑开挖、基础和台基平面三部分内容。

中段-柱梁（木造）部分：阶条石上皮以上至望板以下（包含望板、椿桩）为柱梁（木造）部分，包含柱头平面、步架平面两部分内容。

上段-屋顶部分：望板、大连檐以上为屋顶部分，包含屋顶平面。

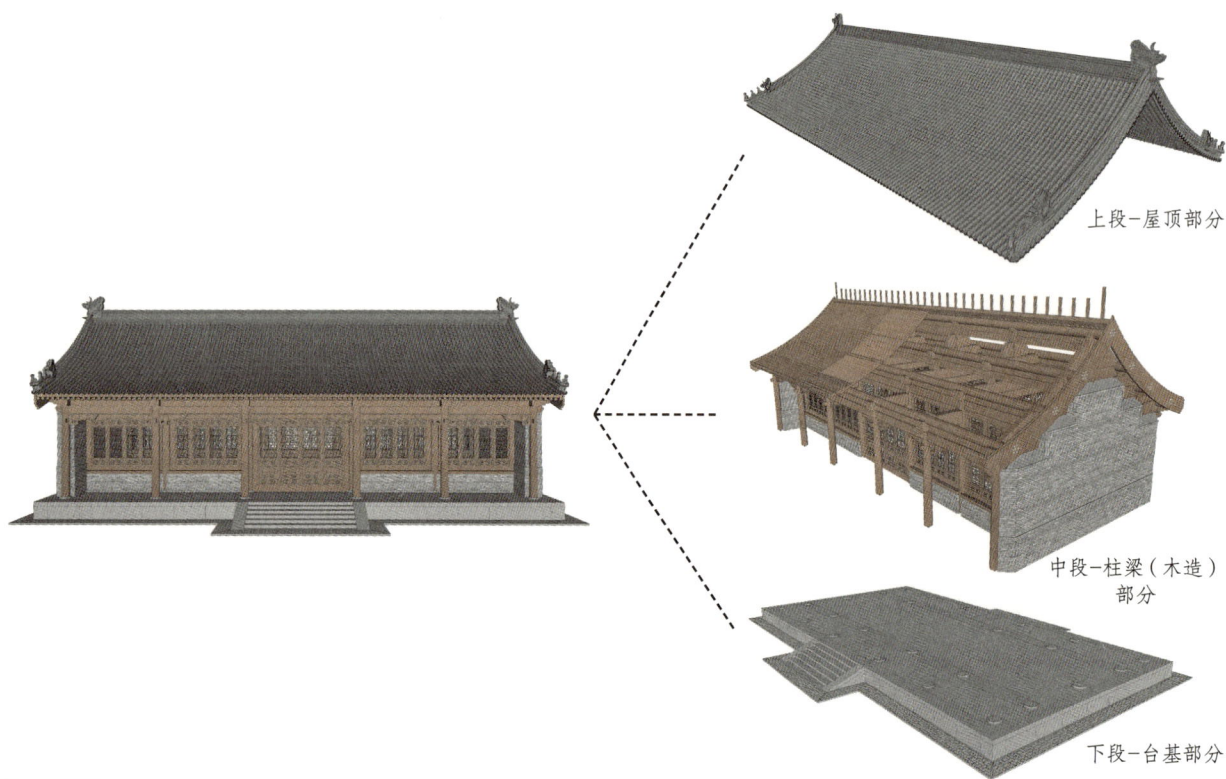

上段-屋顶部分

中段-柱梁（木造）部分

下段-台基部分

图3-3-1 七檩悬山建筑模型分段示意图

单体建筑分段的作用在于将建筑的砖作、石作、木作、瓦作结合竖向高度进行分类，"三段"分别与设计成果图的各层平面图对应，能够帮助读者对七檩悬山建筑的构造建立更系统的认知和更全面的空间概念。

3.3.2　七檩悬山建筑分段竖向高度剖切位置示意图

将七檩悬山建筑按竖向高度关系剖切后，可以清晰展现出建筑的内部构造。屋顶平面的瓦件在步架平面之上，由于屋面有坡度高差，屋顶平面和步架平面在高度上有重合，故将屋顶平面和步架平面分在一个高度区间内。

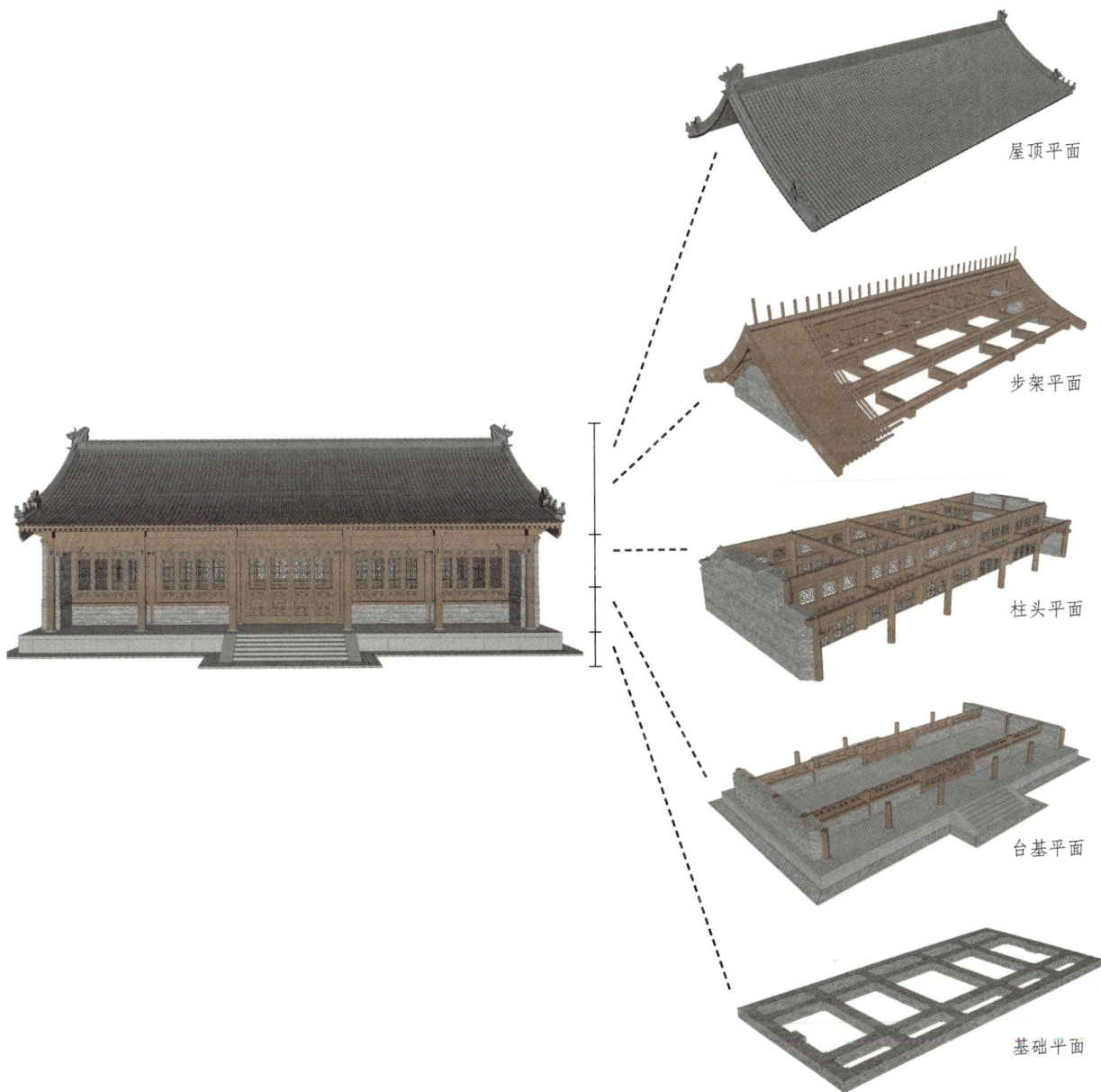

屋顶平面

步架平面

柱头平面

台基平面

基础平面

图3-3-2　七檩悬山建筑分段竖向高度剖切位置示意图

屋顶平面（上段）

　　屋顶平面包括从建筑上方俯视所能观察到的瓦件。

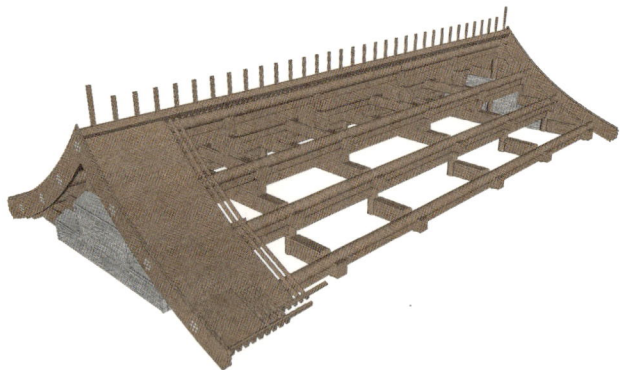

步架平面（中段）

　　步架平面包括抱头梁以上，扶脊木和椿桩以下的步架构件。图中为了保证步架不被遮挡，椽子和望板构件只表示局部。

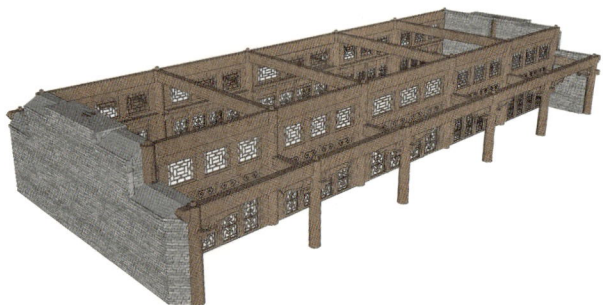

柱头平面（中段）

　　柱头平面包括隔扇窗二抹以上，柱头以下所有构件。

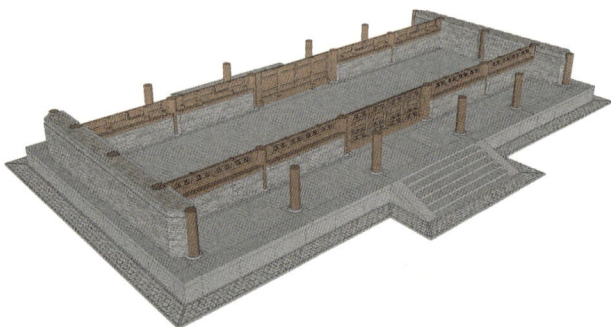

台基平面（下段、中段）

　　台基平面包括隔扇窗二抹上皮位置俯视能观察到的所有砖、石、木构件。

基础平面（下段）

　　基础平面包括柱顶石以下的构件：拦土、碴墩。为了更加清晰体现上述构件的构造关系，图中将灰土和包砌台基进行隐藏处理。

图3-3-3　七檩悬山建筑模型与分段剖切位置示意图

3.3.3 七檩悬山建筑砖、瓦、石构件名称示意图

下图直观展示了七檩悬山建筑砖作、瓦作、石作构件的形态、位置和名称。

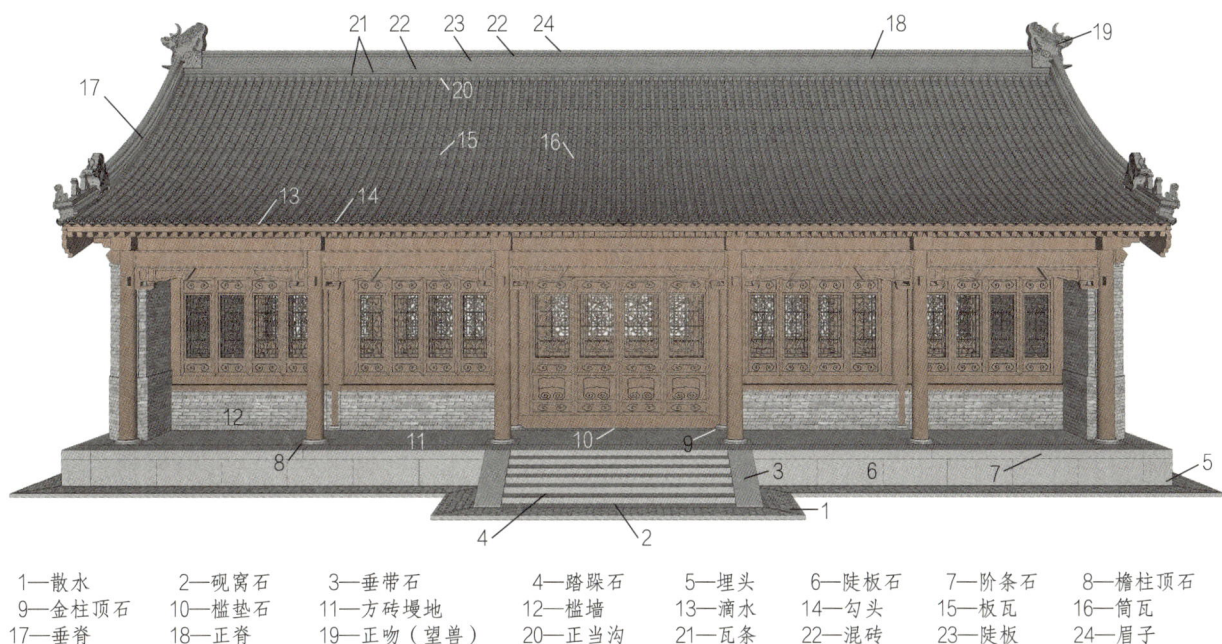

1—散水	2—硯窝石	3—垂带石	4—踏跺石	5—埋头	6—陡板石	7—阶条石	8—檐柱顶石
9—金柱顶石	10—槛垫石	11—方砖墁地	12—槛墙	13—滴水	14—勾头	15—板瓦	16—筒瓦
17—垂脊	18—正脊	19—正吻（望兽）	20—正当沟	21—瓦条	22—混砖	23—陡板	24—眉子

图3-3-4　七檩悬山建筑正面构件名称示意图

1—平头土衬（金边）
2—土衬石（金边）
3—象眼石
4—陡板石
5—山条石
6—山墙下碱
7—花碱
8—山墙上身
9—拔檐
10—签尖堆顶
11—圭角
12—瓦条
13—咧角盘子
14—兽前垂脊
15—狮子
16—马
17—垂兽座
18—垂兽
19—排山滴水
20—排山勾头
21—兽后垂脊
22—斜当沟
23—陡板
24—混砖
25—瓦条
26—眉子
27—面筋条
28—天混
29—天盘

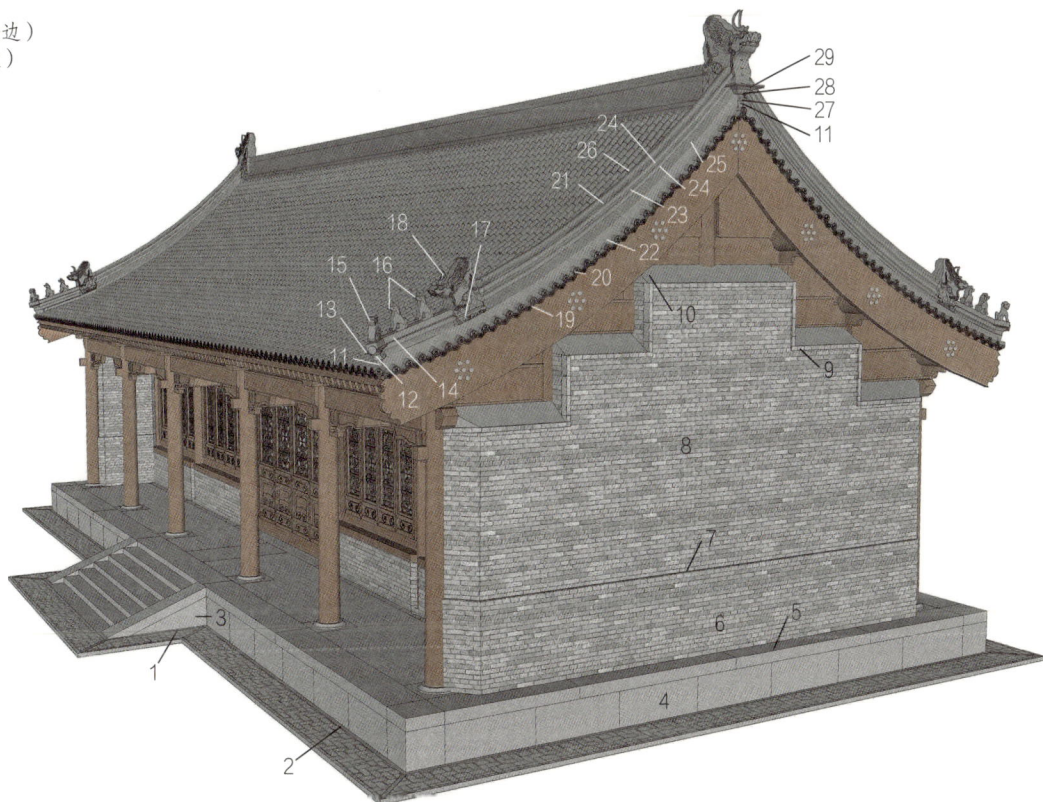

图3-3-5　七檩悬山建筑侧面构件名称示意图

3.3.4　七檩悬山建筑大木构件名称示意图

图3-3-6、图3-3-7直观展示了七檩悬山建筑木作构件的形态、位置和名称，按照构件分类（梁架构件、檩三件、檐口）的顺序从下到上进行标注和记忆。隔扇门、隔扇窗诠释见3.3.8。

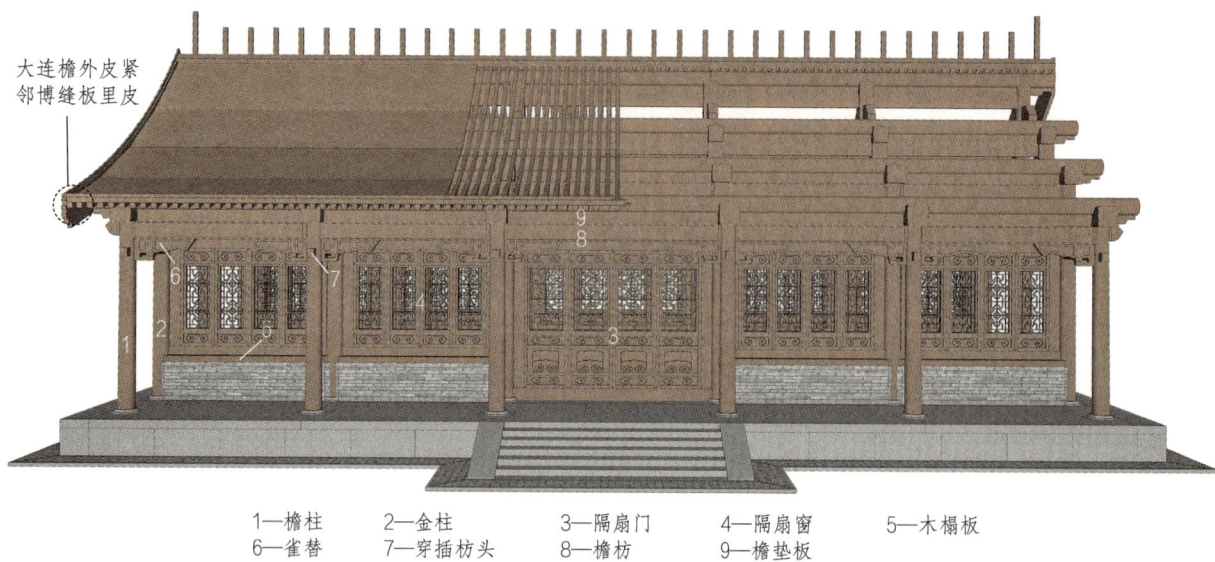

| 1—檐柱 | 2—金柱 | 3—隔扇门 | 4—隔扇窗 | 5—木榻板 |
| 6—雀替 | 7—穿插枋头 | 8—檐枋 | 9—檐垫板 | |

图3-3-6　七檩悬山建筑正面大木构件名称示意图

1—山柱
2—穿插枋
3—抱头梁
4—随梁枋
5—五架梁
6—金瓜柱
7—三架梁
8—脊角背
9—脊瓜柱
10—替木
11—双步梁
12—单步梁
13—燕尾枋
14—博缝板
15—檐檩
16—老檐枋
17—老檐垫板
18—老檐檩
19—金枋
20—金垫板
21—金檩
22—脊枋
23—脊垫板
24—脊檩
25—扶脊木
26—椿桩
27—瓦口木
28—大连檐
29—飞椽
30—闸挡板
31—小连檐
32—檐椽
33—椽中板
34—花架椽
35—脑椽
36—望板

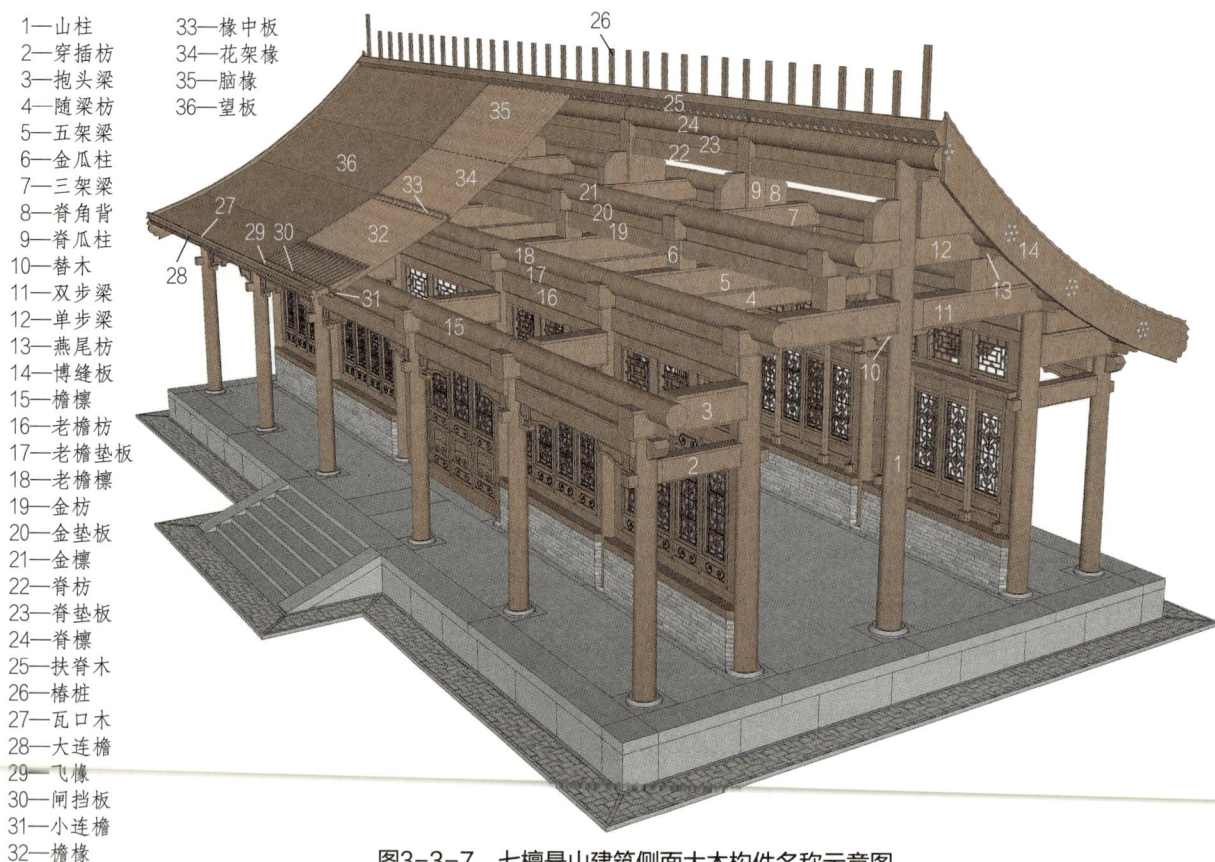

图3-3-7　七檩悬山建筑侧面大木构件名称示意图

3.3.5 基坑开挖图——地基处理工艺工法诠释

地基处理做法同3.1.5。

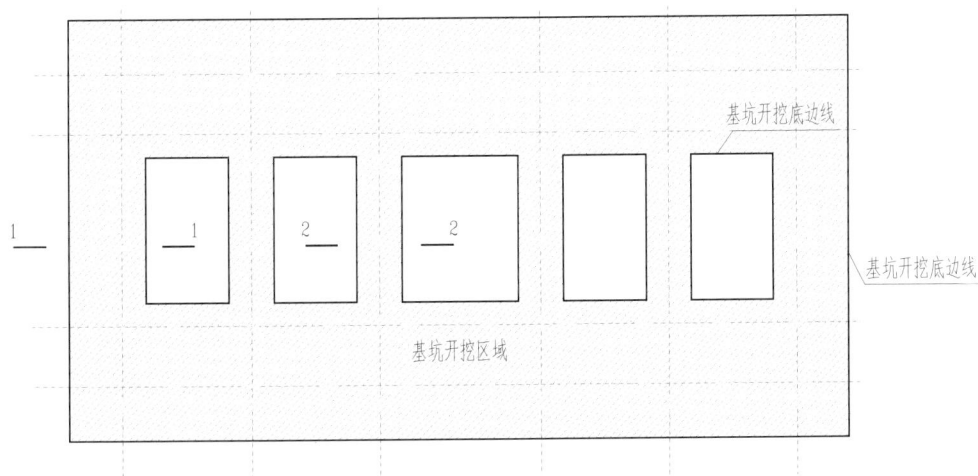

图3-3-8 七檩悬山建筑基坑开挖图

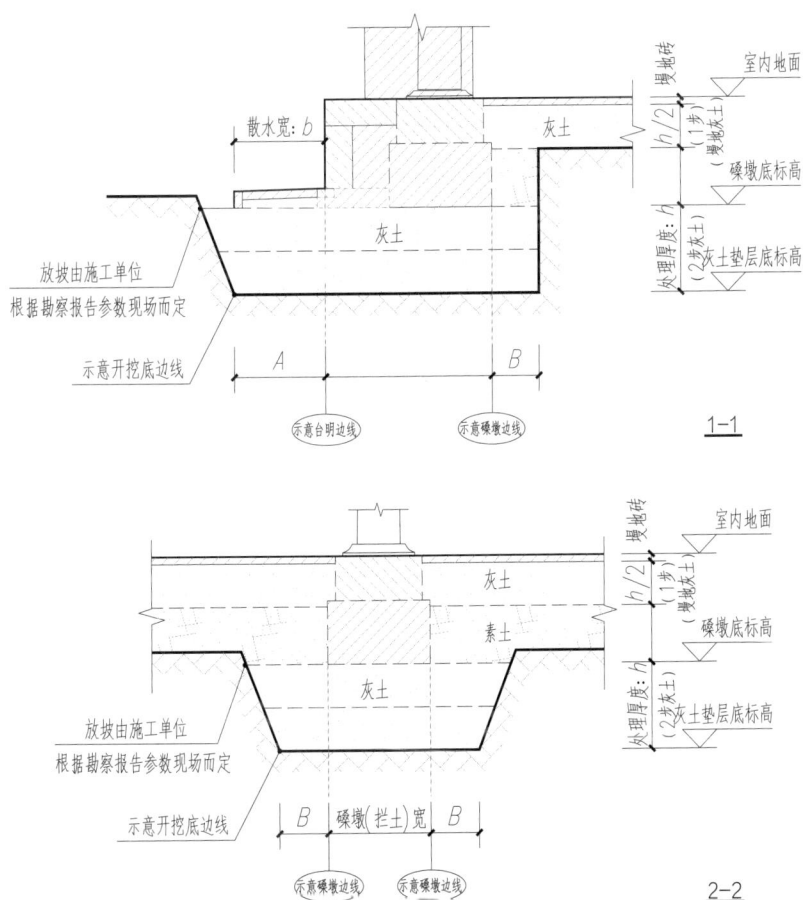

图3-3-9 七檩悬山建筑灰土垫层处理范围组合剖面示意图

注：$A \geqslant$散水宽；$B \geqslant 1/2$拦土宽；部分未注明尺寸的按实际情况确定。

3.3.6 基础平面图

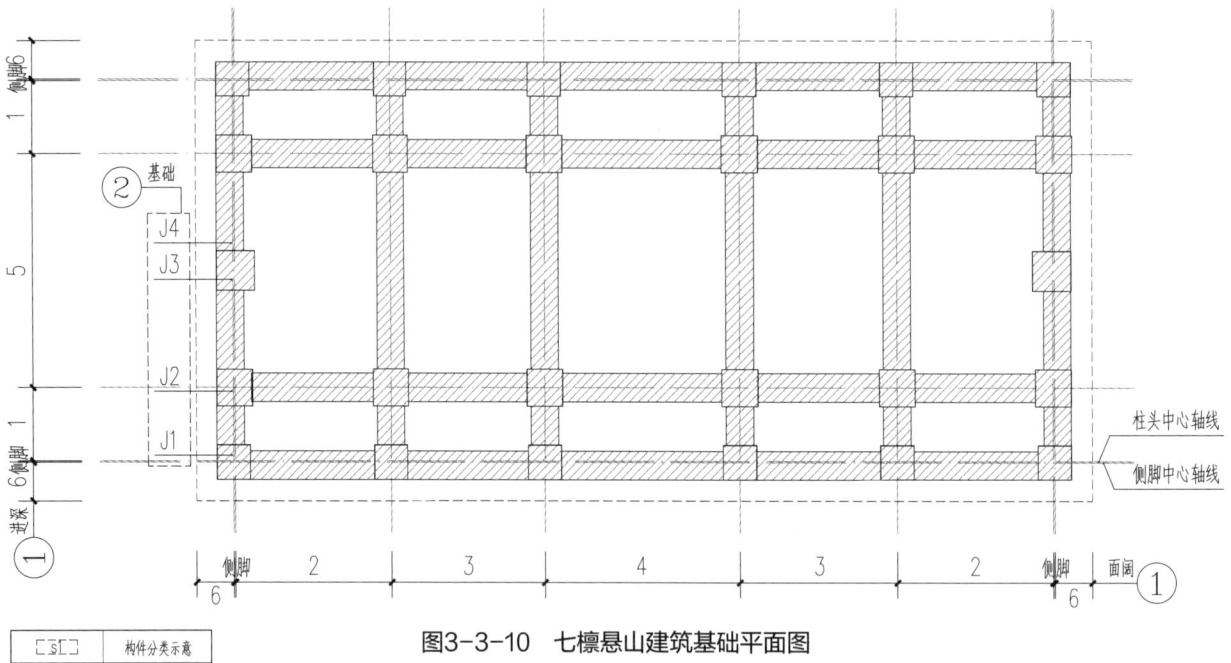

图3-3-10 七檩悬山建筑基础平面图

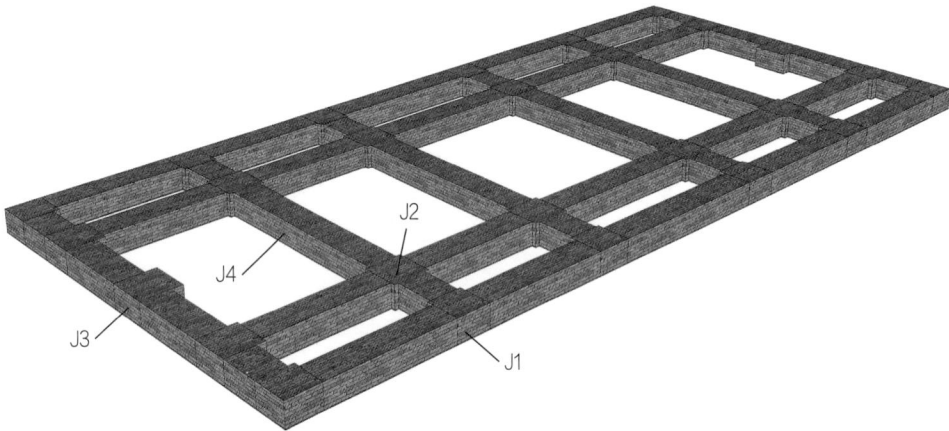

图3-3-11 七檩悬山建筑磉墩拦土三维示意图

表3-3-1

分类	图3-3-10中的序号	构件	诠释
①面阔、进深	1	廊步距离	小式廊步架一般为4D~5D[1]
	2	梢间面阔	面阔，一指建筑物正面之长度，二指建筑物正面檐柱与檐柱间之距离，又称间宽。明间面阔即建筑物正面中央、两柱间之部分；梢间面阔即建筑物在左右两端之间；次间面阔即建筑物在明间与梢间间之间[2]
	3	次间面阔	
	4	明间面阔	

[1] 参见：马炳坚. 中国古建筑木作营造技术[M]. 2版. 北京：科学出版社，2003：6.

[2] 参见：梁思成. 清式营造则例[M]. 北京：清华大学出版社，2006：73-79.

分类	图3-3-10中的序号	构件	诠释
①面阔、进深	5	间进深	四棵柱子围成一间，深为进深，①间进深即房间的进深
	6	台明出	台基露出地面部分称为台明，台明由檐柱中向外延展出的部分为台明出檐，即台明出②
②基础	J1	檐磉墩	磉墩，柱顶石下之基础，③檐柱顶石下为檐磉墩；金柱顶石下为金磉墩；山柱顶石下为山磉墩
	J2	金磉墩	
	J3	山磉墩	
	J4	拦土	磉墩与磉墩间之矮墙，高同磉墩④

3.3.7 台基平面图

台基平面图在隔扇窗二抹以上进行剖切，表达俯视视角水平投影方向可见的建筑构件等信息。

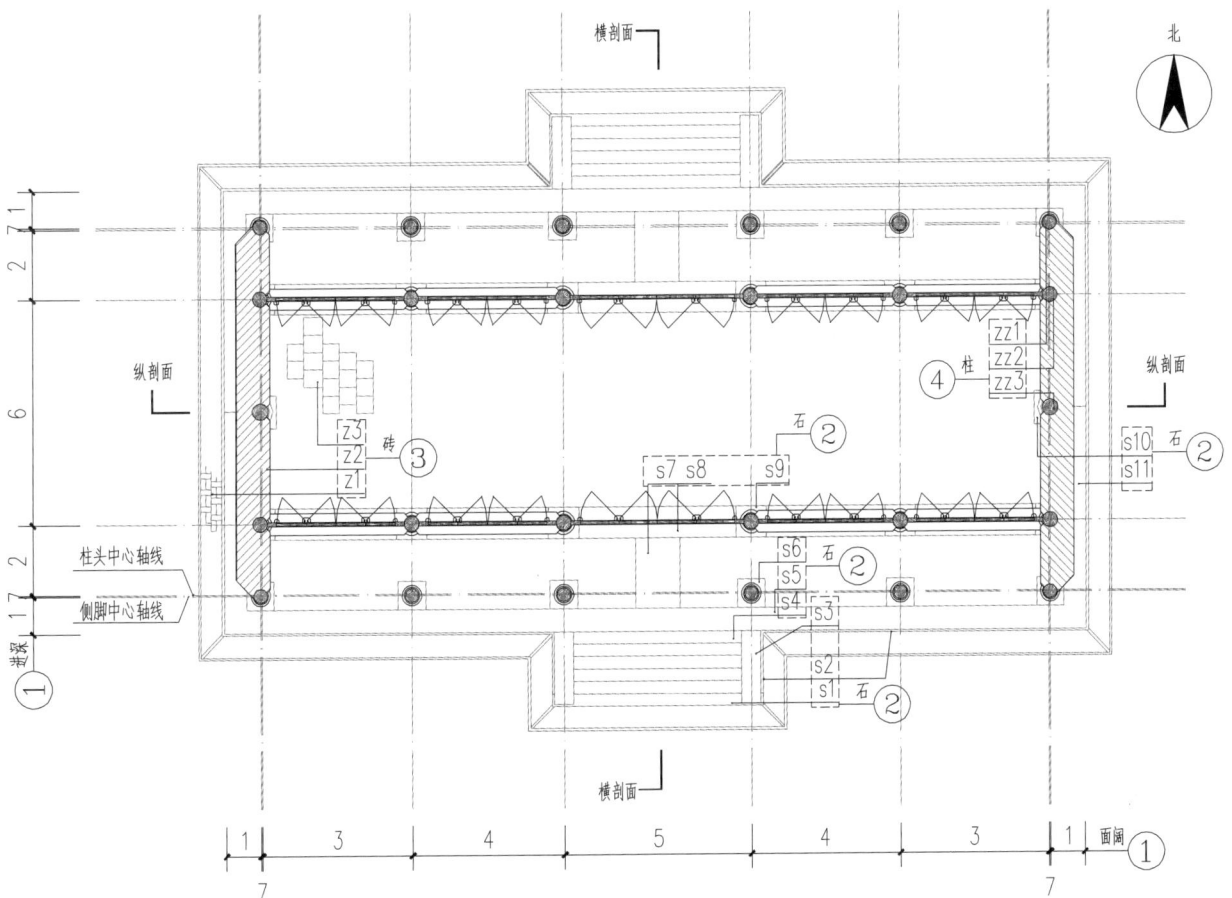

图3-3-12 七檩悬山建筑台基平面图

① 参见：马炳坚. 中国古建筑木作营造技术[M]. 2版. 北京：科学出版社，2003：2.

② 同①，5页。

③ 参见：梁思成. 清式营造则例[M]. 北京：清华大学出版社，2006：81.

④ 同③，76页。

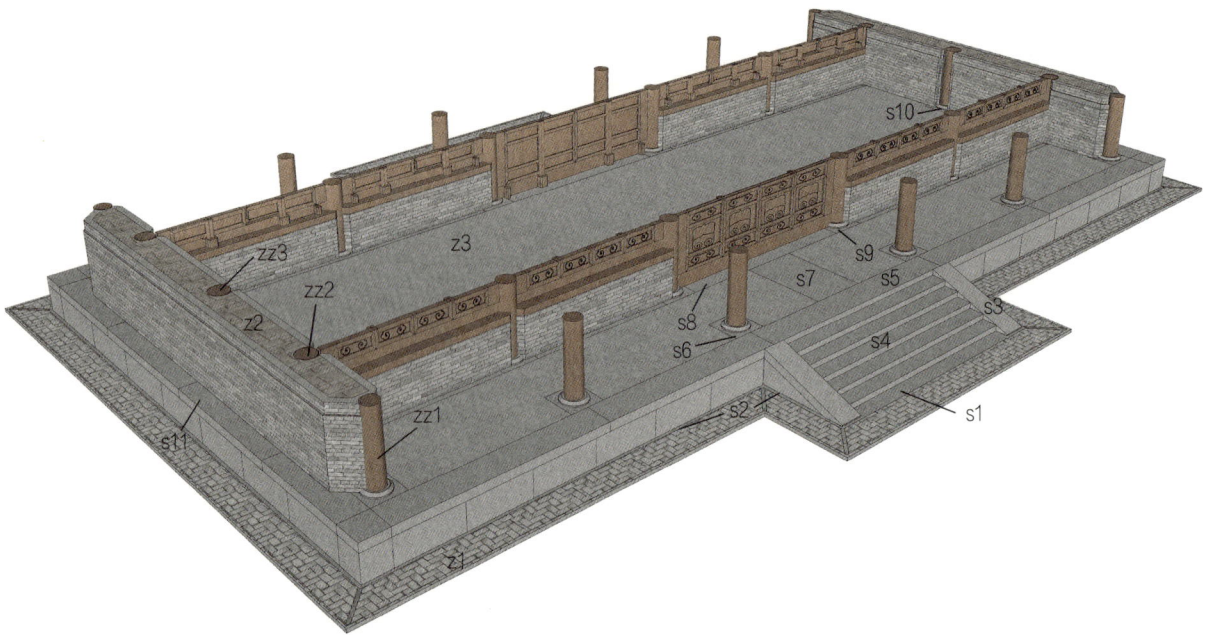

图3-3-13 七檩悬山建筑台基平面图三维示意图

表3-3-2

分类	图3-3-12中的序号	构件	诠释
①面阔、进深	1	台明出	详见 3.3.6
	2	廊步距离	
	3	梢间面阔	
	4	次间面阔	
	5	明间面阔	
	6	间进深	
	7	侧脚	为了加强建筑的整体稳定性，古建筑最外一圈柱子的下脚通常要向外侧移出一定尺寸，使外檐柱子的上端略向内侧倾斜[1]
②石	s1	砚窝石	踏跺之最下一级，较地面微高一、二分之石[2]
	s2	平头土衬或土衬石（金边）	平头土衬，踏跺象眼之下，与砚窝石土衬石平之石。[3]土衬石，在台基陡板以下与地面平之石。[4]金边，建筑物任何立体部分上皮沿边处，其上立另一立体；上者竖立之侧面，较下者之上边略退入少许而留出狭长之部分。例如土衬石上未被陡板遮盖之部分[5]
	s3	垂带石	即垂带，踏跺两旁由台基至地上斜置之石[6]
	s4	踏跺石	即踏跺，由一高度达另一高度之阶级[7]
	s5	阶条石	即阶条，台基四周上面之石块[8]

---

① 参见：马炳坚. 中国古建筑木作营造技术[M]. 2版. 北京：科学出版社，2003：4.

② 参见：梁思成. 清式营造则例[M]. 北京：清华大学出版社，2006：77.

③ 同②，73页。

④ 同②，71页。

⑤ 同②，75页。

⑥ 同②，76页。

⑦ 同②，81页。

⑧ 同②，74页。

分类	图3-3-12中的序号	构件	诠释
②石	s6	檐柱顶石	承托柱下之石。[1]檐柱下为檐柱顶石
	s7	分心石	建筑物中线上，由阶条石至槛垫石之间之石[2]
	s8	槛垫石	门槛下，与槛平行，上皮与台基面平，垫于槛下之石[3]
	s9	金柱顶石	同檐柱顶石，金柱下为金柱顶石
	s10	山柱顶石	同檐柱顶石，山柱下为山柱顶石
	s11	山条石	位于建筑山面的阶条石
③砖	z1	散水	即散水砖，台基下四周，与土衬石平之墁砖，以受檐上滴下之水者[4]
	z2	山墙	建筑物两端之墙[5]
	z3	方砖墁地	用方砖铺装地面的做法
④柱	zz1	檐柱	承支屋檐之柱[6]
	zz2	金柱	在檐柱一周以内，但不在纵中线上之柱[7]
	zz3	山柱	硬山或悬山山墙内，正中由台基上直通脊檩下之柱[5]

3.3.8　隔扇门窗

图3-3-14　隔扇窗正面模型组合示意图

图3-3-15　隔扇窗背面模型组合示意图

---

① 参见：马炳坚. 中国古建筑木作营造技术[M]. 2版. 北京：科学出版社，2003：4.

② 参见：梁思成. 清式营造则例[M]. 北京：清华大学出版社，2006：72.

③ 同②，81页。

④ 同②，80页。

⑤ 同②，70页。

⑥ 同②，82页。

⑦ 同②，75页。

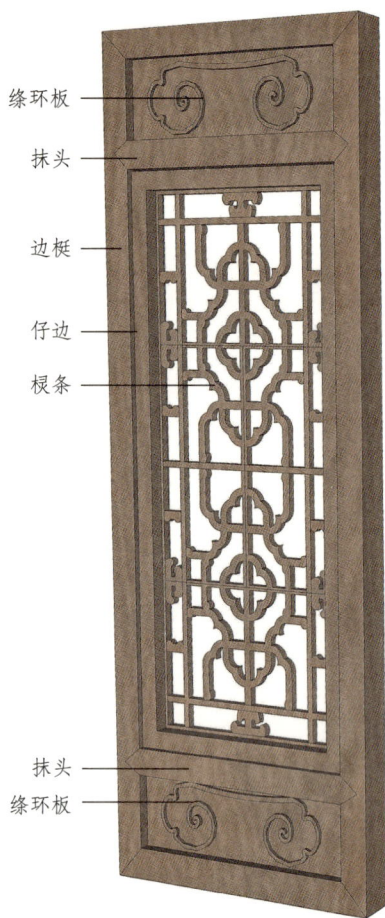

图3-3-16 四抹隔扇窗模型示意图

绦环板
抹头
边梃
仔边
棂条
抹头
绦环板

图3-3-17 隔扇窗背面模型分解示意图

上槛
横陂间框
短抱框
中槛
连槛
转轴
抱框
抱框
绦环板
栓斗
风槛
连二槛
木榻板

图3-3-18 隔扇门正面模型组合示意图

图3-3-19 隔扇门背面模型组合示意图

图3-3-20 六抹隔扇门模型示意图

绦环板
抹头
棂条
仔边
边梃
绦环板
裙板
绦环板
抹头

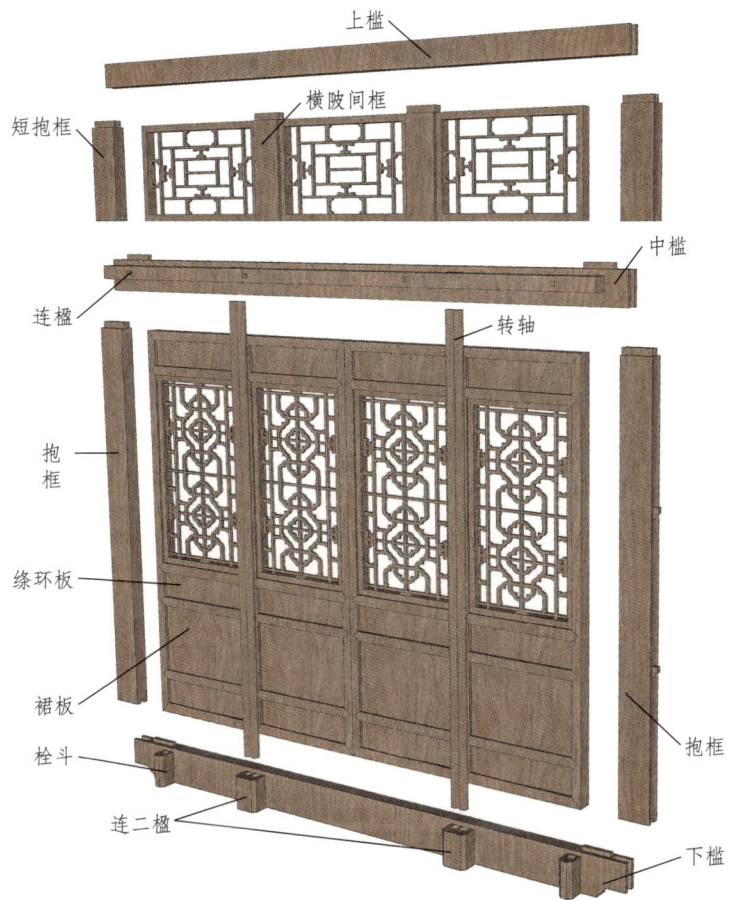

图3-3-21 隔扇门背面模型分解示意图

上槛
横陂间框
短抱框
中槛
连槛
转轴
抱框
绦环板
裙板
栓斗
抱框
连二槛
下槛

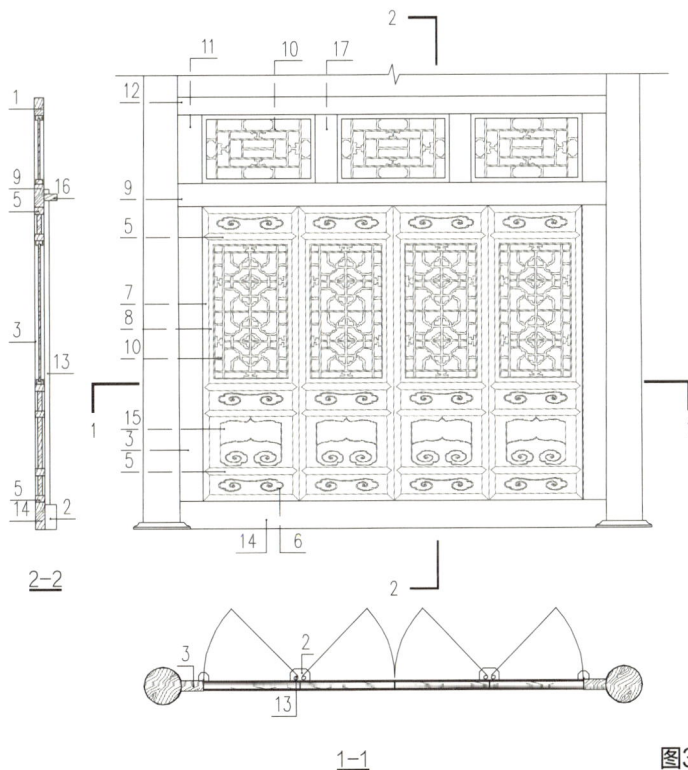

2-2

1-1

图3-3-22 六抹隔扇门详图

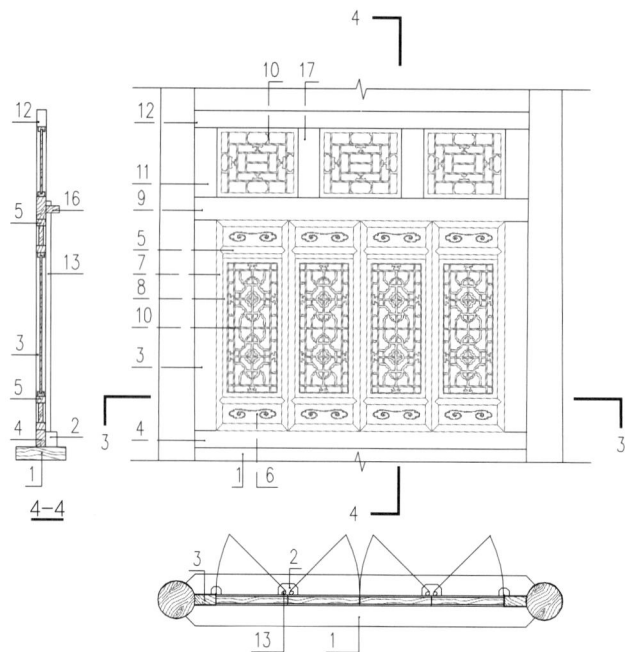

图3-3-23　四抹隔扇窗详图

　　本案例采用六抹隔扇门和四抹隔扇窗，安装于金柱间，用于分隔室内外。

表3-3-3

分类	图3-3-22和图3-3-23中的序号	构件	诠释
隔扇门窗	1	木榻板	即榻板，槛墙之上风槛下所平放之板[①]
	2	连二楹	大门下槛或窗风槛上安放转轴之部分
	3	抱框	即抱柱，柱旁安装窗牖用之立框[②]
	4	风槛	槛窗之下槛[③]
	5	抹头	隔扇门窗左右大边或边梃间之横材[②]
	6	绦环板	隔扇下部之小心板[④]
	7	边梃	隔扇左右竖立之木材[⑤]
	8	仔边	隔扇内棂子之边[④]
	9	中槛	柱与柱之间，安装门或隔扇之构架内，在隔扇以上横陂以下之横木[⑥]
	10	棂条	隔扇上部仔边以内横直支撑之细条[⑦]
	11	短抱框	上槛中槛之间安横陂之抱柱，亦称短抱框[⑦]

---

① 参见：梁思成. 清式营造则例[M]. 北京：清华大学出版社，2006：81.

② 同①，75页。

③ 同①，72页。

④ 同①，78页。

⑤ 同①，73页。

⑥ 同①，71页。

⑦ 同①，79页。

分类	图3-3-22和图3-3-23中的序号	构件	诠释
隔扇门窗	12	上槛	柱与柱之间，安装门或隔扇之构架内最上之横木①
	13	转轴	门轴，门扇旋转枢纽构件
	14	下槛	柱与柱之间，安装门或隔扇之构架内贴在地上之横木②
	15	裙板	隔扇下部主要之心板③
	16	连楹	大门中槛上安放转轴之部分④
	17	横陂间框	用作安装隔扇的槛框，中槛与上槛之间安装横陂窗，横陂窗通常分作三当，中间由横陂间框分开⑤

3.3.9 柱头平面图

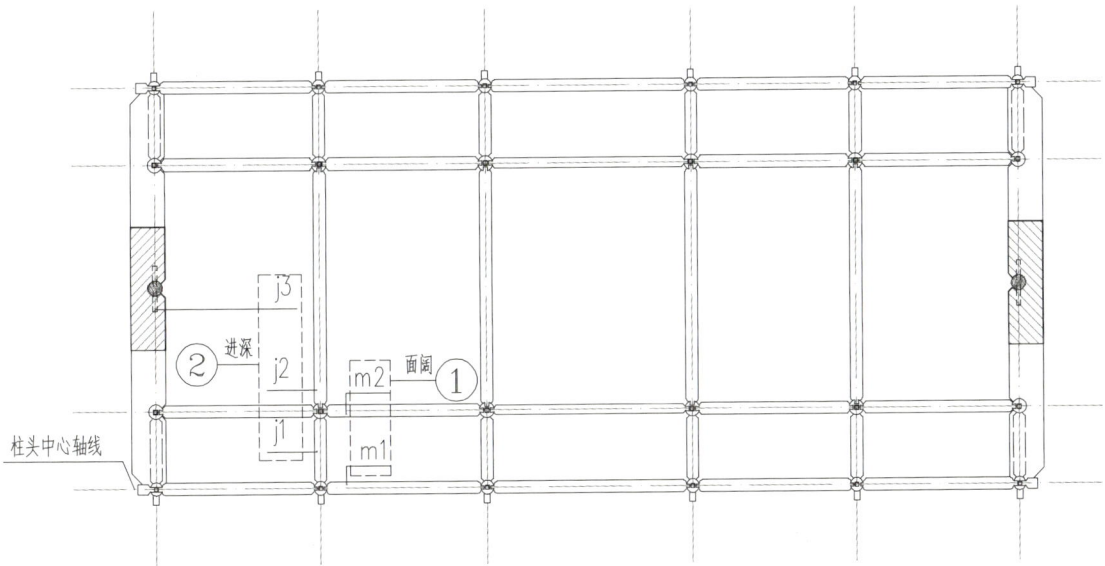

图3-3-24 七檩悬山建筑柱头平面图

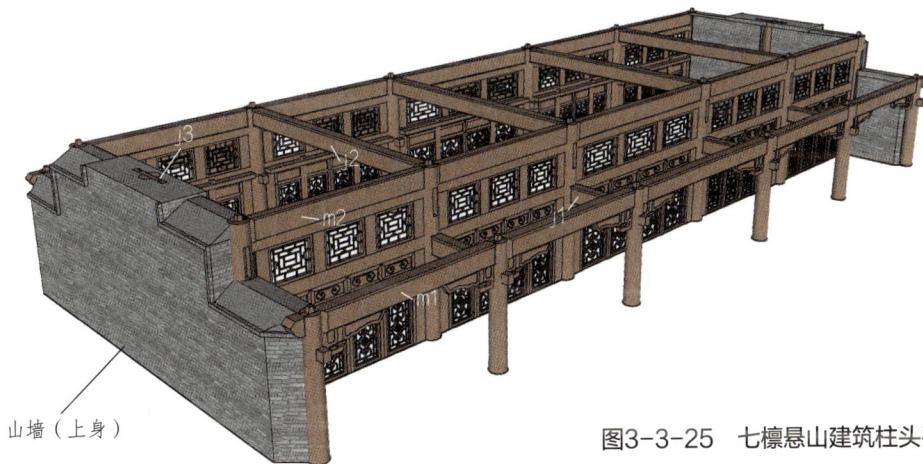

图3-3-25 七檩悬山建筑柱头平面三维示意图

注：j3替木位于双步梁下与山柱相交

---

① 参见：梁思成. 清式营造则例[M]. 北京：清华大学出版社，2006：70.

② 同①，71页。

③ 同①，79页。

④ 同①，75页。

⑤ 参见：马炳坚. 中国古建筑木作营造技术[M]. 2版. 北京：科学出版社，2003：263.

表3-3-4

分类	图3-3-24中的序号	构件	诠释
①面阔	m1	檐枋	连接檐柱柱头间之联络材
	m2	老檐枋	金柱柱头间，与建筑物外檐平行之联络材，在老檐桁之下[①]
②进深	j1	穿插枋	抱头梁下与之平行，檐柱与老檐柱间之联络辅材[②]
	j2	随梁枋	紧贴大梁之下，与之平行之辅材[③]
	j3	替木	起拉结作用的辅助构件，常用于小式建筑的中柱、山柱，用于拉结单、双步梁[④]

3.3.10 步架平面图

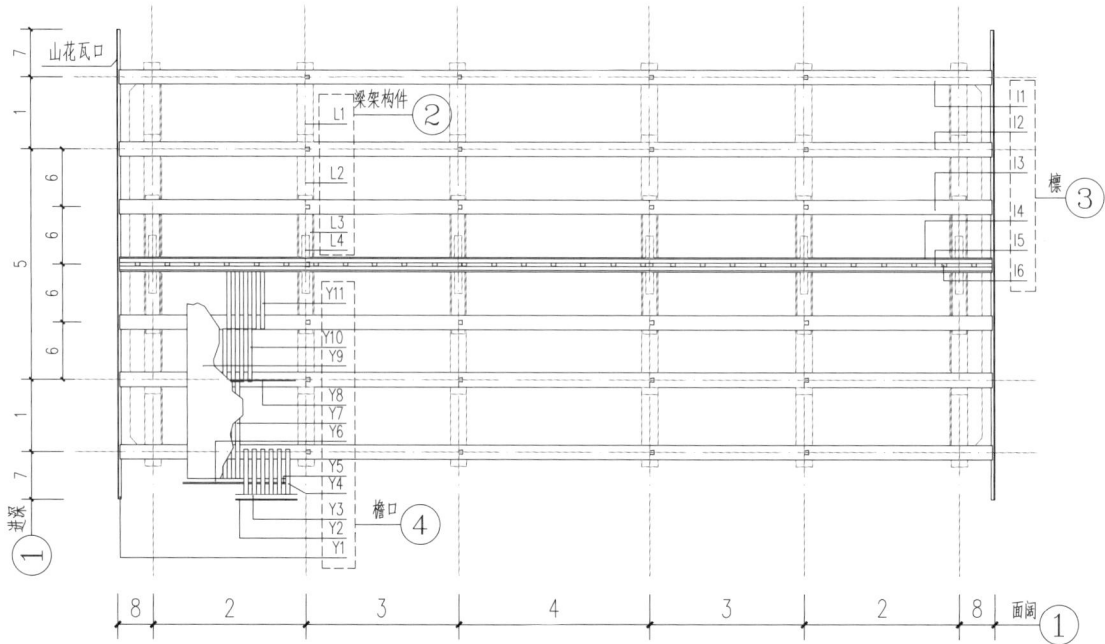

图3-3-26 七檩悬山建筑步架平面图

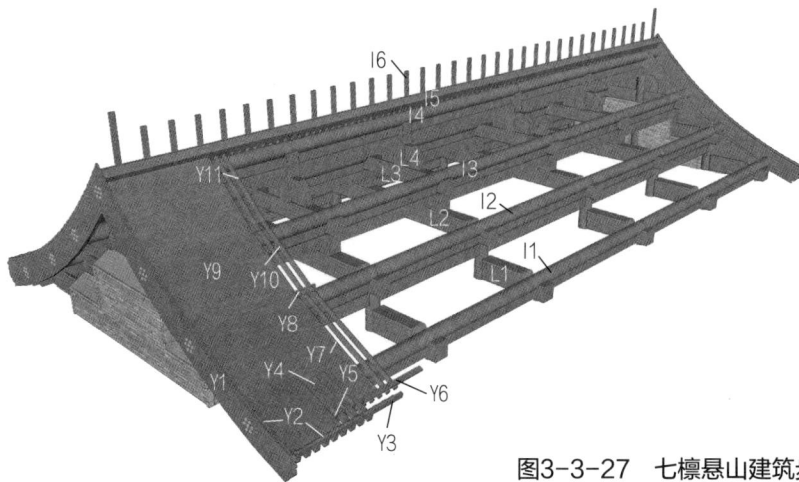

图3-3-27 七檩悬山建筑步架平面三维示意图

---

① 参见：梁思成. 清式营造则例[M]. 北京：清华大学出版社，2006：73.

② 同①，78页。

③ 同①，79页。

④ 参见：马炳坚. 中国古建筑木作营造技术[M]. 2版. 北京：科学出版社，2003：183.

表3-3-5

分类	图3-3-26中的序号	构件	诠释
①面阔、进深	1	廊步距离	详见3.3.6
	2	梢间面阔	
	3	次间面阔	
	4	明间面阔	
	5	间进深	
	6	步架距离	步架，梁架上檩与檩间之平距离[①]
	7	上檐平出	小式房座，以檐檩中至飞檐椽外皮（如无飞椽至老檐椽头外皮）的水平距离为出檐尺寸[②]
	8	出梢	悬山梢檩向外挑出尺寸，清代《则例》有两种规定，一种是梢间山面柱中向外挑出四椽四当；另一种是由山面柱中向外挑出尺寸等于上檐出尺寸。[③]本例挑出尺寸为四椽四档，采用第一种
②梁架构件	L1	抱头梁	大式无斗栱大木及小式大木檐柱与金柱或老檐柱间之梁，一端在檐柱之上，一端插入金柱或老檐柱[④]
	L2	五架梁	长四步架之梁[⑤]
	L3	三架梁	长两步架，上共承三桁之梁[⑥]
	L4	脊角背	三架梁上脊瓜柱脚下之支撑木[⑦]
③檩	l1	檐檩	檩，小式大木之桁，径同檐柱。[⑧]檐柱上之檩为檐檩；金柱上之檩为老檐檩；老檐檩之上，脊檩之下为金檩
	l2	老檐檩	
	l3	金檩	
	l4	脊檩	屋脊之主要骨架，在脊瓜柱之上[⑨]
	15	扶脊木	承托脑椽上端之木，脊桁之上，与之平行，横断面作六角形[⑩]
	16	椿桩	即脊桩，扶脊木上之竖立之木桩，穿入正脊之内，以防正脊移动者[⑪]
④檐口	Y1	博缝板	悬山或歇山屋顶两山沿屋顶斜坡钉在桁头上之板[⑫]
	Y2	瓦口木	即瓦口，大连檐之上，承托瓦陇之木[⑪]
	Y3	大连檐	飞椽头上之联络材，其上安瓦口[⑤]
	Y4	飞椽	附在檐椽之上的飞檐椽[⑫]
	Y5	闸挡板	屋顶起翘处飞椽椽头间之板[⑬]
	Y6	小连檐	檐椽头上之联络材，在飞椽之下[⑤]
	Y7	檐椽	檐椽即钉置于檐（或廊）步架，向外挑出之椽[⑫]
	Y8	椽中板	是在金里安装修时，安装在金檩之上的长条板[⑭]
	Y9	望板	椽上所铺以承屋瓦之板[⑮]
	Y10	花架椽	两端皆由金桁承托之椽[④]
	Y11	脑椽	最上一段椽，一端在扶脊木上，一端在上金桁上[⑨]

① 参见：梁思成. 清式营造则例[M]. 北京：清华大学出版社，2006：74.
② 参见：马炳坚. 中国古建筑木作营造技术[M]. 2版. 北京：科学出版社，2003：5.
③ 同②，20页。
④ 同①，75页。
⑤ 同①，71页。
⑥ 同①，70页。
⑦ 同①，77页。
⑧ 同①，82页。
⑨ 同①，78页。
⑩ 同①，80页。
⑪ 同①，72页。
⑫ 同②，176页。
⑬ 同①，76页。
⑭ 同②，177页。
⑮ 同①，79页。

3.3.11 屋顶平面图

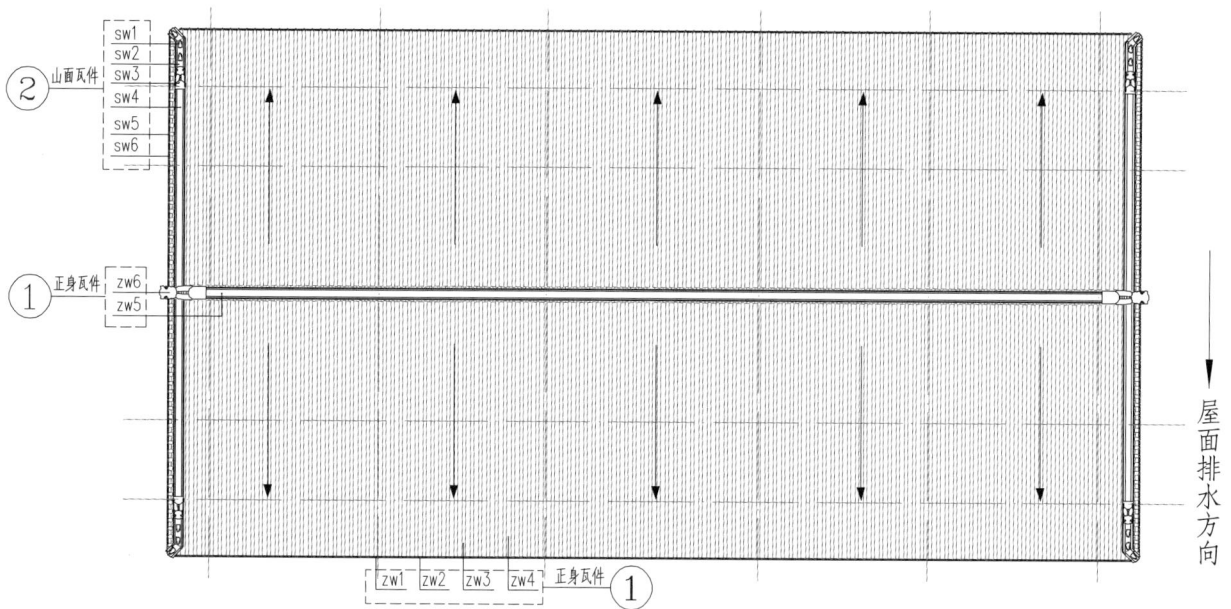

图3-3-28 七檩悬山建筑屋顶平面图

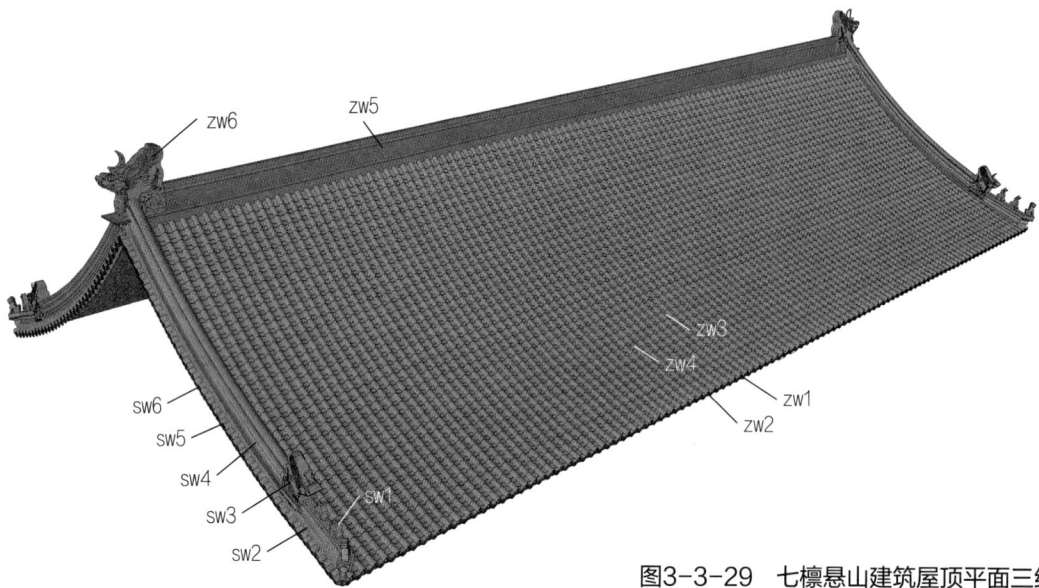

图3-3-29 七檩悬山建筑屋顶平面三维示意图

本案例采用黑活屋脊—铃铛排山脊，筒瓦屋面。

表3-3-6

分类	图3-3-28中的序号	构件	诠释
①正身瓦件	zw1	滴水	陇沟最下端有如意形舌片下垂之板瓦[1]
	zw2	勾头	筒瓦每陇最下有圆盘为头之瓦[2]

[1] 参见：梁思成. 清式营造则例[M]. 北京：清华大学出版社，2006：81.

[2] 同[1]，73页。

分类	图3-3-28中的序号	构件	诠释
①正身瓦件	zw3	板瓦	横断面作四分之一圆之弧形瓦①
	zw4	筒瓦	横断面作半圆形之瓦②
	zw5	正脊	屋顶前后两斜坡相交而成之脊③
	zw6	正吻	即吻，正脊两端龙头形翘起之雕饰④
②山面瓦件	sw1	小兽	即走兽，垂脊下端上之雕饰④
	sw2	兽前垂脊	即兽前，垂脊垂兽以前之部分⑤
	sw3	垂兽	垂脊近下端之兽头形雕饰，亦称角兽①
	sw4	兽后垂脊	兽后，垂脊垂兽以后之部分⑤
	sw5	排山滴水	博缝上之勾头与滴水⑤
	sw6	排山勾头	

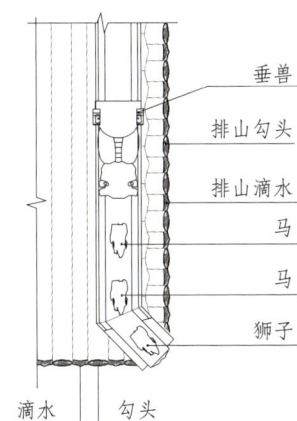

图3-3-30 七檩悬山建筑垂兽、小兽平面详图

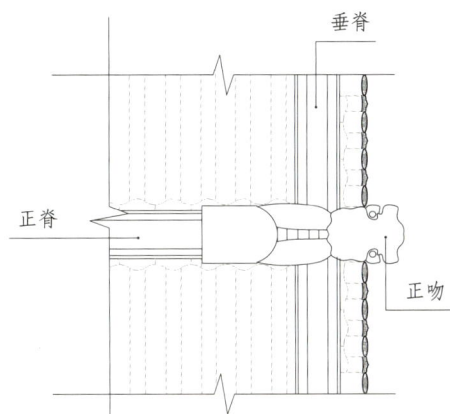

图3-3-31 七檩悬山建筑正吻平面详图

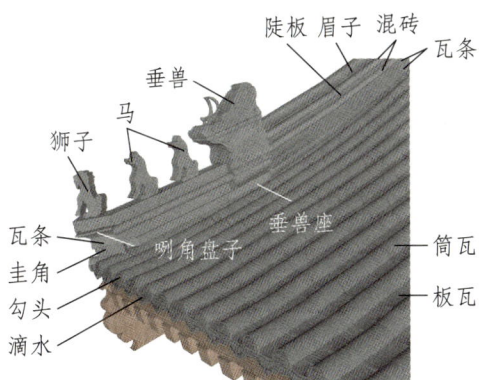

图3-3-32 七檩悬山建筑垂脊三维示意图

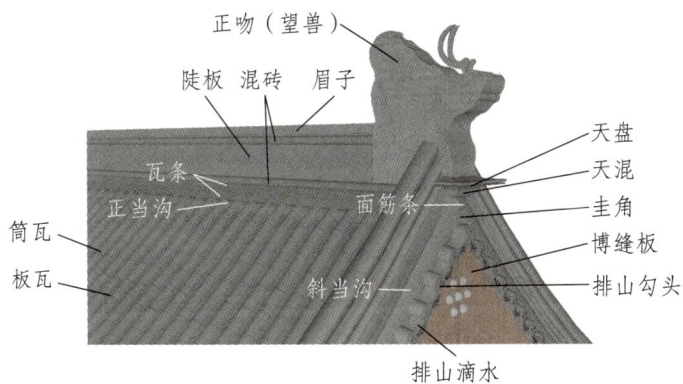

图3-3-33 七檩悬山建筑正吻三维示意图

① 参见：梁思成. 清式营造则例[M]. 北京：清华大学出版社，2006：76.

② 同①，80页。

③ 同①，72页。

④ 同①，74页。

⑤ 同①，79页。

3.3.12 横剖面图

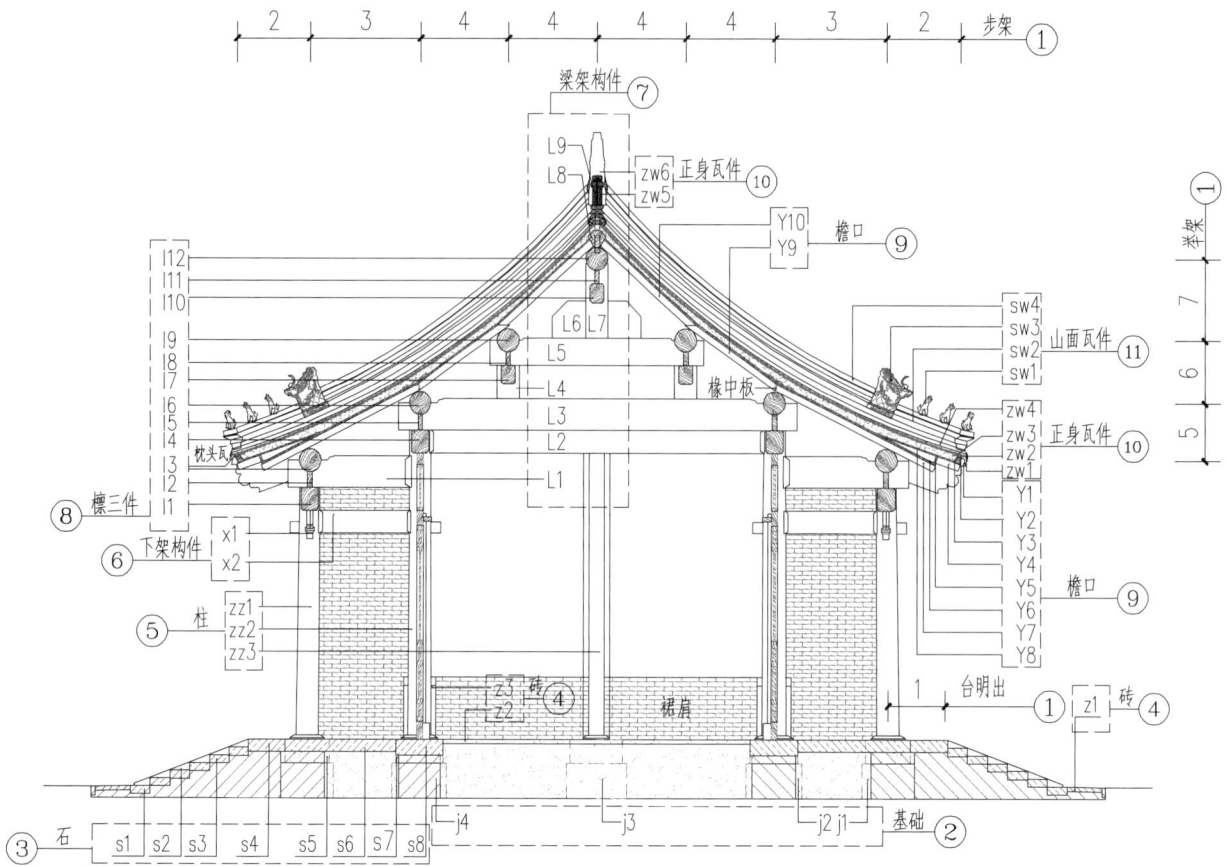

图3-3-34 七檩悬山建筑横剖面图

构件分类示意

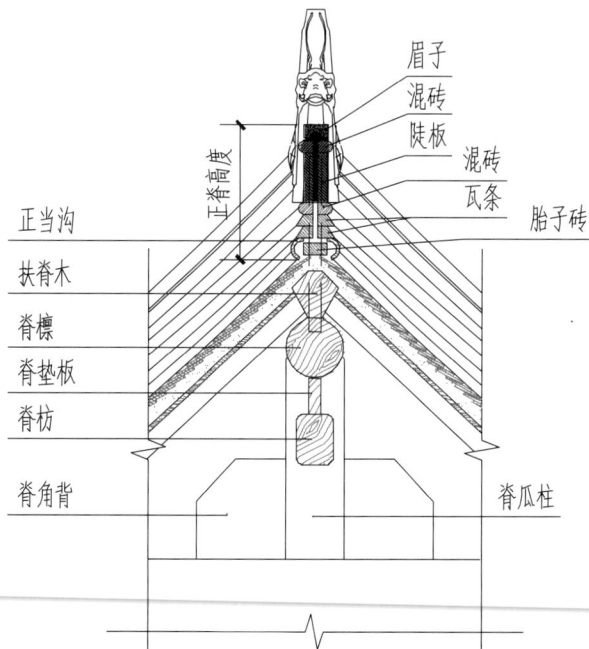

图3-3-35 七檩悬山建筑正脊剖面详图

表3-3-7

分类	图3-3-34中的序号	构件	诠释
①台明出、步架、举架	1	台明出	详见 3.3.6
	2	上檐平出	详见 3.3.10
	3	廊步距离	详见 3.3.6
	4	步架距离	详见 3.3.10
	5	廊步举架	举架，为使屋顶斜坡或曲面而将每层桁较下层比例的加高之方法。[1] 廊步举架为檐檩中与老檐檩中的垂直距离与水平距离之比；金步举架为老檐檩中与金檩中的垂直距离与水平距离之比；脊步举架为金檩中与脊檩中的垂直距离与水平距离之比
	6	金步举架	
	7	脊步举架	
②基础	j1	檐磉墩	详见 3.3.6
	j2	金磉墩	
	j3	山磉墩	
	j4	拦土	
③石	s1	砚窝石	详见 3.3.7
	s2	垂带石	
	s3	踏跺石	
	s4	阶条石	
	s5	檐柱顶石	
	s6	分心石	
	s7	金柱顶石	
	s8	槛垫石	
④砖	z1	散水	详见 3.3.7
	z2	方砖墁地	
	z3	槛墙	槛窗之下之槛墙[2]
⑤柱	zz1	檐柱	详见 3.3.7
	zz2	金柱	
	zz3	山柱	
⑥下架构件	x1	雀替	即角替，额枋与柱相交处，自柱内伸出，承托额枋下之分件[3]
	x2	穿插枋	详见 3.3.9
⑦梁架构件	L1	抱头梁	详见 3.3.10
	L2	随梁枋	详见 3.3.9
	L3	五架梁	详见 3.3.10
	L4	金瓜柱	金桁下之瓜柱[4]
	L5	三架梁	详见 3.3.10
	L6	脊角背	
	L7	脊瓜柱	立在三架梁上，顶托脊桁之瓜柱[1]
	L8	扶脊木	详见 3.3.10
	L9	椿桩	

① 参见：梁思成. 清式营造则例[M]. 北京：清华大学出版社，2006：77.

② 同①，81页。

③ 同①，74页。

④ 同①，75页。

分类	图3-3-34中的序号	构件	诠释
⑧檩三件	l1	檐枋	详见 3.3.9
	l2	檐垫板	无斗栱大式大木及小式大木檐檩及檐枋间之垫板[1]
	l3	檐檩	详见 3.3.10
	l4	老檐枋	详见 3.3.9
	l5	老檐垫板	老檐桁下，老檐枋上之垫板[2]
	l6	老檐檩	详见 3.3.10
	l7	金枋	在金桁之下，与之平行，而两端在左右金瓜柱间之联络构材[3]
	l8	金垫板	金桁之下，金枋之上之垫板[3]
	l9	金檩	详见 3.3.10
	l10	脊枋	脊桁之下，与之平行，两端在脊瓜柱上之枋[3]
	l11	脊垫板	脊桁之下，脊枋之上之垫板[4]
	l12	脊檩	
⑨檐口	Y1	博缝板	详见 3.3.10
	Y2	瓦口木	
	Y3	大连檐	
	Y4	飞椽	
	Y5	闸挡板	
	Y6	小连檐	
	Y7	檐椽	
	Y8	望板	
	Y9	花架椽	
	Y10	脑椽	
⑩正身瓦件	zw1	滴水	详见 3.3.11
	zw2	勾头	
	zw3	板瓦	
	zw4	筒瓦	
	zw5	正脊	
	zw6	正吻	
⑪山面瓦件	sw1	小兽	
	sw2	兽前垂脊	
	sw3	垂兽	
	sw4	兽后垂脊	

[1] 参见：梁思成. 清式营造则例[M]. 北京：清华大学出版社，2006：82.
[2] 同[1]，73页。
[3] 同[1]，77页。
[4] 同[1]，78页。

3.3.13 纵剖面图

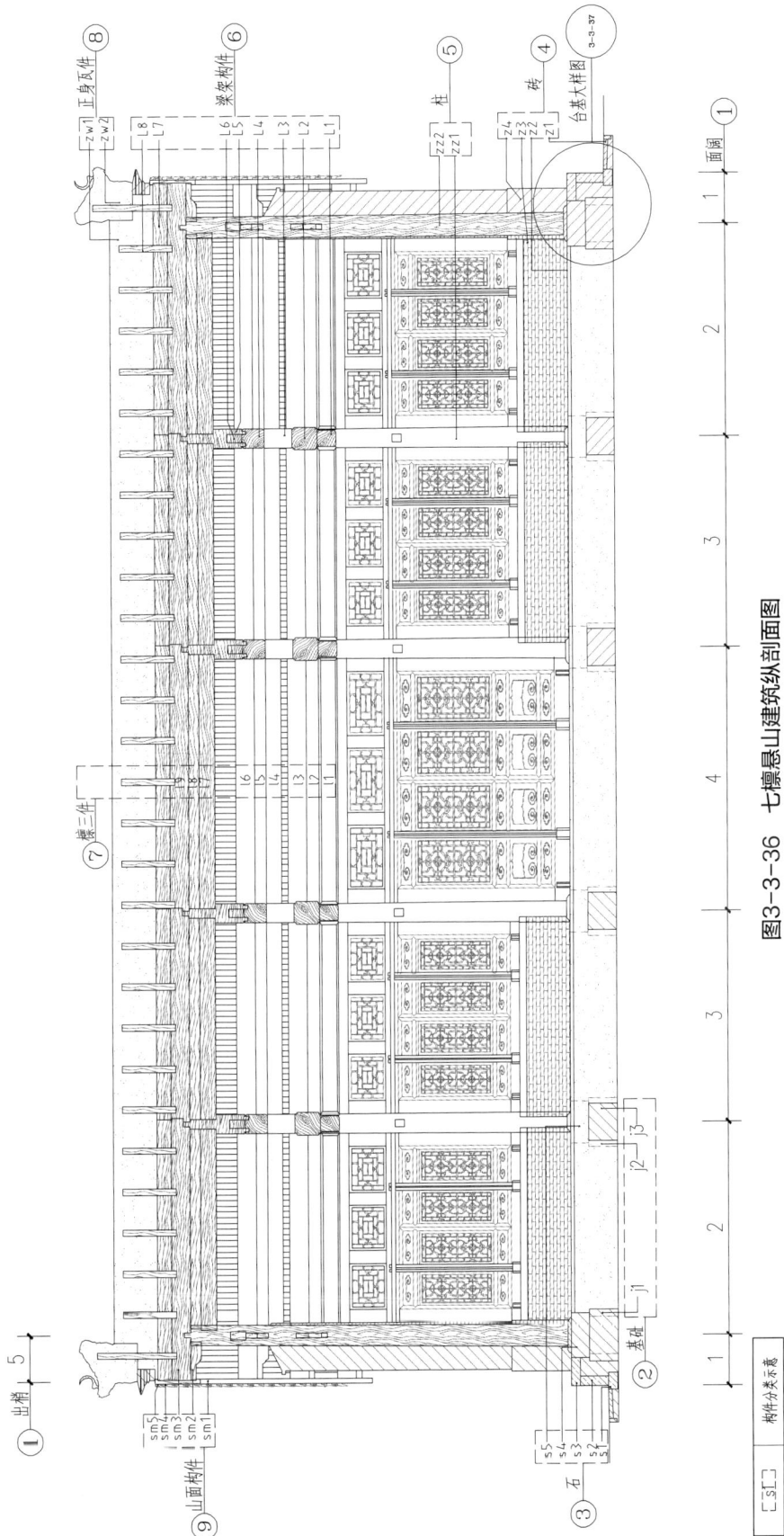

图3-3-36 七檩悬山建筑纵剖面图

表3-3-8

分类	图3-3-36中的序号	构件	诠释	分类	图3-3-36中的序号	构件	诠释
①面阔、出梢	1	台明出	详见3.3.6	⑥梁架构件	L3	金瓜柱	详见3.3.12
	2	梢间面阔			L4	三架梁	详见3.3.10
	3	次间面阔			L5	脊瓜柱	详见3.3.12
	4	明间面阔			L6	脊角背	
	5	出梢	详见3.3.10		L7	扶脊木	详见3.3.10
②基础	j1	山磉墩	详见3.3.6		L8	椿桩	
	j2	金磉墩		⑦檩三件	l1	老檐枋	详见3.3.9
	j3	拦土			l2	老檐垫板	详见3.3.12
③石	s1	土衬石	详见3.3.7		l3	老檐檩	详见3.3.10
	s2	陡板石	台基阶条石以下，土衬石以上，左右角柱之间之部分[1]		l4	金枋	详见3.3.12
	s3	山条石			l5	金垫板	
	s4	山柱顶石			l6	金檩	详见3.3.10
	s5	金柱顶石	详见3.3.7		l7	脊枋	详见3.3.12
④砖	z1	散水			l8	脊垫板	
	z2	方砖墁地			l9	脊檩	详见3.3.10
	z3	槛墙	详见3.3.12	⑧正身瓦件	zw1	正脊	详见3.3.11
	z4	山墙			zw2	正吻	
⑤柱	zz1	金柱	详见3.3.7	⑨山面构件	sm1	博缝板	详见3.3.10
	zz2	山柱			sm2	燕尾枋	燕尾枋是用在悬山梢檩挑出部分下面的附属装饰构件[2]
⑥梁架构件	L1	随梁枋	详见3.3.9		sm3	梢檩	悬山建筑梢间向两山挑出之檩称为梢檩[3]
	L2	五架梁	详见3.3.10		sm4	排山滴水	详见3.3.11
					sm5	排山勾头	

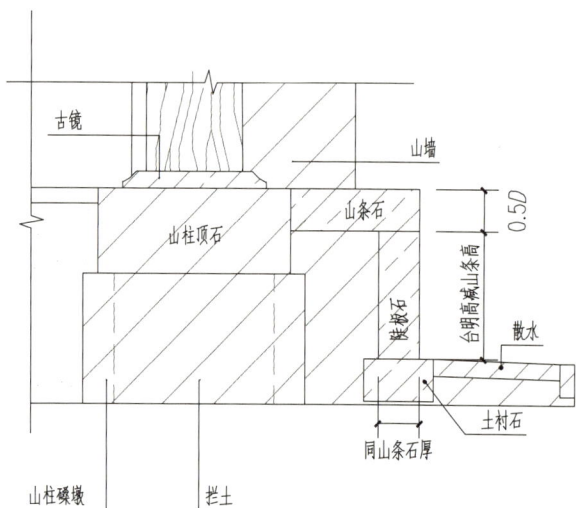

图3-3-37 七檩悬山建筑台基详图

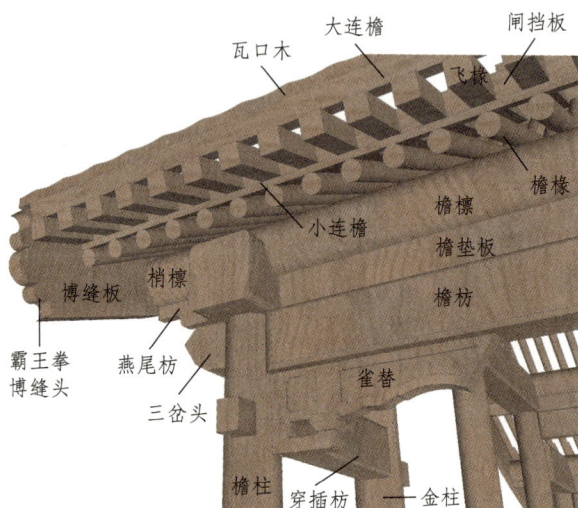

图3-3-38 七檩悬山建筑出梢部位构件示意图

① 参见：梁思成. 清式营造则例[M]. 北京：清华大学出版社，2006：78.
② 参见：马炳坚. 中国古建筑木作营造技术[M]. 2版. 北京：科学出版社，2003：183.
③ 同②，174页。

3.3.14 正立面图

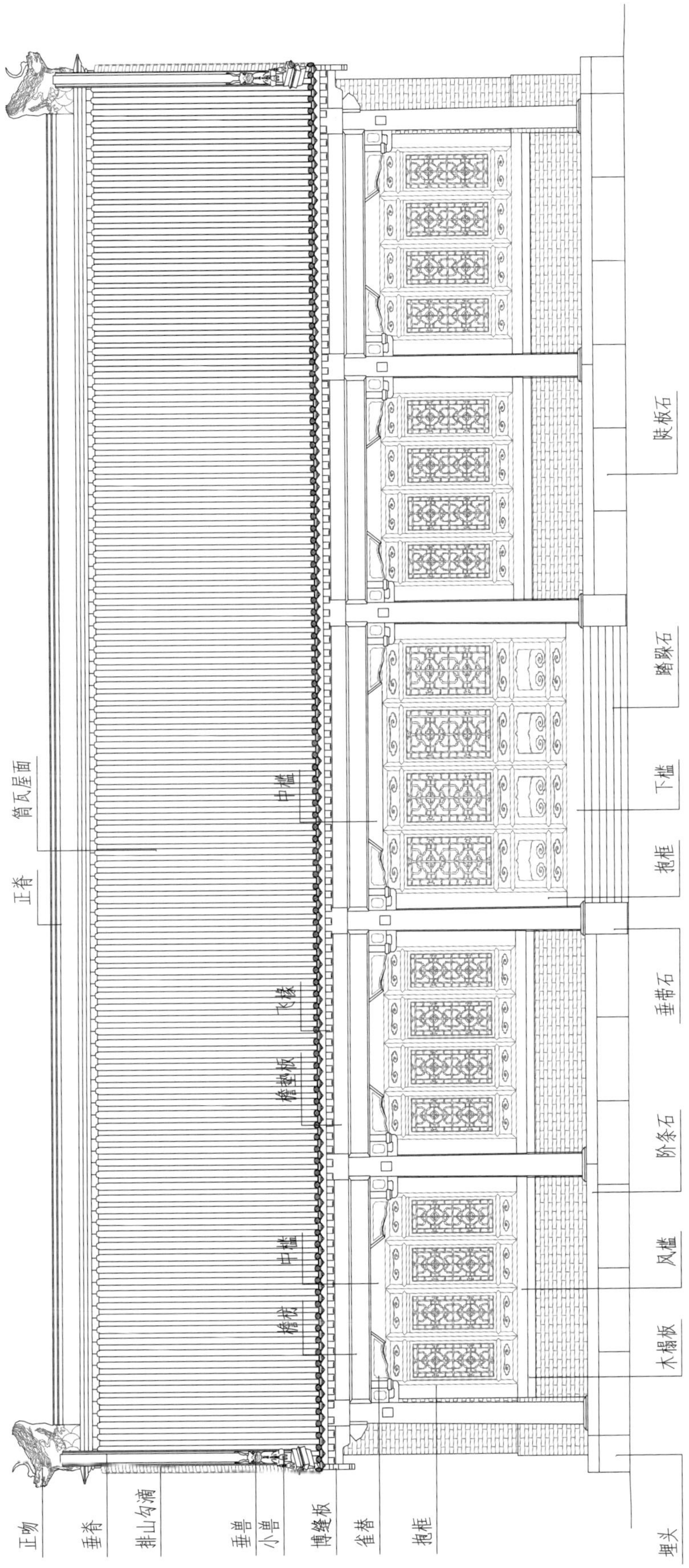

图3-3-39 七檩悬山建筑正立面图

正吻
垂脊
排山勾滴
垂兽
小兽
博缝板
雀替
抱框

正脊
筒瓦屋面

中槛
飞椽
椽望板
中槛
椽椽

挤板石
踏跺石
下槛
抱框
垂带石
阶条石
风槛
木榻板
埋头

3.3.15 侧立面图

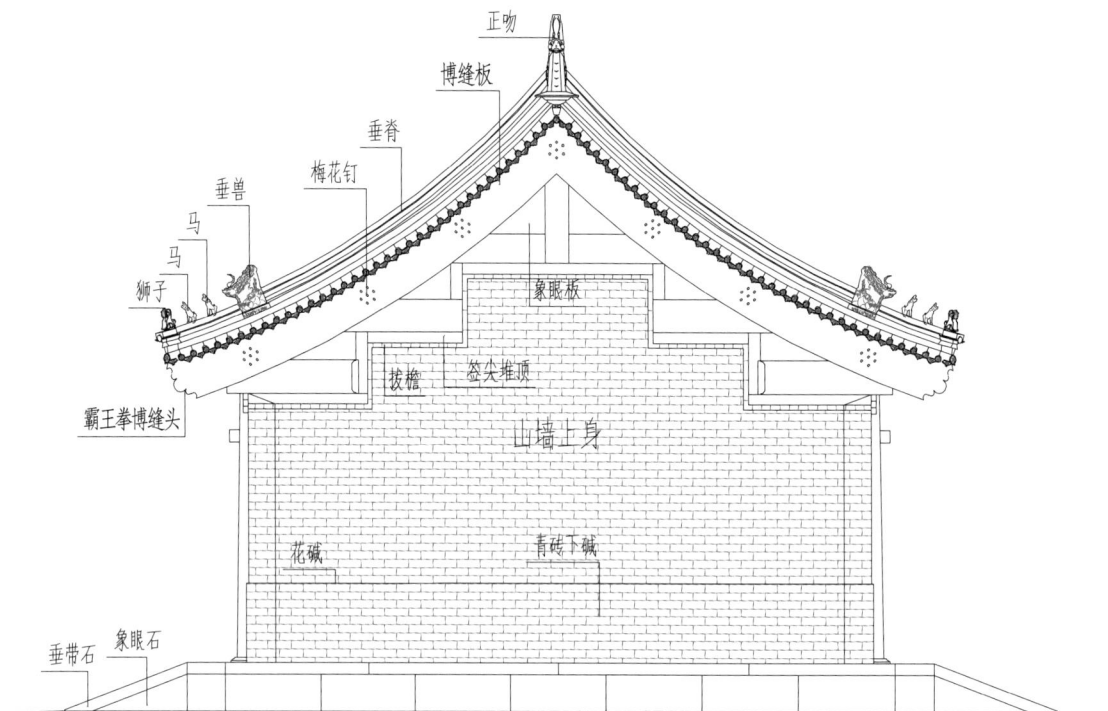

图3-3-40 七檩悬山建筑侧立面图

3.4 悬山建筑设计计算书

本节为悬山建筑的设计计算书示例（以七檩悬山前后廊建筑为例），主要编制思路按照实际画图顺序，即先平面后剖面，从下向上逐层编制。

设计计算书中标注"/"表示构件在图中不可视的尺寸。具体权衡可参考本书2.1.4。

七檩悬山前后廊建筑，以檐柱径D为基本模数，依次编制建筑设计计算书。

3.4.1 基础平面图

基础平面图在柱顶石下皮处进行剖切，主要表达柱根轴线定位、磉墩定位、拦土定位等内容。在基础平面图中磉墩、拦土等构件仅画出其平面长、宽尺寸，与此对应，在基础平面设计计算书中也只表示出了磉墩、拦土的平面长、宽，不表示其高度。

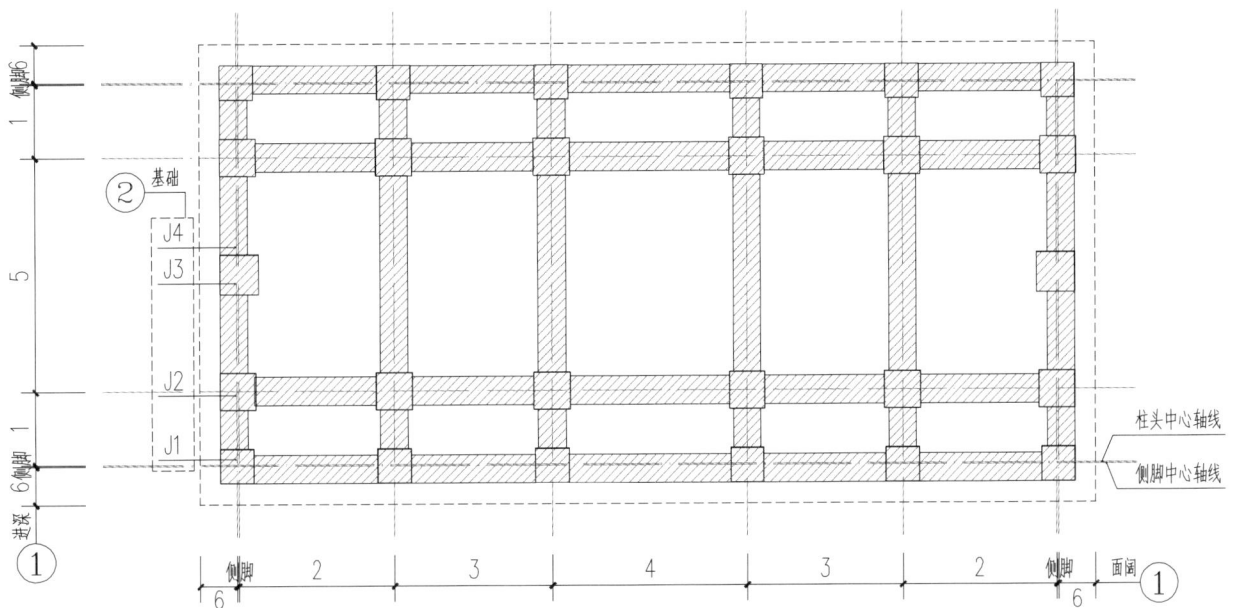

图3-4-1 七檩悬山前后廊建筑基础平面图

表3-4-1

位置	图3-4-1中的序号	构件	长	依据
①面阔、进深	1	廊步距离	$5D$	廊步按柱径五份定廊深
	2	梢间面阔	$11D$	同次间面阔。 $11D/0.8 \times 0.8 = 11D$
	3	次间面阔	$11D$	明间的8/10。 $11D/0.8 \times 0.8 = 11D$
	4	明间面阔	$13.75D$	明间面阔与柱高比例为10：8 $11D/0.8 = 13.75D$
	5	间进深	$16D$	按四步架核算 $4D \times 4 = 16D$
	6	台明出	$2.64D$	上檐平出的4/5，即$11D \times 3/10 \times 0.8 = 2.64D$ 其中上檐平出为柱高的3/10
位置	图3-4-1中的序号	构件	宽	依据
②基础	J1	檐磉墩	$2D$+128mm（见方）	檐磉墩 宽：$2D$+4寸
	J2	金磉墩	$2D$+192mm（见方）	金磉墩 宽：2（D+1寸）+4寸=$2D$+6寸（注：D+1寸=金柱径）
	J3	山磉墩	$2D$+256mm（见方）	山磉墩 宽：2（D+2寸）+4寸=$2D$+8寸（注：D+2寸=山柱径）
	J4	拦土	1/2（磉墩长+其上柱径）+96mm	长按面阔进深，除磉墩得净长 按磉墩半份柱径半份再加三寸定宽

3.4.2 台基平面图

台基平面图在隔扇窗二抹以上进行剖切，表达剖切面及俯视视角水平投影方向可见的建筑构造以及必要的尺寸等信息。

台基平面图表达的构件较为繁杂，在编制设计计算书时首先计算建筑面阔、进深、台明出等尺寸以确定其轴网定位，再根据构件材质分别计算各构件的尺寸（如石类构件中的砚窝石、垂带石等，砖类构件中的山墙等）。对于这些构件，在台基平面图中仅画出其平面长、宽尺寸，与此对应，在台基平面设计计算书中也只表示构件的平面长、宽，不表示其高度。

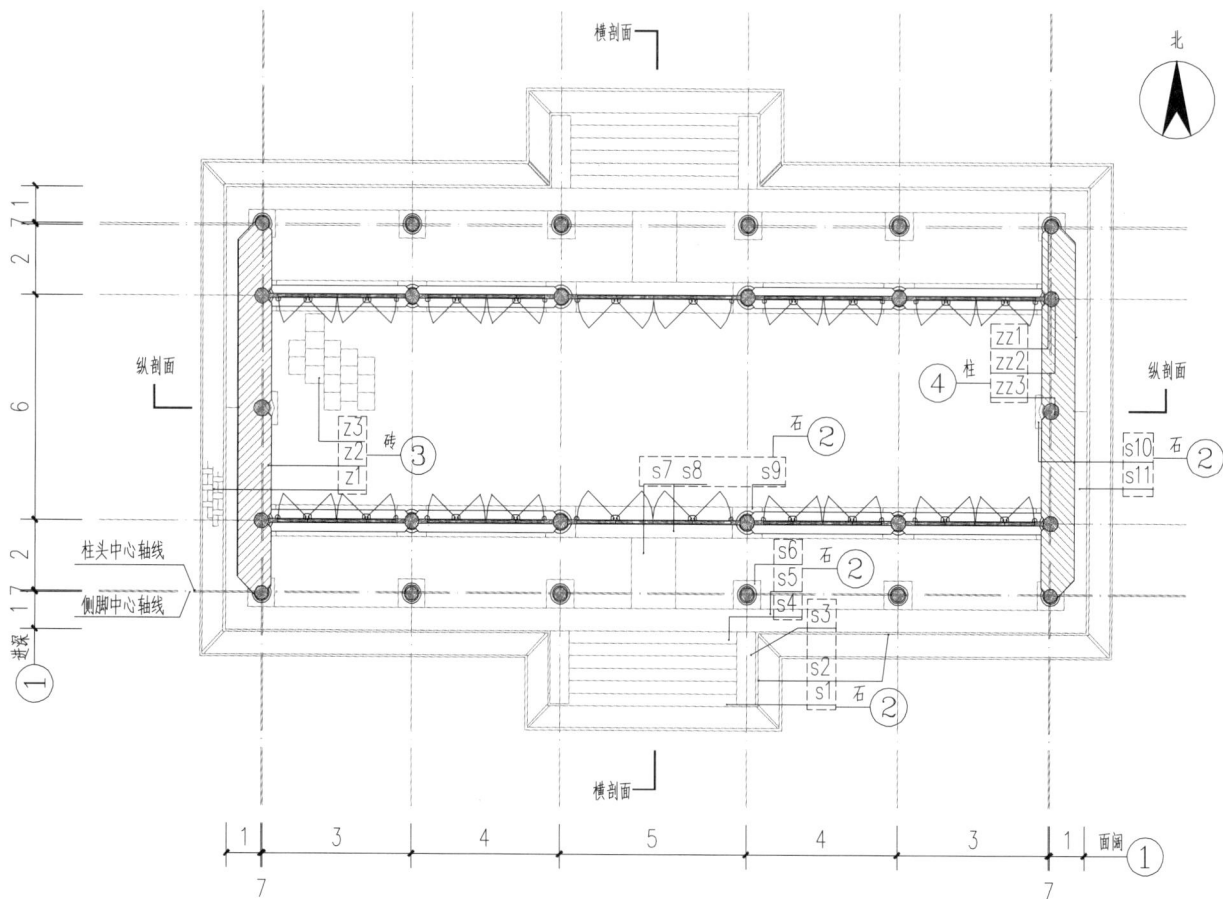

图3-4-2 七檩悬山前后廊建筑台基平面图

表3-4-2

位置	图3-4-2中的序号	构件	长	依据
①面阔、进深	1	台明出	2.64D	4/5上檐平出，即11D×3/10×0.8=2.64D 其中上檐平出为3/10柱高
	2	廊步距离	5D	廊步按柱径五份定廊深
	3	梢间面阔	11D	同次间面阔，即11D/0.8×0.8=11D
	4	次间面阔	11D	明间的8/10 11D/0.8×0.8=11D
	5	明间面阔	13.75D	明间面阔与柱高比例为10：8 11D/0.8=13.75D

位置	图3-4-2中的序号	构件	长	依据
①面阔、进深	6	间进深	$16D$	按四步架核算 $4D×4=16D$
	7	侧脚	$0.11D$	小式：侧脚距离为柱高的1/100 $11D×0.01=0.11D$

材料	图3-4-2中的序号	构件	宽	依据
②石	s1	砚窝石	320mm	长：踏跺面阔加2份平头土衬的金边宽度 宽：同上基石（踏跺石）宽度
	s2	平头土衬或土衬石（金边）	128mm+陡板厚	宽按陡板厚一份，加金边二份（金边宽2寸）
	s3	垂带石	$1.64D$	同阶条石，即宽$1.64D$
	s4	踏跺石	320mm	长：垂带之间的距离 宽：小式$0.85~1.3$尺
	s5	阶条石	$1.64D$	宽：台明出$-1/2$檐柱顶石宽 宽：$2.64D-1/2×2D=1.64D$
	s6	檐柱顶石	$2D$	檐柱顶石由檐柱顶盘和古镜石组成 柱顶盘：宽$2D$ 古镜石：宽$1.2D$
	s7	分心石	$3D+96mm$	长：阶条石里皮至槛垫石外皮 宽：$1/3~2/5$本身长或按1.5倍金柱顶宽，即$1.5×2（D+1$寸$）=3D+3$寸
	s8	槛垫石	$2D+64mm$	宽：2金柱径$=2（D+1）$寸$=2D+2$寸
	s9	金柱顶石	$2D+64mm$	金柱顶石由金柱顶盘与古镜石组成，柱顶盘：宽2金柱径$=2（D+1$寸$）$ 古镜石：宽1.2金柱径$=$宽$1.2（D+1$寸$）$
	s10	山柱顶石	$2D+128mm$	山柱顶石由山柱顶盘与古镜石组成，柱顶盘：宽2山柱径$=2（D+2$寸$）$ 古镜石：宽1.2山柱径$=1.2（D+2$寸$）$
	s11	山条石	$1.64D-64mm$	宽：台明出$-1/2$山柱顶石宽$=2.64D-1/2×2（D+2$寸$）=1.64D-2$寸
③砖	z1	散水	620mm	山字别散水
	z2	山墙	$2D+176mm$	里包金厚：$1/2$山柱径$+1.5$寸$=1/2（D+2$寸$）+1.5$寸$=0.5D+2.5$寸，外包金厚：1.5山柱径$=1.5（D+2$寸$）=1.5D+3$寸
	z3	方砖墁地	448mm（见方）	尺四方砖

位置	图3-4-2中的序号	构件名称	径	依据
④柱	zz1	檐柱	D	《清式营造则例》权衡尺寸表
	zz2	金柱	$D+32mm$	《清式营造则例》权衡尺寸表
	zz3	山柱	$D+64mm$	《清式营造则例》权衡尺寸表

3.4.3　柱头平面图

柱头平面图应在檐柱柱头和金柱柱头处呈折线剖切，表达剖切面及俯视视角水平投影方向可见的建筑构造以及必要的尺寸等信息。

柱头平面图表达的构件主要有穿插枋、檐枋、老檐枋、随梁枋等，按照先面阔、后进深的顺序逐个计算尺寸。对于这些构件，在柱头平面图中仅画出其平面长、宽尺寸，其长随面阔或进深尺寸确定，与此对应，在柱头平面设计计算书中也只表示构件的平面厚（宽），不表示其高度。

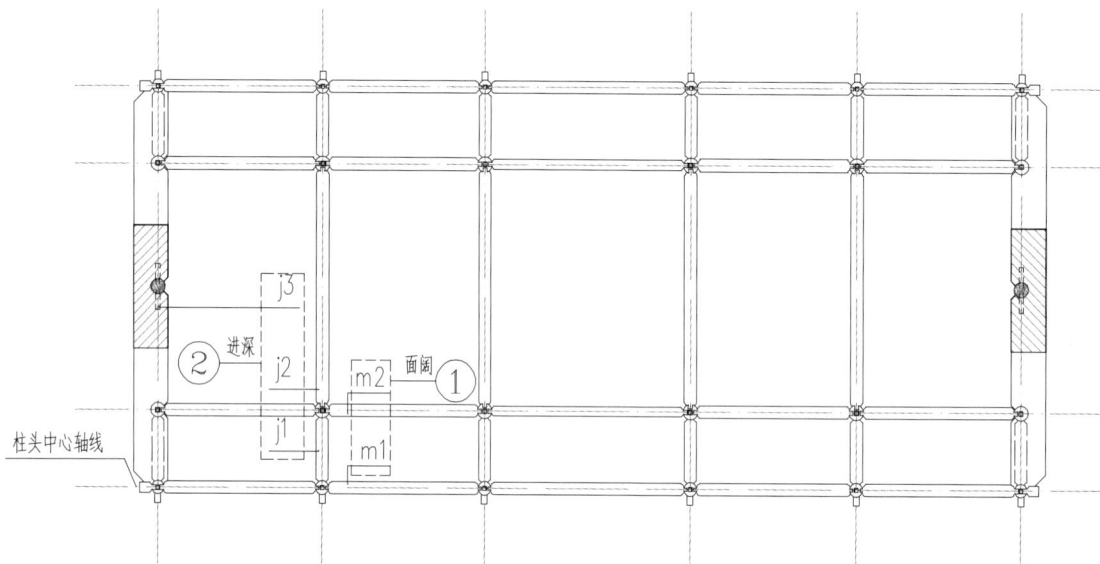

图3-4-3　七檩悬山前后廊建筑柱头平面图

表3-4-3

位置	图3-4-3中的序号	构件	高	厚	依据
①面阔	m1	檐枋	/	0.8D	《清式营造则例》权衡尺寸表
	m2	老檐枋	/	0.8D	《清式营造则例》权衡尺寸表
②进深	j1	穿插枋	/	0.8D	《清式营造则例》权衡尺寸表
	j2	随梁枋	/	D-64mm	《清式营造则例》权衡尺寸表
	j3	替木	长3D	0.3D	长三柱径，高、厚一椽径

3.4.4　步架平面图

步架平面图应在飞椽、檐椽、花架椽、脑椽、扶脊木上皮处呈折线剖切，表达剖切面及俯视视角水平投影方向可见的建筑构造以及必要的尺寸等信息，包括步架构件、檩类构件、檐口构件等构件。

步架平面图表达的构件较为繁杂，在编制计算书时首先计算建筑面阔、进深、步架、出檐等尺寸以确定其轴网定位，再根据构件类别及位置分别计算各构件的尺寸（如步架构件中的五架梁、三架梁等，檩类构件中的檐檩、老檐檩等）。对于这些构件，在步架平面图中仅画出其平面长、宽尺寸，其长随面阔或进深尺寸确定，与此对应，在步架平面设计计算书中也只表示构件的平面厚（宽），不表示其高度。

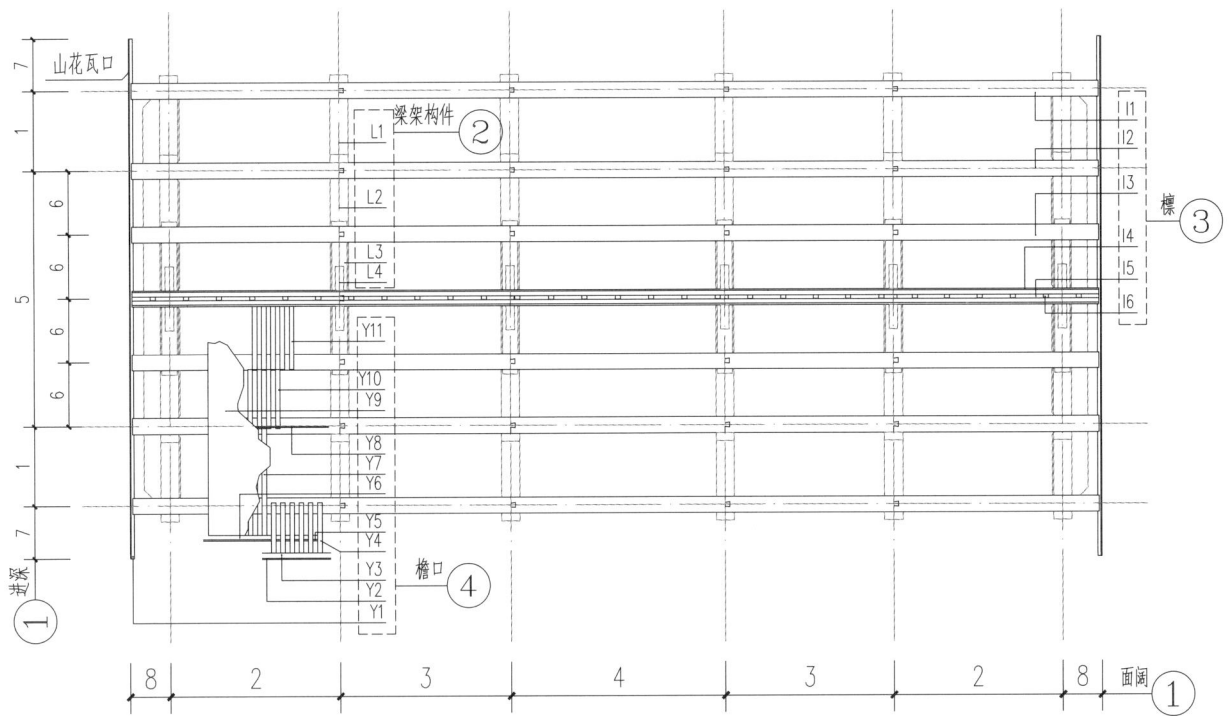

图3-4-4　七檩悬山前后廊建筑步架平面图

表3-4-4

位置	图3-4-4中的序号	构件	长	依据
①面阔、进深	1	廊步距离	5D	廊步按柱径五份定廊深
	2	梢间面阔	11D	同次间面阔 11D/0.8×0.8=11D
	3	次间面阔	11D	明间的8/10 11D/0.8×0.8=11D
	4	明间面阔	13.75D	明间面阔与柱高比例为10：8 11D/0.8=13.75D
	5	间进深	16D	按四步架核算 4D×4=16D
	6	步架距离	4D	按廊步八扣 5D×0.8=4D
	7	上檐平出	3.3D	柱高的3/10 11D×3/10=3.3D
	8	出梢	2.4D	四椽四档，即3/10D×8=2.4D

位置	图3-4-4中的序号	构件	长	厚	依据
②梁架构件	L1	抱头梁	/	D+64mm	高按柱径加四寸 厚按高收两寸
	L2	五架梁	/	D+64mm	高按柱径加四寸 厚按高收两寸
	L3	三架梁	/	D	高、厚分别按五架梁高、厚各收两寸
	L4	脊角背	一步架	1/3自身高	

位置	图3-4-4中的序号	构件	宽	厚	径	依据
③檩	I1	檐檩	/	/	D	同金檩
	I2	老檐檩	/	/	D	同金檩
	I3	金檩	/	/	D	《清式营造则例》权衡尺寸表
	I4	脊檩	/	/	D	《清式营造则例》权衡尺寸表
	I5	扶脊木	/	/	0.8D	径0.8D
	I6	椿桩	1/3D	2/9D	/	每通脊一件用一根。宽按1/3桁径，厚按2/3宽
④檐口	Y1	博缝板	/	0.25D	/	《清式营造则例》权衡尺寸表
	Y2	瓦口木	/	0.063D	/	厚0.3自身高，高0.7椽径 厚：0.3×0.7×0.3D=0.063D
	Y3	大连檐	/	0.3D	/	《清式营造则例》权衡尺寸表
	Y4	飞椽	0.3D	/	/	《清式营造则例》权衡尺寸表
	Y5	闸挡板	长0.36D	0.075D	/	高按椽径，厚按高四分之一，厚：1/4×0.3D=0.075D 长：1.2椽径=1.2×0.3D=0.36D
	Y6	小连檐	1/3D	/	/	宽：1/3D
	Y7	檐椽	/	/	0.3D	同飞椽
	Y8	椽中板	/	1/15D	/	厚：同望板厚
	Y9	望板	/	/	/	屋面满铺
	Y10	花架椽	/	/	0.3D	同檐椽
	Y11	脑椽	/	/	0.3D	同檐椽

3.4.5　屋顶平面图（以黑活瓦屋面为例）

屋顶平面图在屋面以上俯视，表达水平投影方向可见的建筑构造以及必要的尺寸等信息，主要包括屋面瓦的排布、正脊、垂脊、小兽等构件的尺寸及平面定位，屋面排水方向等。屋顶平面图表达的瓦类构件主要

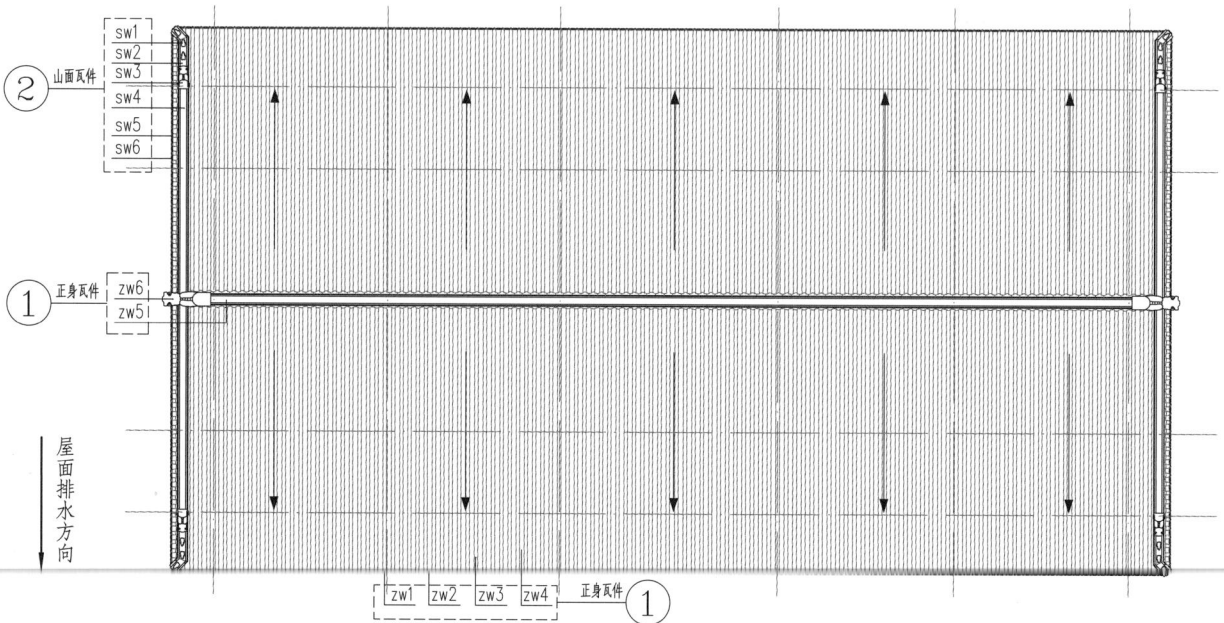

图3-4-5　七檩悬山前后廊建筑屋顶平面图

包括板瓦、筒瓦、滴水、勾头以及各类脊和小兽等。平面图中仅画出其平面尺寸及定位，与此对应，在屋顶平面设计计算书中也只表示构件的平面厚（宽），不表示其高度。

表3-4-5

位置	图3-4-5中的序号	构件	长	宽	依据
①正身瓦件	zw1	滴水	/	180mm	选择与椽径相近的筒瓦宽度，宜大不宜小，确定为2号瓦
	zw2	勾头	/	110mm	
	zw3	板瓦	/	180mm	
	zw4	筒瓦	/	110mm	
	zw5	正脊	按通长	厚约300mm	
	zw6	正吻	约1100mm	厚约330mm	高：长=15：14.5，正吻高：柱高的2/7~2/5，11D×2/7=1131mm，长：1131/15×14.5=1093mm，约为1100mm 厚：约为1.3倍（筒瓦宽+两层瓦条厚），即330mm
②山面瓦件	sw1	小兽	180mm	厚约90mm	长：高=6：10，小兽高：狮子、马高约为兽高（量至眉）的6.5/10，700×2/3×6.5/10=303mm，约为300mm，长300/10×6=180mm 厚：约为90mm
	sw2	兽前垂脊	/	厚约240mm	
	sw3	垂兽	约680mm	厚约260mm	高：长=15：14.5，垂兽高（两层混砖、陡板、眉子的总高：垂兽全高=2：5），即垂兽高为（140+50+90）×5/2=700mm，长700/15×14.5=677mm，约为680mm 厚：约为260mm
	sw4	兽后垂脊	/	厚约240mm	
	sw5	排山滴水	/	180mm	规格2号瓦
	sw6	排山勾头	/	110mm	规格2号瓦

3.4.6 横剖面图

横剖面图是沿进深方向在建筑中线上假设用一个垂直于地面的面将建筑剖切的侧面投影图。剖面图用以表示建筑内部的构造及其竖向高度等，是与平面图、立面图相互配合的不可缺少的图样之一。

横剖面图表达的构件较为繁杂，在编制设计计算书时首先计算建筑步架、举架、出檐、台明出等尺寸，然后从基础到屋面，根据构件类别及位置分别计算各构件的尺寸（如基础构件中的檐磉墩、金磉墩等，梁架构件中的五架梁、三架梁等）。横剖面图中所表达的构件，可以根据其是否被剖切到分为两类：一是被剖切到的构件；二是投影看到的构件，横剖面设计计算书中表示出了各构件的长、宽、高、厚、径。

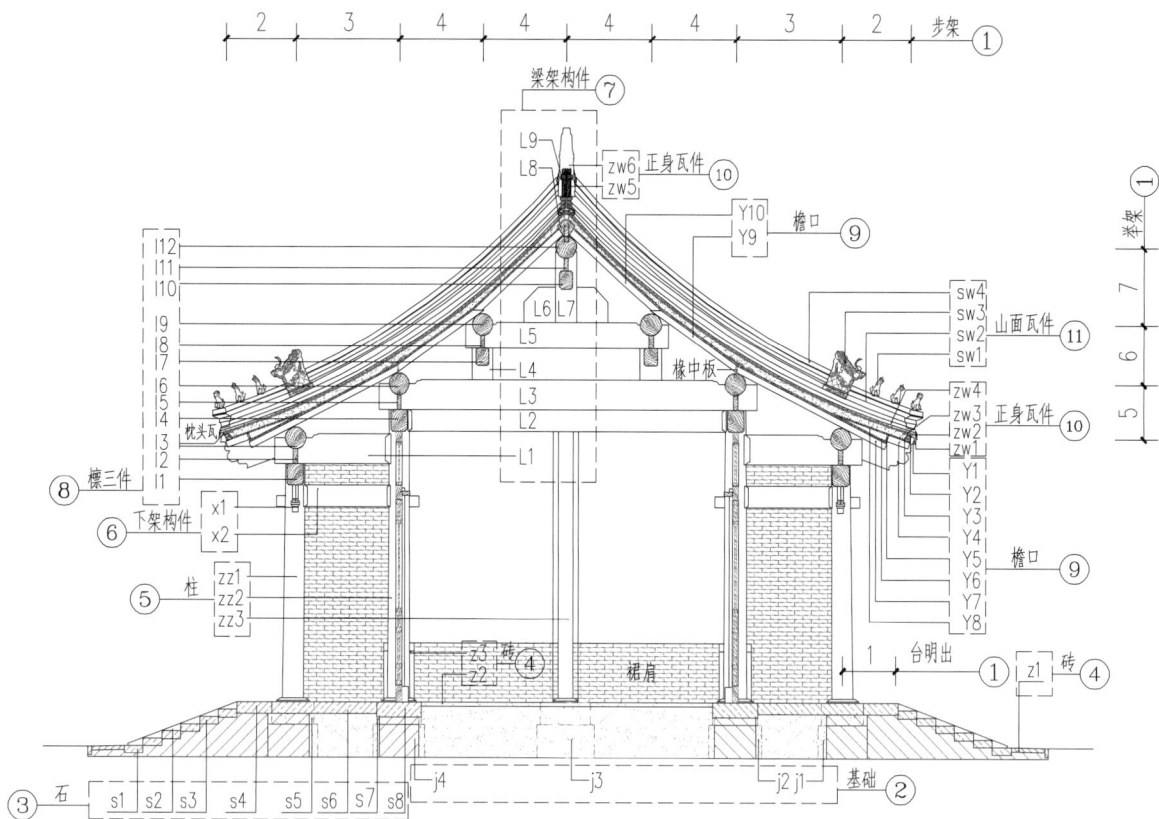

图3-4-6　七檩悬山前后廊建筑横剖面图

表3-4-6

位置	图3-4-6中的序号	构件	长	高	依据
①台明出、步架、举架	1	台明出	2.64D	2D	上檐平出的4/5，即11D×3/10×0.8=2.64D；高2D 其中上檐平出为柱高的3/10
	2	上檐平出	3.3D	/	柱高的3/10 11D×3/10=3.3D
	3	廊步距离	5D	/	廊步按柱径五份定廊深
	4	步架距离	4D	/	按廊步八扣 5D×0.8=4D
	5	廊步举架	/	2D	廊步距离×0.5，即4D×0.5=2D
	6	金步举架	/	2.8D	金步距离×0.7，即4D×0.7=2.8D
	7	脊步举架	/	3.6D	脊步距离×0.9，即4D×0.9=3.6D

位置	图3-4-6中的序号	构件	宽	高	依据
②基础	j1	檐磉墩	2D+128mm	D+192mm	檐磉墩 宽：2D+4寸 金磉墩 宽：2（D+1寸）+4寸=2D+6寸（注：D+1寸=金柱径）
	j2	金磉墩	2D+192mm	D+192mm	山磉墩 宽：2（D+2寸）+4寸=2D+8寸（注：D+2寸=山柱径） 单磉墩高：随台基除柱顶石之厚，外加地皮以下埋头尺寸
	j3	山磉墩	2D+256mm	D+192mm	埋头：以檩数定高低。七檩深6寸 则檐磉墩、金磉墩、山磉墩高：2D-D+6寸=D+6寸
	j4	拦土	1/2（磉墩长+柱径）+96mm	D+192mm	按磉墩半份柱径半份再加三寸定宽，高同磉墩

材料	图3-4-6中的序号	构件	宽	厚	依据
③石	s1	砚窝石	320mm	128mm	宽：同上基石（踏跺石）宽度 厚：同上基石（踏跺石）厚，露明高同平头土衬露明高
	s2	垂带石	/	斜高0.5D	斜高：同阶条（0.5D）
	s3	踏跺石	320mm	128mm	宽：小式0.85~1.3尺 厚：小式约4寸
	s4	阶条石	1.64D	高0.5D	宽：台明出-1/2檐柱顶石宽，即2.64D-1/2×2D=1.64D 高1/2D
	s5	檐柱顶石	2D	1.2D	檐柱顶石由檐柱顶盘和古镜石组成；柱顶盘：宽2D，厚1.2D 古镜石：宽1.2D，厚0.2D
	s6	分心石	按实际	0.5D	长：阶条石里皮至槛垫石外皮 厚：3/10本身宽或同阶条石厚
	s7	金柱顶石	2D+64mm	1.2D	金柱顶石由金柱顶盘和古镜石组成；柱顶盘：宽2金柱径=2（D+1寸），厚D 古镜石：宽1.2金柱径=1.2（D+1寸），厚0.2D
	s8	槛垫石	2D+64mm	2/3D	宽：2金柱径=2（D+1寸），高：2/3D
④砖	z1	散水	620mm	70mm	山字别散水
	z2	方砖墁地	448mm	64mm	尺四方砖
	z3	槛墙	1.5D	高按实际	里包金厚0.75D，外包金厚0.75D

位置	图3-4-6中的序号	构件	高	径	依据
⑤柱	zz1	檐柱	11D	D	《清式营造则例》权衡尺寸表
	zz2	金柱	13.5D	D+32mm	高：11D+廊步五举=11D+5D×0.5=13.5D
	zz3	山柱	按实际	D+64mm	《清式营造则例》权衡尺寸表

位置	图3-4-6中的序号	构件	高	厚	依据
⑥下架构件	x1	雀替	1.25D	0.3D	《清式营造则例》权衡尺寸表
	x2	穿插枋	D	/	《清式营造则例》权衡尺寸表

位置	图3-4-6中的序号	构件	长	宽	高	依据
⑦梁架构件	L1	抱头梁	/	/	D+128mm	高按柱径加四寸
	L2	随梁枋	/	/	D	《清式营造则例》权衡尺寸表
	L3	五架梁	/	/	D+128mm	高按柱径加四寸
	L4	金瓜柱	/	D	按实际	《清式营造则例》权衡尺寸表
	L5	三架梁	/	/	D+64mm	高按五架梁高收两寸
	L6	脊角背	一步架	/	1/2脊瓜柱高	
	L7	脊瓜柱	/	D	按实际	《清式营造则例》权衡尺寸表
	L8	扶脊木	/	/	径0.8D	径0.8D
	L9	椿桩		厚2/9D	2.87D	每通脊一件用一根。高按1/4桁径，8/10扶脊木径，又9/10脊高，三共凑即高。宽按1/3桁径，厚按2/3宽：1/4×D+8/10×0.8D+9/10×1/5×11D=2.87D 厚：1/3×D×2/3=2/9D

位置	图3-4-6中的序号	构件	高	厚	径	依据
⑧檩三件	l1	檐枋	D	0.8D	/	《清式营造则例》权衡尺寸表
	l2	檐垫板	0.5D+64mm	0.2D	/	《清式营造则例》权衡尺寸表
	l3	檐檩	/	/	D	同金檩
	l4	老檐枋	D	0.8D	/	《清式营造则例》权衡尺寸表
	l5	老檐垫板	0.5D+64mm	0.2D	/	同檐垫板
	l6	老檐檩	/	/	D	同金檩
	l7	金枋	D-64mm	0.8D-64mm	/	《清式营造则例》权衡尺寸表
	l8	金垫板	0.5D+32mm	0.2D	/	《清式营造则例》权衡尺寸表
	l9	金檩	/	/	D	《清式营造则例》权衡尺寸表

位置	图3-4-6中的序号	构件	高	厚	径	依据
⑧檩三件	l10	脊枋	$D-64mm$	$0.8D-64mm$	/	《清式营造则例》权衡尺寸表
	l11	脊垫板	$0.5D+32mm$	$0.2D$	/	《清式营造则例》权衡尺寸表
	l12	脊檩	/	/	D	《清式营造则例》权衡尺寸表
⑨檐口	Y1	博缝板	$1.8D$	/	/	《清式营造则例》权衡尺寸表
	Y2	瓦口木	$0.21D$	$0.063D$	/	厚0.3自身高；高0.7椽径 厚：$0.3 \times 0.7 \times 0.3D=0.063D$
	Y3	大连檐	$0.3D$	$0.3D$	/	《清式营造则例》权衡尺寸表
	Y4	飞椽	$0.3D$	/	/	《清式营造则例》权衡尺寸表
	Y5	闸挡板	$0.3D$	$0.075D$	/	高按椽径，厚按1/4高 高：$0.3D$；厚：$1/4 \times 0.3D=0.075D$
	Y6	小连檐	宽1/3D	1.5倍望板厚	/	宽1/3D，厚1.5倍望板厚
	Y7	檐椽	/	/	$0.3D$	同飞椽
	Y8	望板	/	$1/15D$	/	厚：$1/15D$
	Y9	花架椽	/	/	$0.3D$	同檐椽
	Y10	脑椽	/	/	$0.3D$	同檐椽

位置	图3-4-6中的序号	构件	长	宽	高	依据
⑩正身瓦件	zw1	滴水	180mm	/	/	选择与椽径相近的筒瓦宽度，宜大不宜小，确定为2号瓦
	zw2	勾头	190mm	/	/	
	zw3	板瓦	180mm	/	/	
	zw4	筒瓦	190mm	/	/	
	zw5	正脊	/	厚约300mm	790mm	高：按1/5檐柱高定高，即11$D \times 1/5=792mm$，正当沟+两层瓦条+混砖+陡板+混砖+眉子沟+眉子=130+140+70+290+70+15+75=790mm 厚：约为300mm
	zw6	正吻	/	330mm	约1130mm	高：柱高的2/7～2/5，11$D \times 2/7=1131mm$ 厚：约为1.3倍筒瓦宽+两层瓦条厚，即330mm
⑪山面瓦件	sw1	小兽	/	长180mm	约300mm	高：狮子、马高约为兽高（量至眉）的6.5/10，即$700 \times 2/3 \times 6.5/10=303mm$，约为300mm 长：高=6：10，即$300/10 \times 6=180mm$
	sw2	兽前垂脊	/	/	350mm	兽前自身高：斜当沟+瓦条+混砖+眉子沟+眉子=120+70+70+15+75=350mm
	sw3	垂兽	约680mm	/	700mm	高：两层混砖、陡板、眉子的总高：垂兽全高=2：5，即垂兽高为（140+50+90）$\times 5/2=700mm$ 高：长=15：14.5，长：$700/15 \times 14.5=677mm$，约为680mm
	sw4	兽后垂脊	/	/	470mm	兽后自身高：斜当沟+瓦条+混砖+陡板+混砖+眉子沟+眉子=120+70+70+50+70+15+75=470mm

3.4.7 纵剖面图

纵剖面图是沿面阔方向在建筑中线上假设一个垂直于地面的面将建筑剖切的正面投影图。

纵剖面图表达的构件较为繁杂，在编制设计计算书时首先计算面阔、台明出等尺寸，然后从基础到屋面，根据构件类别及位置分别计算各构件的尺寸（如基础构件中的山磉墩、金磉墩等，梁架构件中的五架梁、三架梁等）。

纵剖面图中所表达的构件，可以根据其是否被剖切到分为被剖切到的构件和投影看到的构件，纵剖面设计计算书中表示出了各构件的长、宽、高、厚、径。

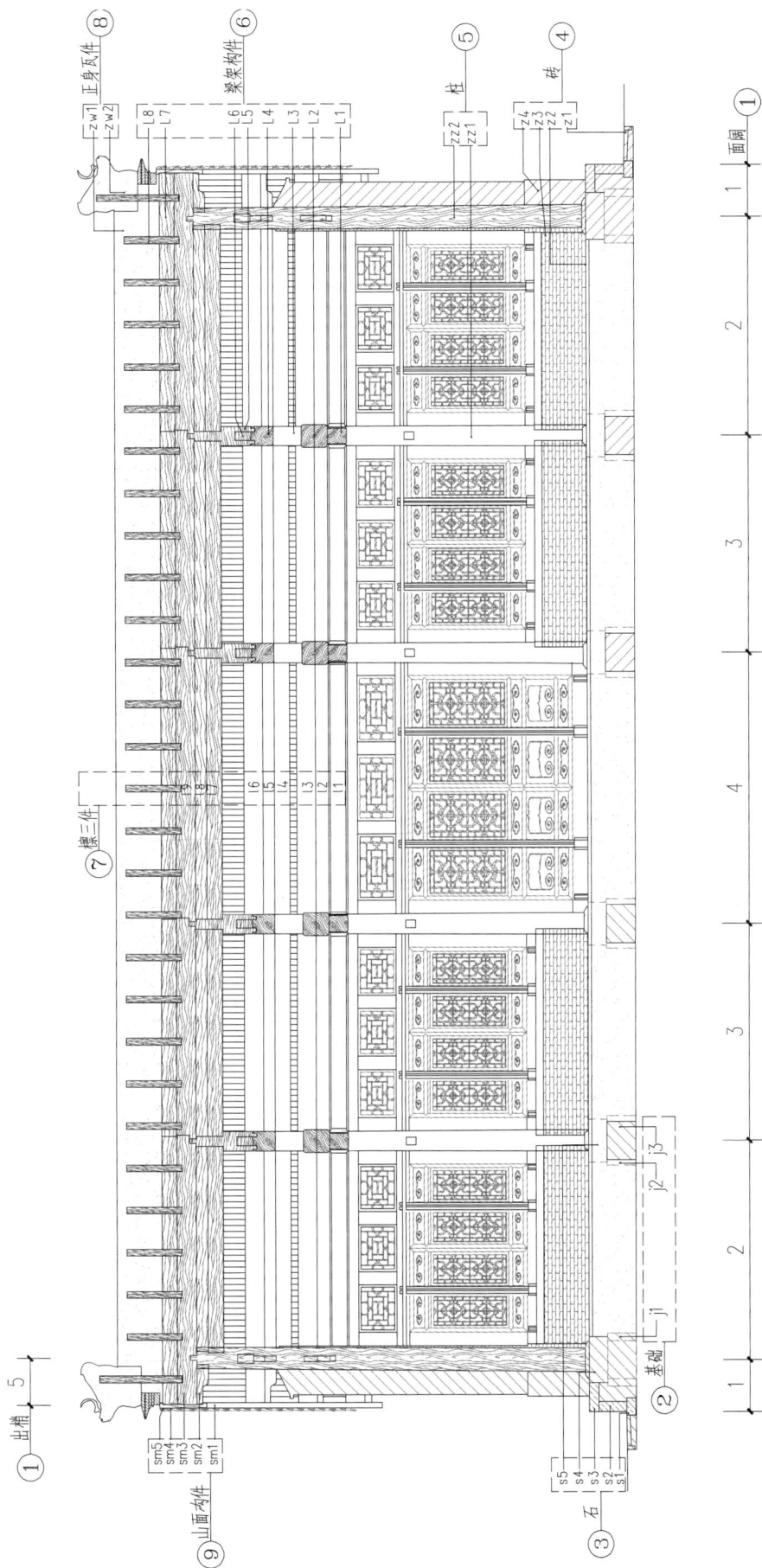

图3-4-7 七檩悬山前后廊建筑纵剖面图

表3-4-7

位置	图3-4-7中的序号	构件	长	高	依据
①面阔、出梢	1	台明出	2.64D	2D	上檐平出的4/5，即11D×3/10×0.8=2.64D；高2D 其中上檐平出为柱高的3/10
	2	梢间面阔	11D	/	同次间面阔 11D/0.8×0.8=11D
	3	次间面阔	11D	/	明间的8/10 11D/0.8×0.8=11D
	4	明间面阔	13.75D	/	明间面阔与柱高比例为10∶8 11D/0.8=13.75D
	5	出梢	2.4D	/	四椽四档，即3/10D×8=2.4D

位置	图3-4-7中的序号	构件	宽	高	依据
②基础	j1	山礤礅	2D+256mm	D+192mm	金礤礅 宽：2（D+1寸）+4寸=2D+6寸（注：D+1寸=金柱径） 山礤礅 宽：2（D+2寸）+4寸=2D+8寸（注：D+2寸=山柱径）
	j2	金礤礅	2D+192mm	D+192mm	单礤礅高：随台基除柱顶石之厚，外加地皮以下埋头尺寸 埋头：以檩数定高低，七檩深6寸 则金礤礅、山礤礅高：2D-D+6寸=D+6寸
	j3	拦土	1/2（礤礅长+柱径）+96mm	D+192mm	按礤礅半份柱径半份再加三寸定宽，高同礤礅

材料	图3-4-7中的序号	构件	宽	厚	依据
③石	s1	土衬石	128mm+陡板厚	0.5D	宽按陡板厚一份，加金边二份（金边宽2寸）。厚同阶条高
	s2	陡板石	厚0.5D	1.5D	高：台明高-阶条高，即2D-1/2×2D=1.5D，厚同山条石，即0.5D
	s3	山条石	1.64D-64mm	高0.5D	宽：台明出-1/2山柱顶石宽=2.64D-1/2×2（D+2寸）=1.64D-2寸 高同阶条石，即0.5D
	s4	山柱顶石	2D+128mm	1.2D	山柱顶石由山柱顶盘和山古镜石组成，柱顶盘：宽2山柱径=2D+4寸，厚D 古镜石：宽1.2（D+2寸），厚0.2D
	s5	金柱顶石	2D+64mm	1.2D	金柱顶石由金柱顶盘和古镜石组成，柱顶盘：宽2金柱径=2D+2寸，厚D 古镜石：宽1.2（D+1寸），厚0.2D
④砖	z1	散水	620mm	70mm	山字别散水
	z2	方砖墁地	448mm	64mm	尺四方砖
	z3	槛墙	/	高按实际	
	z4	山墙	厚2D+176mm	按实际	里包金厚：1/2山柱径+1.5寸=1/2（D+2寸）+1.5寸=0.5D+2.5寸 外包金厚：1.5山柱径=1.5（D+2寸）=1.5D+3寸

位置	图3-4-7中的序号	构件	高	径	依据
⑤柱	zz1	金柱	13.5D	D+32mm	高：11D+廊步五举=11D+3D×0.3=13.5D
	zz2	山柱	按实际	D+64mm	《清式营造则例》权衡尺寸表

位置	图3-4-7中的序号	构件	高	厚	依据
⑥梁架构件	L1	随梁枋	D	$D-64$mm	《清式营造则例》权衡尺寸表
	L2	五架梁	$D+128$mm	$D+64$mm	高按柱径加四寸；厚按高收两寸
	L3	金瓜柱	按实际	D	《清式营造则例》权衡尺寸表
	L4	三架梁	$D+64$mm	D	高、厚按五架梁高、厚各收两寸
	L5	脊瓜柱	按实际	D	《清式营造则例》权衡尺寸表
	L6	脊角背	1/2瓜柱高	1/3自身高	
	L7	扶脊木	/	径0.8D	
	L8	椿桩	2.87D	宽1/3D	每通脊一件用一根。高按1/4桁径，8/10扶脊木径，又9/10脊高，三共凑即高。宽按1/3桁径。高：$1/4 \times D + 8/10 \times 0.8D + 9/10 \times 1/5 \times 11D = 2.87D$

位置	图3-4-7中的序号	构件	高	依据
⑦檩三件	l1	老檐枋	D	《清式营造则例》权衡尺寸表
	l2	老檐垫板	0.5D+64mm	同檐垫板
	l3	老檐檩	D	同金檩
	l4	金枋	$D-64$mm	《清式营造则例》权衡尺寸表
	l5	金垫板	0.5D+32mm	《清式营造则例》权衡尺寸表
	l6	金檩	D	《清式营造则例》权衡尺寸表
	l7	脊枋	$D-64$mm	《清式营造则例》权衡尺寸表
	l8	脊垫板	0.5D+32mm	《清式营造则例》权衡尺寸表
	l9	脊檩	D	《清式营造则例》权衡尺寸表

位置	图3-4-7中的序号	构件	长	高	依据
⑧正身瓦件	zw1	正脊	按通长	790mm	高：按1/5檐柱高定高，即11$D \times$1/5=792mm，正当沟+两层瓦条+混砖+陡板+混砖+眉子沟+眉子=130+140+70+290+70+15+75=790mm
	zw2	正吻	约1100mm	约1130mm	高：柱高的2/7～2/5，11$D \times$2/7=1131mm，约为1130mm 高：长=15：14.5，长：1131/15×14.5=1093mm，约为1100mm

位置	序号	构件名称	高	厚	依据
⑨山面构件	sm1	博缝板	9/5D	0.25D	《清式营造则例》权衡尺寸表
	sm2	燕尾枋	0.5垫板高	/	
	sm3	梢檩	D	长 2.4D-1/24D	长：出柱中四椽四档-1/6博缝板厚=2.4D-1/6×1/4D=2.4D-1/24D
	sm4	排山滴水	/	/	规格2号瓦
	sm5	排山勾头	/	/	规格2号瓦

3.4.8 门窗

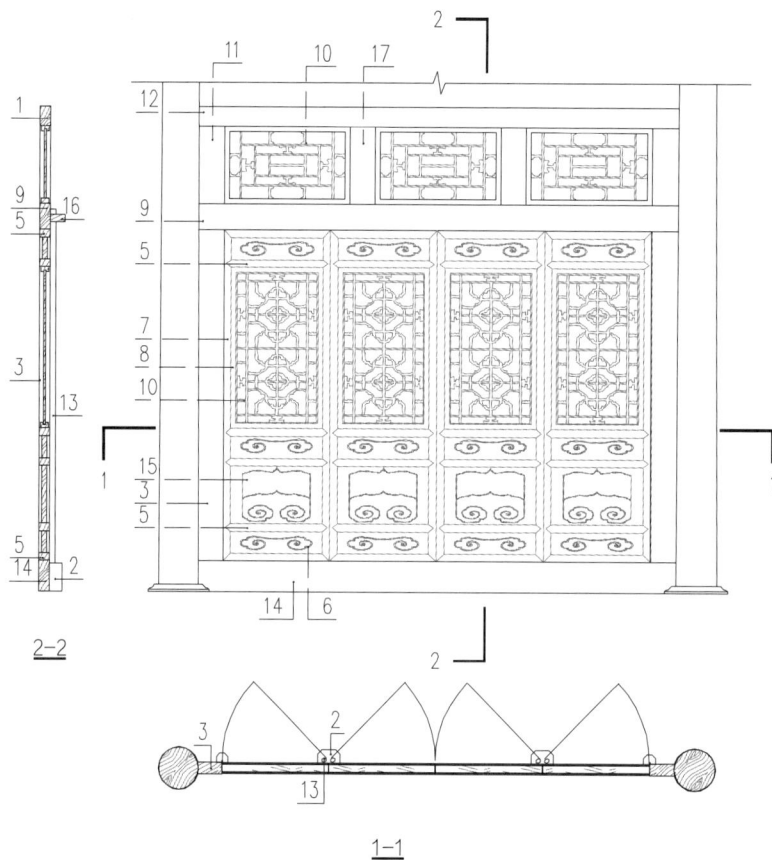

图3-4-8　七檩悬山
前后廊建筑门详图

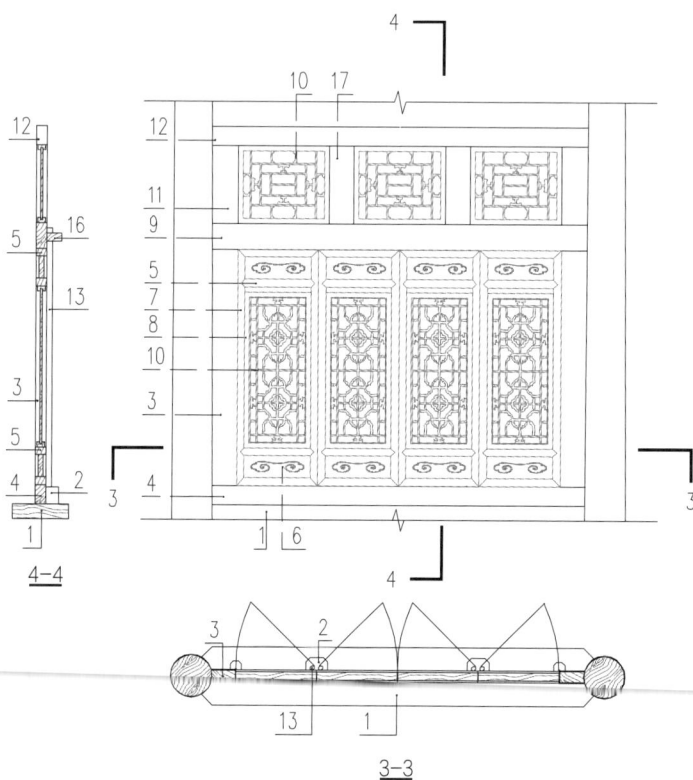

图3-4-9　七檩悬山
前后廊建筑窗详图

表3-4-8

位置	图3-4-8和图3-4-9中的序号	构件	宽	高	厚	依据
隔扇门窗	1	木槅板	3/2D	/	3/8D	《清式营造则例》权衡尺寸表
	2	连二榼	120mm	0.72D	长210mm	长210mm，宽120mm，高0.9下槛宽
	3	抱框	2/3D	/	3/10D	《清式营造则例》权衡尺寸表
	4	风槛	1/2D	/	3/10D	《清式营造则例》权衡尺寸表
	5	抹头	1/5D	/	3/10D	《清式营造则例》权衡尺寸表
	6	绦环板	/	0.2隔扇宽	0.05隔扇宽	《清式营造则例》权衡尺寸表
	7	边梃	1/5D	/	3/10D	《清式营造则例》权衡尺寸表
	8	仔边	2/3边梃宽	/	7/10边梃厚	《清式营造则例》权衡尺寸表
	9	中槛	2/3D	/	3/10D	《清式营造则例》权衡尺寸表
	10	棂条	1/3仔边宽	/	9/10仔边厚	宽1/3~1/2仔边宽，厚9/10仔边厚
	11	短抱框	2/3D	/	3/10D	《清式营造则例》权衡尺寸表
	12	上槛	1/2D	/	3/10D	《清式营造则例》权衡尺寸表
	13	转轴	/	/	径50mm	径50mm
	14	下槛	4/5D	/	3/10D	《清式营造则例》权衡尺寸表
	15	裙板	/	0.8隔扇宽	0.05隔扇宽	《清式营造则例》权衡尺寸表
	16	连槛	2/5D	/	1/5D	《清式营造则例》权衡尺寸表
	17	横陂间框	2/3D	/	3/10D	同抱框

3.5 清官式建筑七檩歇山周围廊构件记忆及诠释

七檩歇山周围廊构件记忆法分为16小节：

3.5.1：诠释梁思成先生《清式营造则例》中单体建筑的"三个基本要素"。

3.5.2：诠释清官式建筑施工图表达与建筑模型剖切位置对应关系和"三个基本要素"分别对应的模型部位。

3.5.3和3.5.4：概括性地介绍七檩歇山周围廊建筑砖、瓦、石、大木构件的各部名称，以及竖向高度的分层位置和构件关系，建立对七檩歇山周围廊建筑的外观和内部构造的初步认识。

3.5.5至3.5.16：详细介绍七檩歇山周围廊建筑各层平面、剖面和立面中，实体构件的记忆顺序、名称、位置、功能，同时标注依据来源，以便查找更加详细的资料。

3.5.1 《清式营造则例》"三个基本要素"概念的诠释

将七檩歇山建筑模型分为下段、中段、上段，对应《清式营造则例》中的"三个基本要素"，可得：

下段-台基部分：阶条石上皮以下为台基部分，包含基坑开挖、基础和台基平面三部分内容。

中段-柱梁（木造）部分：阶条石上皮以上至望板以下（包含望板、椿桩）为柱梁（木造）部分，包含柱头平面、平板枋平面、斗拱平面、步架平面四部分内容。

上段-屋顶部分：望板、大连檐以上为屋顶部分，包含屋顶平面。

单体建筑分段的作用在于将建筑的砖作、石作、木作、瓦作结合竖向高度进行分类，"三段"分别与设计成果图的各层平面图对应，能够帮助读者对七檩歇山建筑的构造建立更系统的认知和更全面的空间概念。

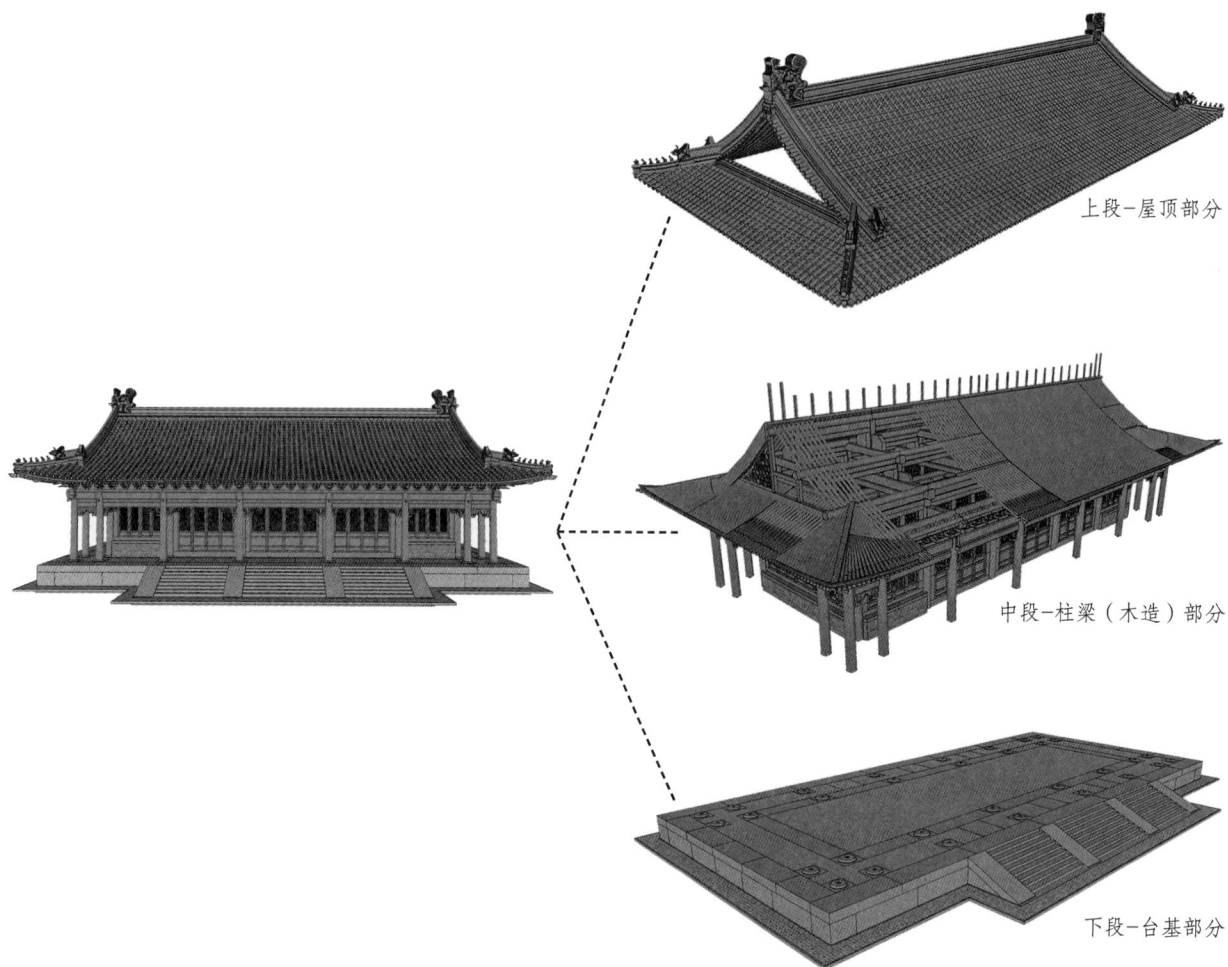

上段-屋顶部分

中段-柱梁（木造）部分

下段-台基部分

图3-5-1　七檩歇山周围廊建筑模型分段示意图

3.5.2 七檁歇山周围廊建筑分段竖向高度剖切位置示意图

将七檁歇山周围廊建筑按竖向高度关系剖切后，可以清晰展现出建筑的内部构造。屋顶平面的瓦件在步架平面之上，由于屋面有坡度高差，屋顶平面和步架平面在高度上有重合，故将屋顶平面和步架平面分在一个高度区间内。

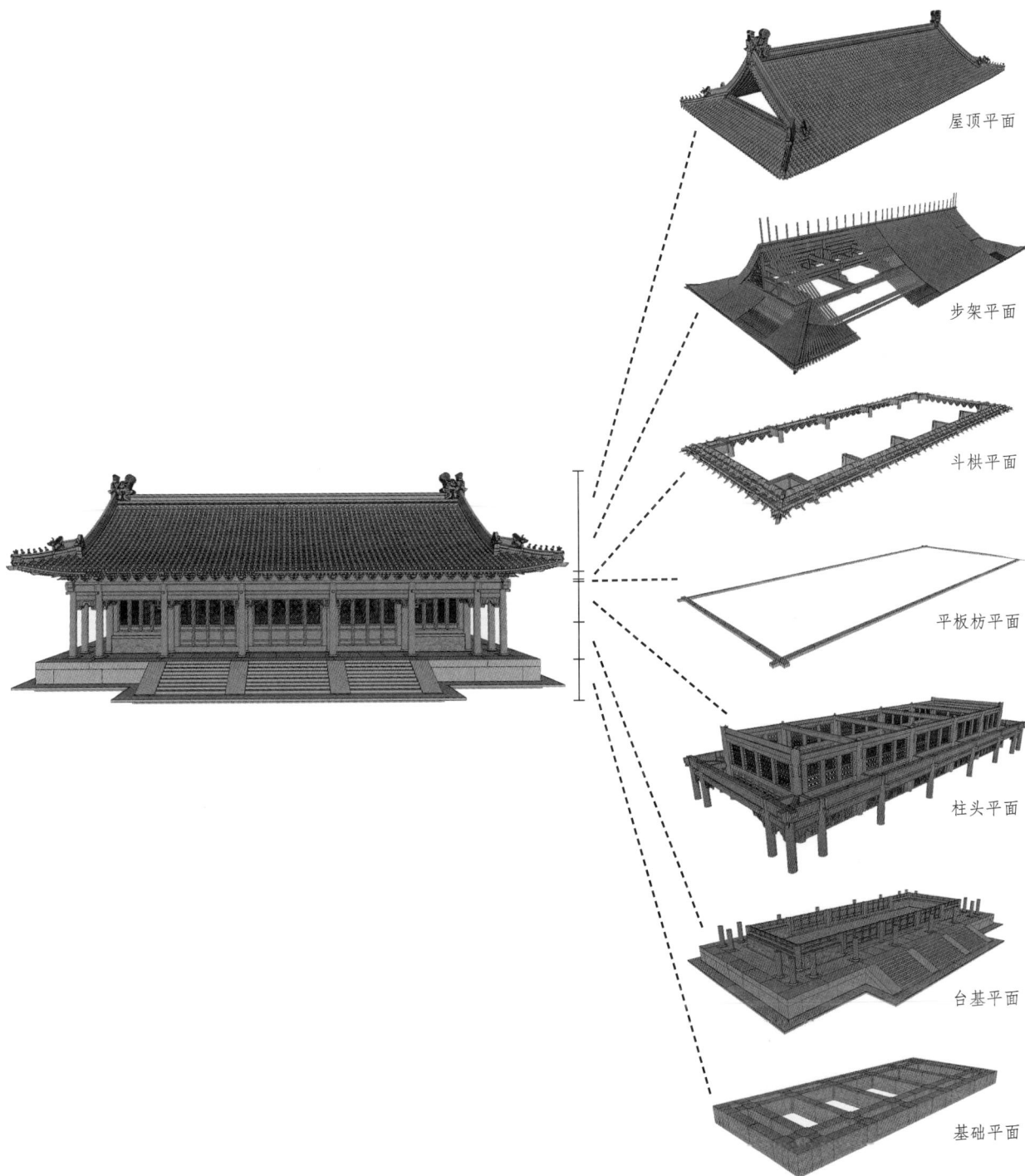

屋顶平面

步架平面

斗栱平面

平板枋平面

柱头平面

台基平面

基础平面

图3-5-2 七檁歇山周围廊建筑分段竖向高度剖切位置示意图

屋顶平面（上段）
　　屋顶平面包括从建筑上方俯视所能观察到的瓦件。

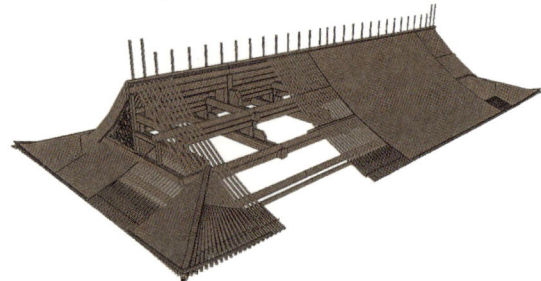

步架平面（中段）
　　步架平面包括挑檐桁以上，扶脊木和椿桩以下的所有步架构件。图中为了保证步架不被遮挡，椽子和望板构件只表示局部。

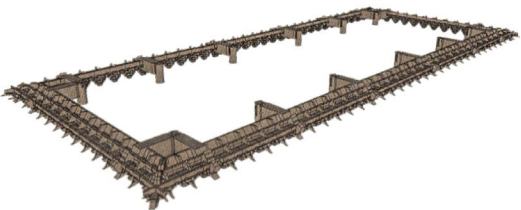

斗栱平面（中段）
　　平板枋以上斗栱构件的平面示意，其中包括平身科斗栱、柱头科斗栱和角科斗栱。

平板枋平面（中段）
　　檐柱柱头之上平板枋的平面示意。

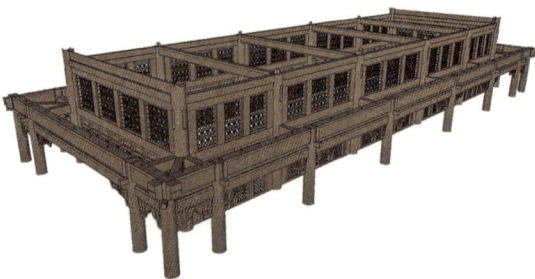

柱头平面（中段）
　　柱头平面包括隔扇窗二抹以上、柱头以下所有构件。

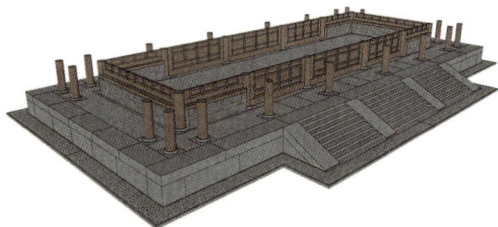

台基平面（下段、中段）
　　台基平面包括隔扇窗二抹上皮位置俯视能观察到的所有砖、石、木构件。

基础平面（下段）
　　基础平面包括柱顶石以下的构件：拦土、磉墩。为了更加清晰体现上述构件的构造关系，图中将灰土和包砌台基进行隐藏处理。

图3-5-3　七檩歇山周围廊建筑模型与分段剖切位置示意图

3.5.3 七檩歇山周围廊建筑砖、瓦、石构件名称示意图

图3-5-4、图3-5-5直观展示七檩歇山周围廊建筑砖作、瓦作、石作构件的形态、位置和名称。

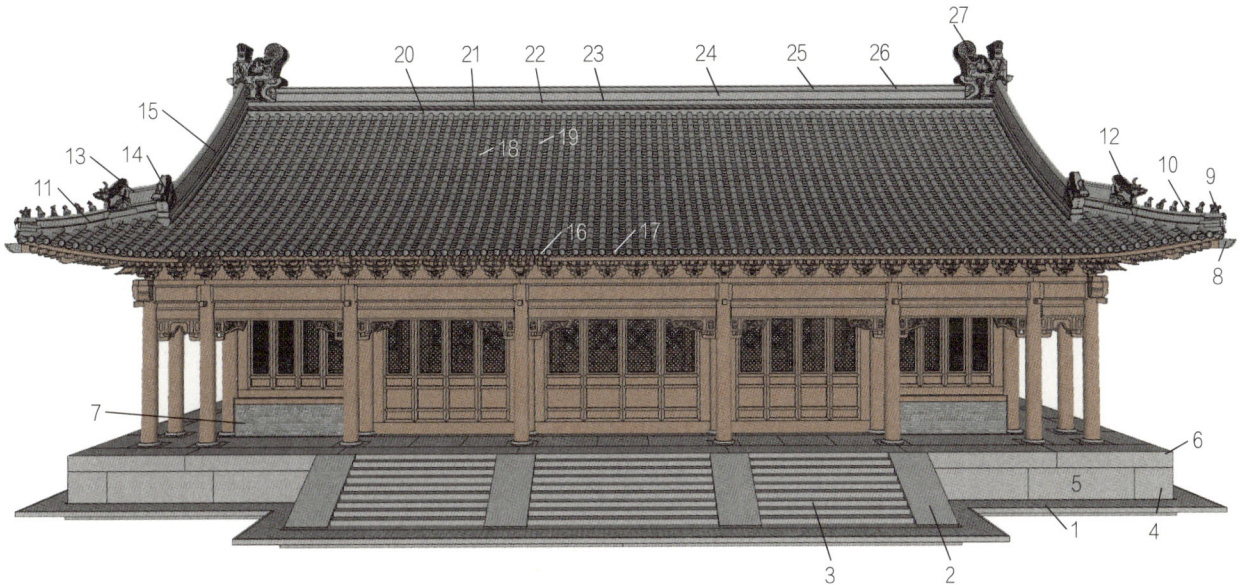

1—散水	2—垂带石	3—踏跺石	4—埋头	5—陡板石	6—阶条石	7—槛墙	8—套兽
9—仙人	10—小兽	11—兽前戗脊	12—戗兽	13—兽后戗脊	14—垂兽	15—垂脊	16—滴水
17—勾头	18—板瓦	19—筒瓦	20—正当沟	21—压当条	22—大群色	23—黄道	24—赤脚通脊
25—扣脊筒瓦	26—正脊	27—正吻（剑把吻）					

图3-5-4　七檩歇山周围廊建筑正面构件名称示意图

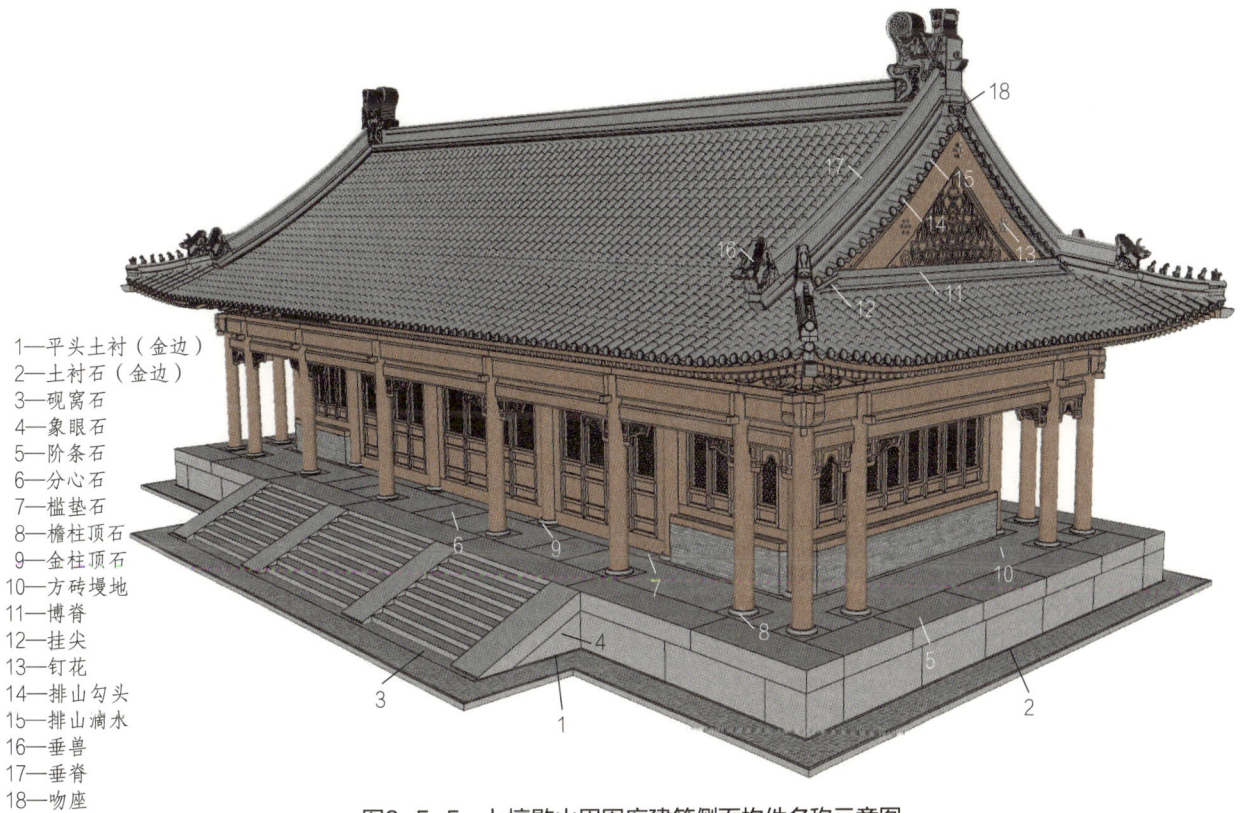

1—平头土衬（金边）
2—土衬石（金边）
3—砚窝石
4—象眼石
5—阶条石
6—分心石
7—槛垫石
8—檐柱顶石
9—金柱顶石
10—方砖墁地
11—博脊
12—挂尖
13—钉花
14—排山勾头
15—排山滴水
16—垂兽
17—垂脊
18—吻座

图3-5-5　七檩歇山周围廊建筑侧面构件名称示意图

3.5.4　七檩歇山周围廊建筑大木构件名称示意图

图3-5-6、图3-5-7直观展示了七檩歇山周围廊建筑木作构件的形态、位置和名称，按照构件分类（梁架构件、檩三件、翼角、檐口、山面构件）的顺序从下到上进行标注和记忆。

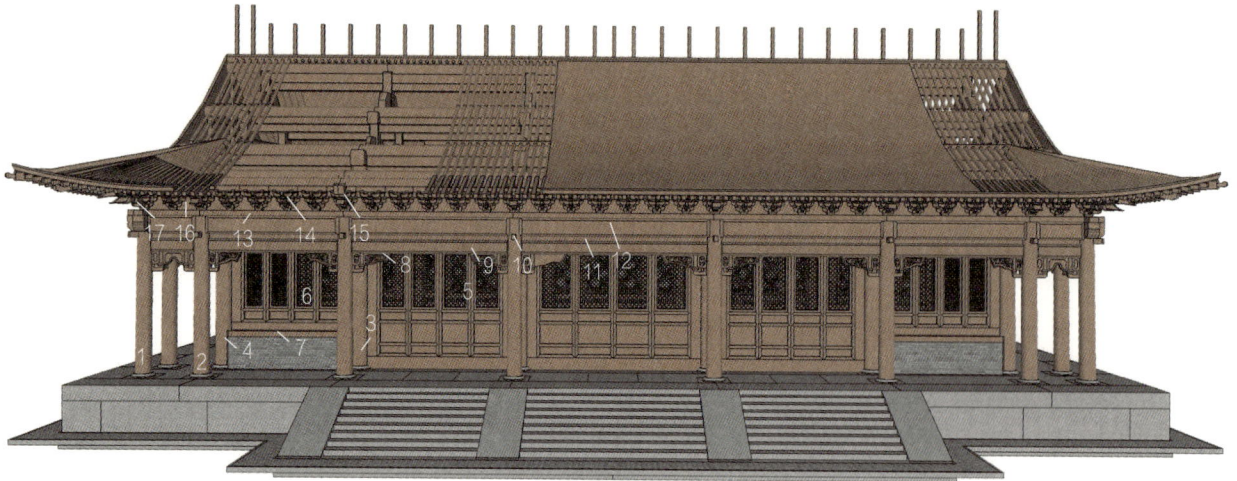

1—檐角柱　　2—檐柱　　3—金柱　　4—金角柱　　5—隔扇门　　6—隔扇窗　　7—榻板　　8—雀替　9—小额枋
10—穿插枋头　11—由额垫板　12—大额枋　13—平板枋　14—平身科斗栱　15—柱头科斗栱　16—栱垫板　17—角科斗栱

图3-5-6　七檩歇山周围廊建筑正面大木构件名称示意图

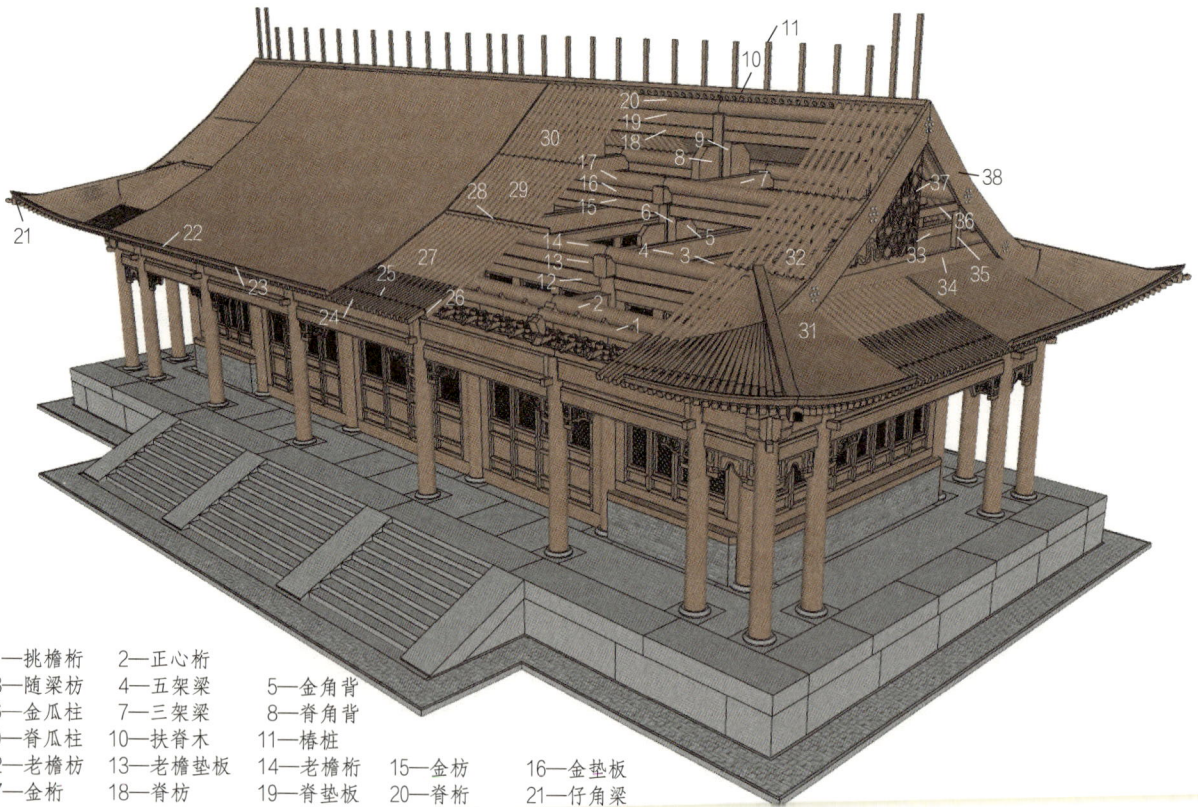

1—挑檐桁　　2—正心桁
3—随梁枋　　4—五架梁　　5—金角背
6—金瓜柱　　7—三架梁　　8—脊角背
9—脊瓜柱　　10—扶脊木　11—檩桩
12—老檐枋　13—老檐垫板　14—老檐桁　15—金枋　　16—金垫板
17—金桁　　18—脊枋　　19—脊垫板　20—脊桁　　21—仔角梁
22—瓦口木　23—大连檐　24—飞椽　　25—闸挡板　26—小连檐
27—檐椽　　28—椽中板　29—花架椽　30—脑椽　　31—望板　32—哑叭椽
33—踩步金　34—踏脚木　35—草架柱　36—穿　　37—山花板　38—博缝板

图3-5-7　七檩歇山周围廊建筑侧面大木构件名称示意图

3.5.5 基坑开挖图——地基处理工艺工法诠释

地基处理做法同3.1.5。

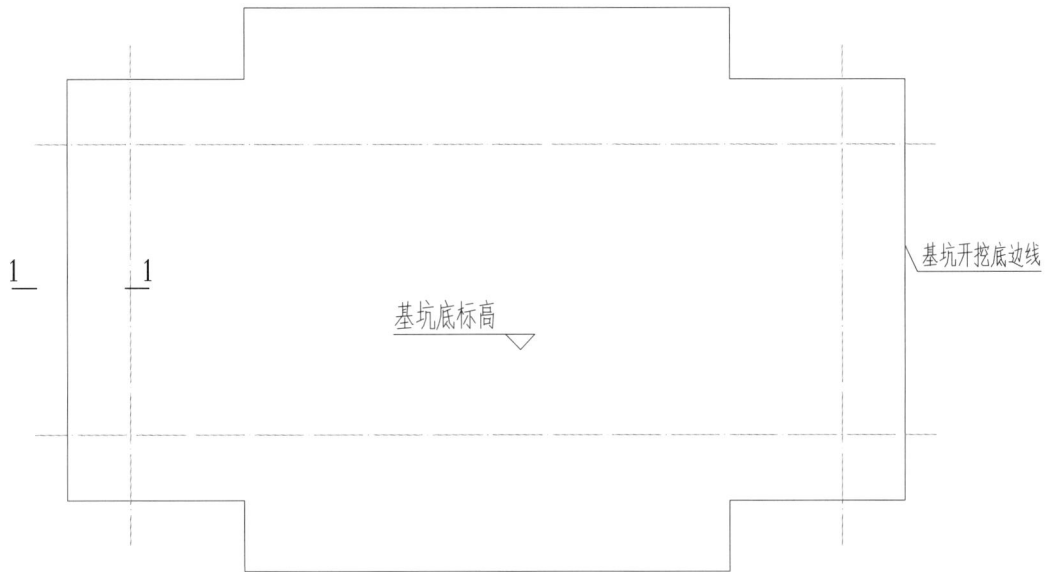

图3-5-8 七檩歇山周围廊建筑基坑开挖图

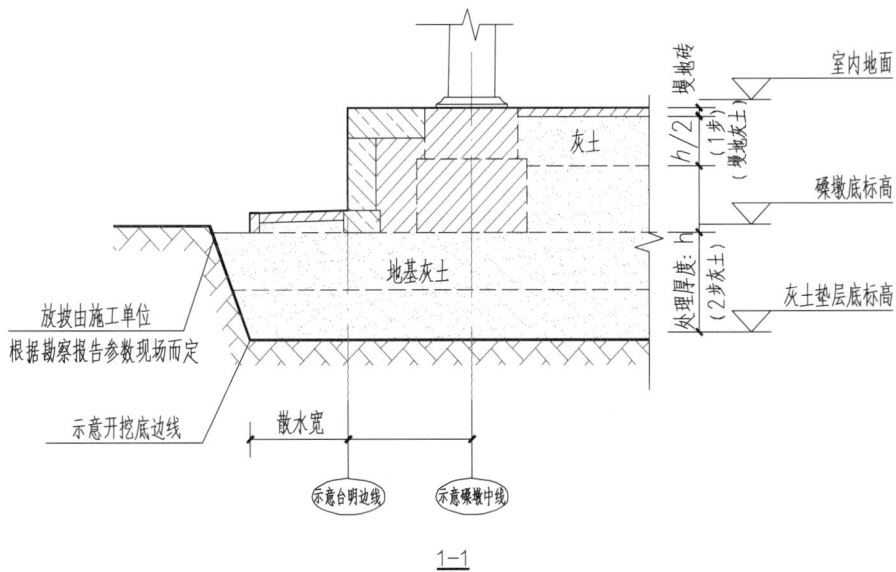

1-1

图3-5-9 七檩歇山周围廊建筑灰土垫层处理范围示意图

注：部分未注明尺寸根据实际确定

3.5.6 基础平面图

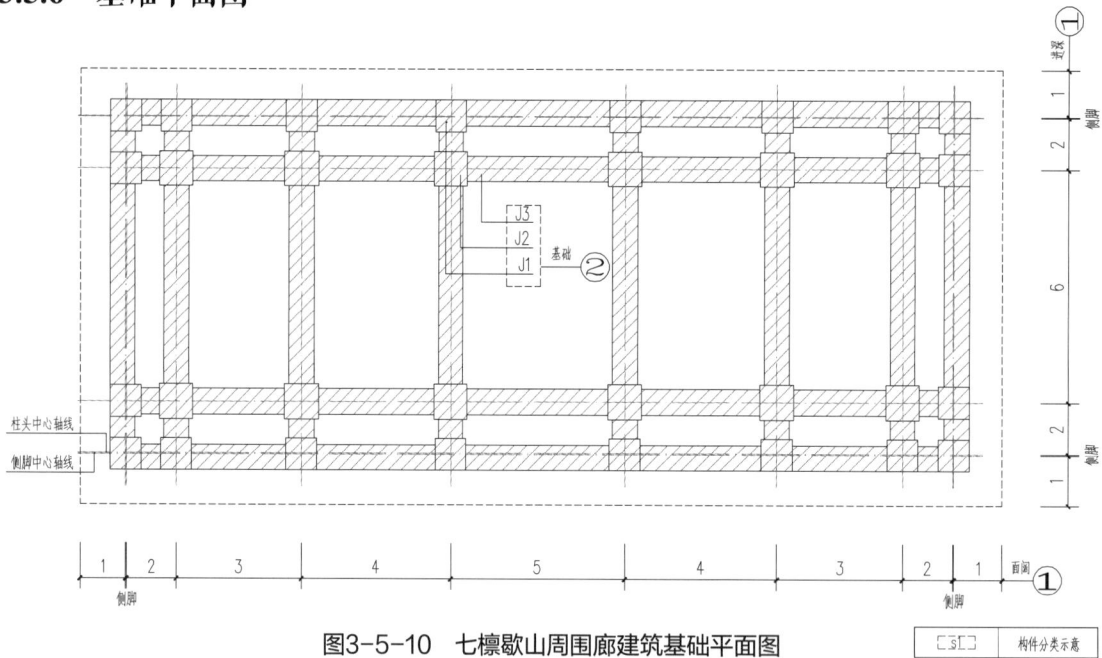

图3-5-10 七檩歇山周围廊建筑基础平面图

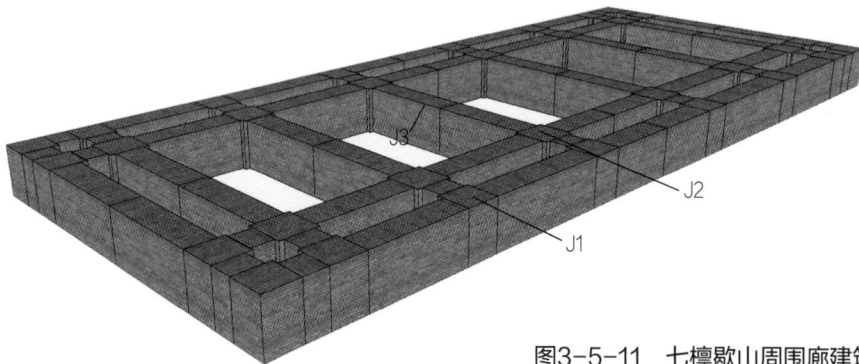

图3-5-11 七檩歇山周围廊建筑磉墩拦土三维示意图

表3-5-1

分类	图3-5-10中的序号	构件	诠释
①面阔、进深	1	台明出	台基露出地面部分称为台明，台明由檐柱中向外延展出的部分为台明出檐，即台明出①
	2	廊步距离	正心桁至老檐桁中—中的水平距离，一般为两攒斗栱，最大为三攒斗栱
	3	梢间面阔	面阔，一指建筑物正面之长度，二指建筑物正面檐柱与檐柱间之距离，又称间宽。明间面阔即建筑物正面中央、两柱之部分；梢间面阔即建筑物在左右两端之间；次间面阔即建筑物在明间与梢间间之间②
	4	次间面阔	
	5	明间面阔	
	6	间进深	每四棵柱子围成一间，深为"进深"③，间进深即房间的进深
②基础	J1	檐磉墩	磉墩，柱顶石下之基础，④檐柱顶石下为檐磉墩；金柱顶石下为金磉墩
	J2	金磉墩	
	J3	拦土	磉墩与磉墩间之矮墙，高同磉墩⑤

① 参见：马炳坚. 中国古建筑木作营造技术[M]. 2版. 北京：科学出版社，2003：5.

② 参见：梁思成. 清式营造则例[M]. 北京：清华大学出版社，2006：73-79.

③ 同①，2页。

④ 同②，81页。

⑤ 同②，76页。

3.5.7 台基平面图

七檩歇山周围廊台基平面图表达的是从隔扇窗二抹以上位置水平剖切，以俯视角度看到的所有构件。

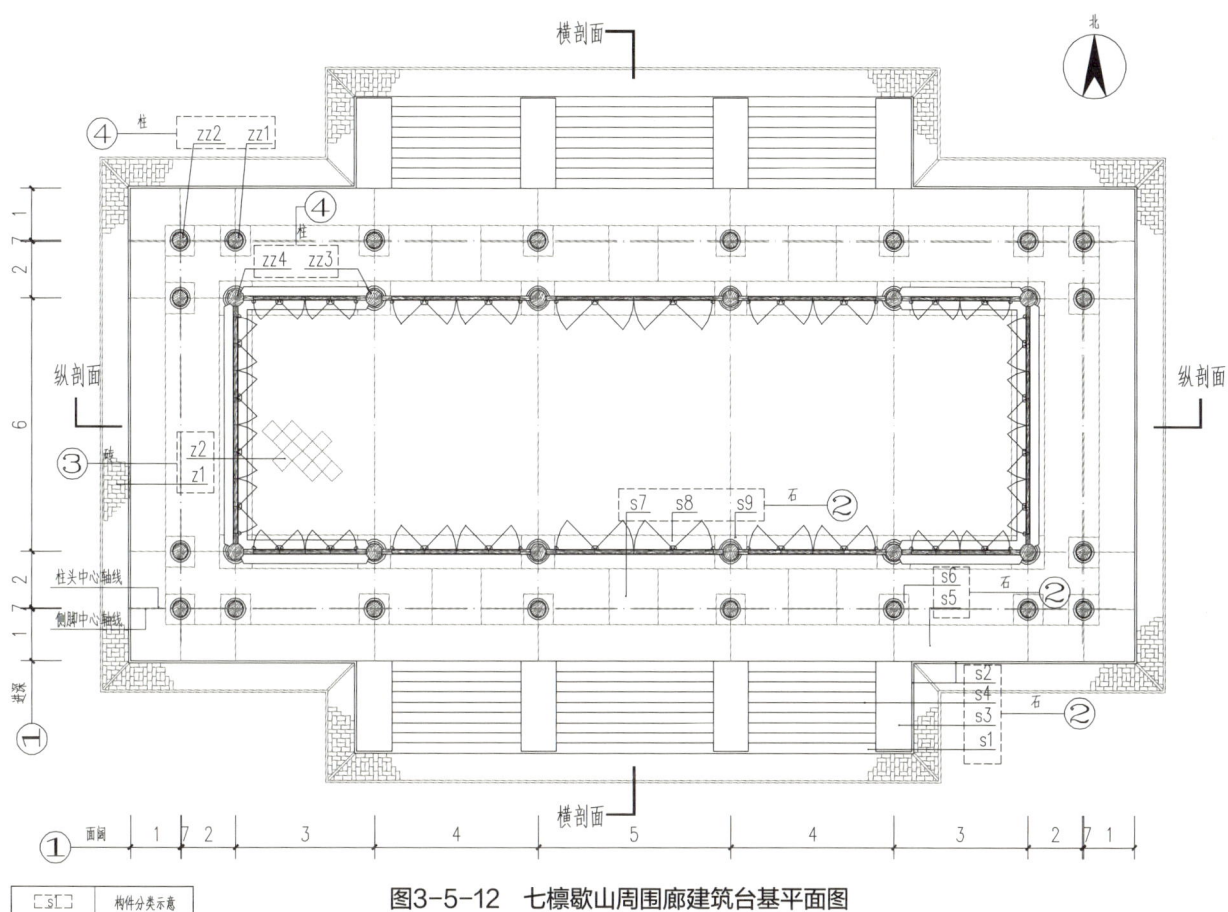

图3-5-12 七檩歇山周围廊建筑台基平面图

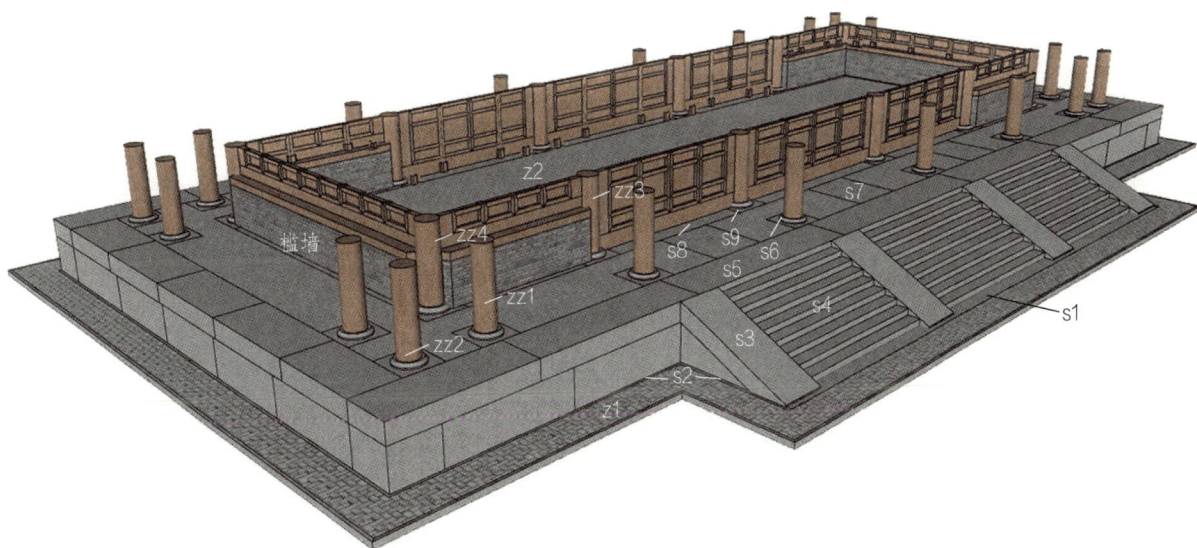

图3-5-13 七檩歇山周围廊建筑台基平面图三维示意图

注：门窗平面见门窗详图3-6-10和图3-6-11。

表3-5-2

分类	图3-5-12中的序号	构件	诠释
①面阔、进深	1	台明出	详见3.5.6
	2	廊步距离	
	3	梢间面阔	
	4	次间面阔	
	5	明间面阔	
	6	间进深	
	7	侧脚	为了加强建筑的整体稳定性，古建筑最外一圈柱子的下脚通常要向外侧移出一定尺寸，使外檐柱子的上端略向内侧倾斜[1]
②石	s1	砚窝石	踏跺之最下一级，较地面微高一、二分之石[2]
	s2	平头土衬或土衬石（金边）	平头土衬，踏跺象眼之下，与砚窝石土衬石平之石。[3]土衬石，在台基陡板以下与地面平之石。[4]金边，建筑物任何立体部分上皮沿边处，其上立另一立体；上者竖立之侧面，较下者之上边略退入少许而留出狭长之部分。例如土衬石上未被陡板遮盖之部分[5]
	s3	垂带石	即垂带，踏跺两旁由台基至地上斜置之石[6]
	s4	踏跺石	即踏跺，由一高度达另一高度之阶级[7]
	s5	阶条石	即阶条，台基四周上面之石块[8]
	s6	檐柱顶石	承托柱下之石。[2]檐柱下为檐柱顶石
	s7	分心石	建筑物中线上，由阶条石至槛垫石之间之石[9]
	s8	槛垫石	门槛下，与槛平行，上皮与台基面平，垫于槛下之石[7]
	s9	金柱顶石	承托柱下之石[2]。金柱下为金柱顶石
③砖	z1	散水	即散水砖，台基下四周，与土衬石平之墁砖，以受檐上滴下之水者[10]
	z2	方砖墁地	用方砖铺装地面的做法
④柱	zz1	檐柱	承支屋檐之柱[11]
	zz2	檐角柱	角柱即在建筑物角上之柱[8]
	zz3	金柱	在檐柱一周以内，但不在纵中线上之柱[5]
	zz4	金角柱	角柱即在建筑物角上之柱[8]

① 参见：马炳坚. 中国古建筑木作营造技术[M]. 2版. 北京：科学出版社，2003：4.
② 参见：梁思成. 清式营造则例[M]. 北京：清华大学出版社，2006：77.
③ 同②，73页。
④ 同②，71页。
⑤ 同②，75页。
⑥ 同②，76页。
⑦ 同②，81页。
⑧ 同②，74页。
⑨ 同②，72页。
⑩ 同②，80页。
⑪ 同②，82页。

3.5.8 柱头平面图

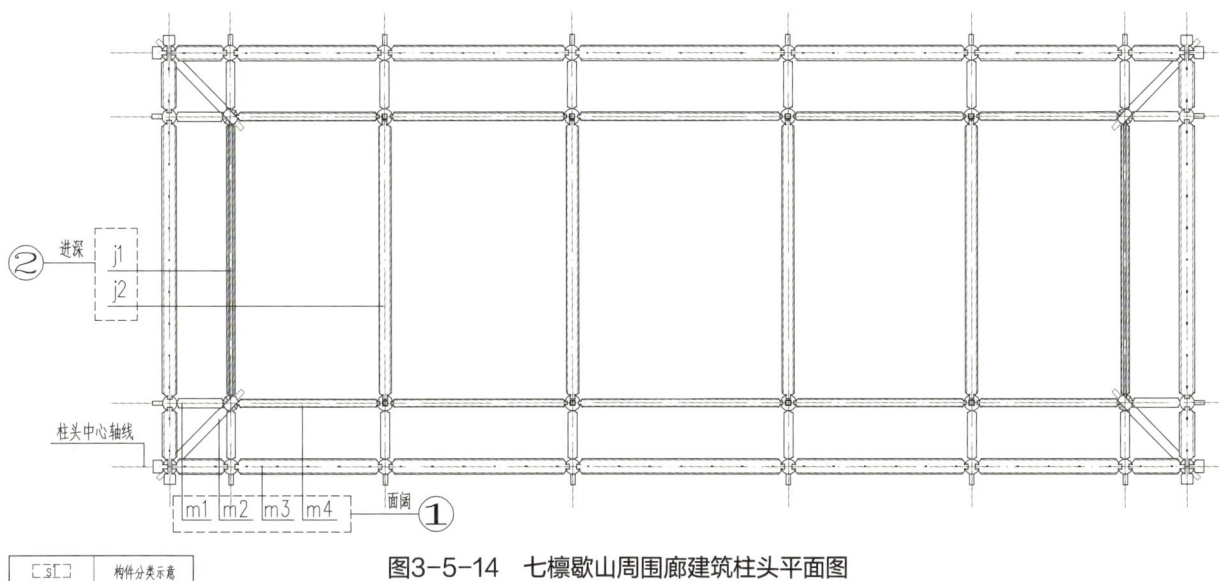

图3-5-14　七檩歇山周围廊建筑柱头平面图

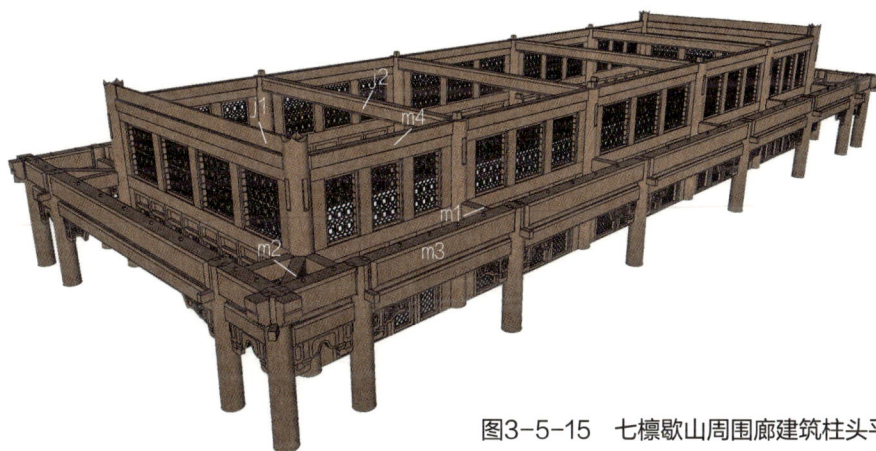

图3-5-15　七檩歇山周围廊建筑柱头平面图三维示意图

表3-5-3

分类	图3-5-14中的序号	构件	诠释
①面阔	m1	穿插枋	抱头梁下与之平行，檐柱与老檐柱间之联络辅材[1]
	m2	斜穿插枋	斜插金枋，自角檐柱至角金柱间之穿插枋[2]
	m3	大额枋	檐柱与檐柱头间之联络材，并承平身斗栱[3]
	m4	老檐枋	金柱柱头间，与建筑物外檐平行之联络材，在老檐桁之下[4]
②进深	j1	老檐垫板	老檐桁下，老檐枋上之垫板[4]
	j2	随梁枋	紧贴大梁之下，与之平行之辅材[2]

---

① 参见：梁思成. 清式营造则例[M]. 北京：清华大学出版社，2006：78.

② 同①，79页。

③ 同①，71页。

④ 同①，73页。

3.5.9 平板枋平面图

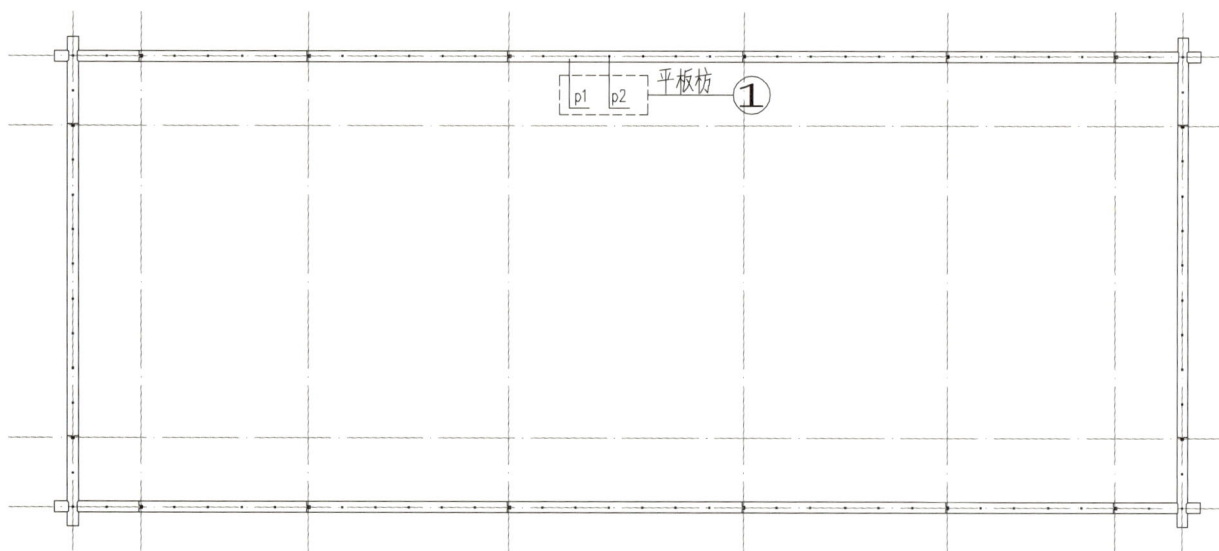

图3-5-16　七檩歇山周围廊建筑平板枋平面图

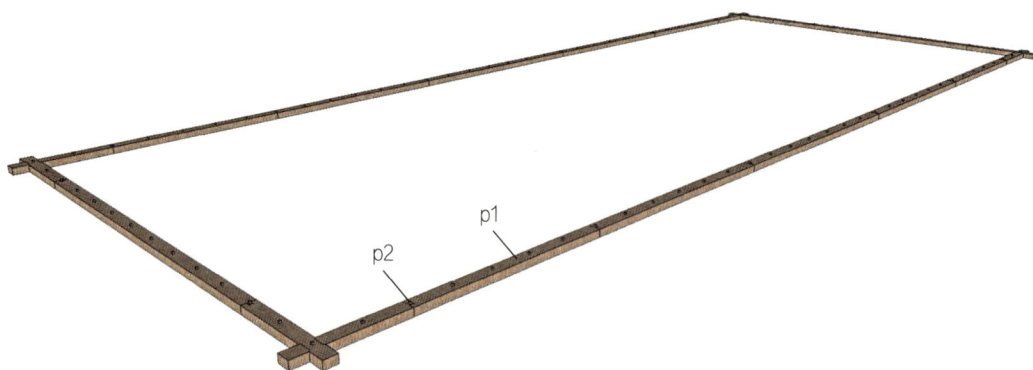

图3-5-17　七檩歇山周围廊建筑平板枋平面图三维示意图

表3-5-4

分类	图3-5-16中的序号	构件	诠释
①平板枋	p1	平板枋	在额枋之上，承托斗栱之枋[①]
	p2	暗销	上下两层木构件相叠面的对应位置所凿之榫卯

---

① 参见：梁思成. 清式营造则例[M]. 北京：清华大学出版社，2006：72.

3.5.10 斗栱仰视平面图

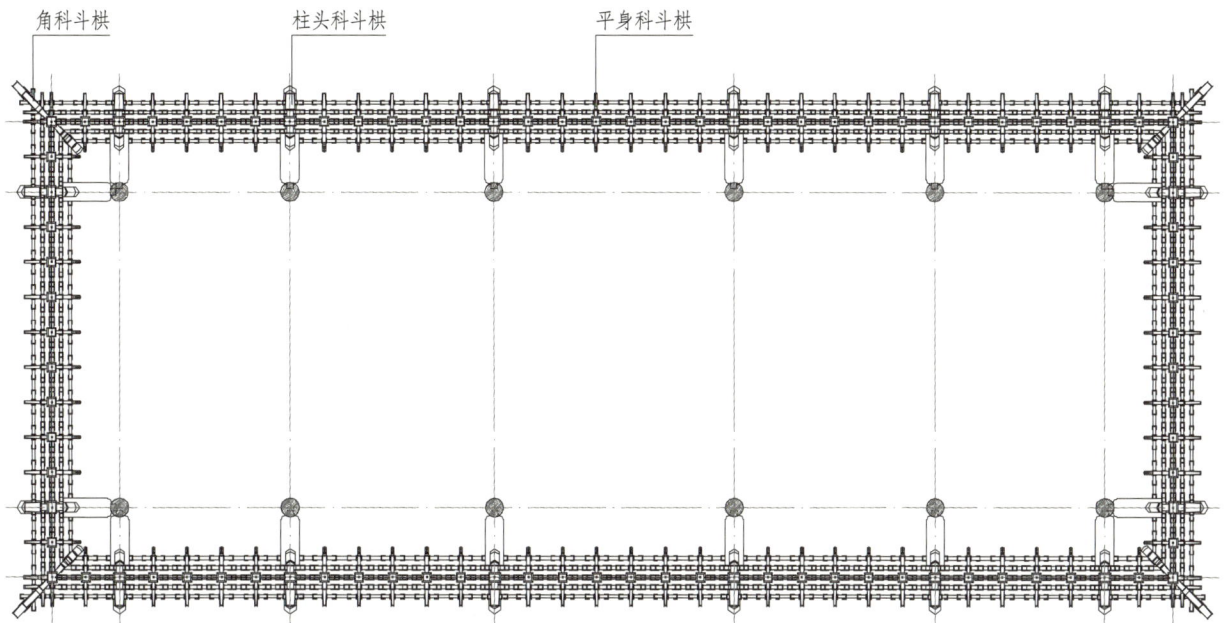

图3-5-18　七檩歇山周围廊建筑斗栱仰视平面图

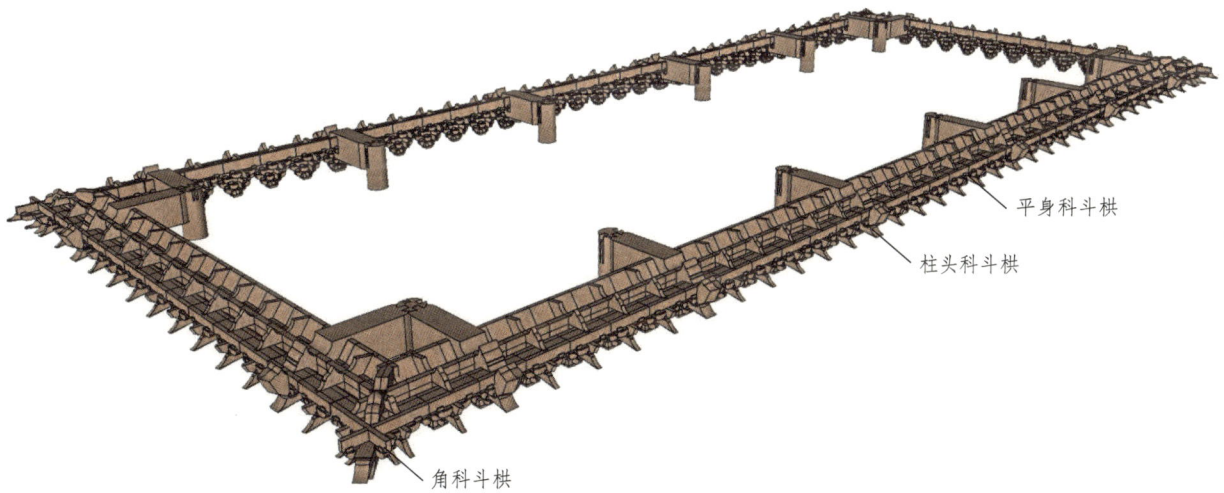

图3-5-19　七檩歇山周围廊建筑斗栱平面图三维示意图

注：斗栱构件的构造及分件详见《清官式建筑营造设计法则　榫卯篇》第7章。

3.5.11 步架平面图

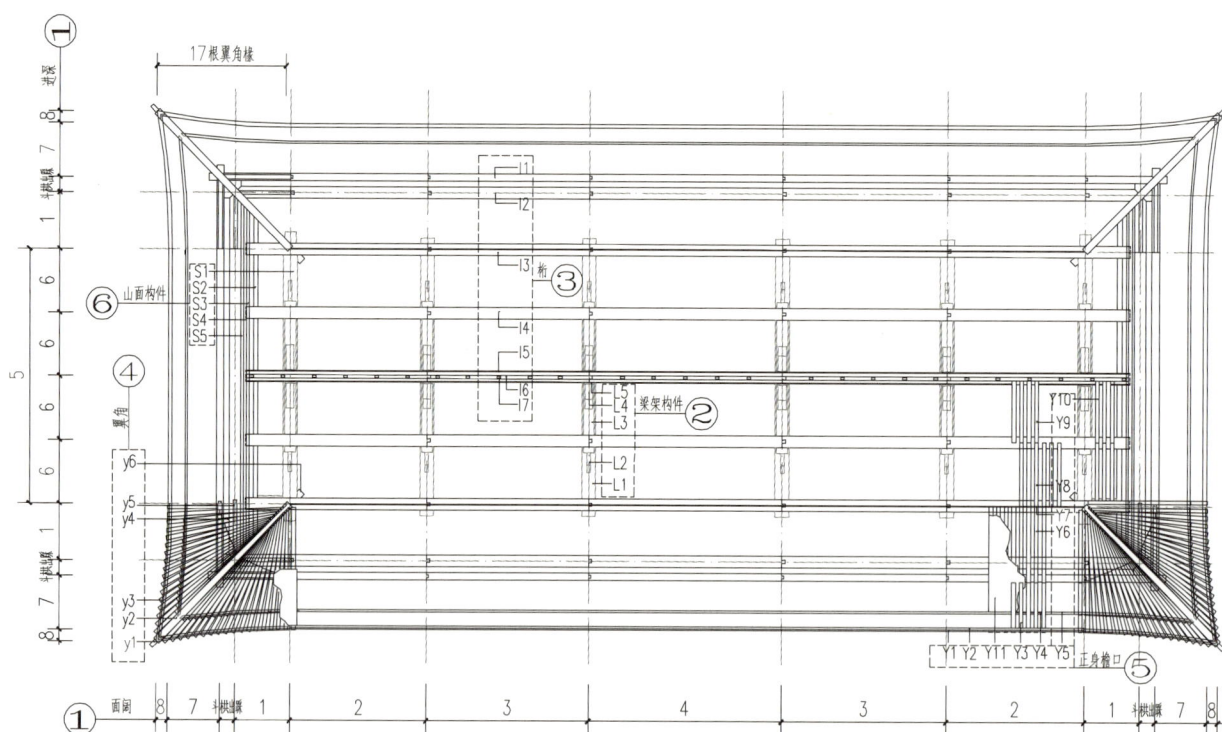

图3-5-20 七檩歇山周围廊建筑步架平面图

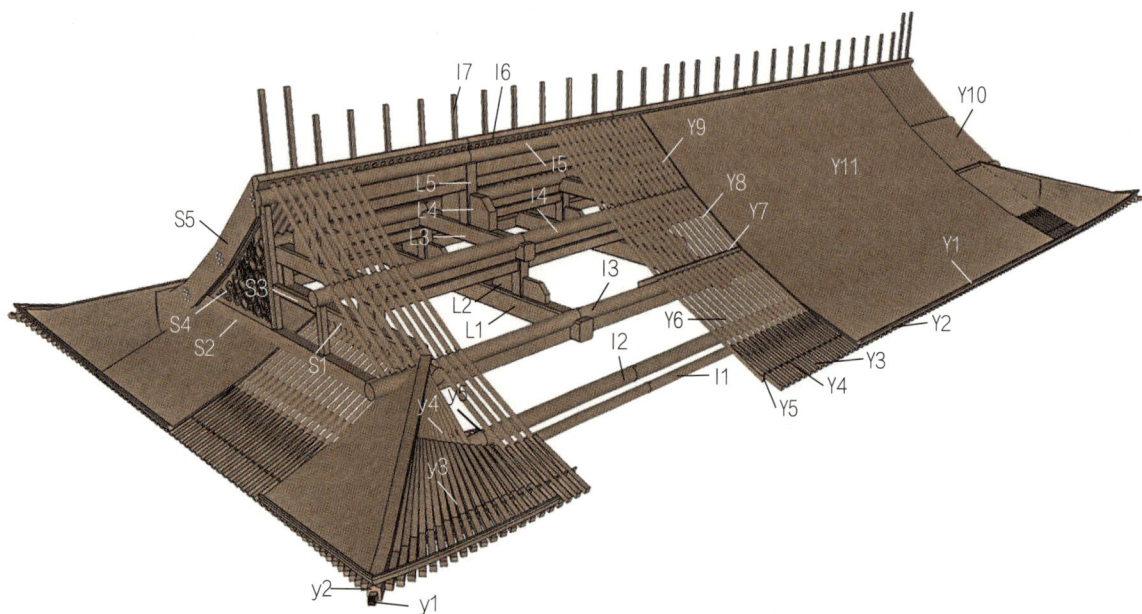

图3-5-21 七檩歇山周围廊建筑步架平面三维示意图

表3-5-5

分类	图3-5-20中的序号	构件	诠释
①面阔、进深	1	廊步距离	详见3.5.6
	2	梢间面阔	
	3	次间面阔	
	4	明间面阔	
	5	间进深	
	6	步架距离	步架，梁架上檩与檩间之平距离①
	7	檐椽平出	以挑檐桁中至飞檐椽外皮（如无飞椽至老檐椽头外皮）的水平距离为出檐尺寸
	8	翼角冲出距离	翼角做法尺寸为"冲三翘四"，翼角冲出为"冲三"，翼角"冲三"是指仔角梁梁头（不包括套兽榫）的平面投影位置，要比正身檐平出（即飞檐椽头部至挑檐桁中之间的水平距离）长度加出三椽径。"翘四"，是指仔角梁头部边棱线（大连檐下皮，第一翘上皮位置）与正身飞椽椽头上皮之间的高差。这段高差通常规定为四椽径②
②梁架构件	L1	五架梁	长四步架之梁③
	L2	金角背	即角背，瓜柱脚下之支撑木。①角背即在金瓜柱脚下
	L3	三架梁	长两步架，上共承三桁之梁④
	L4	脊角背	三架梁上脊瓜柱脚下之支撑木⑤
	L5	脊瓜柱	立在三架梁上，顶托脊桁之瓜柱⑤
③桁	11	挑檐桁	斗栱厢栱上之桁⑤
	l2	正心桁	斗栱左右中线上之桁⑥
	l3	老檐桁	金柱上之桁⑦
	l4	金桁	在老檐桁以上，脊桁以下之桁⑧
	l5	脊桁	屋脊之主要骨架，在脊瓜柱之上⑨
	l6	扶脊木	承托脑椽上端之木，脊桁之上，与之平行，横断面作六角形①
	17	椿桩	即脊桩，扶脊木上竖立之木桩，穿入正脊之内，以防正脊移动者②
④翼角	y1	套兽榫	仔角梁头上承托套兽之榫⑨
	y2	仔角梁	两层角梁中之在上而较长者⑦
	y3	翘飞椽	屋角部分翘起之飞椽⑧
	y4	翼角檐椽	即翼角翘椽，屋角部分如翼形或扇形展出而翘起之椽⑪
	y5	衬头木	即枕头木，屋角檐桁上，将椽子垫托，使椽背与角梁背平之三角形木⑫
	y6	老角梁	上下两层角梁中居下而较短者⑦

① 参见：梁思成. 清式营造则例[M]. 北京：清华大学出版社，2006：74.
② 参见：马炳坚. 中国古建筑木作营造技术[M]. 2版. 北京：科学出版社，2003：188-190.
③ 同①，71页。
④ 同①，70页。
⑤ 同①，77页。
⑥ 同①，72页。
⑦ 同①，73页。
⑧ 同①，75页。
⑨ 同①，78页。
⑩ 同①，80页。
⑪ 同①，82页。
⑫ 同①，76页。

分类	图3-5-20中的序号	构件	诠释
⑤正身檐口	Y1	瓦口木	即瓦口，大连檐之上，承托瓦陇之木[1]
	Y2	大连檐	飞椽头上之联络材，其上安瓦口[2]
	Y3	飞椽	附在檐椽之上的飞檐椽[3]
	Y4	闸挡板	屋顶起翘处飞椽椽头间之板[4]
	Y5	小连檐	檐椽头上之联络材，在飞椽之下[2]
	Y6	檐椽	屋檐部分之椽，上端在老檐桁上，下端搭过正心及挑檐桁[5]
	Y7	椽中板	是在金里安装修时，安装在金檩之上的长条板[3]
	Y8	花架椽	两端皆由金桁承托之椽[6]
	Y9	脑椽	最上一段椽，一端在扶脊木上，一端在上金桁上[7]
	Y10	哑叭椽	歇山大木在采步金以外，榻脚木以内之椽[8]
	Y11	望板	椽上所铺以承屋瓦之板[9]
⑥山面构件	S1	踩步金	即采步金，歇山大木，在梢间扒梁上，与其他梁架平行，与第二层梁高相近，以承歇山部分结构之梁。两端做假桁头，与下金桁相交，放在交金墩上[4]
	S2	踏脚木	即榻脚木，歇山大木在两山承托草架柱子之木[10]
	S3	穿	即穿梁，歇山大木草架柱子间之联络材，亦曰穿二根[7]
	S4	山花板	即山花，歇山屋顶两端，前后两博缝间之三角形部分[11]
	S5	博缝板	悬山或歇山屋顶两山沿屋顶斜坡钉在桁头上之板[12]

① 参见：梁思成. 清式营造则例[M]. 北京：清华大学出版社，2006：72.
② 同①，71页。
③ 参见：马炳坚. 中国古建筑木作营造技术[M]. 2版. 北京：科学出版社，2003：176.
④ 同①，76页。
⑤ 同①，82页。
⑥ 同①，75页。
⑦ 同①，78页。
⑧ 同①，77页。
⑨ 同①，79页。
⑩ 同①，81页。
⑪ 同①，70页。
⑫ 同①，80页。

3.5.12 屋顶平面图

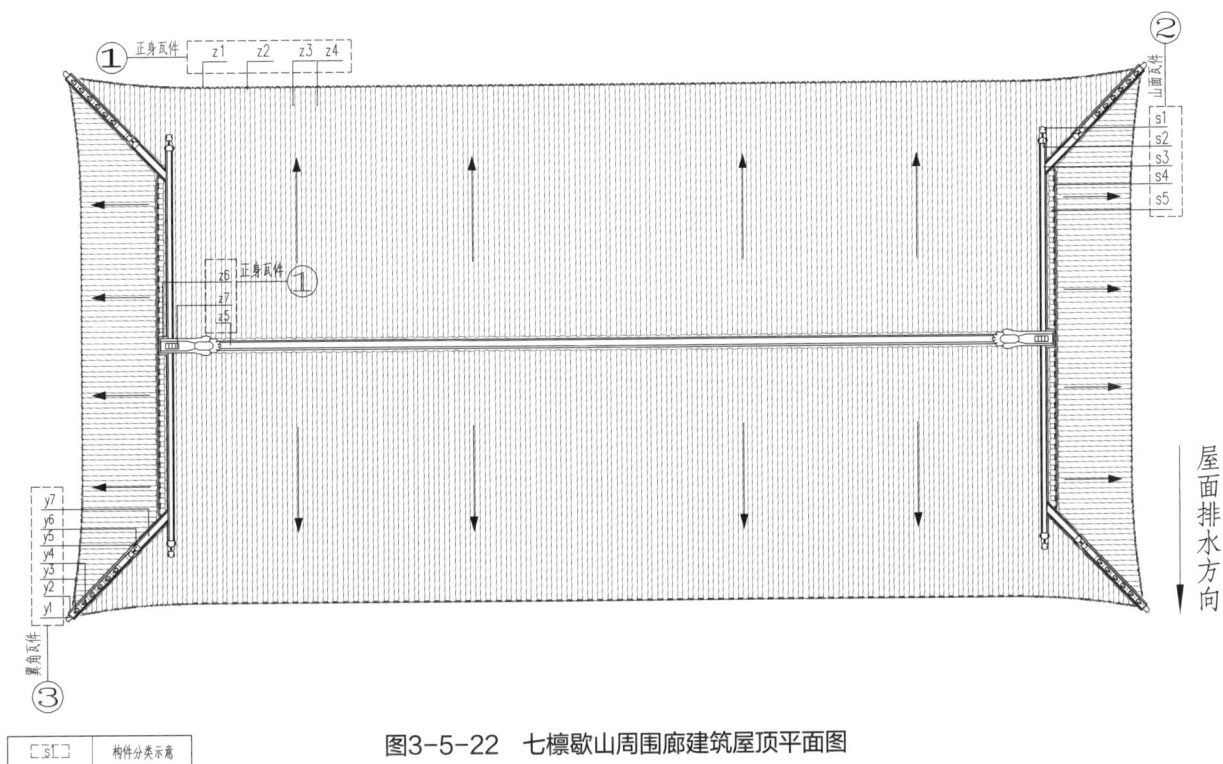

图3-5-22 七檩歇山周围廊建筑屋顶平面图

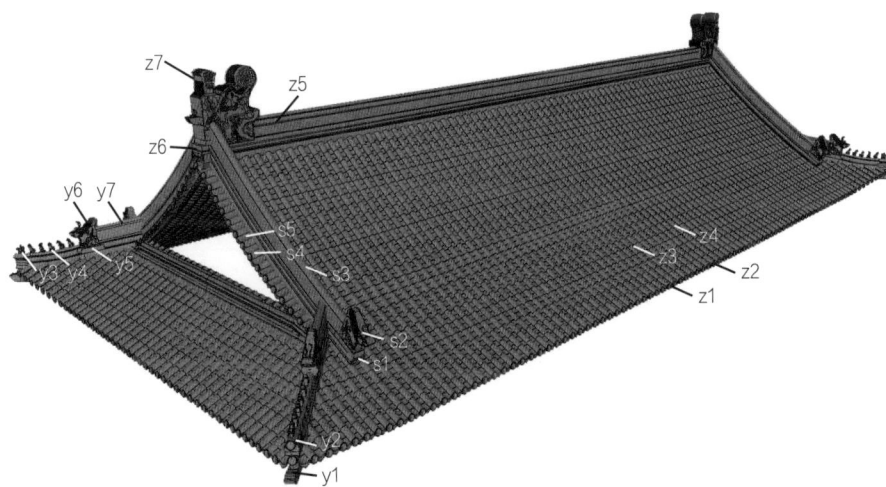

图3-5-23 七檩歇山周围廊建筑屋顶平面三维示意图

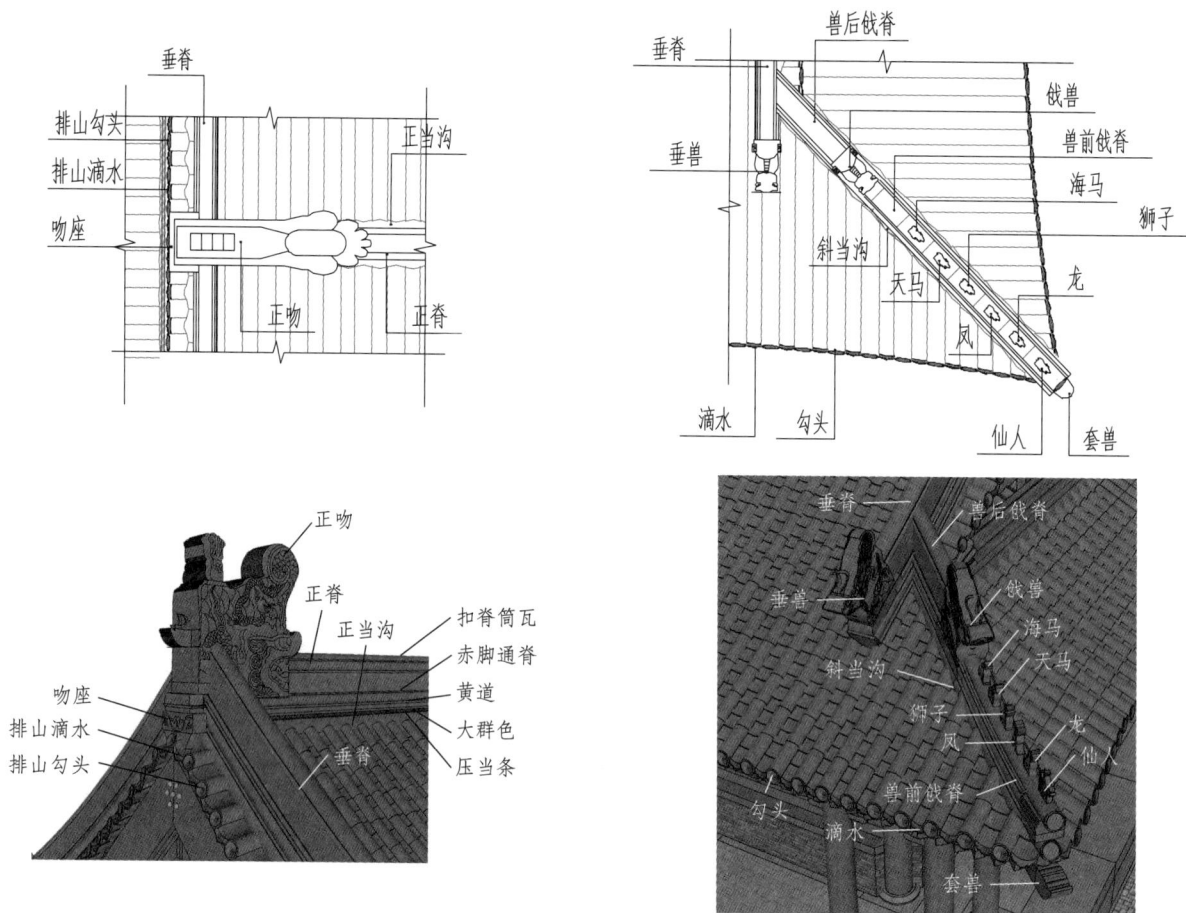

图3-5-24 七檩歇山周围廊建筑正吻、翼角平面详图及三维示意图

表3-5-6

分类	图3-5-22中的序号	构件	诠释
①正身瓦件	z1	滴水	陇沟最下端有如意形舌片下垂之板瓦[1]
	z2	勾头	筒瓦每陇最下有圆盘为头之瓦[2]
	z3	板瓦	横断面作四分之一圆之弧形瓦[3]
	z4	筒瓦	横断面作半圆形之瓦[4]
	z5	正脊	屋顶前后两斜坡相交而成之脊[5]
	z6	吻座	正吻背下之承托物[6]
	z7	正吻	即吻，正脊两端龙头形翘起之雕饰[6]
②山面瓦件	s1	垂兽座	垂兽背下之承托物
	s2	垂兽	垂脊近下端之兽头形雕饰，亦称角兽[4]

① 参见：梁思成. 清式营造则例[M]. 北京：清华大学出版社，2006：81.

② 同①，73页。

③ 同①，76页。

④ 同①，80页。

⑤ 同①，72页。

⑥ 同①，74页。

分类	图3-5-22中的序号	构件	诠释
②山面瓦件	s3	垂脊	歇山前后两坡至正吻沿博缝下垂之脊①
	s4	排山勾头	博缝上之勾头与滴水②
	s5	排山滴水	
③翼角瓦件	y1	套兽	仔角梁头上之瓦质雕饰③
	y2	兽前戗脊	也称岔脊，为歇山顶屋脊形式，其高度低于垂脊，与垂脊呈45°角。④兽前戗脊为戗兽之前的部位
	y3	仙人	垂脊屋角最下端之雕饰⑤
	y4	小兽	即走兽，垂脊下端上之雕饰⑥
	y5	戗兽座	支承戗兽，连接兽前兽后戗脊，稳定整个戗脊的作用⑦
	y6	戗兽	戗脊上装饰构件，也称"截兽"兽头上有兽角⑦
	y7	兽后戗脊	兽后戗脊为戗兽之后的部位④

3.5.13 横剖面图

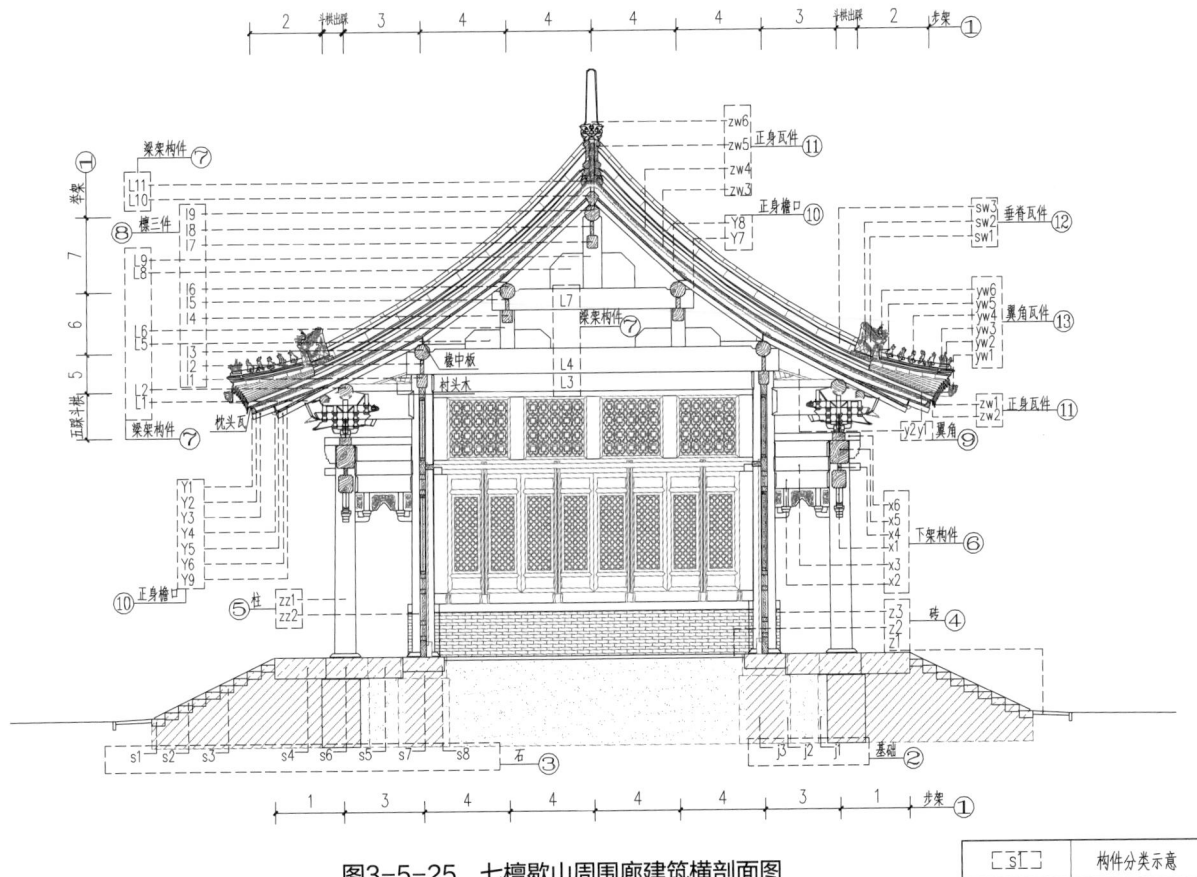

图3-5-25 七檩歇山周围廊建筑横剖面图

---

① 参见：梁思成. 清式营造则例[M]. 北京：清华大学出版社，2006：75.

② 同①，79页。

③ 同①，78页。

④ 参见：李剑平. 中国古建筑名词图解辞典[M]. 太原：山西科学技术出版社，2011：192.

⑤ 同①，73页。

⑥ 同①，74页。

⑦ 同④，196页。

表3-5-7

分类	图3-5-25中的序号	构件	诠释
①步架、举架	1	台明出	详见3.5.6
	2	檐椽平出	详见3.5.11
	3	廊步距离	详见3.5.6
	4	步架距离	详见3.5.11
	5	廊步举架	举架，为使屋顶斜坡或曲面而将每层桁较下层比例的加高之方法。[1] 廊步举架为檐檩中与老檐檩中的垂直距离与水平距离之比；金步举架为老檐檩中与金檩中的垂直距离与水平距离之比；脊步举架为金檩中与脊檩中的垂直距离与水平距离之比
	6	金步举架	
	7	脊步举架	
②基础	j1	檐磉墩	详见3.5.6
	j2	金磉墩	
	j3	拦土	
③石	s1	砚窝石	详见3.5.7
	s2	垂带石	
	s3	踏跺石	
	s4	阶条石	
	s5	分心石	
	s6	檐柱顶石	
	s7	金柱顶石	
	s8	槛垫石	
④砖	z1	散水	
	z2	方砖墁地	
	z3	槛墙	槛窗之下之槛墙[2]
⑤柱	zz1	檐柱	详见3.5.7
	zz2	金柱	
⑥下架构件	x1	雀替	即角替，额枋与柱相交处，自柱内伸出，承托额枋下之分件[3]
	x2	小额枋	柱头间，在大额枋之下，与之平行之辅助材[4]
	x3	穿插枋	详见3.5.8
	x4	由额垫板	大小额枋间之垫板[5]
	x5	大额枋	详见3.5.8
	x6	平板枋	详见3.5.9
⑦梁架构件	L1	挑檐桁	详见3.5.11
	L2	正心桁	
	L3	随梁枋	详见3.5.8
	L4	五架梁	详见3.5.11
	L5	金角背	
	L6	金瓜柱	金桁下之瓜柱[6]

① 参见：梁思成. 清式营造则例[M]. 北京：清华大学出版社，2006：77.

② 同①，81页。

③ 同①，74页。

④ 同①，71页。

⑤ 同①，73页。

⑥ 同①，75页。

分类	图3-5-25中的序号	构件	诠释
⑦梁架构件	L7	三架梁	详见 3.5.11
	L8	脊角背	
	L9	脊瓜柱	
	L10	扶脊木	详见 3.5.11
	L11	椿桩	
⑧檩三件	l1	老檐枋	详见 3.5.8
	l2	老檐垫板	
	l3	老檐桁	详见 3.5.11
	l4	金枋	在金桁之下,与之平行,而两端在左右金瓜柱之联络构材[1]
	l5	金垫板	金桁之下,金枋之上之垫板[1]
	l6	金桁	详见 3.5.11
	l7	脊枋	脊桁之下,与之平行,两端在脊瓜柱之枋[2]
	l8	脊垫板	脊桁之下,脊枋之上之垫板[3]
	l9	脊桁	
⑨翼角	y1	仔角梁	
	y2	老角梁	
⑩正身檐口	Y1	瓦口木	详见 3.5.11
	Y2	大连檐	
	Y3	飞椽	
	Y4	闸挡板	
	Y5	小连檐	
	Y6	檐椽	
	Y7	花架椽	
	Y8	脑椽	
	Y9	望板	
⑪正身瓦件	zw1	滴水	
	zw2	勾头	
	zw3	板瓦	
	zw4	筒瓦	
	zw5	正脊	
	zw6	正吻	
⑫垂脊瓦件	sw1	垂兽座	详见 3.5.12
	sw2	垂兽	
	sw3	垂脊	
⑬翼角瓦件	yw1	套兽	
	yw2	兽前戗脊	
	yw3	仙人	
	yw4	小兽	
	yw5	戗兽座	
	yw6	戗兽	

---

① 参见:梁思成. 清式营造则例[M]. 北京:清华大学出版社,2006:75.

② 同①,77页。

③ 同①,78页。

3.5.14 纵剖面图

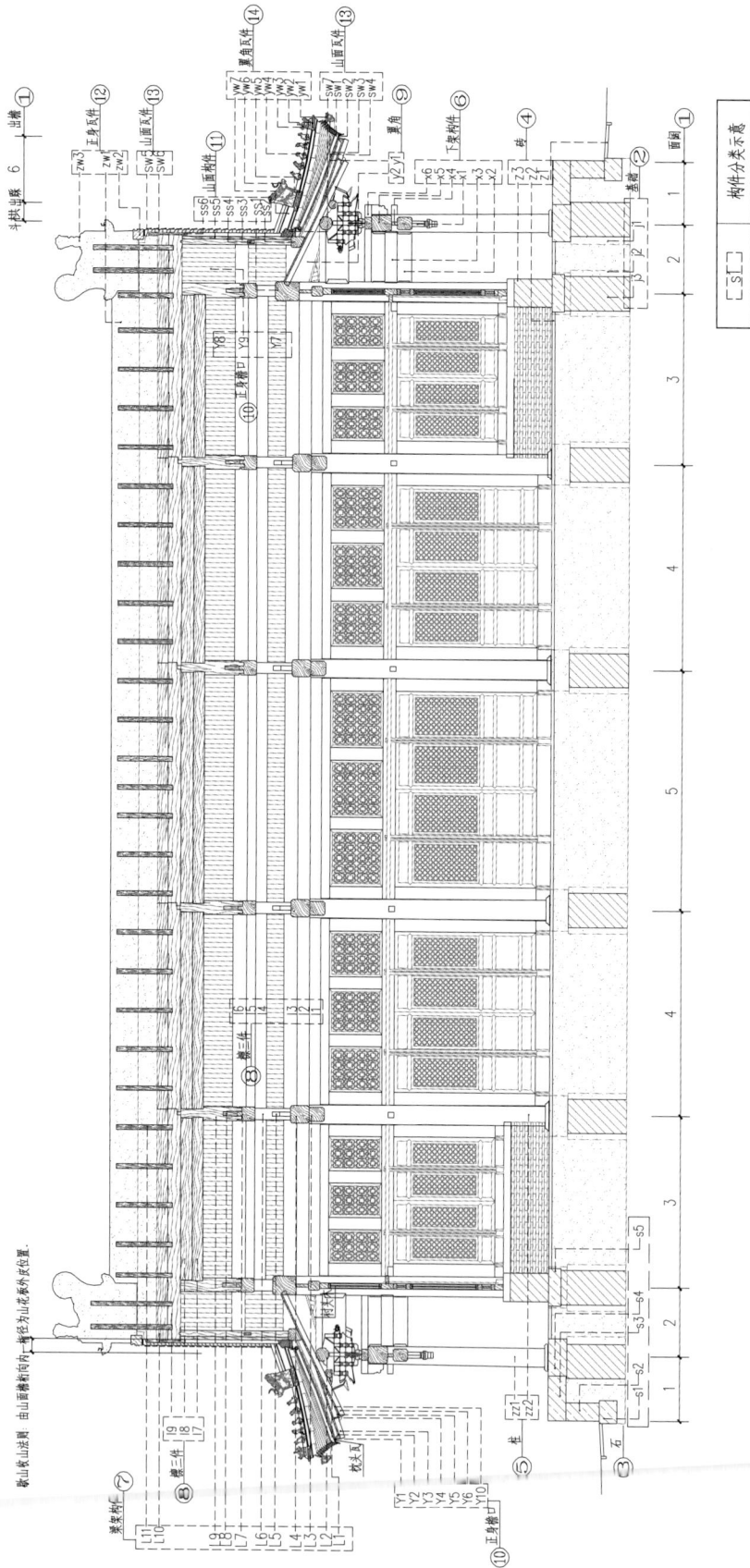

图3-5-26 七檩歇山周围廊建筑纵剖面图

表3-5-8

分类	图3-5-26 中的序号	构件	诠释	分类	图3-5-26中 的序号	构件	诠释
①出檐、 面阔	1	台明出	详见3.5.6	⑧檩三件	l5	金垫板	详见3.5.13
	2	廊步距离			l6	金桁	详见3.5.11
	3	梢间面阔			l7	脊枋	详见3.5.13
	4	次间面阔			l8	脊垫板	
	5	明间面阔			l9	脊桁	
	6	檐椽平出	详见3.5.11	⑨翼角	y1	仔角梁	
②基础	j1	檐磉墩	详见3.5.6		y2	老角梁	
	j2	金磉墩		⑩正身 檐口	Y1	瓦口木	详见3.5.11
	j3	拦土			Y2	大连檐	
③石	s1	土衬石	详见3.5.7		Y3	飞椽	
	s2	陡板石	台基阶条石以下，土 衬石以上，左右角柱 之间之部分①		Y4	闸挡板	
	s3	阶条石			Y5	小连檐	
	s4	檐柱顶石			Y6	檐椽	
	s5	金柱顶石	详见3.5.7		Y7	花架椽	
④砖	z1	散水	详见3.5.13		Y8	脑椽	
	z2	方砖墁地			Y9	哑叭椽	
	z3	槛墙			Y10	望板	
⑤柱	zz1	檐柱	详见3.5.7	⑪山面 构件	ss1	踩步金	详见3.5.11
	zz2	金柱			ss2	踏脚木	
⑥下架 构件	x1	雀替	详见3.5.13		ss3	草架柱	即草架柱子，歇山山花 之内，立在楊脚木上， 支托挑出之桁头之柱①
	x2	小额枋			ss4	穿	详见3.5.11
	x3	穿插枋	详见3.5.8		ss5	山花板	
	x4	由额垫板	详见3.5.13		ss6	博缝板	
	x5	大额枋	详见3.5.8	⑫正身 瓦件	zw1	正脊	详见3.5.12
	x6	平板枋	详见3.5.9		zw2	吻座	
⑦梁架 构件	L1	挑檐桁	详见3.5.11		zw3	正吻	
	L2	正心桁		⑬山面 瓦件	sw1	勾头	详见3.5.12
	L3	随梁枋	详见3.5.8		sw2	滴水	
	L4	五架梁	详见3.5.11		sw3	板瓦	
	L5	金角背			sw4	筒瓦	
	L6	金瓜柱	详见3.5.13		sw5	排山勾头	
	L7	三架梁	详见3.5.11		sw6	排山滴水	
	L8	脊角背			sw7	博脊	一面斜坡之屋顶与建筑 物垂直之部分相交处②
	L9	脊瓜柱		⑭翼角 瓦件	yw1	套兽	详见3.5.12
	L10	扶脊木			yw2	兽前戗脊	
	L11	椿桩			yw3	仙人	
⑧檩三件	l1	老檐枋	详见3.5.8		yw4	小兽	
	l2	老檐垫板			yw5	戗兽座	
	l3	老檐桁	详见3.5.11		yw6	戗兽	
	l4	金枋	详见3.5.13		yw7	兽后戗脊	

---

① 参见：梁思成. 清式营造则例[M]. 北京：清华大学出版社，2006：78.

② 同①，79页。

3.5.15 正立面图

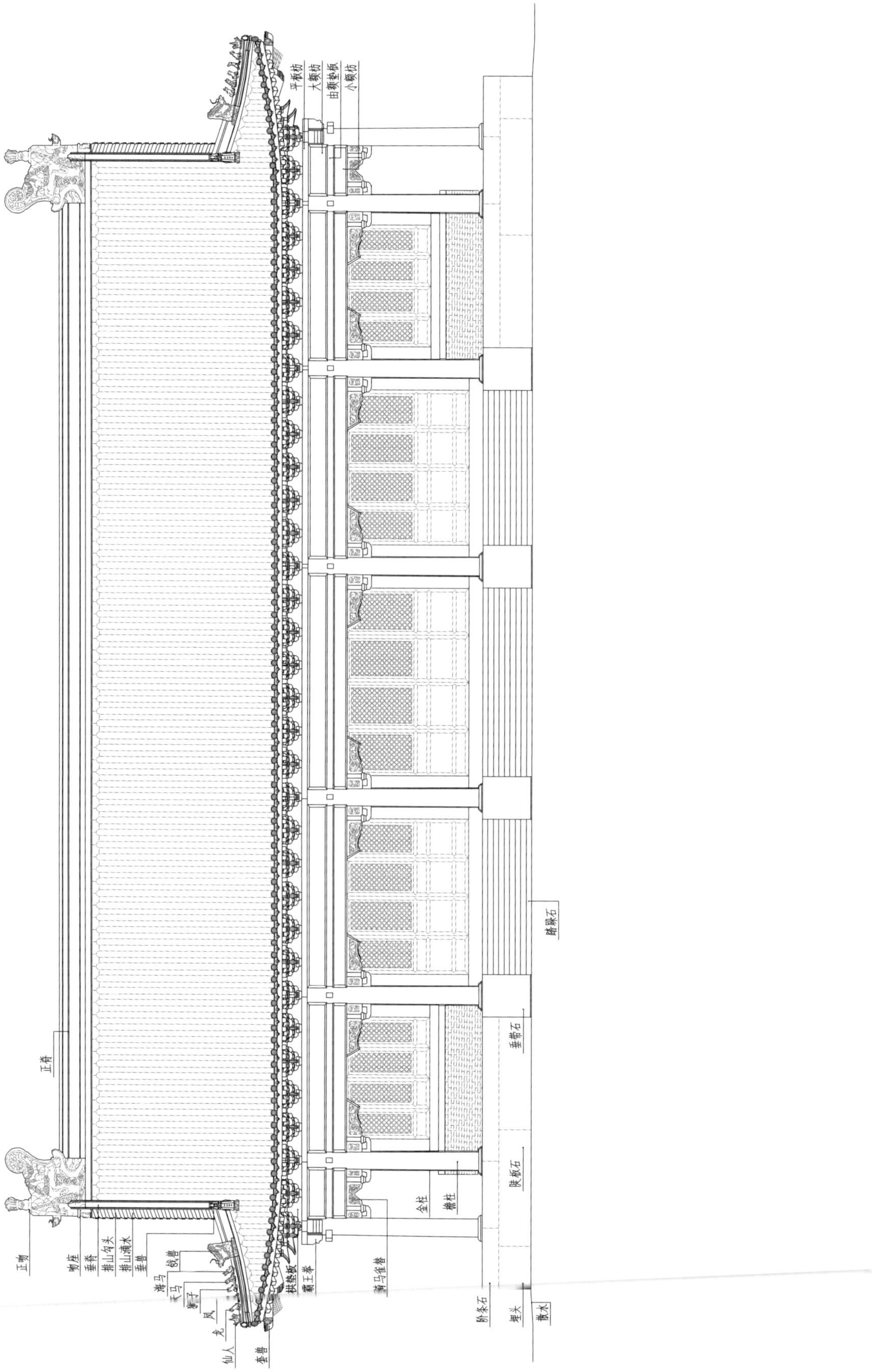

图3-5-27 七檩歇山周围廊建筑正立面图

3.5.16 侧立面图

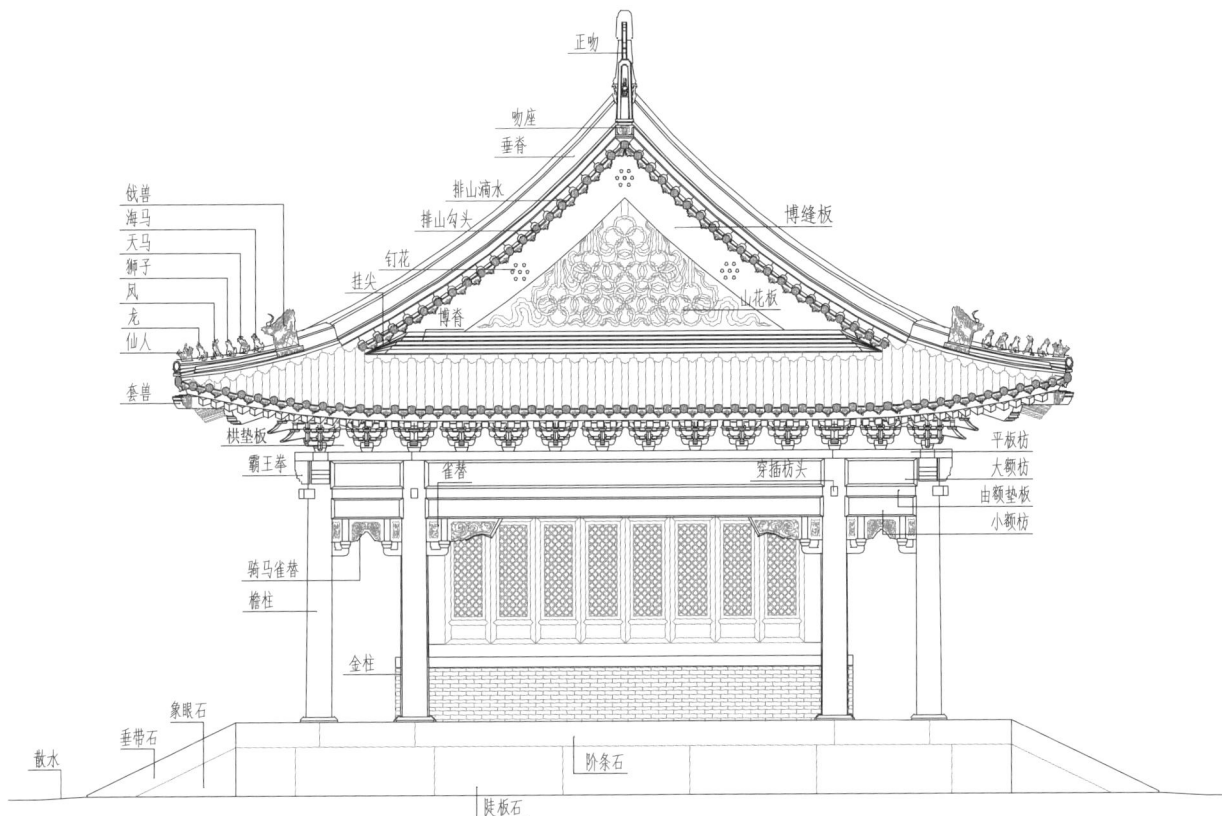

图3-5-28 七檩歇山周围廊建筑侧立面图

3.6 歇山建筑设计计算书

本节为歇山建筑的设计计算书示例（以七檩歇山周围廊建筑为例），主要编制思路按照施工图绘图顺序，即先平面后剖面，从下向上逐层编制。

设计计算书中标注"/"表示构件在图中不可视的尺寸。其具体权衡可参考2.1.4。

七檩歇山周围廊建筑，以斗口为基本模数，依次编制建筑设计计算书。

3.6.1 基础平面图

基础平面图在柱顶石下皮处进行剖切，主要表达柱根轴线定位、磉墩定位、拦土定位等内容。在基础平面图中磉墩、拦土等构件仅画出其平面长、宽尺寸，与此对应，在基础平面设计计算书中也只表示磉墩、拦土的平面长、宽，不表示其高度。

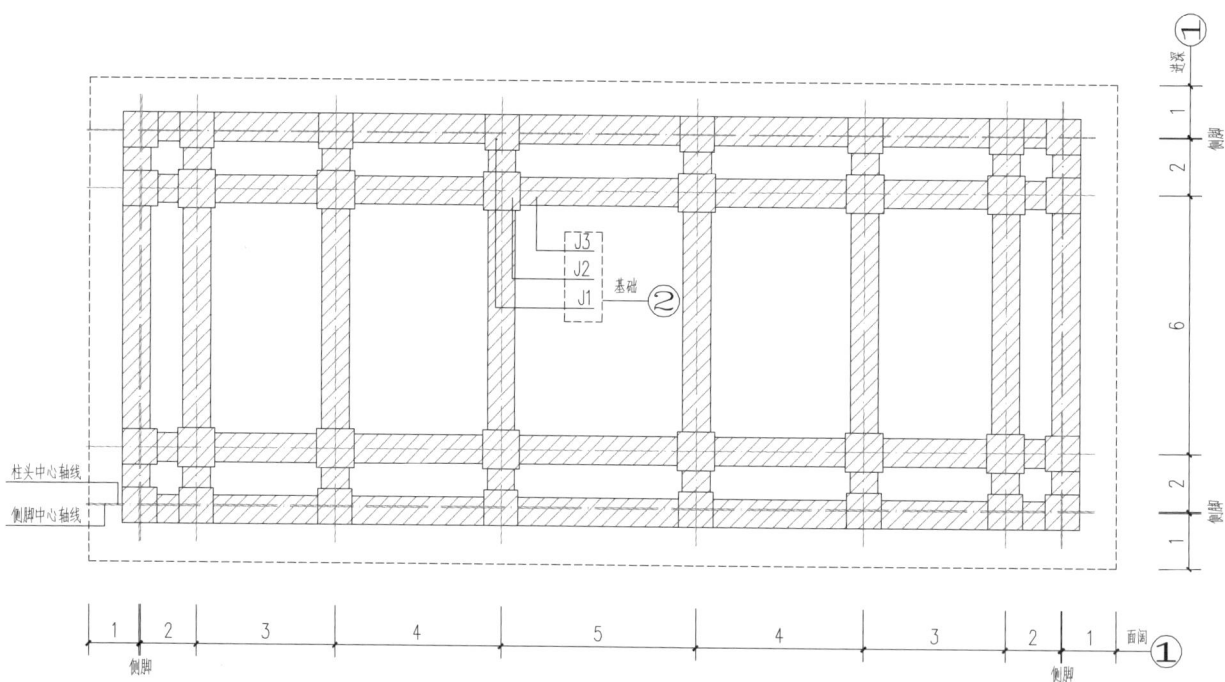

图3-6-1 七檩歇山周围廊建筑基础平面图

表3-6-1

位置	图3-6-1中的序号	构件	长	依据
①面阔、进深	1	台明出	20.25斗口	长：上檐出的3/4，即27斗口×0.75=20.25斗口
	2	廊步距离	22斗口	廊深普通以2攒为最多，本例为2攒 2×11斗口=22斗口
	3	梢间面阔	55斗口	梢间较次间减一攒 5×11斗口=55斗口
	4	次间面阔	66斗口	次间较明间减一攒 6×11斗口=66斗口
	5	明间面阔	77斗口	面阔按斗栱攒数定，本例为7攒 7×11斗口=77斗口
	6	间进深	99斗口	间之深称为进深，本例为9攒 9×11斗口=99斗口
位置	图3-6-1中的序号	构件	宽	依据
②基础	J1	檐磉墩	12斗口+128mm（见方）	宽：2D+4寸=2×6斗口+4寸=12斗口+4寸（檐柱径D=6斗口）
	J2	金磉墩	13.2斗口+128mm（见方）	宽：2金柱径+4寸=2×6.6斗口+4寸=13.2斗口+4寸（金柱径=6.6斗口）
	J3	拦土	1/2（磉墩长+其上柱径）+96mm	长按面阔进深，除磉墩得净长。按磉墩半份柱径半份再加三寸定宽

3.6.2　台基平面图

台基平面图在隔扇窗二抹以上进行剖切，表达剖切面及俯视视角水平投影方向可见的建筑构造以及必要的尺寸等信息。

台基平面图表达的构件较为繁杂，在编制设计计算书时首先计算建筑面阔、进深、台明出等尺寸以确定其轴网定位，再根据构件材质分别计算各构件的尺寸（如石类构件中的砚窝石、垂带石等，砖类构件中的散水等）。对于这些构件，在台基平面图中仅画出其平面长、宽尺寸，与此对应，在台基平面设计计算书中也只表示构件的平面长、宽，不表示其高度。

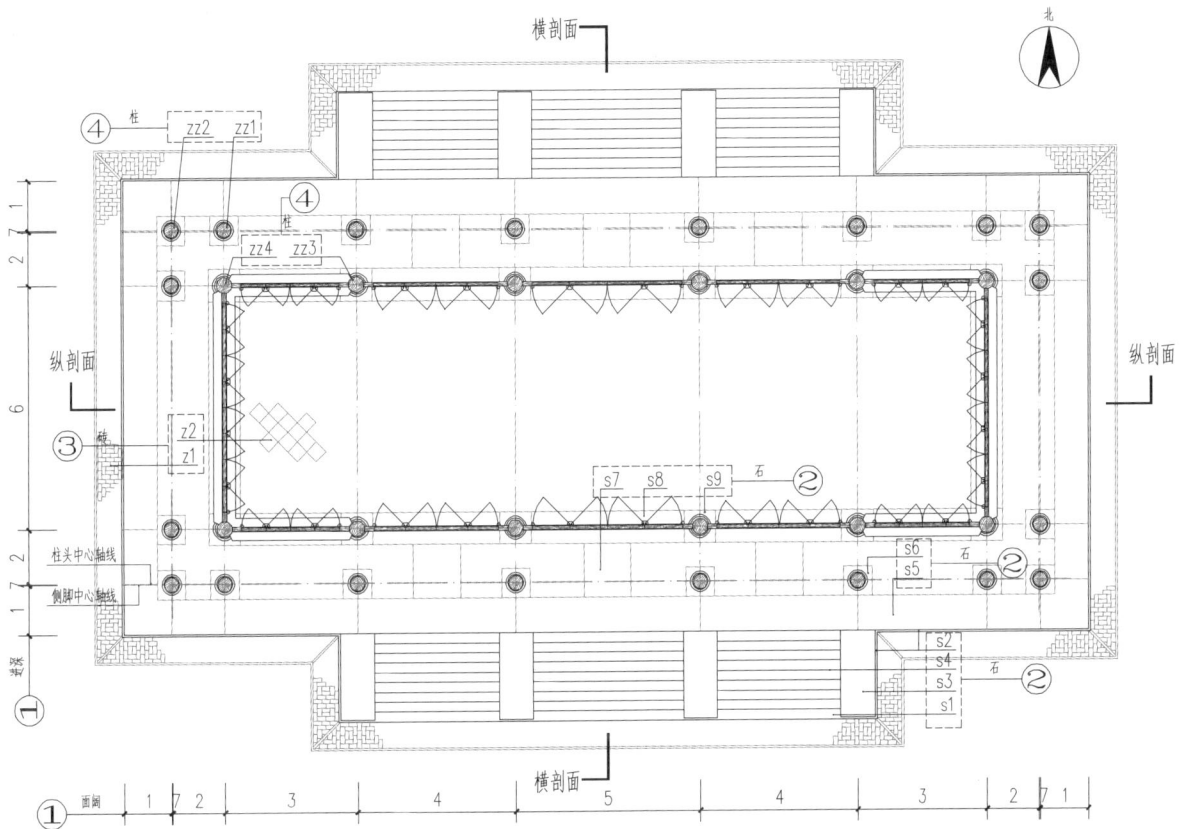

图3-6-2 七檩歇山周围廊建筑台基平面图

表3-6-2

位置	图3-6-2中的序号	构件	长	依据
①面阔、进深	1	台明出	20.25斗口	长：上檐出的3/4，即27斗口×0.75=20.25斗口
	2	廊步距离	22斗口	廊深普通以2攒为最多 2×11斗口=22斗口
	3	梢间面阔	55斗口	梢间较次间减一攒 5×11斗口=55斗口
	4	次间面阔	66斗口	次间较明间减一攒 6×11斗口=66斗口
	5	明间面阔	77斗口	面阔按斗栱攒数定，本例为7攒 7×11斗口=77斗口
	6	间进深	99斗口	间之深称为进深，本例为9攒 9×11斗口=99斗口
	7	侧脚	0.42斗口	大式：侧脚距离为柱高的7/1000 60斗口×0.007=0.42斗口
材料	图3-6-2中的序号	构件	宽	依据
②石	s1	砚窝石	320mm	长：踏跺面阔加2份平头土衬的金边宽度 宽：同上基石宽度 垂带前金边宽：1~1.5倍土衬金边

材料	图3-6-2中的序号	构件	宽	依据
②石	s2	平头土衬/土衬石（金边）	128mm+陡板厚	宽按陡板厚一份，加金边二份（金边宽2寸）
	s3	垂带石	14.25斗口	《清式营造则例》权衡尺寸表
	s4	踏跺石	320mm	长：垂带之间的距离 宽：大式1～1.5尺
	s5	阶条石	14.25斗口	宽：3/4上檐出－D=3/4×27斗口－6斗口=14.25斗口
	s6	檐柱顶石	12斗口	柱顶盘：宽2D=12斗口 古镜石：宽1.2D=7.2斗口。檐柱顶石由柱顶盘和古镜石组成
	s7	分心石	19.8斗口	长：阶条石里皮至槛垫石外皮 宽：1/3～2/5本身长或按1.5倍金柱顶宽，即1.5×13.2斗口=19.8斗口
	s8	槛垫石	13.2斗口	宽：2金柱径=13.2斗口
	s9	金柱顶石	13.2斗口	柱顶盘：宽2金柱径=13.2斗口 古镜石：宽1.2金柱径=7.92斗口。金柱顶石由柱顶盘和古镜石组成
③砖	z1	散水	900mm	步步锦散水
	z2	方砖墁地	448mm（见方）	尺四方砖

位置	图3-6-2中的序号	构件	径	依据
④柱	zz1	檐柱	6斗口	《清式营造则例》权衡尺寸表
	zz2	檐角柱	6斗口	《清式营造则例》权衡尺寸表
	zz3	金柱	6.6斗口	《清式营造则例》权衡尺寸表
	zz4	金角柱	6.6斗口	《清式营造则例》权衡尺寸表

3.6.3 柱头平面图

柱头平面图应在檐柱柱头和金柱柱头处呈折线剖切，表达剖切面及俯视视角水平投影方向可见的建筑构造以及必要的尺寸等信息。

柱头平面图表达的构件主要有穿插枋、大额枋、随梁枋等，按照先面阔、后进深的顺序逐个计算尺寸。对于这些构件，在柱头平面图中仅画出其平面长、宽尺寸，其长随面阔或进深尺寸确定，与此对应，在柱头平面设计计算书中也只表示构件的平面厚（宽），不表示其高度。

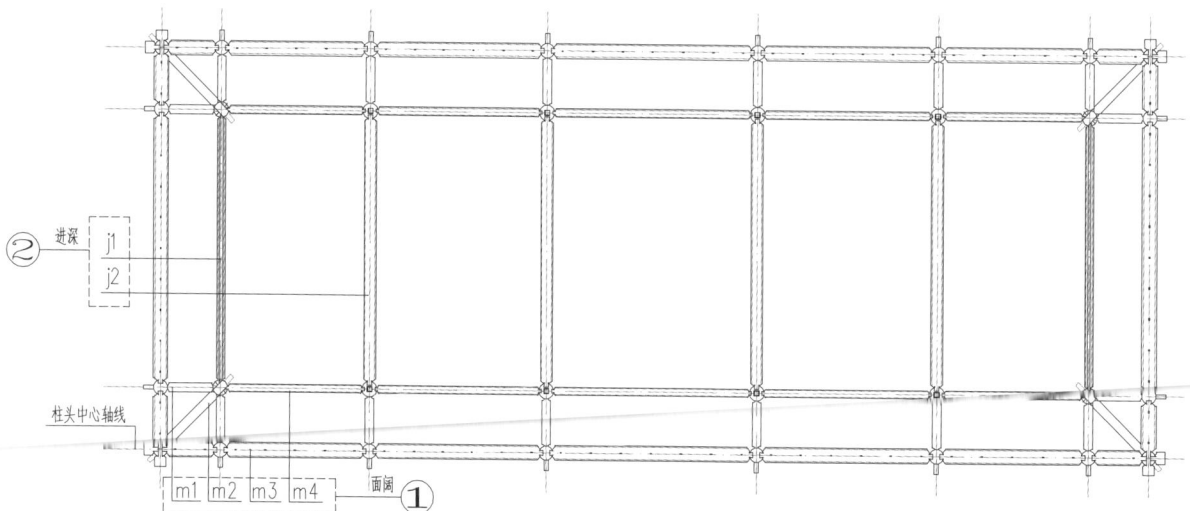

图3-6-3 七檩歇山周围廊建筑柱头平面图

表3-6-3

位置	图3-6-3中的序号	构件	厚	依据
①面阔	m1	穿插枋	3.2斗口	宽3.2斗口
	m2	斜穿插枋	3.2斗口	同穿插枋
	m3	大额枋	5.4斗口	《清式营造则例》权衡尺寸表
	m4	老檐枋	3斗口	
②进深	j1	老檐垫板	1斗口	同金垫板
	j2	随梁枋	3.5斗口+1/100自身长	《清式营造则例》权衡尺寸表

3.6.4 平板枋平面图

平板枋平面图在平板枋上皮进行剖切，表达平板枋上皮被剖切到的暗销及俯视视角水平投影方向可见的建筑构造以及必要的尺寸等信息。

平板枋及暗销在平板枋平面图中仅画出其长、宽尺寸，平板枋长随面阔或进深尺寸确定，与此对应，在平板枋平面设计计算书中也只表示构件的平面宽，不表示其高度。

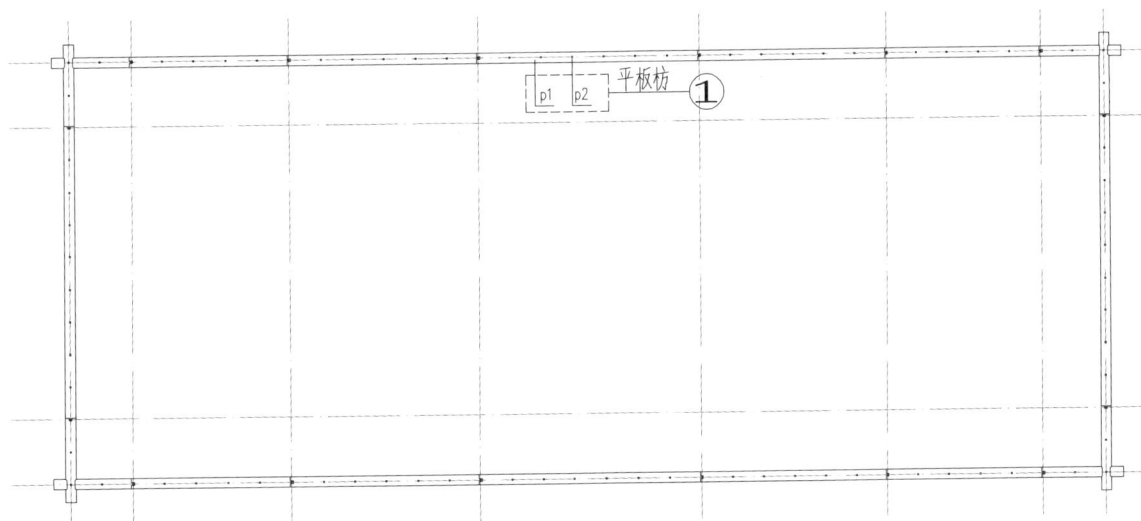

图3-6-4 七檩歇山周围廊建筑平板枋平面图

表3-6-4

位置	图3-6-4中的序号	构件	宽	依据
①平板枋	p1	平板枋	3.5斗口	《清式营造则例》权衡尺寸表
	p2	暗销	0.4斗口（见方）	

3.6.5 斗栱仰视平面图

斗栱平面图在平板枋上皮呈曲线剖切，表达平板枋上皮至挑檐桁、正心桁、桁椀之间所见的构件。具体尺寸详见《清官式建筑营造设计法则 榫卯篇》第7章。

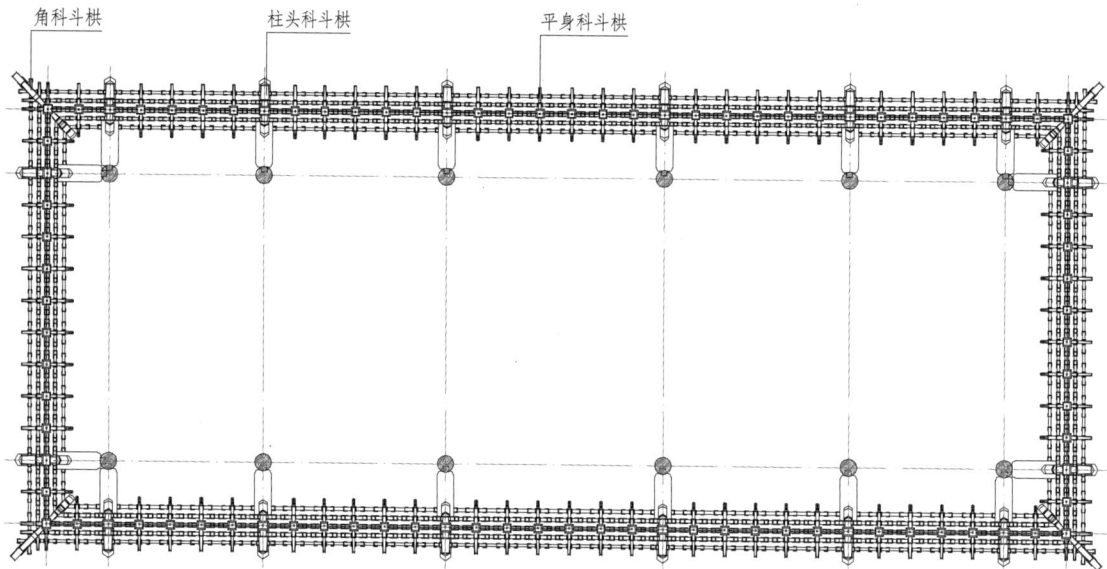

图3-6-5　七檩歇山周围廊建筑斗栱仰视平面图

3.6.6　步架平面图

步架平面图在仔角梁、飞椽、檐椽、花架椽，脑椽、扶脊木上皮处呈折线剖切，表达剖切面及俯视视角水平投影方向可见的建筑构造以及必要的尺寸等，包括步架构件、桁类构件、翼角、檐口构件等信息。

步架平面图表达的构件较为繁杂，在编制设计计算书时首先计算建筑面阔、进深、步架、檐椽平出等尺寸以确定其轴网定位，再根据构件类别及位置分别计算各构件的尺寸（如梁架构件中的五架梁、三架梁等，桁类构件中的正心桁、老檐桁等）。对于这些构件，在步架平面图中仅画出其平面长、厚（宽）尺寸，其长随面阔或进深尺寸确定，与此对应，在步架平面设计计算书中也只表示构件的平面厚（宽），不表示其高度。

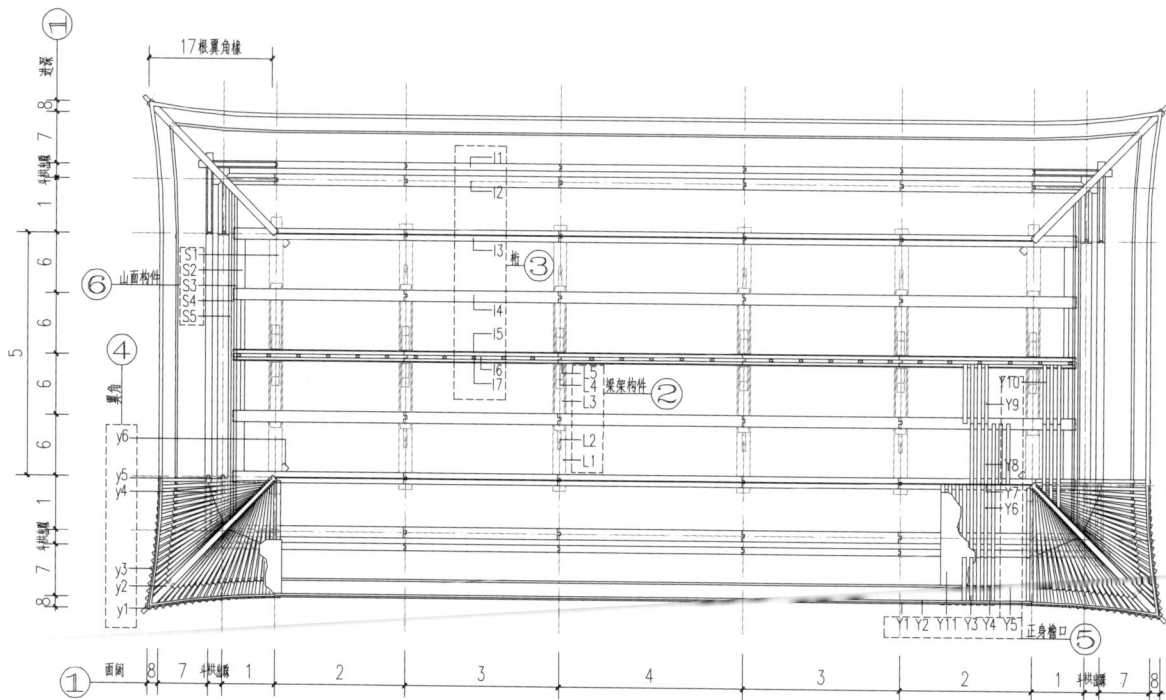

图3-6-6　七檩歇山周围廊建筑步架平面图

表3-6-5

位置	图3-6-6中的序号	构件	长		依据
①面阔、进深	1	廊步距离	22斗口		廊深普通以2攒为最多 2×11斗口=22斗口
	2	梢间面阔	55斗口		梢间较次间减一攒 5×11斗口=55斗口
	3	次间面阔	66斗口		次间较明间减一攒 6×11斗口=66斗口
	4	明间面阔	77斗口		面阔按斗拱攒数定，本例为7攒 7×11斗口=77斗口
	5	间进深	99斗口		间之深称为进深，本例为9攒 9×11斗口=99斗口
	6	步架距离	24.75斗口		按步架数定： 99斗口÷4（步）=24.75斗口
	7	檐椽平出	21斗口		
	8	翼角冲出距离	4.5斗口		翼角冲出按3椽径

位置	图3-6-6中的序号	构件	长	厚	依据
②梁架构件	L1	五架梁	/	5.6斗口	《清式营造则例》权衡尺寸表
	L2	金角背	一步架	1/3自身高	《清式营造则例》权衡尺寸表
	L3	三架梁	/	4.5斗口	《清式营造则例》权衡尺寸表
	L4	脊角背	一步架	1/3自身高	《清式营造则例》权衡尺寸表
	L5	脊瓜柱	宽5.5斗口	4.5斗口	《清式营造则例》权衡尺寸表

位置	图3-6-6中的序号	构件	宽	厚	径	依据
③桁	l1	挑檐桁	/	/	3斗口	《清式营造则例》权衡尺寸表
	l2	正心桁	/	/	4.5斗口	《清式营造则例》权衡尺寸表
	l3	老檐桁	/	/	4.5斗口	同金桁
	l4	金桁	/	/	4.5斗口	《清式营造则例》权衡尺寸表
	l5	脊桁	/	/	4.5斗口	《清式营造则例》权衡尺寸表
	l6	扶脊木	/	/	4斗口	《清式营造则例》权衡尺寸表
	l7	椿桩	1.5斗口	1斗口	/	每通脊一件用一根。宽按1/3桁径，厚按2/3宽 宽：4.5斗口/3=1.5斗口，厚：1.5斗口2/3=1斗口

位置	图3-6-6中的序号	构件	厚	径	依据
④翼角	y1	套兽榫	1.5斗口	长3斗口	长3斗口，厚1.5斗口
	y2	仔角梁	2.8斗口	/	《清式营造则例》权衡尺寸表
	y3	翘飞椽	1.5斗口	/	《清式营造则例》权衡尺寸表
	y4	翼角檐椽	/	1.5斗口	《清式营造则例》权衡尺寸表
	y5	衬头木	1.5斗口	/	《清式营造则例》权衡尺寸表
	y6	老角梁	2.8斗口	/	《清式营造则例》权衡尺寸表
⑤正身檐口	Y1	瓦口木	0.6斗口	/	《清式营造则例》权衡尺寸表
	Y2	大连檐	1.5斗口	/	《清式营造则例》权衡尺寸表
	Y3	飞椽	1.5斗口	/	《清式营造则例》权衡尺寸表

位置	图3-6-6中的序号	构件	厚	径	依据
⑤正身檐口	Y4	闸挡板	0.375斗口	长1.8斗口	厚按1/4高 厚：1/4×1.5斗口=0.375斗口，长：1.5斗口+0.15斗口×2=1.8斗口
	Y5	小连檐	/	宽1斗口	小连檐尺寸宽1斗口
	Y6	檐椽	/	1.5斗口	《清式营造则例》权衡尺寸表
	Y7	椽中板	0.3斗口	/	厚0.3斗口
	Y8	花架椽	/	1.5斗口	同檐椽
	Y9	脑椽	/	1.5斗口	同檐椽
	Y10	哑叭椽	/	1.5斗口	同檐椽
	Y11	望板	/	/	屋面满铺

位置	图3-6-6中的序号	构件	厚		依据
⑥山面	S1	踩步金	6斗口		《清式营造则例》权衡尺寸表
	S2	踏脚木	3.6斗口		《清式营造则例》权衡尺寸表
	S3	穿	1.8斗口		《清式营造则例》权衡尺寸表
	S4	山花板	1斗口		《清式营造则例》权衡尺寸表
	S5	博缝板	1.2斗口		《清式营造则例》权衡尺寸表

3.6.7 屋顶平面图（以琉璃瓦屋面为例）

屋顶平面图在屋面以上俯视，表达水平投影方向可见的建筑构造以及必要的尺寸等信息，主要包括屋面瓦的排布、正脊、垂脊、小兽等构件的尺寸及平面定位，屋面排水方向等。屋顶平面图表达的瓦类构件主要包括板瓦、筒瓦、滴水、勾头以及各类脊和小兽等。平面图中仅画出其平面尺寸及定位，与此对应，在屋顶平面设计计算书中也只表示构件的平面厚（宽），不表示其高度。

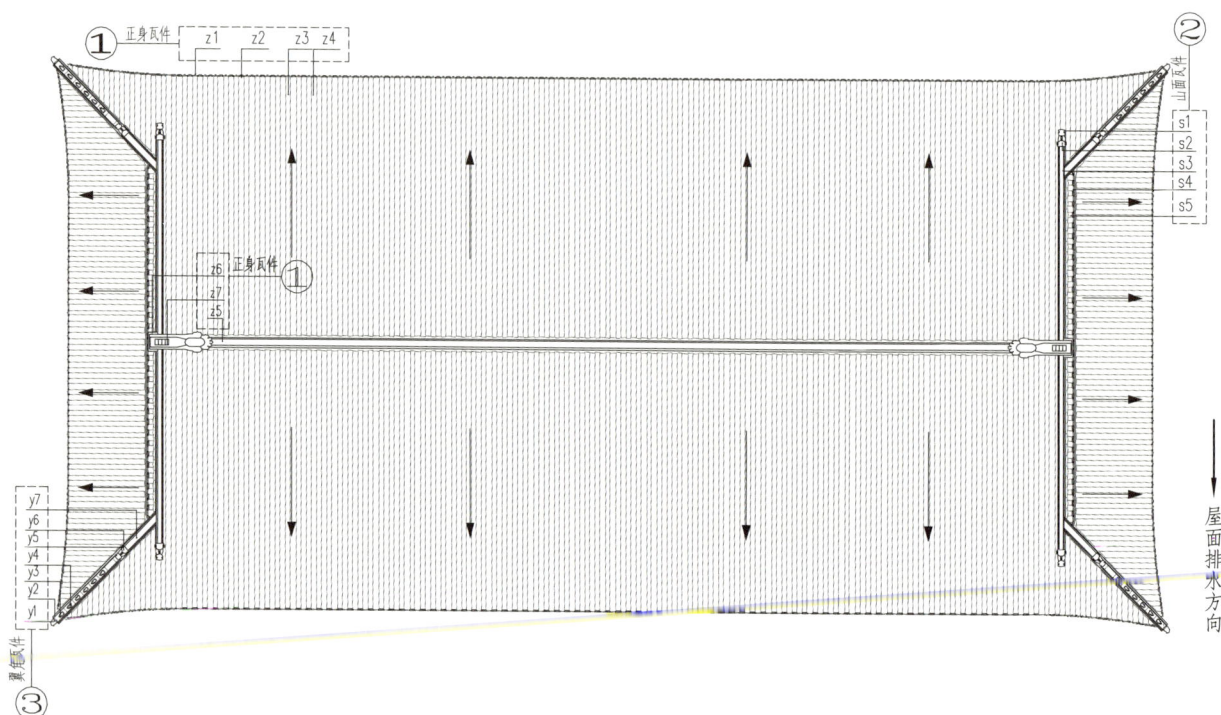

图3-6-7 七檩歇山周围廊建筑屋顶平面图

表3-6-6

位置	图3-6-7中的序号	构件	长	宽	依据
①正身瓦件	z1	滴水	/	304mm	选择与椽径相近的筒瓦宽度，宜大不宜小，确定为四样瓦
	z2	勾头	/	176mm	
	z3	板瓦	/	304mm	
	z4	筒瓦	/	176mm	
	z5	正脊	/	厚约300mm	厚为四样筒瓦加四寸。厚：176+4×32=304mm
	z6	吻座	330mm	256mm	同吻样数
	z7	正吻	1570mm	330mm	按2/5柱高定吻高，然后用高度相符或相近正吻定样数。如有斗栱从耍头下皮起算（60+2+5.2）斗口×2/5=26.88斗口，选用四样吻确定吻的长度和宽度
②山面瓦件	s1	垂兽座	512mm	285mm	同瓦样数
	s2	垂兽	504mm	285mm	
	s3	垂脊	/	285mm	
	s4	排山滴水	/	304mm	
	s5	排山勾头	/	176mm	
③翼角瓦件	y1	套兽	236mm	236mm	应选择与梁宽相近的尺寸，宜大不宜小，本例瓦样为四样，但梁宽224mm，与五样尺寸相近，则应选择五样套兽
	y2	兽前戗脊	/	270mm	同瓦样数
	y3	仙人	336mm	59mm	
	y4	小兽	182.4mm	91.2mm	
	y5	戗兽座	440mm	270mm	
	y6	戗兽	440mm	270mm	
	y7	兽后戗脊	/	270mm	

3.6.8 横剖面图

横剖面图是沿进深方向在建筑中线上假设一个垂直于地面的面将建筑剖切的侧面投影图。剖面图用以表示建筑内部的构造及其竖向高度等，是与平面图、立面图相互配合的不可缺少的图样之一。

横剖面图表达的构件较为繁杂，在编制设计计算书时首先计算建筑步架、举架、檐椽平出、台明出等尺寸，然后从基础到屋面，根据构件类别及位置分别计算各构件的尺寸（如基础构件中的檐磉墩、金磉墩等，梁架构件中的五架梁、三架梁等）。横剖面图中所表达的构件，可以根据其是否被剖切到分为两类：一是被剖切到的构件，二是投影看到的构件，横剖面设计计算书中表示出了各构件的长、宽、高、厚、径。

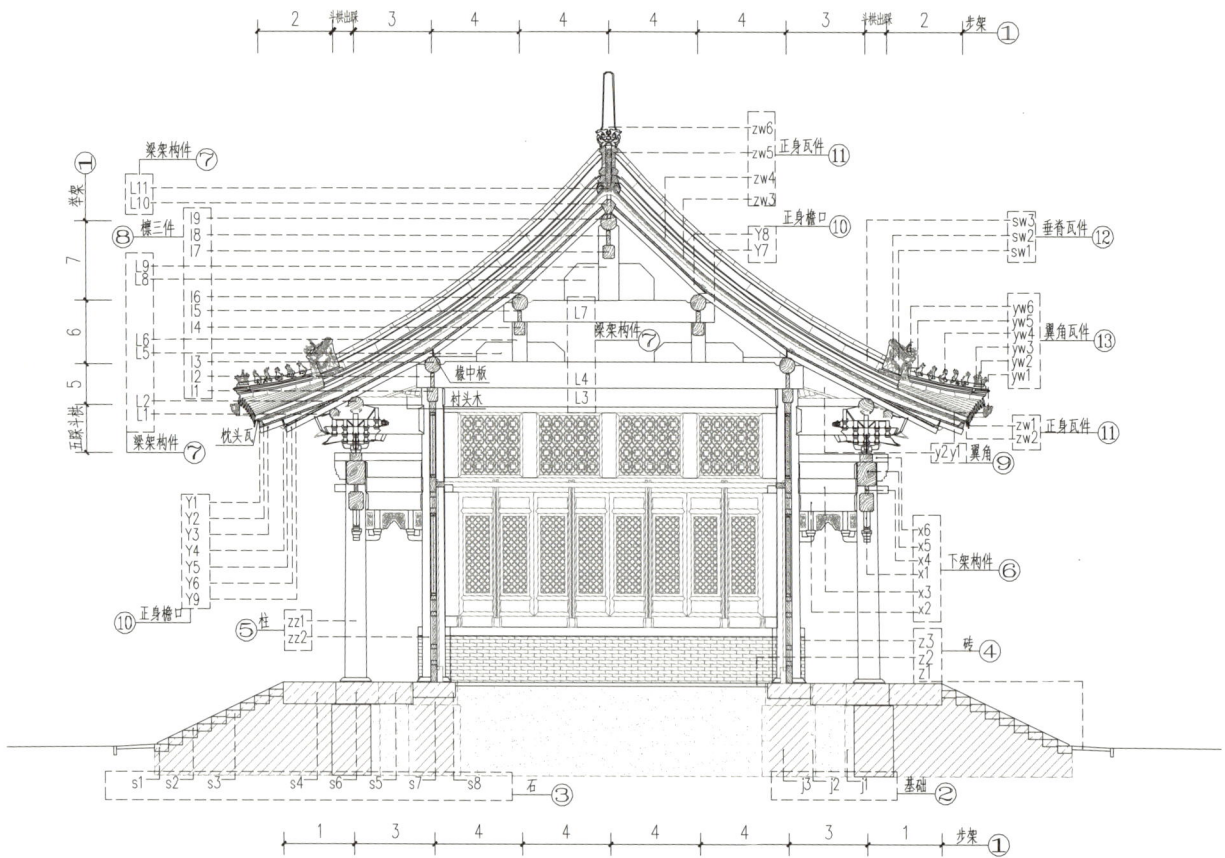

图3-6-8 七檩歇山周围廊建筑横剖面图

表3-6-7

位置	图3-6-8中的序号	构件	长	高	依据
①步架、举架	1	台明出	20.25斗口	16.8斗口	长：3/4上檐出，即27斗口×0.75=20.25斗口 高1/4地面至要头下皮，即1/4（5.2+2+60）斗口=16.8斗口
	2	檐椽平出	21斗口	/	
	3	廊步距离	22斗口	/	廊深普通以2攒为最多 2×11斗口=22斗口
	4	步架距离	24.75斗口	/	99斗口÷4（步）=24.75斗口
	5	廊步举架	/	11斗口	廊步距离×0.5，即22斗口×0.5=11斗口
	6	金步举架	/	17.325斗口	金步距离×0.7，即24.75斗口×0.7=17.325斗口
	7	脊步举架	/	22.275斗口	脊步距离×0.9，即24.75斗口×0.9=22.275斗口

位置	图3-6-8中的序号	构件	宽	高	依据
②基础	j1	檐磉墩	12斗口+128mm	19.2斗口	宽：2D+4寸=2×6斗口+4寸=12斗口+4寸；高：台明高-柱顶盘厚+埋头高=16.8斗口-6斗口+1/2台明高=19.2斗口（檐柱径D=6斗口）
	j2	金磉墩	13.2斗口+128mm	19.2斗口	宽：2×金柱径+4寸=2×6.6斗口+4寸=13.2斗口+4寸；高：台明高-柱顶盘厚+埋头高=16.8斗口-6斗口+1/2台明高=19.2斗口，金柱径=6.6斗口
	j3	拦土	1/2（磉墩长+柱径）+96mm	19.2斗口	按磉墩半份柱径半份再加三寸定宽。高同磉墩

材料	图3-6-8中的序号	构件	宽	厚	依据
③石	s1	砚窝石	320mm	160mm	宽：同上基石宽度 厚：同上基石厚，露明高同台基土衬露明高
	s2	垂带石	/	斜高5.7斗口	斜高同阶条石高
	s3	踏跺石	320mm	160mm	宽：大式1~1.5尺 厚：大式约5寸
	s4	阶条石	14.25斗口	5.7斗口	宽：3/4上檐出−D=0.75×27斗口−6斗口=14.25斗口 高：2/5宽=0.4×14.25斗口=5.7斗口
	s5	分心石	/	5.7斗口	长：阶条石里皮至槛垫石外皮 厚：3/10本身宽或同阶条石厚
	s6	檐柱顶石	12斗口	7.2斗口	柱顶盘：宽2D=12斗口。高：D=6斗口 古镜石：宽1.2D=7.2斗口。高：1/5D=1.2斗口，檐柱顶石由柱顶盘和古镜石组成
	s7	金柱顶石	13.2斗口	7.2斗口	柱顶盘：宽2金柱径=2×6.6斗口=13.2斗口；高：D=6斗口 古镜石：宽1.2金柱径=7.92斗口。高：1/5D=1.2斗口，金柱顶石由柱顶盘和古镜石组成
	s8	槛垫石	13.2斗口	4斗口	宽2金柱径=13.2斗口；高2/3D=4斗口
④砖	z1	散水	900mm	70mm	步步锦散水
	z2	方砖墁地	448mm	64mm	尺四方砖
	z3	槛墙	9斗口	高按实际	宽：3/2D=1.5×6斗口=9斗口；里包金4.5斗口；外包金4.5斗口；高按实际

位置	图3-6-8中的序号	构件	高	径	依据
⑤柱	zz1	檐柱	60斗口	6斗口	《清式营造则例》权衡尺寸表
	zz2	金柱	按实际	6.6斗口	《清式营造则例》权衡尺寸表

位置	图3-6-8中的序号	构件	高	厚	依据
⑥下架构件	x1	雀替	7.5斗口	1.8斗口	高5/4D=7.5斗口；厚3/10D=0.18斗口；注：骑马雀替高同雀替，长按实际
	x2	小额枋	4.8斗口	4斗口	《清式营造则例》权衡尺寸表
	x3	穿插枋	4斗口	/	《清式营造则例》权衡尺寸表
	x4	由额垫板	2斗口	1斗口	《清式营造则例》权衡尺寸表
	x5	大额枋	6.6斗口	5.4斗口	《清式营造则例》权衡尺寸表
	x6	平板枋	2斗口	宽3.5斗口	《清式营造则例》权衡尺寸表

位置	图3-6-8中的序号	构件	长	宽	高	依据
⑦梁架构件	L1	挑檐桁	/	/	径3斗口	《清式营造则例》权衡尺寸表
	L2	正心桁	/	/	径4.5斗口	《清式营造则例》权衡尺寸表
	L3	随梁枋	/	/	4斗口+1%长	《清式营造则例》权衡尺寸表
	L4	五架梁	/		7斗口	《清式营造则例》权衡尺寸表
	L5	金角背	一步架	/	1/2金瓜柱高	

位置	图3-6-8中的序号	构件	长	宽	高	依据
⑦梁架构件	L6	金瓜柱	/	5.6斗口-32mm	按实际	厚：5.6斗口-2寸，宽：自身厚+1寸
	L7	三架梁	/	/	5.83斗口	五架梁高的5/6=7斗口×5/6=5.83斗口
	L8	脊角背	一步架	/	1/2脊瓜柱高	《清式营造则例》权衡尺寸表
	L9	脊瓜柱	/	5.5斗口	按实际	《清式营造则例》权衡尺寸表
	L10	扶脊木	/	/	径4斗口	《清式营造则例》权衡尺寸表
	L11	椿桩	/	厚1斗口	16.925斗口	每通脊一件用一根。高按桁径1/4，扶脊木径8/10，又脊高9/10（脊通高按檐柱2/10），三共凑即高。宽按桁径1/3，厚按宽2/3。高：4.5斗口×1/4+4斗口×8/10+12斗口×9/10=16.925斗口

位置	图3-6-8中的序号	构件	高	厚	径	依据
⑧檩三件	l1	老檐枋	3.6斗口	3斗口	/	
	l2	老檐垫板	按实际	1斗口	/	《清式营造则例》权衡尺寸表
	l3	老檐桁	/	/	4.5斗口	《清式营造则例》权衡尺寸表
	l4	金枋	3.6斗口	3斗口	/	《清式营造则例》权衡尺寸表
	l5	金垫板	4斗口	1斗口	/	《清式营造则例》权衡尺寸表
	l6	金桁	/	/	4.5斗口	《清式营造则例》权衡尺寸表
	l7	脊枋	3.6斗口	3斗口	/	《清式营造则例》权衡尺寸表
	l8	脊垫板	4斗口	1斗口	/	《清式营造则例》权衡尺寸表
	l9	脊桁	/	/	4.5斗口	《清式营造则例》权衡尺寸表

位置	图3-6-8中的序号	构件	高		依据
⑨翼角	y1	仔角梁	4.2斗口		《清式营造则例》权衡尺寸表
	y2	老角梁	4.2斗口		《清式营造则例》权衡尺寸表

位置	图3-6-8中的序号	构件	高	厚	径	依据
⑩正身檐口	Y1	瓦口木	1斗口	0.6斗口	/	《清式营造则例》权衡尺寸表
	Y2	大连檐	1.5斗口	1.5斗口	/	《清式营造则例》权衡尺寸表
	Y3	飞椽	1.5斗口	/	/	《清式营造则例》权衡尺寸表
	Y4	闸挡板	1.5斗口	0.375斗口	/	高按椽径，厚按1/4高 高：1.5斗口；厚：1/4×1.5斗口=0.375斗口
	Y5	小连檐	宽1斗口	1.5倍望板厚	/	宽1斗口，厚1.5望板
	Y6	檐椽	/	/	1.5斗口	同檐椽
	Y7	花架椽	/	/	1.5斗口	同檐椽
	Y8	脑椽	/	/	1.5斗口	同檐椽
	Y9	望板	/	0.5斗口	/	《清式营造则例》权衡尺寸表

位置	图3-6-8中的序号	构件	长	高	依据
①正身瓦件	zw1	滴水	400mm	144mm	选择与正吻样数相同的筒瓦宽度，确定为四样瓦
	zw2	勾头	368mm	88mm	
	zw3	板瓦	384mm	60.8mm	
	zw4	筒瓦	352mm	88mm	
	zw5	正脊	厚约300mm	1120mm	高连当沟通高，按正吻高折半。高：2240×0.5=1120mm。正脊高：扣脊筒瓦+赤脚通脊+黄道+大群色+压当条+正当沟=88+480+160+160+19.2+210，约为1120mm 厚为四样筒瓦加4寸。厚：176+4×32=304mm，约为300mm
	zw6	正吻	厚约330mm	2240mm	按柱高2/5定吻高，然后用高度相符或相近正吻定样数。如有斗栱从要头下皮起算（60+2+5.2）斗口×2/5=26.88斗口，选用四样吻确定吻的长度和高度

位置	图3-6-8中的序号	构件	长	宽	高	依据
②垂脊瓦件	sw1	垂兽座	512mm	/	57.6mm	同瓦样数
	sw2	垂兽	504mm	/	504mm	同瓦样数
	sw3	垂脊	/		630mm	垂脊斜高低于或等于正脊。自身高：扣脊筒瓦+垂脊筒子+压当条+斜当沟=88+368+19.2+210=685.2mm。此案例适当调整垂脊高约等于630mm
③翼角瓦件	yw1	套兽	236mm	/	236mm	应选择与梁宽相近的尺寸，宜大不宜小，本例瓦样为四样，但梁宽224mm，与五样尺寸相近，则应选择五样套兽
	yw2	兽前戗脊	/	/	417.2mm	兽前戗脊自身高：扣脊筒瓦+三连砖+压当条+斜当沟=88+100+19.2+210=417.2mm
	yw3	仙人	336mm	/	336mm	同瓦样数
	yw4	小兽	/	182.4mm	304mm	
	yw5	戗兽座	440mm	/	51.2mm	
	yw6	戗兽	/	440mm	440mm	

3.6.9 纵剖面图

纵剖面图是沿面阔方向在建筑中线上假设一个垂直于地面的面将建筑剖切的正面投影图。

纵剖面图表达的构件较为繁杂，在编制设计计算书时首先计算面阔、台明出等尺寸，然后从基础到屋面，根据构件类别及位置分别计算各构件的尺寸（如基础构件中的檐磉墩、金磉墩等，梁架构件中的五架梁、三架梁等）。纵剖面图中表达的构件，根据剖切情况分为被剖切到的构件和投影看到的构件。纵剖面设计计算书中表示出了各构件的长、宽、高、厚、径。

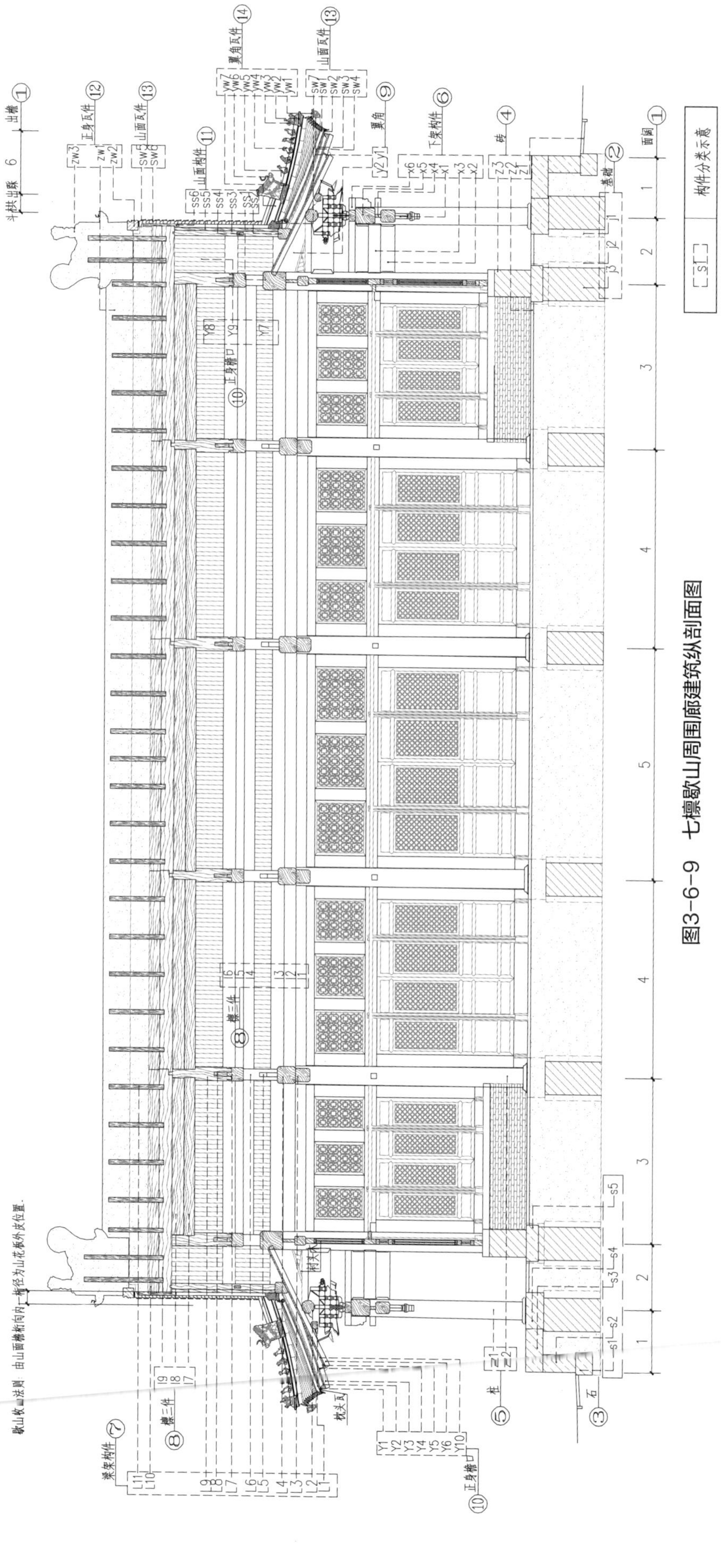

图3-6-9 七檩歇山周围廊建筑纵剖面图

表3-6-8

位置	图3-6-9中的序号	构件	长	高	依据
①出檐、面阔	1	台明出	20.25斗口	16.8斗口	长：3/4上檐出，即27斗口×3/4=20.25斗口 高：1/4地面至耍头下皮，即（5.2+2+60）斗口/4=16.8斗口
	2	廊步距离	22斗口	/	廊深普通以2攒为最多 2×11斗口=22斗口
	3	梢间面阔	55斗口	/	梢间较次间减一攒 5×11斗口=55斗口
	4	次间面阔	66斗口	/	次间较明间减一攒 6×11斗口=66斗口
	5	明间面阔	77斗口	/	面阔按斗栱攒数定，本例为7攒 7×11斗口=77斗口
	6	檐椽平出	21斗口	/	

位置	图3-6-9中的序号	构件	宽	高	依据
②基础	j1	檐磉墩	12斗口+128mm	19.2斗口	宽：2D+4寸=2×6斗口+4寸=12斗口+4寸；高：台明高-柱顶盘厚+埋头高=16.8斗口-6斗口+1/2台明高=19.2斗口，檐柱径D=6斗口
	j2	金磉墩	13.2斗口+128mm	19.2斗口	宽：2×金柱径+4寸=2×6.6斗口+4寸=13.2斗口+4寸；高：台明高-柱顶盘厚+埋头高=16.8斗口-6斗口+1/2台明高=19.2斗口，金柱径=6.6斗口
	j3	拦土	1/2（磉墩长+柱径）+96mm	19.2斗口	长按面阔进深，除磉墩得净长。按磉墩半份柱径半份再加三寸定宽。高同磉墩

材料	图3-6-9中的序号	构件	宽	厚	依据
③石	s1	土衬石	128mm+陡板厚	5.7斗口	宽按陡板厚一份，加金边二份（金边宽2寸）。厚同阶条高
	s2	陡板石	厚5.7斗口	高11.1斗口	高：台明高-阶条高=16.8斗口-5.7斗口=11.1斗口；厚同阶条高
	s3	阶条石	14.25斗口	高5.7斗口	宽：3/4上檐出-D=0.75×27斗口-6斗口=14.25斗口 高：2/5宽=2/5×14.25斗口=5.7斗口
	s4	檐柱顶石	12斗口	7.2斗口	柱顶盘：宽2D=12斗口。高：D=6斗口 古镜石：宽1.2D=7.2斗口。高：1/5D=1.2斗口，檐柱顶石由柱顶盘和古镜石组成
	s5	金柱顶石	13.2斗口	7.2斗口	柱顶盘：宽：2金柱径=2×6.6斗口=13.2斗口；高：D=6斗口 古镜石：宽1.2金柱径=7.92斗口。高：1/5D=1.2斗口，金柱顶石由柱顶盘和古镜石组成
④砖	z1	散水	900mm	70mm	步步锦散水
	z2	方砖墁地	448mm	64mm	尺四方砖
	z3	槛墙	9斗口	高按实际	宽：3/2D=1.5×6斗口=9斗口；里包金4.5斗口；外包金4.5斗口；高按实际

位置	图3-6-9中的序号	构件	高	径	依据
⑤柱	zz1	檐柱	60斗口	6斗口	《清式营造则例》权衡尺寸表
	zz2	金柱	按实际	6.6斗口	《清式营造则例》权衡尺寸表

位置	图3-6-9中的序号	构件	高	厚	依据
⑥下架构件	x1	雀替	7.5斗口	1.8斗口	高5/4D=7.5斗口；厚3/10D=1.8斗口；注：雀替长为明间面阔的1/4；骑马雀替高同雀替，长按实际
	x2	小额枋	4.8斗口	4斗口	《清式营造则例》权衡尺寸表
	x3	穿插枋	4斗口	/	
	x4	由额垫板	2斗口	1斗口	《清式营造则例》权衡尺寸表
	x5	大额枋	6.6斗口	5.4斗口	《清式营造则例》权衡尺寸表
	x6	平板枋	2斗口	宽3.5斗口	

位置	图3-6-9中的序号	构件	宽	高	厚	依据
⑦梁架构件	L1	挑檐桁	/	/	径3斗口	《清式营造则例》权衡尺寸表
	L2	正心桁	/	/	径4.5斗口	《清式营造则例》权衡尺寸表
	L3	随梁枋	/	4斗口+1%长	3.5斗口+1%长	《清式营造则例》权衡尺寸表
	L4	五架梁	/	7斗口	5.6斗口	《清式营造则例》权衡尺寸表
	L5	金角背	/	1/2金瓜柱高	1/3自身高	《清式营造则例》权衡尺寸表
	L6	金瓜柱	/	按实际	4.5斗口−64mm	厚：4.5斗口−2寸
	L7	三架梁	/	5.83斗口	4.5斗口	高：5/6五架梁高；厚：4/5五架梁厚或4.5斗口
	L8	脊角背	/	1/2脊瓜柱高	1/3自身高	《清式营造则例》权衡尺寸表
	L9	脊瓜柱	/	按实际	4.5斗口	《清式营造则例》权衡尺寸表
	L10	扶脊木	/	/	径4斗口	《清式营造则例》权衡尺寸表
	L11	椿桩	1.5斗口	16.925斗口	/	每通脊一件用一根。高按1/4桁径，8/10扶脊木径，又脊高9/10，三共凑即高。宽按1/3桁径，厚按2/3宽 高：4.5斗口×1/4+4斗口×8/10+14斗口×9/10=16.925斗口

位置	图3-6-9中的序号	构件	高	径	依据
⑧檩三件	l1	老檐枋	3.6斗口	厚3斗口	
	l2	老檐垫板	按实际	厚1斗口	《清式营造则例》权衡尺寸表
	l3	老檐桁	/	4.5斗口	《清式营造则例》权衡尺寸表
	l4	金枋	3.6斗口	/	《清式营造则例》权衡尺寸表
	l5	金垫板	4斗口	/	《清式营造则例》权衡尺寸表
	l6	金桁	/	4.5斗口	《清式营造则例》权衡尺寸表
	l7	脊枋	3.6斗口	/	《清式营造则例》权衡尺寸表
	l8	脊垫板	4斗口	/	《清式营造则例》权衡尺寸表
	l9	脊桁	/	4.5斗口	《清式营造则例》权衡尺寸表

位置	图3-6-9中的序号	构件	高	依据
⑨翼角	y1	仔角梁	4.2斗口	《清式营造则例》权衡尺寸表
	y2	老角梁	4.2斗口	《清式营造则例》权衡尺寸表

位置	图3-6-9中的序号	构件	高	厚	径	依据
⑩正身檐口	Y1	瓦口木	1斗口	0.6斗口	/	《清式营造则例》权衡尺寸表
	Y2	大连檐	1.5斗口	1.5斗口	/	《清式营造则例》权衡尺寸表
	Y3	飞椽	1.5斗口	/	/	《清式营造则例》权衡尺寸表
	Y4	闸挡板	1.5斗口	0.375斗口	/	高按椽径，厚按1/4高 厚：1/4×1.5斗口=0.375斗口
	Y5	小连檐	宽1斗口	1.5倍望板厚	/	
	Y6	檐椽	/	/	1.5斗口	《清式营造则例》权衡尺寸表
	Y7	花架椽	/	/	1.5斗口	同檐椽
	Y8	脑椽	/	/	1.5斗口	同檐椽
	Y9	哑叭椽	/	/	1.5斗口	同檐椽
	Y10	望板	/	0.5斗口	/	《清式营造则例》权衡尺寸表

位置	图3-6-9中的序号	构件	高	厚	依据
⑪山面构件	ss1	踩步金	7斗口+1/100自身长	6斗口	《清式营造则例》权衡尺寸表
	ss2	踏脚木	4.5斗口	3.6斗口	《清式营造则例》权衡尺寸表
	ss3	草架柱	按实际	1.8斗口	《清式营造则例》权衡尺寸表
	ss4	穿	2.3斗口	1.8斗口	《清式营造则例》权衡尺寸表
	ss5	山花板	/	1斗口	《清式营造则例》权衡尺寸表
	ss6	博缝板	8斗口	1.2斗口	《清式营造则例》权衡尺寸表

位置	图3-6-9中的序号	构件	长	高	依据
⑫正身瓦件	zw1	正脊	按实际	1120mm	高连当沟通高，按正吻高折半。高：2240×0.5=1120mm 正脊高：扣脊筒瓦+赤脚通脊+黄道+大群色+压当条+正当沟=88+480+160+160+19.2+210，约为1120mm
	zw2	吻座	宽256mm	294.4mm	同瓦样数
	zw3	正吻	1570mm	2240mm	按2/5柱高定吻高，然后用高度相符或相近正吻定样数。如有斗栱从要头下皮起算（60+2+5.2）斗口×2/5=26.88斗口，选用四样吻确定吻的长度和高度

位置	图3-6-9中的序号	构件	长	宽	高	依据
⑬山面瓦件	sw1	勾头	368mm	/	88mm	选择与正吻样数相同的筒瓦宽度，确定为四样瓦
	sw2	滴水	400mm	/	144mm	
	sw3	板瓦	384mm	/	60.8mm	
	sw4	筒瓦	352mm	/	88mm	
	sw5	排山勾头	360mm	/	88mm	同瓦样数
	sw6	排山滴水	400mm	/	144mm	
	sw7	博脊	/	272mm	528mm	长按实际；宽同瓦数；高为三倍筒瓦宽：176×3=528mm
⑭翼角瓦件	yw1	套兽	236mm	/	236mm	应选择与梁宽相近的尺寸，宜大不宜小，本例瓦样为四样，但梁宽224mm，与五样尺寸相近，则应选择五样套兽

位置	图3-6-9中的序号	构件	长	宽	高	依据
⑭翼角瓦件	yw2	兽前戗脊	/	270mm	417.2mm	兽前戗脊自身高：扣脊筒瓦+三连砖+压当条+斜当沟=88+100+19.2+210=417.2mm
	yw3	仙人	336mm	/	336mm	同瓦样数
	yw4	小兽	/	182.4mm	304mm	
	yw5	戗兽座	440mm	/	51.2mm	
	yw6	戗兽	/	440mm	440mm	
	yw7	兽后戗脊	/	270mm	603.2mm	戗脊高度低于垂脊。兽后高：扣脊筒瓦+戗脊筒子+压当条+斜当沟=88+286+19.2+210=603.2mm

3.6.10 门窗

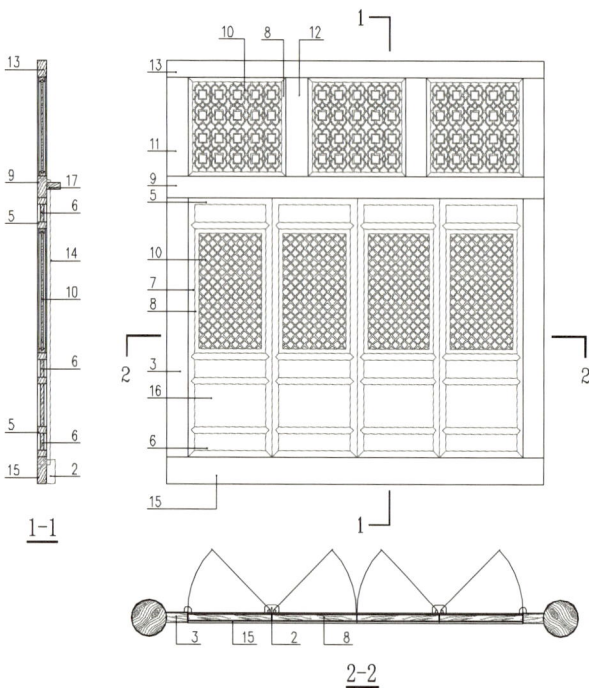

图3-6-10 七檩歇山周围廊建筑门详图

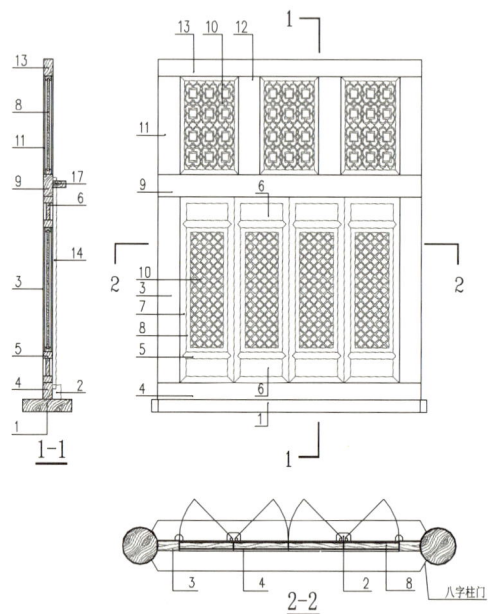

图3-6-11 七檩歇山周围廊建筑窗详图

表3-6-9

位置	图3-6-10和图3-6-11中的序号	构件	宽	高	厚	依据
隔扇门窗	1	木榻板	9斗口	/	2.25斗口	宽3/2D=9斗口；厚3/8D=2.25斗口
	2	连二楹	120mm	4.32斗口	长210mm	长210mm，宽120mm，高：0.9下槛宽
	3	抱框	4斗口	/	1.8斗口	宽2/3D=4斗口；厚3/10D=1.8斗口
	4	风槛	3斗口	/	1.8斗口	宽1/2D=3斗口；厚3/10D=1.8斗口
	5	抹头	1.2斗口	/	1.8斗口	宽1/5D=1.2斗口；厚3/10D=1.8斗口
	6	绦环板	/	0.2隔扇宽	0.05隔扇宽	《清式营造则例》权衡尺寸表
	7	边梃	1.2斗口	/	1.8斗口	宽1/5D=1.2斗口；厚3/10D=1.8斗口

位置	图3-6-10和图3-6-11中的序号	构件	宽	高	厚	依据
隔扇门窗	8	仔边	2/3边挺宽	/	7/10边挺厚	《清式营造则例》权衡尺寸表
	9	中槛	4斗口	/	1.8斗口	宽2/3D=4斗口；厚3/10D=1.8斗口
	10	棂条	1/3仔边宽	/	9/10仔边厚	宽1/3~1/2仔边宽，厚9/10仔边厚
	11	短抱框	4斗口	/	1.8斗口	宽2/3D=4斗口；厚3/10D=1.8斗口
	12	横陂间框	4斗口	/	1.8斗口	同抱框
	13	上槛	3斗口	/	1.8斗口	宽1/2D=3斗口；厚3/10D=1.8斗口
	14	转轴	径50mm	/	/	径50mm
	15	下槛	4.8斗口	/	1.8斗口	宽4/5D=4.8斗口；厚3/10D=1.8斗口
	16	裙板	/	0.8隔扇宽	0.05隔扇宽	《清式营造则例》权衡尺寸表
	17	连楹	2.4斗口	/	1.2斗口	宽2/5D=2.4斗口；厚1/5D=1.2斗口

3.7　清官式建筑九檩重檐歇山周围廊构件记忆及诠释

九檩重檐歇山周围廊构件记忆法分为21小节：

3.7.1：诠释梁思成先生《清式营造则例》中单体建筑的"三个基本要素"。

3.7.2：诠释清官式建筑施工图表达与建筑模型剖切位置对应关系和"三个基本要素"分别对应的模型部位。

3.7.3和3.7.4：概括性地介绍九檩重檐歇山周围廊建筑砖、瓦、石、大木构件的各部名称，以及竖向高度的分层位置和构件关系，建立对九檩重檐歇山周围廊建筑的外观和内部构造的初步认识。

3.7.5至3.7.21：详细介绍九檩重檐歇山周围廊建筑各层平面、剖面和立面中，实体构件的记忆顺序、细节名称、位置、功能，同时标注依据来源，以便查找更加详细的资料。

3.7.1　《清式营造则例》"三个基本要素"概念的诠释

将九檩重檐歇山周围廊建筑模型分为下段、中段、上段，对应《清式营造则例》"三个基本要素"，可得：

下段-台基部分：阶条石上皮以下为台基部分，包含基坑开挖、基础和台基平面三部分内容。

中段-柱梁（木造）部分：阶条石上皮以上至望板以下（包含望板、椿桩）为柱梁（木造）部分，包含两层柱头平面，两层平板枋平面，两层斗栱平面，两层步架平面八部分内容。

上段-屋顶部分：望板、大连檐以上为屋顶部分，包含两层屋顶平面。

单体建筑分段的作用在于将建筑的砖作、石作、木作、瓦作结合竖向高度进行分类，"三段"分别与设计成果图的各层平面图对应，能够帮助读者对九檩重檐歇山建筑的构造建立更系统的认知和更全面的空间概念。

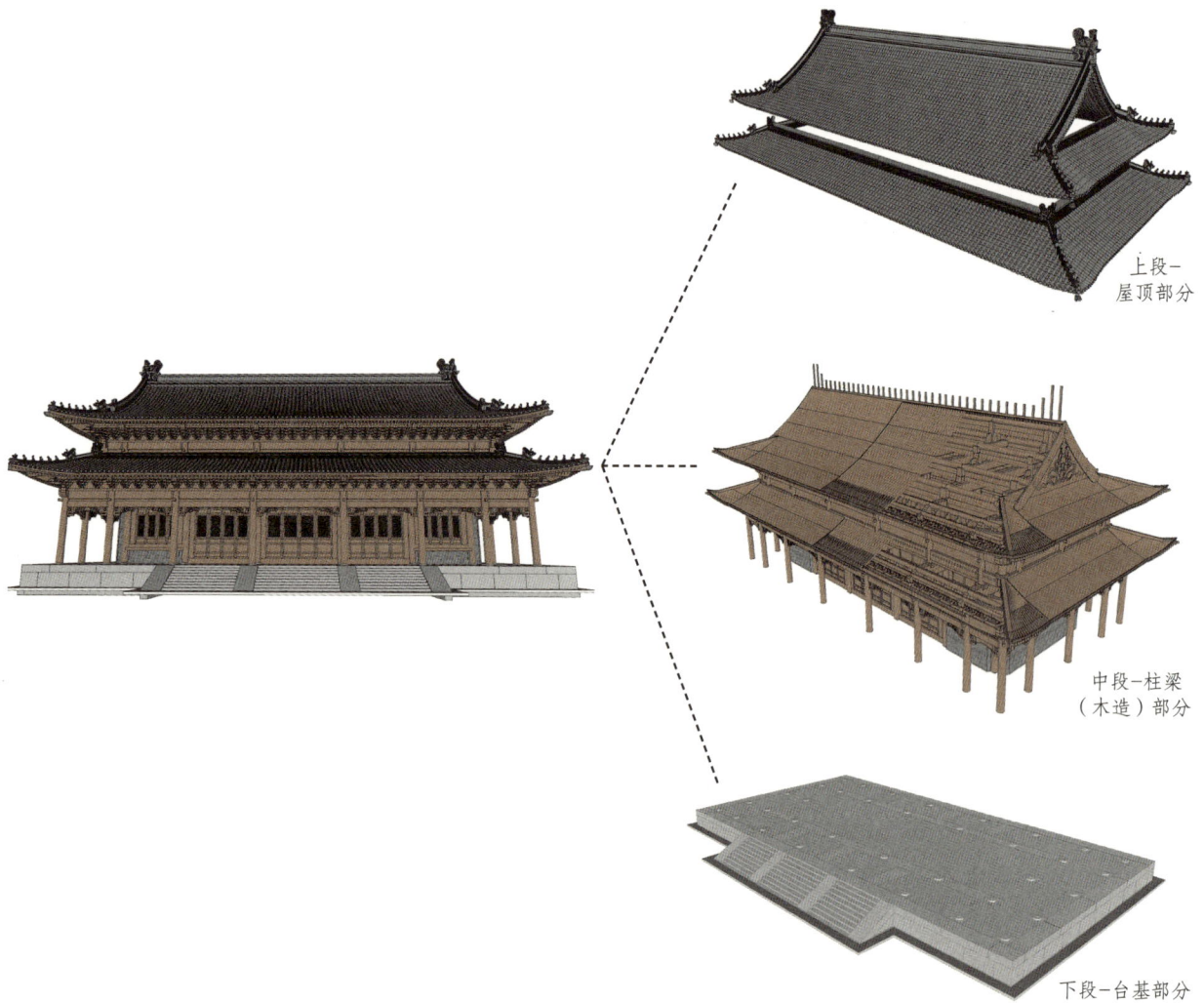

上段-
屋顶部分

中段-柱梁
（木造）部分

下段-台基部分

图3-7-1 九檩重檐歇山周围廊建筑模型分段示意图

3.7.2 九檩重檐歇山周围廊建筑分段竖向高度剖切位置示意图

将九檩重檐歇山周围廊建筑按竖向高度剖切后，可以清晰展现出建筑的内部构造。屋顶平面的瓦件在步架平面之上，由于屋面有坡度高差，屋顶平面和步架平面在高度上有重合，故将屋顶平面和步架平面分在一个高度区间内。

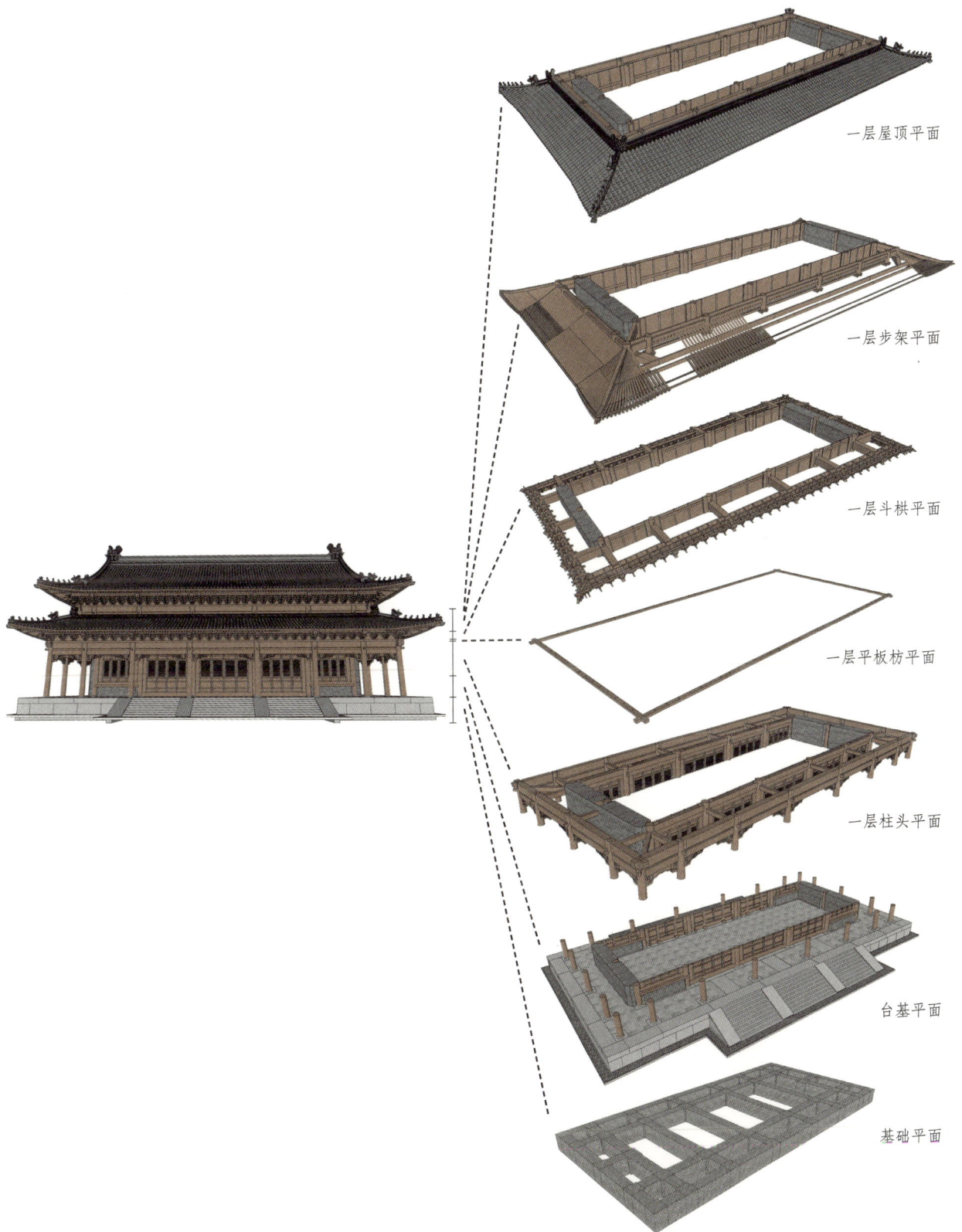

一层屋顶平面

一层步架平面

一层斗栱平面

一层平板枋平面

一层柱头平面

台基平面

基础平面

图3-7-2　九檩重檐歇山周围廊建筑分段竖向高度一层剖切位置示意图

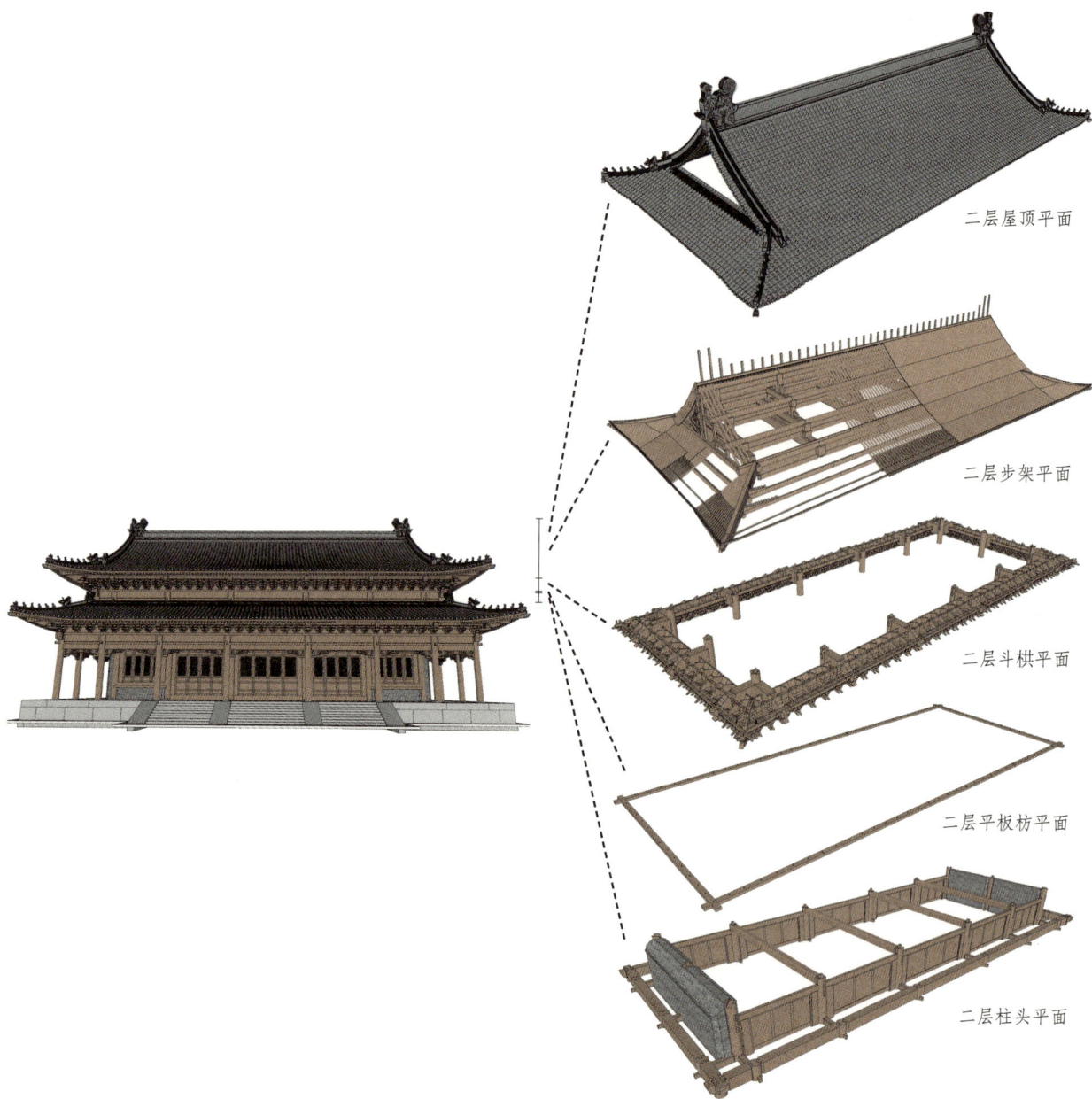

图3-7-3　九檩重檐歇山周围廊建筑分段竖向高度二层剖切位置示意图

二层屋顶平面

二层步架平面

二层斗栱平面

二层平板枋平面

二层柱头平面

一层屋顶平面（上段）
　　一层屋顶平面包括从一层屋顶上方俯视所能观察到的瓦件。

一层步架平面（中段）
　　一层斗栱以上、一层屋面瓦件以下的屋架构件，包括承椽枋、挑檐桁、正心桁、角梁、翼角构件。

一层斗栱平面（中段）
　　一层平板枋以上斗栱构件的平面示意，其中包括平身科斗栱、柱头科斗栱和角科斗栱。

一层平板枋平面（中段）
　　檐柱柱头之上平板枋的平面示意。

一层柱头平面（中段）
　　一层柱头平面包括隔扇窗二抹以上，柱头以下所有构件。

台基平面（下段、中段）
　　台基平面包括从隔扇窗二抹上皮俯视能观察到的所有砖、石、木构件。

基础平面（下段）
　　基础平面包括柱顶石以下的构件：拦土、碴墩。为了更加清晰体现上述构件的构造关系，图中将灰土和包砌台基进行隐藏处理。

图3-7-4　九檩重檐歇山周围廊建筑一层模型与分段剖切位置示意图

二层屋顶平面（上段）

二层屋顶平面包括从二层屋顶上方俯视所能观察到的瓦件。

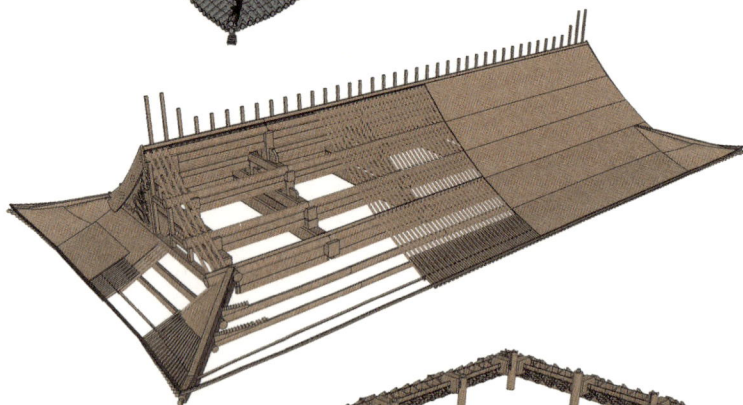

二层步架平面（中段）

二层步架平面包括挑檐桁以上，扶脊木和椿桩以下的所有步架构件。图中为了保证步架不被遮挡，椽子和望板构件只表示局部。

二层斗栱平面（中段）

二层平板枋以上斗栱构件的平面示意，其中包括平身科斗栱、柱头科斗栱和角科斗栱。

二层平板枋平面（中段）

童柱柱头之上平板枋的平面示意。

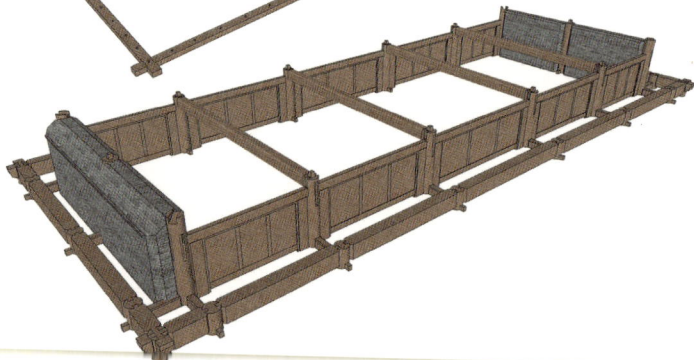

二层柱头平面（中段）

童柱、金柱柱头以下，檐柱头以上的所有构件俯视平面图，包括墩斗、童柱、大额枋、棋枋板。

图3-7-5 九檩重檐歇山周围廊建筑二层模型与分段剖切位置示意图

3.7.3 九檩重檐歇山周围廊建筑砖、瓦、石构件名称示意图

图3-7-6、图3-7-7直观展示九檩重檐歇山周围廊建筑砖作、瓦作、石作构件的形态、位置和名称。

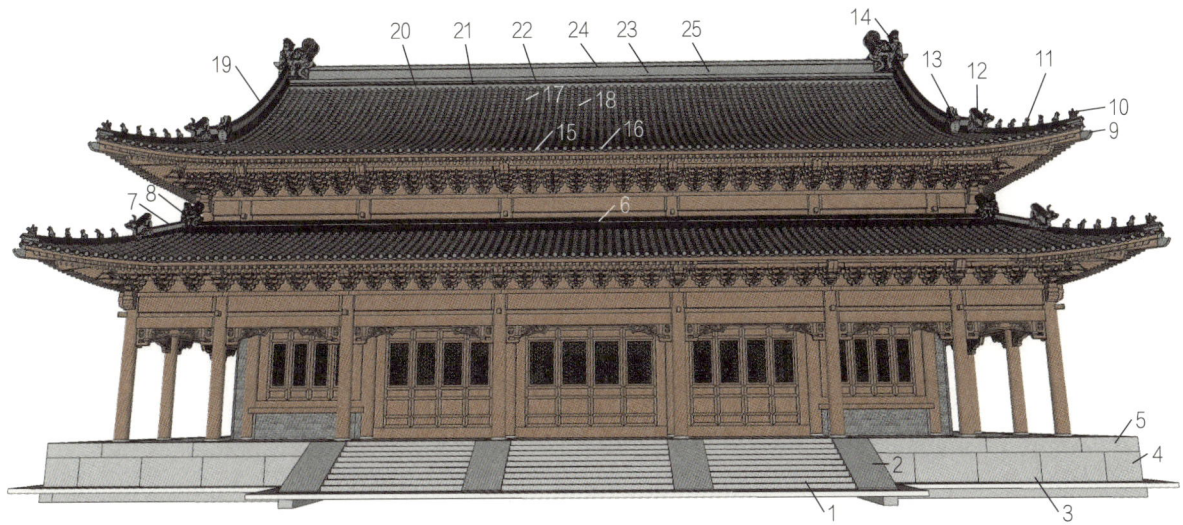

1—踏跺石　　2—垂带石　　3—陡板石　　4—埋头　　5—阶条石　　6—围脊　　7—戗脊　　8—合角兽　　9—套兽
10—仙人　　11—小兽（从外到内）：龙、凤、狮子、天马、海马　　12—戗兽　　13—垂兽　　14—正吻（剑把吻）
15—滴水　　16—勾头　　17—板瓦　　18—筒瓦　　19—垂脊　　20—正当沟　　21—压当条　　22—群色条　　23—正通脊
24—扣脊筒瓦　　25—正脊

图3-7-6　九檩重檐歇山周围廊建筑正面构件名称示意图

1—散水
2—平头土衬（金边）
3—土衬石（金边）
4—砚窝石
5—象眼石
6—檐柱顶石
7—金柱顶石
8—方砖墁地
9—分心石
10—槛垫石
11—山墙
12—博脊
13—挂尖
14—钉花
15—排山勾头
16—排山滴水
17—斜当沟
18—垂脊
19—悬鱼
20—吻座

图3-7-7　九檩重檐歇山周围廊建筑侧面构件名称示意图

3.7.4 九檩重檐歇山周围廊建筑大木构件名称示意图

图3-7-8和图3-7-9直观展示九檩重檐歇山周围廊建筑木作构件的形态、位置和名称，按照构件分类：梁架构件、檩三件、翼角、檐口、顺序从下到上进行标注记忆。

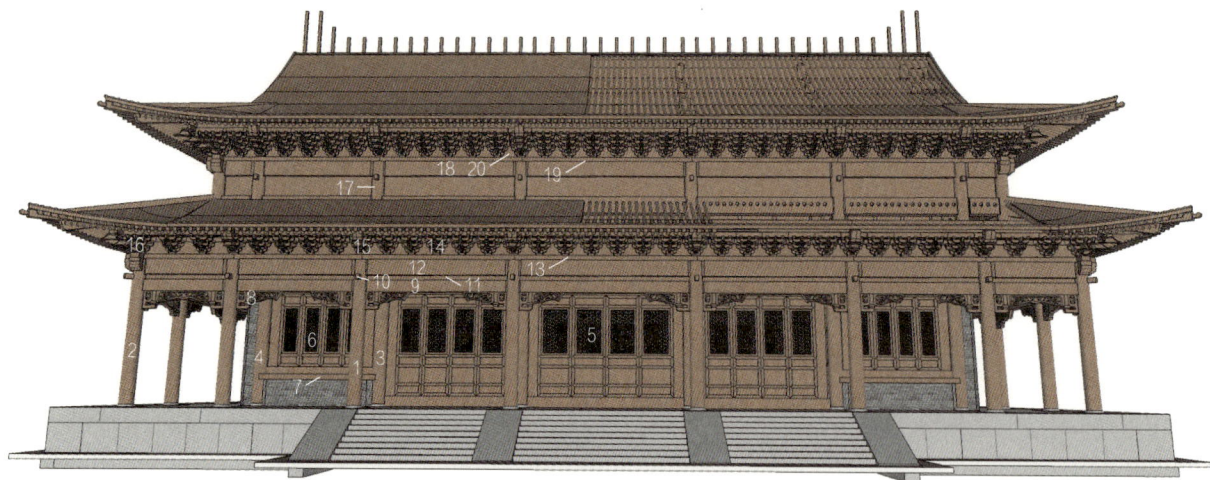

1—檐柱	2—檐角柱	3—金柱	4—金角柱	5—隔扇门	6—隔扇窗	7—木榻板
8—雀替	9—小额枋	10—穿插枋头	11—由额垫板	12—大额枋	13—平板枋	14—平身科斗栱
15—柱头科斗栱	16—角科斗栱	17—童柱	18—重檐上大额枋	19—重檐上平板枋	20—栱垫板	

图3-7-8 九檩重檐歇山周围廊建筑正面大木构件名称示意图

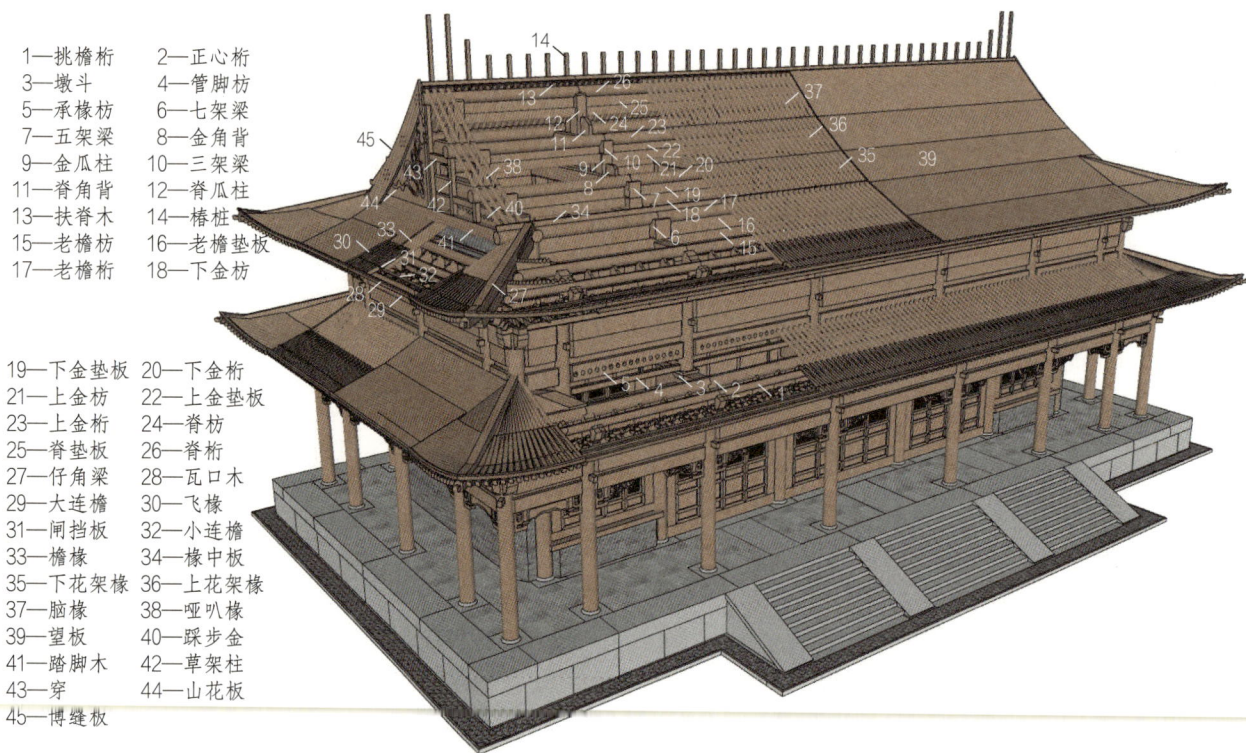

1—挑檐桁	2—正心桁
3—墩斗	4—管脚枋
5—承椽枋	6—七架梁
7—五架梁	8—金角背
9—金瓜柱	10—三架梁
11—脊角背	12—脊瓜柱
13—扶脊木	14—椿柱
15—老檐枋	16—老檐垫板
17—老檐桁	18—下金枋
19—下金垫板	20—下金桁
21—上金枋	22—上金垫板
23—上金桁	24—脊枋
25—脊垫板	26—脊桁
27—仔角梁	28—瓦口木
29—大连檐	30—飞椽
31—闸挡板	32—小连檐
33—檐椽	34—椽中板
35—下花架椽	36—上花架椽
37—脑椽	38—哑叭椽
39—望板	40—踩步金
41—踏脚木	42—草架柱
43—穿	44—山花板
45—博缝板	

图3-7-9 九檩重檐歇山周围廊建筑侧面大木构件名称示意图

3.7.5 基坑开挖图-地基处理工艺工法诠释

地基处理做法同3.1.5。

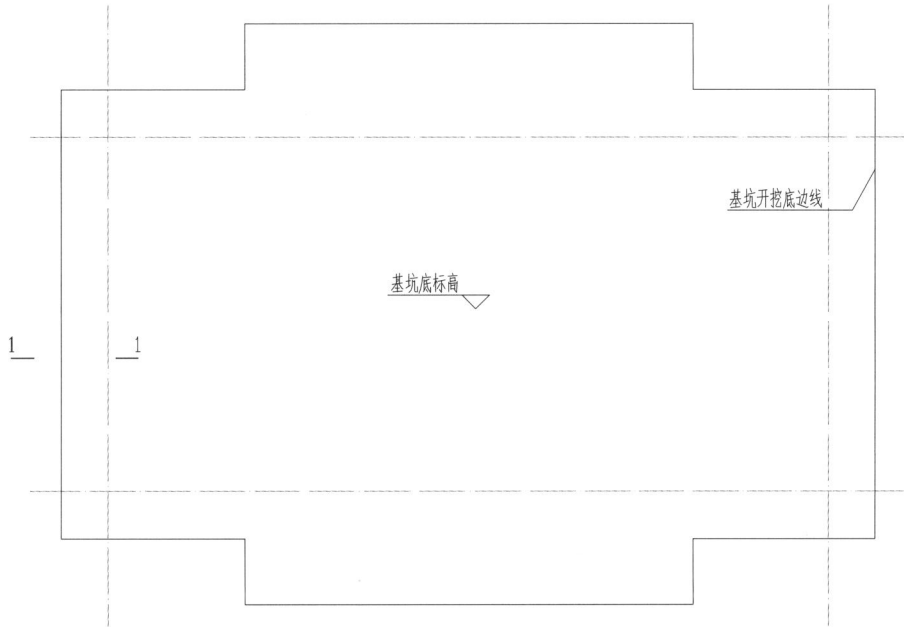

图3-7-10 九檩重檐歇山周围廊建筑基坑开挖图

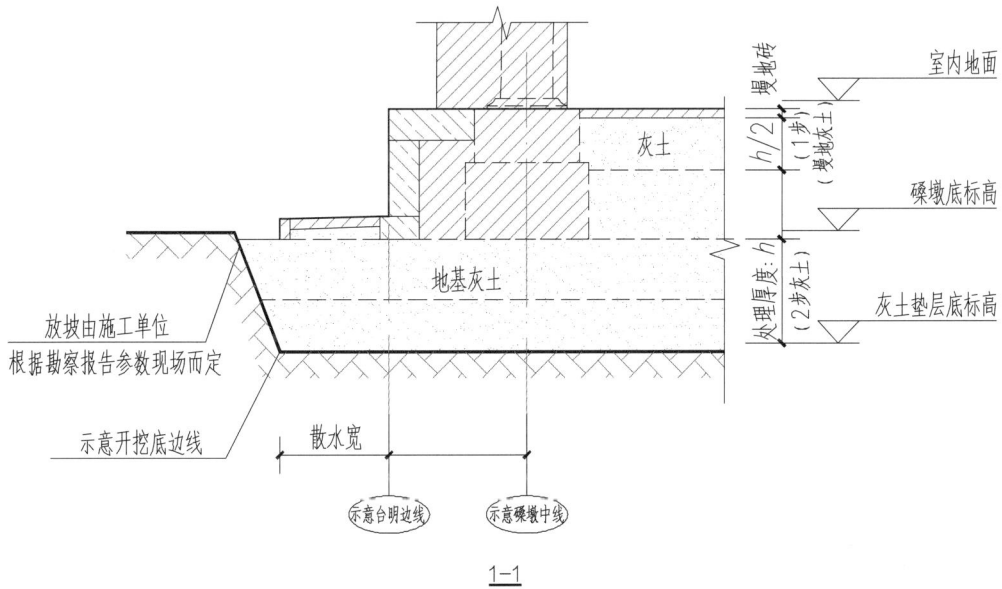

图3-7-11 九檩重檐歇山周围廊建筑灰土垫层处理范围示意

注：部分未注明尺寸根据实际确定

3.7.6 基础平面图

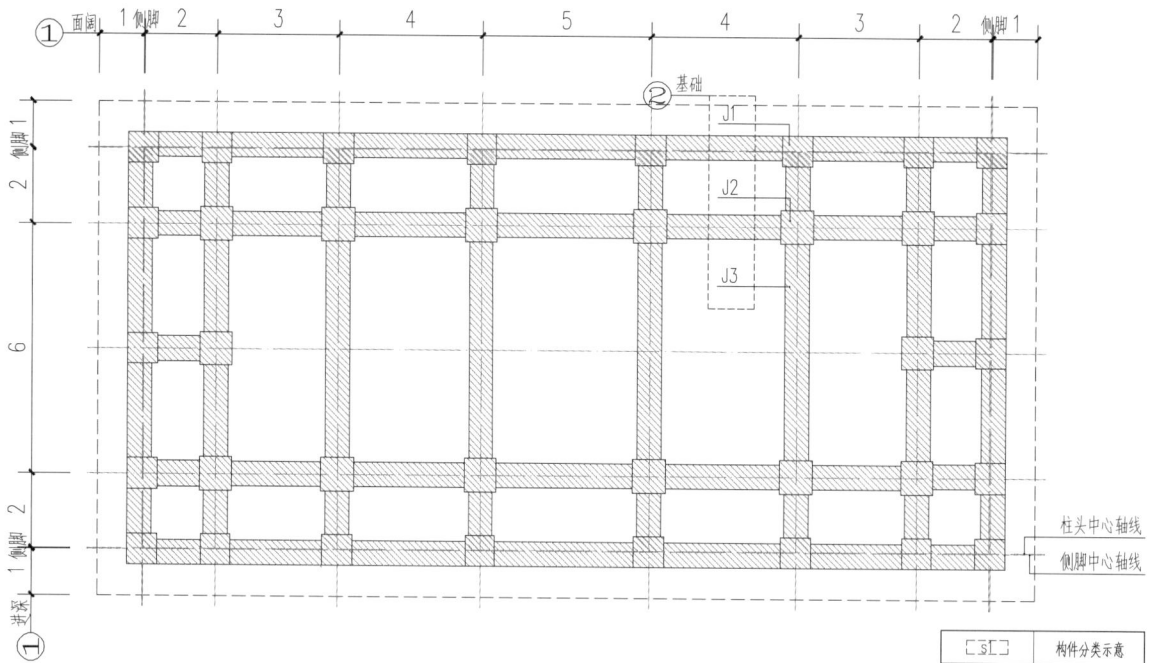

图3-7-12 九檩重檐歇山周围廊建筑基础平面图

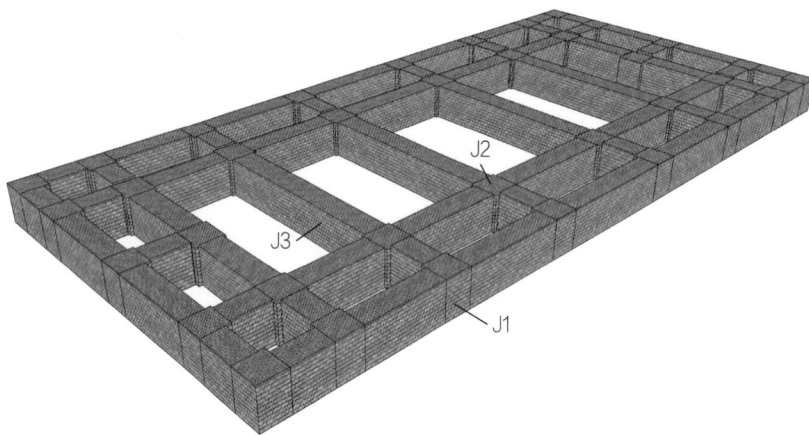

图3-7-13 九檩重檐歇山周围廊建筑磉墩拦土三维示意图

表3-7-1

分类	图3-7-12中的序号	构件	诠释
①面阔、进深	1	台明出	台基露出地面部分称为台明，台明由檐柱中心向外延展出的部分为台明出沿，即台明出①
	2	廊步距离	正心桁至老檐桁中—中的水平距离，一般为两攒斗栱，最大为三攒斗栱

---

① 参见：马炳坚. 中国古建筑木作营造技术[M]. 2版. 北京：科学出版社，2003：5.

分类	图3-7-12中的序号	构件	诠释
①面阔、进深	3	梢间面阔	面阔，一指建筑物正面之长度，二指建筑物正面檐柱与檐柱间之距离，又称间宽。明间面阔即建筑物正面中央、两柱间之部分；梢间面阔即建筑物在左右两端之间；次间面阔即建筑物在明间与梢间间之间[1]
	4	次间面阔	
	5	明间面阔	
	6	间进深	每四棵柱子围成一间，深为"进深"，[2]间进深即为房间的进深
②基础	J1	檐磉墩	磉墩，柱顶石下之基础。[3] 檐柱顶石下为檐磉墩；金柱顶石下为金磉墩
	J2	金磉墩	
	J3	拦土	磉墩与磉墩间之矮墙，高同磉墩[4]

3.7.7 台基平面图

九檩重檐歇山周围廊台基平面图表达的是从隔扇窗二抹以上位置水平剖切，以俯视角度看到的所有构件。

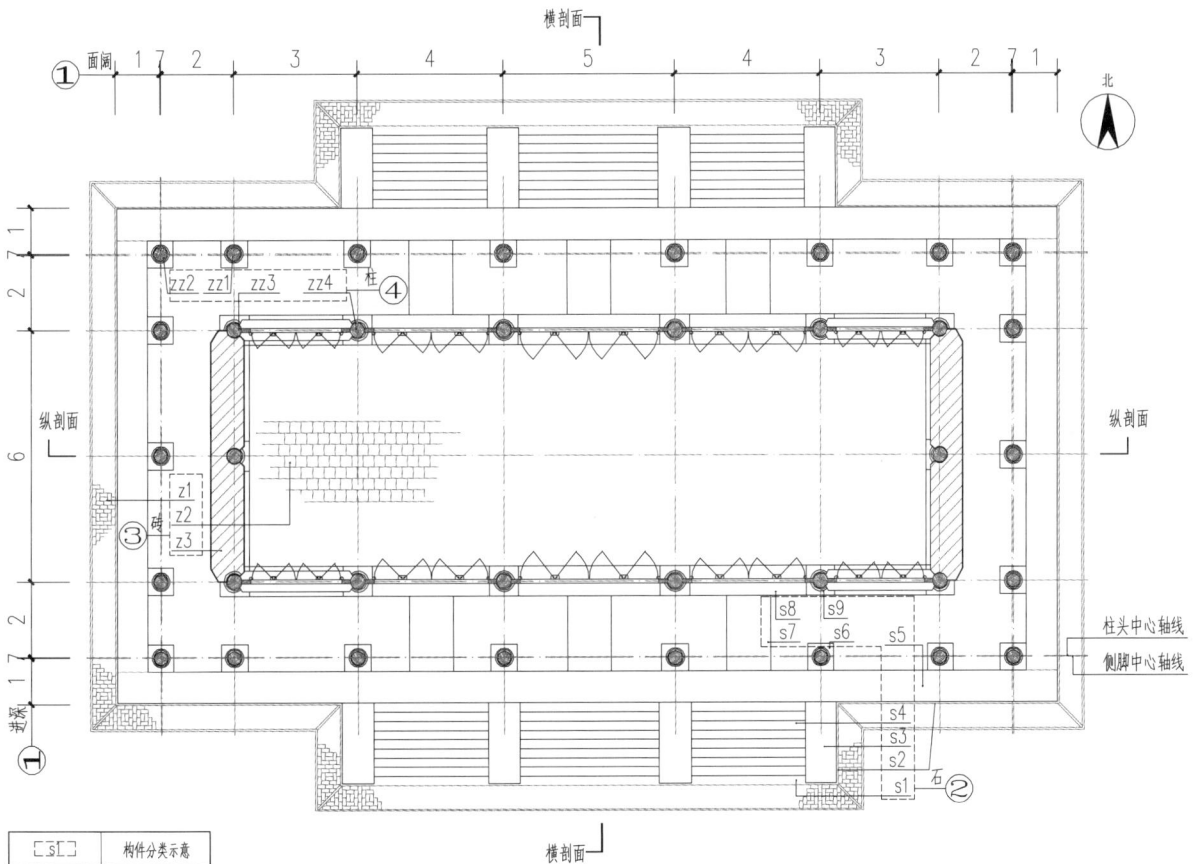

图3-7-14 九檩重檐歇山周围廊建筑台基平面图

注：门窗平面详见门窗详图3-8-15、图3-8-16。

---

① 参见：梁思成. 清式营造则例[M]. 北京：清华大学出版社，2006：73-79.

② 参见：马炳坚. 中国古建筑木作营造技术[M]. 2版. 北京：科学出版社，2003：2.

③ 同①，81页。

④ 同①，76页。

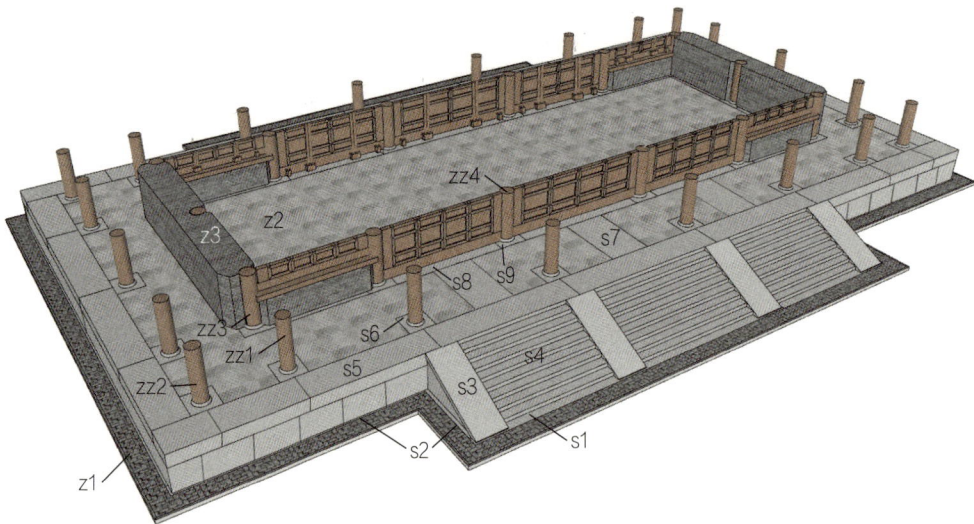

图3-7-15 九檩重檐歇山周围廊建筑台基平面图三维示意图

表3-7-2

分类	图3-7-14中的序号	构件	诠释
①面阔、进深	1	台明出	详见3.7.6
	2	廊步距离	
	3	梢间面阔	
	4	次间面阔	
	5	明间面阔	
	6	间进深	
	7	侧脚	为了加强建筑的整体稳定性，古建筑最外一圈柱子的下脚通常要向外侧移出一定尺寸，使外檐柱子的上端略向内侧倾斜①
②石	s1	砚窝石	踏跺之最下一级，较地面微高一、二分之石②
	s2	平头土衬/土衬石（金边）	平头土衬，踏跺象眼之下，与砚窝石土衬石平之石。③土衬石，在台基陡板以下与地面平之石。④金边，建筑物任何立体部分上皮沿边处，其上立另一立体；上者竖立之侧面，较下者之上边略退入少许而留出狭长之部分。例如土衬石上未被陡板遮盖之部分⑤
	s3	垂带石	踏跺两旁由台基至地上斜置之石⑥
	s4	踏跺石	由一高度达另一高度之阶级⑦
	s5	阶条石	即阶条，台基四周上面之石块⑧

① 参见：马炳坚. 中国古建筑木作营造技术[M]. 2版. 北京：科学出版社，2003：4.

② 参见：梁思成. 清式营造则例[M]. 北京：清华大学出版社，2006：77.

③ 同②，73页。

④ 同②，71页。

⑤ 同②，72页。

⑥ 同②，76页。

⑦ 同②，81页。

⑧ 同②，74页。

分类	图3-7-14中的序号	构件	诠释
②石	s6	檐柱顶石	承托柱下之石。①檐柱下为檐柱顶石
	s7	分心石	建筑物中线上，由阶条石至槛垫石之间之石②
	s8	槛垫石	门槛下，与槛平行，上皮与台基面平，垫于槛下之石③
	s9	金柱顶石	柱顶石，承托柱下之石。①金柱下为金柱顶石
③砖	z1	散水	即散水砖，台基下四周，与土衬石平之墁砖，以受檐上滴下之水者④
	z2	方砖墁地	用方砖铺装地面的做法
	z3	山墙	建筑物两端之墙⑤
④柱	zz1	檐柱	承支屋檐之柱⑥
	zz2	檐角柱	角柱即在建筑物角上之柱③
	zz3	金角柱	
	zz4	金柱	在檐柱一周以内，但不在纵中线上之柱⑦

3.7.8 一层柱头平面图

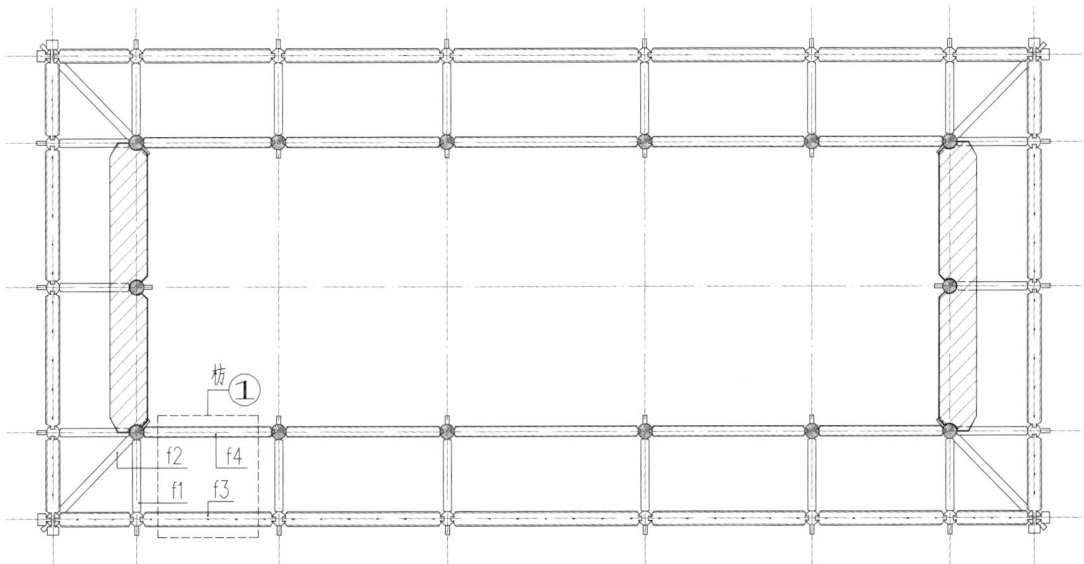

图3-7-16 九檩重檐歇山周围廊建筑一层柱头平面图   〔s〕构件分类示意

---

① 参见：梁思成. 清式营造则例[M]. 北京：清华大学出版社，2006：77.

② 同①，2页。

③ 同①，76页。

④ 同①，80页。

⑤ 同①，70页。

⑥ 同①，82页。

⑦ 同①，75页。

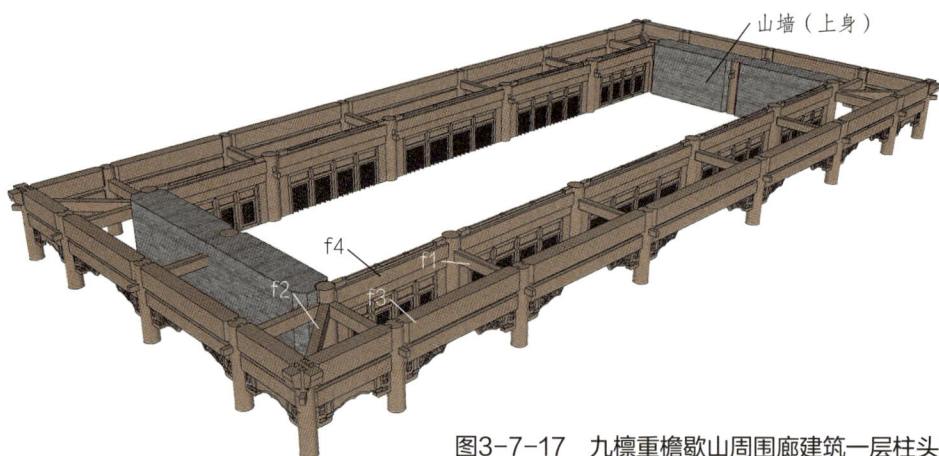

图3-7-17 九檩重檐歇山周围廊建筑一层柱头平面三维示意图

表3-7-3

分类	图3-7-16中的序号	构件	诠释
①枋	f1	穿插枋	抱头梁下与之平行，檐柱与金柱间之联络辅材[①]
	f2	斜穿插枋	即斜插金枋，自角檐柱至角金柱间之穿插枋[②]
	f3	大额枋	檐柱与檐柱头间之联络材，并承平身斗栱[③]
	f4	棋枋	重檐建筑承椽枋之下的一根枋子

3.7.9　一层平板枋平面图

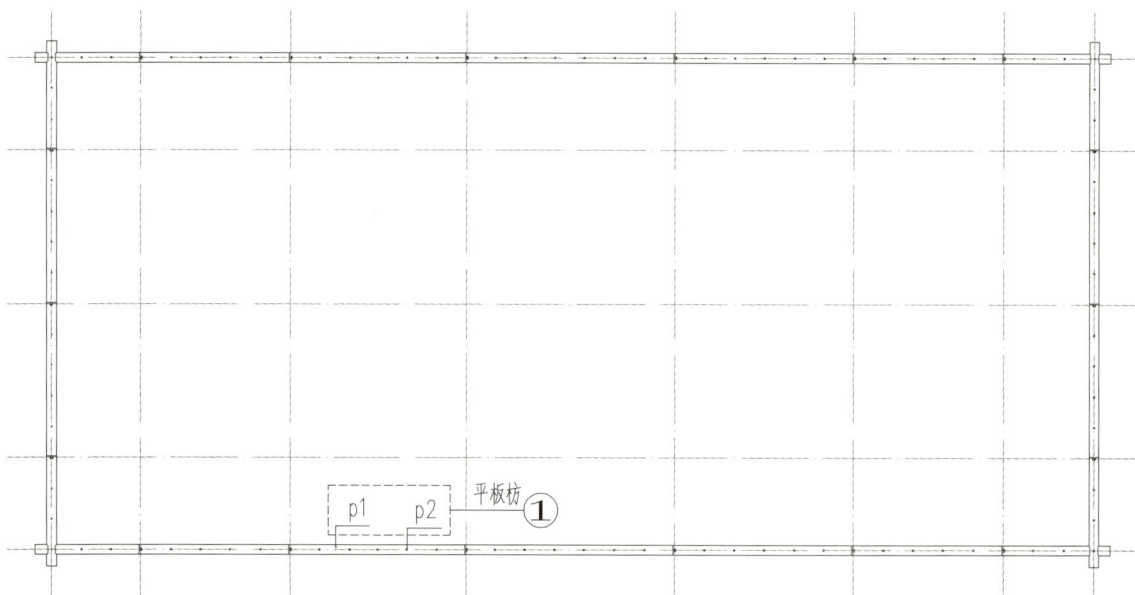

平板枋①

p1　p2

图3-7-18 九檩重檐歇山周围廊建筑一层平板枋平面图

构件分类示意

---

① 参见：梁思成. 清式营造则例[M]. 北京：清华大学出版社，2006：78.

② 同①，79页。

③ 同①，71页。

图3-7-19 九檩重檐歇山周围廊建筑一层平板枋平面三维示意图

表3-7-4

分类	图3-7-18中的序号	构件	诠释
①平板枋	p1	平板枋	在额枋之上，承托斗栱之枋①
	p2	暗销	上下两层木构件相叠面的对应位置所凿之榫卯

3.7.10 一层斗栱仰视平面图

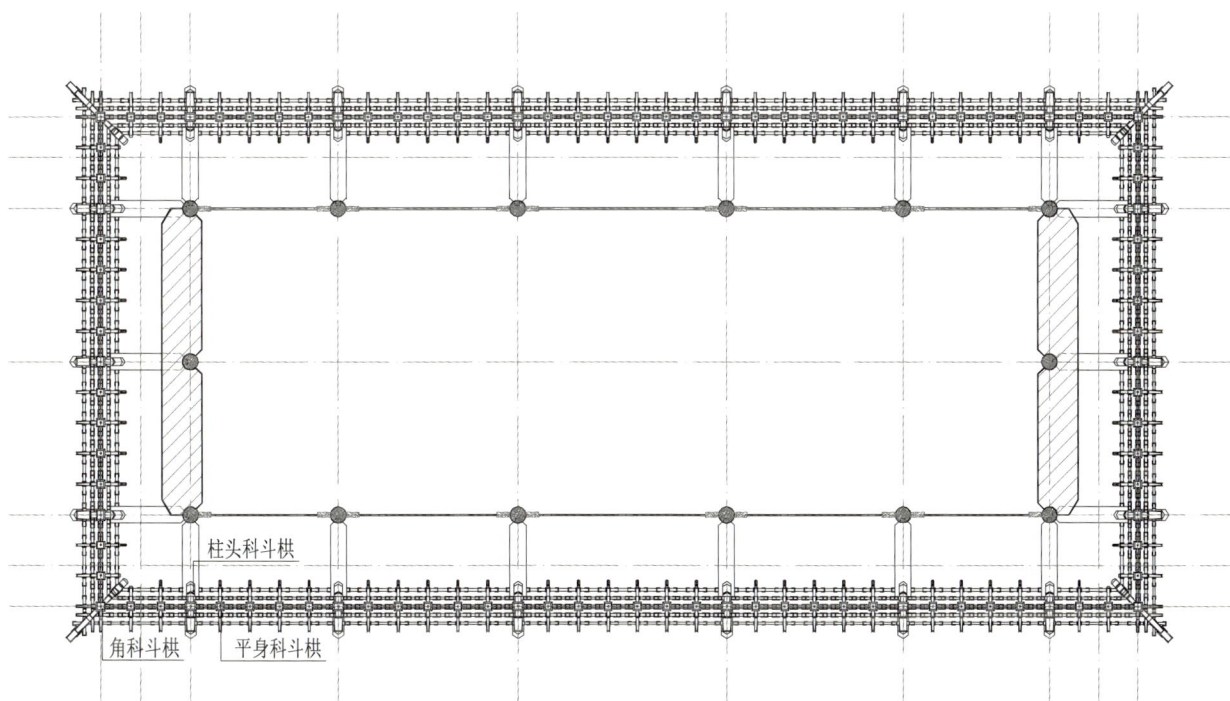

图3-7-20 九檩重檐歇山周围廊建筑一层斗栱仰视平面图

注：斗栱构件的构造及分件详见《清官式建筑营造设计法则 榫卯篇》第7章

---

① 参见：梁思成. 清式营造则例[M]. 北京：清华大学出版社，2006：72.

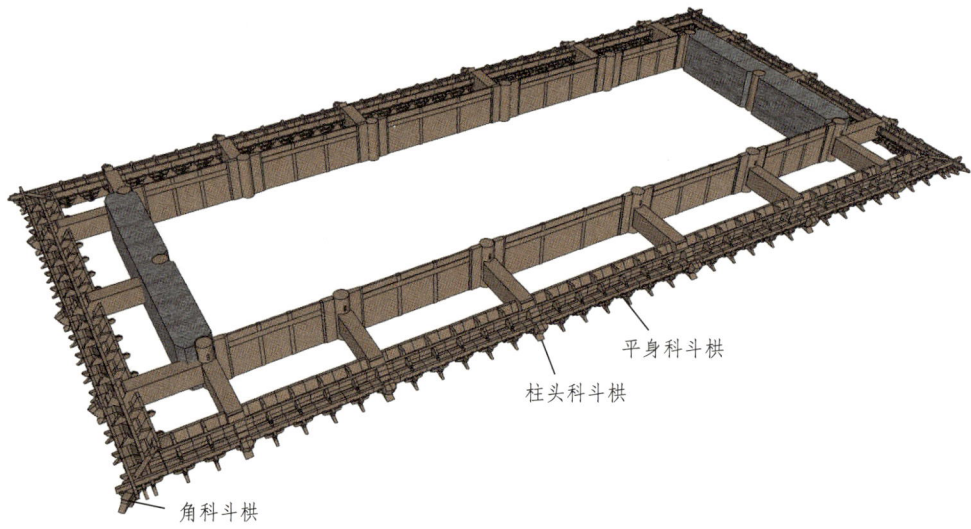

平身科斗栱

柱头科斗栱

角科斗栱

图3-7-21　九檩重檐歇山周围廊建筑一层斗栱平面三维示意图

3.7.11　一层步架平面图

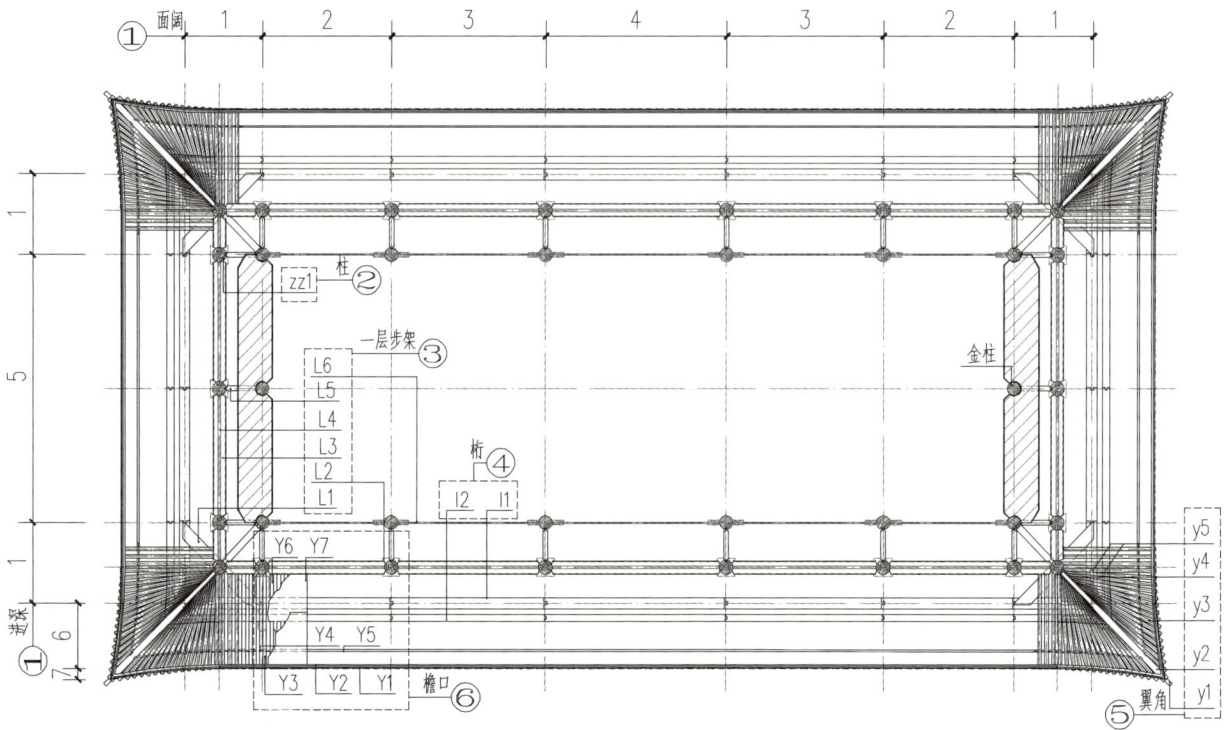

图3-7-22　九檩重檐歇山周围廊建筑一层步架平面图

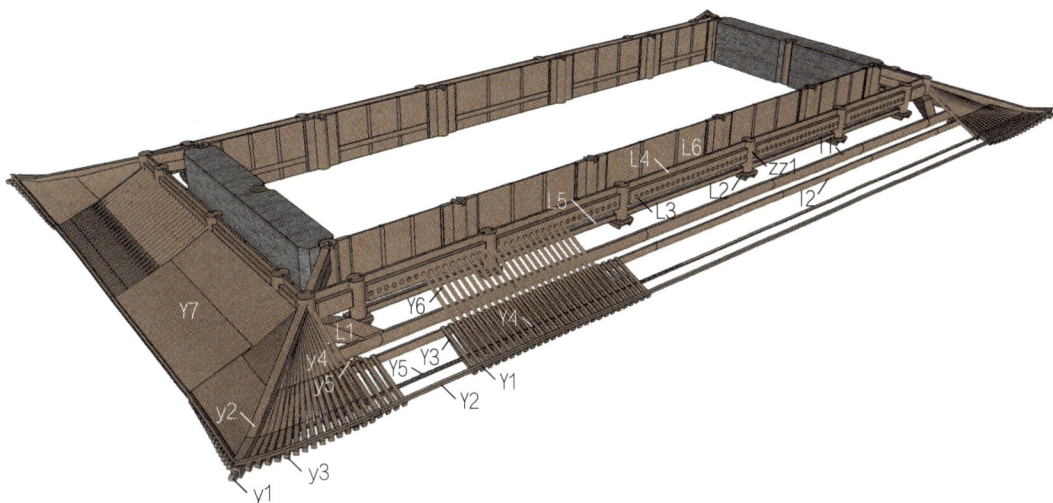

图3-7-23 九檩重檐歇山周围廊建筑一层步架平面三维示意图

表3-7-5

分类	图3-7-22中的序号	构件	诠释
①面阔、进深	1	廊步距离	详见3.7.6
	2	梢间面阔	
	3	次间面阔	
	4	明间面阔	
	5	间进深	
	6	上檐出	正心桁中至飞椽外皮的水平距离
	7	翼角冲出距离	翼角做法尺寸为"冲三翘四",翼角冲出为"冲三",翼角"冲三"是指仔角梁梁头(不包括套兽榫)的平面投影位置,要比正身檐平出(即飞檐椽部至挑檐桁中之间的水平距离)长度加出三椽径。"翘四",是指仔角梁头部边棱线(即大连檐下皮,第一翘上皮位置)与正身飞椽椽头上皮之间的高差。这段高差通常规定为四椽径[①]
②柱	zz1	童柱	立于梁或枋上之柱[②]
③一层步架	L1	抹角梁	在建筑物转角处内角内,与斜角线成正角之梁[③]
	L2	墩斗	在梁背上立童柱,通常需要加一个方形构件——墩斗,柱脚落在墩斗上[④]
	L3	承椽枋	重檐上檐之小额枋,但上有孔以承下檐之椽尾[⑤]
	L4	围脊板	位于重檐建筑中段,承椽枋之上、围脊枋之下
	L5	管脚枋	童柱之间、童柱与金柱间的水平之联络材
	L6	棋枋板	重檐下檐,承椽枋之下桃尖梁头以上之板[③]
④桁	11	正心桁	斗栱左右中线上之桁[③]
	12	挑檐桁	斗栱厢栱上之桁[⑥]

---

① 参见:马炳坚. 中国古建筑木作营造技术[M]. 2版. 北京:科学出版社,2003:188-190.

② 参见:梁思成. 清式营造则例[M]. 北京:清华大学出版社,2006:79.

③ 同②,75页。

④ 同①,146页。

⑤ 同②,72页。

⑥ 同②,77页。

分类	图3-7-22中的序号	构件	诠释
⑤翼角	y1	套兽榫	仔角梁头上承托套兽之榫①
	y2	仔角梁	两层角梁中之在上而较长者②
	y3	翘飞椽	屋角部分翘起之飞椽③
	y4	翼角檐椽	即翼角翘椽，屋角部分如翼形或扇形展出而翘起之椽④
	y5	衬头木	即枕头木，屋角檐桁上，将椽子垫托，使椽背与角梁背平之三角形木⑤
⑥檐口	Y1	瓦口木	即瓦口，大连檐之上，承托瓦陇之木⑥
	Y2	大连檐	飞椽头上之联络材，其上安瓦口⑦
	Y3	飞椽	附在檐椽之上的飞檐椽⑧
	Y4	闸挡板	屋顶起翘处飞椽椽头间之板⑤
	Y5	小连檐	檐椽头上之联络材，在飞椽之下⑦
	Y6	檐椽	屋檐部分之椽，上端在老檐桁上，下端搭过正心及挑檐桁④
	Y7	望板	椽上所铺以承屋瓦之板⑨

3.7.12 一层屋顶平面图（以琉璃瓦屋面为例）

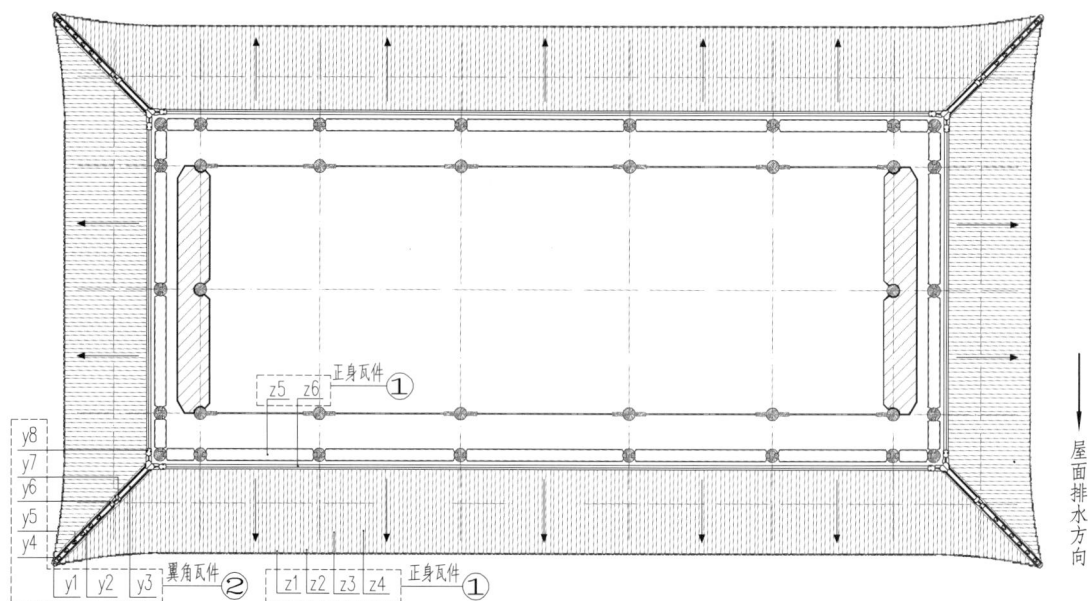

图3-7-24 九檩重檐歇山周围廊建筑一层屋顶平面图

---

① 参见：梁思成. 清式营造则例[M]. 北京：清华大学出版社，2006：78.

② 同①，73页。

③ 同①，80页。

④ 同①，82页。

⑤ 同①，76页。

⑥ 同①，72页。

⑦ 同①，71页。

⑧ 参见：马炳坚. 中国古建筑木作营造技术[M]. 2版. 北京：科学出版社，2003：176.

⑨ 同①，79页。

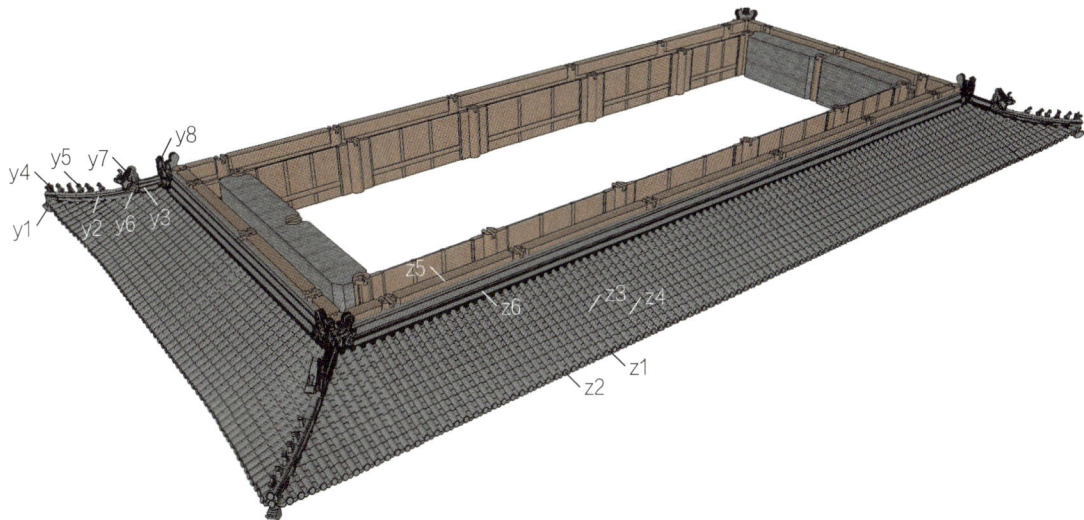

图3-7-25　九檩重檐歇山周围廊建筑一层屋顶平面三维示意图

表3-7-6

分类	图3-7-24中的序号	构件	诠释
①正身瓦件	z1	滴水	陇沟最下端有如意形舌片下垂之板瓦[1]
	z2	勾头	筒瓦每陇最下有圆盘为头之瓦[2]
	z3	板瓦	横断面做四分之一圆之弧形瓦[3]
	z4	筒瓦	横断面做半圆形之瓦[4]
	z5	围脊枋	位于重檐建筑中段，承椽枋之上，大额枋之下
	z6	围脊	重檐建筑用于保护上下层之间梁柱的屋脊[5]
②翼角瓦件	y1	套兽	仔角梁头上之瓦质雕饰[6]
	y2	兽前戗脊	也称岔脊，为歇山顶屋脊形式，其高度低于垂脊，与垂脊呈45°相交。[7]，兽前戗脊为兽之前的部位，兽后戗脊为戗兽之后的部位
	y3	兽后戗脊	
	y4	仙人	垂脊屋角最下端之雕饰[2]
	y5	小兽	即走兽，垂脊下端上之雕饰[8]
	y6	戗兽座	支承戗兽，连接兽前兽后脊饰，稳定整个戗脊的作用[9]
	y7	戗兽	戗脊上装饰构件，也称"截兽"兽头上有兽角[7]
	y8	合角兽	即合角吻，重檐下檐正面侧面博脊相交之处之吻[2]

---

① 参见：梁思成. 清式营造则例[M]. 北京：清华大学出版社，2006：81.

② 同①，73页。

③ 同①，76页。

④ 同①，80页。

⑤ 参见：李剑平. 中国古建筑名词图解辞典[M]. 太原：山西科学技术出版社，2011：193.

⑥ 同①，78页。

⑦ 同⑤，192页。

⑧ 同①，74页。

⑨ 同⑤，196页。

3.7.13 二层柱头平面图

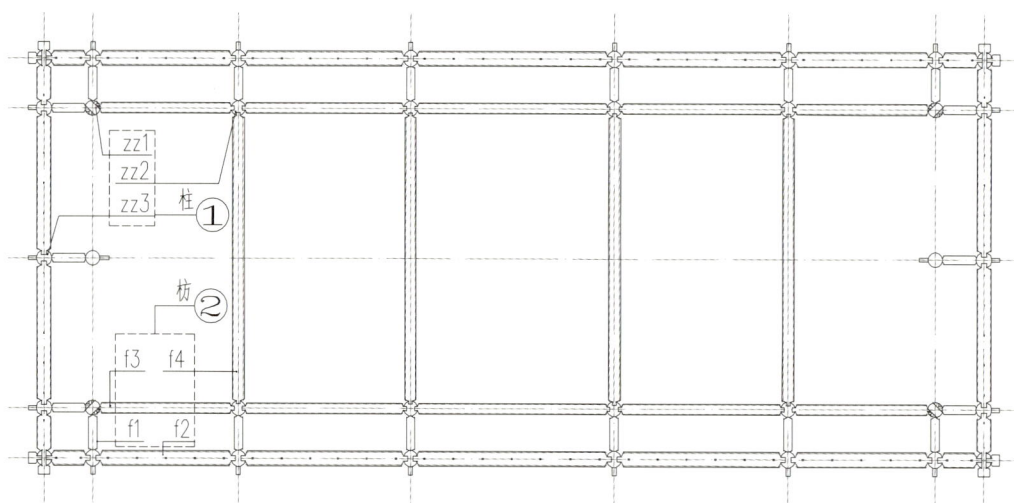

图3-7-26 九檩重檐歇山周围廊建筑二层柱头平面图

构件分类示意

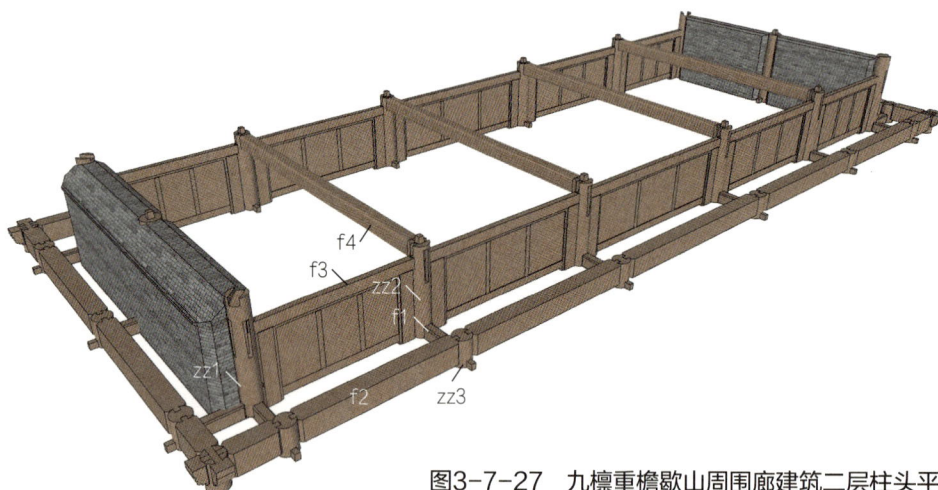

图3-7-27 九檩重檐歇山周围廊建筑二层柱头平面三维示意图

表3-7-7

分类	图3-7-26中的序号	构件	诠释
①柱	zz1	金角柱	详见3.7.7
	zz2	金柱	
	zz3	童柱	详见3.7.11
②枋	f1	二层穿插枋	详见3.7.8
	f2	重檐上大额枋	位于重檐上层之大额枋，尺寸等于或大于大额枋
	f3	老檐枋	金柱柱头间，与建筑物外檐平行之联络材，在老檐桁之下[①]
	f4	随梁枋	紧贴大梁之下，与之平行之辅材[②]

---

① 参见：梁思成. 清式营造则例[M]. 北京：清华大学出版社，2006：73.

② 同①，79页。

3.7.14 二层平板枋平面图

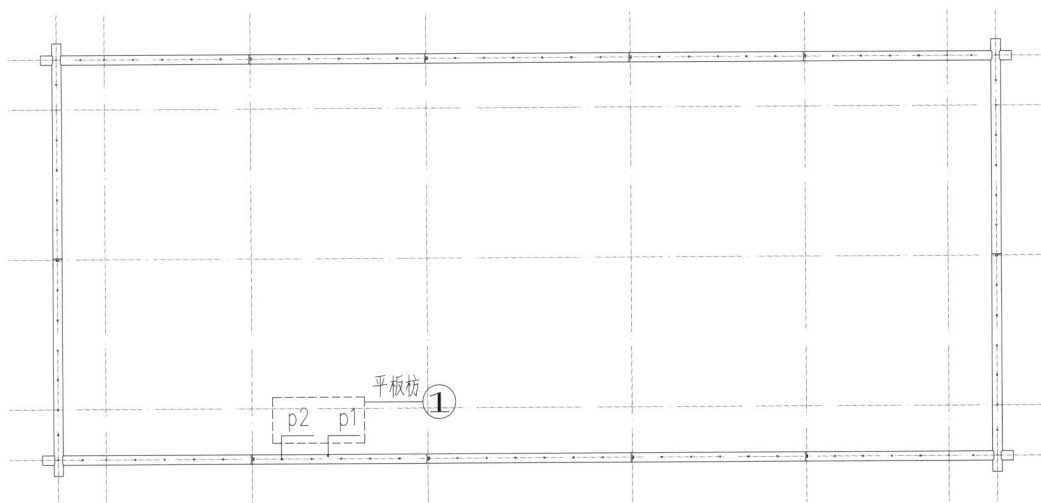

图3-7-28 九檩重檐歇山周围廊建筑二层平板枋平面图

构件分类示意

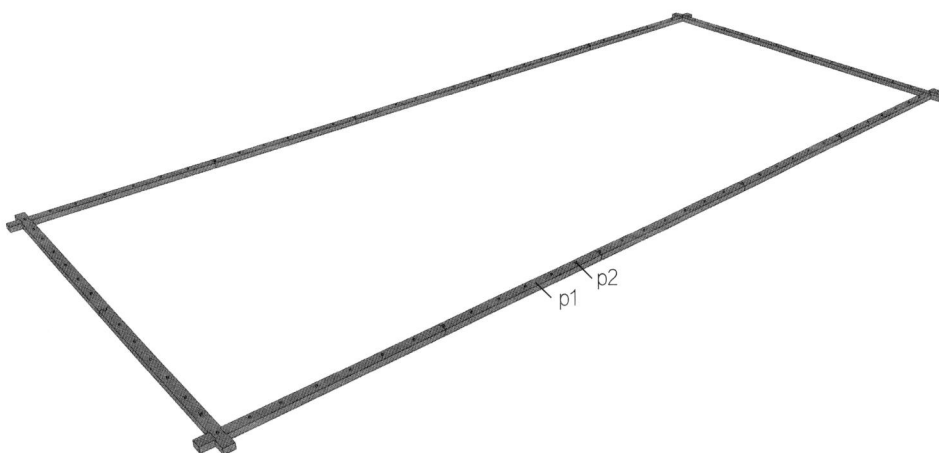

图3-7-29 九檩重檐歇山周围廊建筑二层平板枋平面三维示意图

表3-7-8

分类	图3-7-28中的序号	构件	诠释
①平板枋	p1	重檐上平板枋	详见3.7.9
	p2	暗销	

3.7.15 二层斗栱仰视平面图

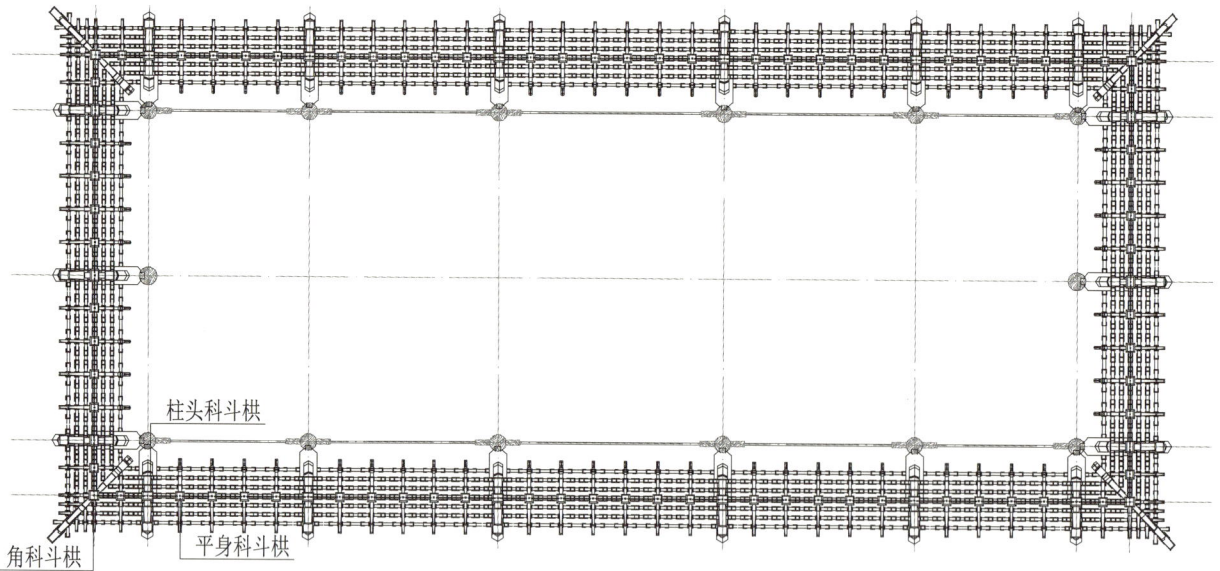

图3-7-30 九檩重檐歇山周围廊建筑二层斗栱仰视平面图

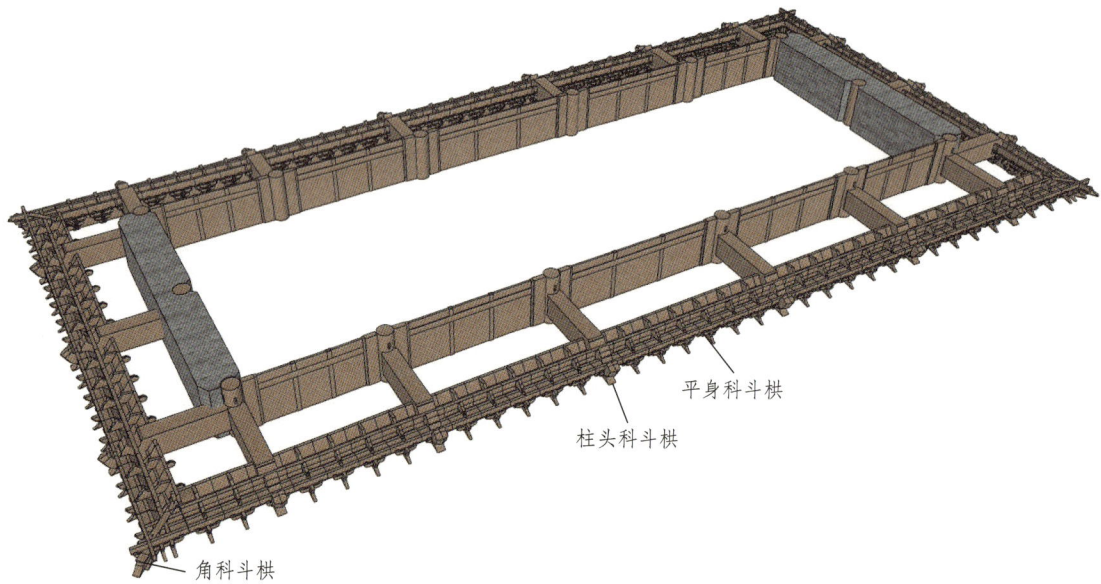

图3-7-31 九檩重檐歇山周围廊建筑二层斗栱平面三维示意图

注：斗栱构件的构造及分件详见《清官式建筑营造设计法则 榫卯篇》第7章。

3.7.16 二层步架平面图

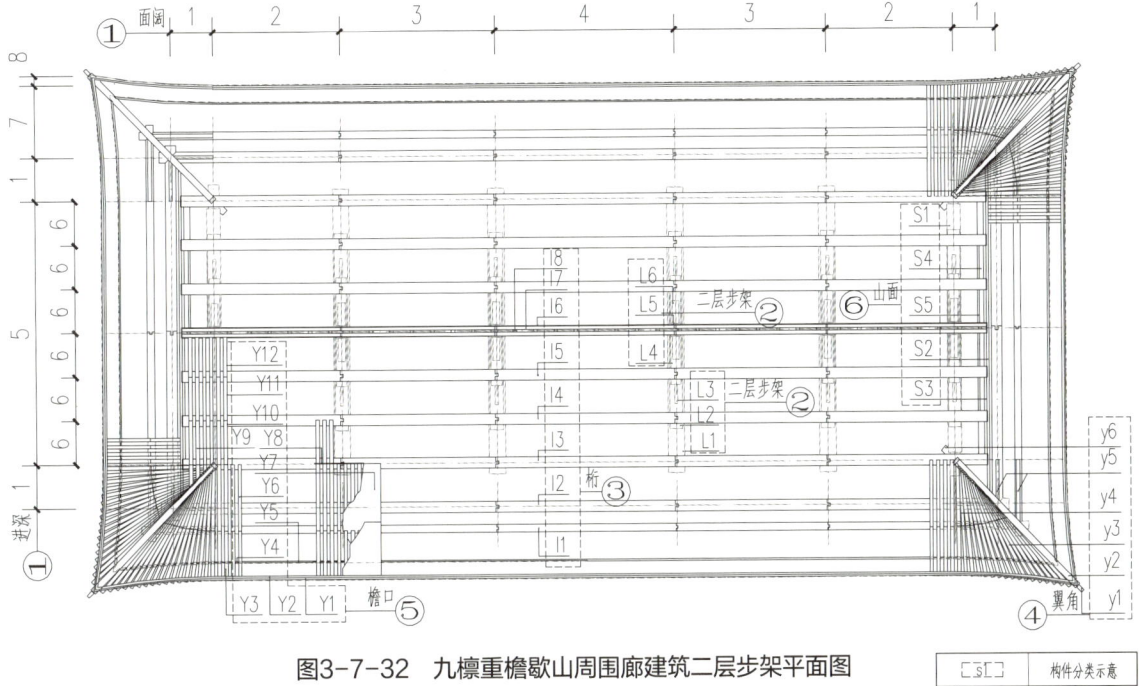

图3-7-32　九檩重檐歇山周围廊建筑二层步架平面图

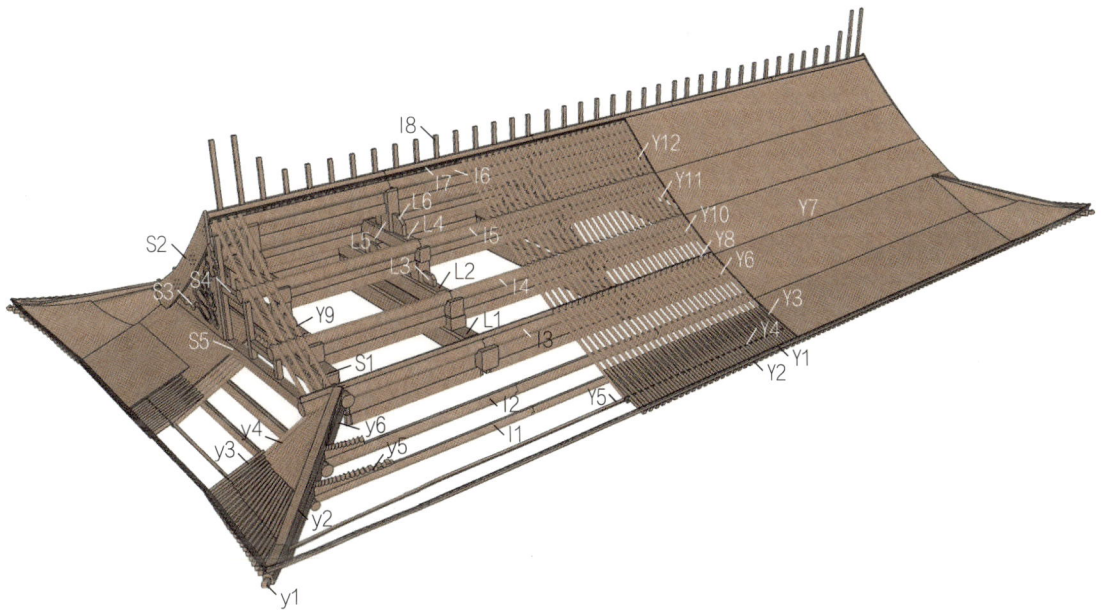

图3-7-33　九檩重檐歇山周围廊建筑二层步架平面三维示意图

表3-7-9

分类	图3-7-32中的序号	构件	诠释
①面阔、进深	1	檐步架	重檐上层童柱与金柱之水平距离
	2	梢间面阔	详见3.7.6
	3	次间面阔	
	4	明间面阔	
	5	间进深	
	6	步架距离	即步架,梁架上檩与檩之间之水平距离①
	7	上檐出	详见3.7.11
	8	翼角冲出距离	
②二层步架	L1	七架梁	长六步架之梁②
	L2	五架梁	长四步架之梁③
	L3	金角背	即角背,瓜柱脚下之支撑木。①金角背即在金瓜柱脚下
	L4	三架梁	长两步架,上共承三桁之梁②
	L5	脊瓜柱	立在三架梁上,顶托脊桁之瓜柱④
	L6	脊角背	三架梁上脊瓜柱脚下之支撑木④
③桁	l1	挑檐桁	详见3.7.11
	l2	正心桁	
	l3	老檐桁	金柱上之桁⑤
	l4	下金桁	金桁即在老檐桁以上,脊桁以下之桁。⑥五架梁承托之桁为下金桁,三架梁承托之桁为上金桁。上金桁与下金桁统称为金桁
	l5	上金桁	
	l6	脊桁	屋脊之主要骨架,在脊瓜柱之上⑦
	l7	扶脊木	承托脑椽上端之木,脊桁之上,与之平行,横断面作六角形①
	l8	椿桩	即脊桩,扶脊木上竖立之木桩,穿入正脊之内,以防正脊移动者⑦
④翼角	y1	套兽榫	详见3.7.11
	y2	仔角梁	
	y3	翘飞椽	
	y4	翼角檐椽	
	y5	衬头木	
	y6	老角梁	上下两层角梁中居下而较短者⑤
⑤檐口	Y1	瓦口木	详见3.7.11
	Y2	大连檐	
	Y3	飞椽	
	Y4	闸挡板	
	Y5	小连檐	

---

① 参见:梁思成. 清式营造则例[M]. 北京:清华大学出版社,2006:74.

② 同①,70页。

③ 同①,71页。

④ 同①,77页。

⑤ 同①,73页。

⑥ 同①,75页。

⑦ 同①,78页。

分类	图3-7-32中的序号	构件	诠释
⑤檐口	Y6	檐椽	详见3.7.11
	Y7	望板	
	Y8	椽中板	是在金里安装修时,安装在金檩之上的长条板[1]
	Y9	哑叭椽	歇山大木在采步金以外,榻脚木以内之椽[2]
	Y10	下花架椽	两端皆由金桁承托之椽。[3]下花架椽即由老檐桁与下金桁承托之椽
	Y11	上花架椽	上花架椽是由下金桁与上金桁承托之椽
	Y12	脑椽	最上一段椽,一端在扶脊木上,一端在上金桁上[3]
⑥山面	S1	踩步金	即采步金,歇山大木,在梢间扒梁上,与其他梁架平行,与第二层梁高相近,以承歇山部分结构之梁。两端做假桁头,与下金桁相交,放在交金墩上[4]
	S2	博缝板	悬山或歇山屋顶两山沿屋顶斜坡钉在桁头上之板[5]
	S3	山花板	即山花,歇山屋顶两端,前后两博缝间之三角形部分[6]
	S4	穿	即穿梁,歇山大木草架柱子间之联络材,亦曰穿二根[3]
	S5	踏脚木	即榻脚木,歇山大木在两山承托草架柱子之木[7]

3.7.17 二层屋顶平面图(以琉璃瓦屋面为例)

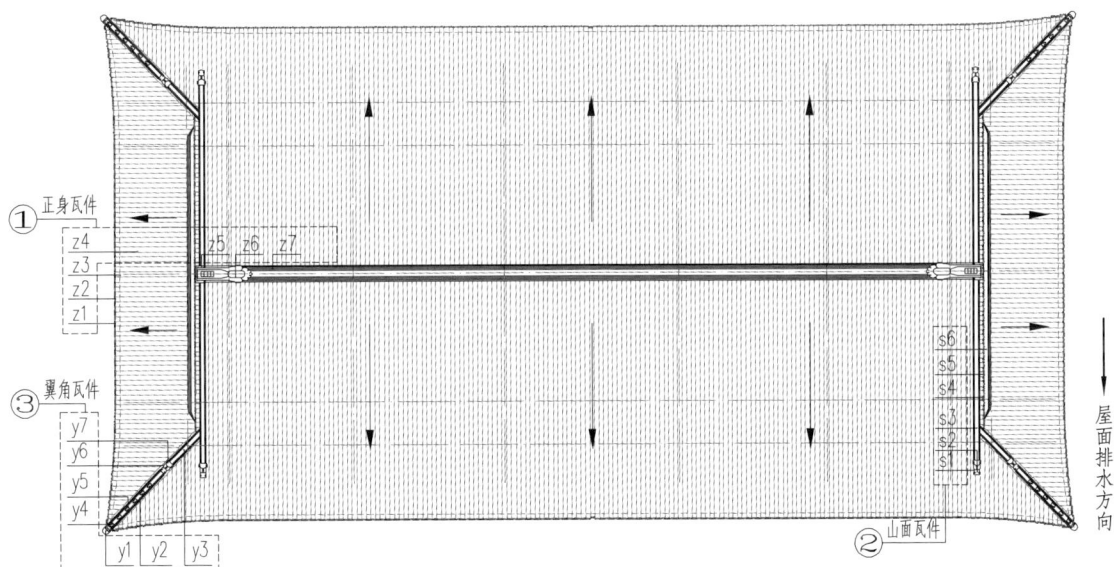

图3-7-34 九檩重檐歇山周围廊建筑二层屋顶平面图

[1] 参见:马炳坚. 中国古建筑木作营造技术[M]. 2版. 北京:科学出版社,2003:177.

[2] 参见:梁思成. 清式营造则例[M]. 北京:清华大学出版社,2006:77.

[3] 同[2],78页。

[4] 同[2],76页。

[5] 同[2],80页。

[6] 同[2],70页。

[7] 同[2],81页。

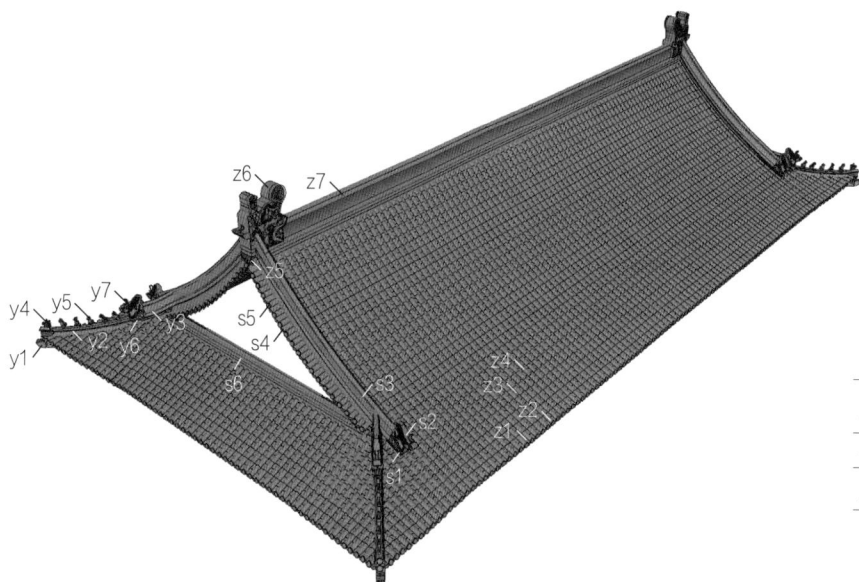

图3-7-35　九檩重檐歇山周围廊建筑二层屋顶平面
三维示意图

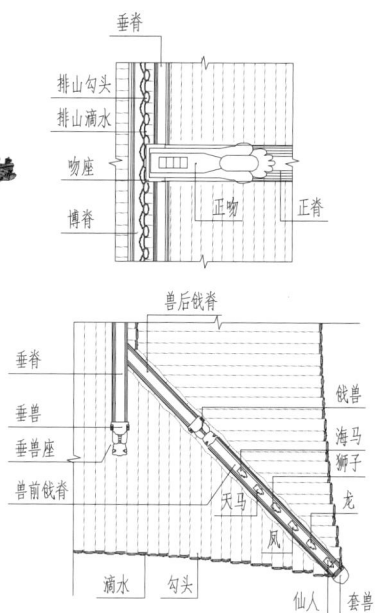

图3-7-36　九檩重檐歇山周围廊建筑
正吻、翼角平面详图

表3-7-10

分类	图3-7-34中的序号	构件	诠释	分类	图3-7-34中的序号	构件	诠释
①正身瓦件	z1	滴水	详见3.7.12	②山面瓦件	s4	排山滴水	博缝上之勾头与滴水⑤
	z2	勾头			s5	排山勾头	
	z3	板瓦			s6	博脊	一面斜坡之屋顶与建筑物垂直之部分相交处⑤
	z4	筒瓦	详见3.7.12	③翼角瓦件	y1	套兽	详见3.7.12
	z5	吻座	正吻背下之承托物①		y2	兽前铍脊	
	z6	正吻	即吻，正脊两端龙头形翘起之雕饰①		y3	兽后铍脊	
	z7	正脊	屋顶前后两斜坡相交而成之脊②		y4	仙人	
②山面瓦件	s1	垂兽座	垂兽背下之承托物		y5	小兽	
	s2	垂兽	垂脊近下端之兽头形雕饰，亦称角兽③		y6	铍兽座	
	s3	垂脊	前后两坡至正吻沿博缝下垂之脊④		y7	铍兽	

---

① 参见：梁思成. 清式营造则例[M]. 北京：清华大学出版社，2006：74.

② 同①，72页。

③ 同①，76页。

④ 同①，75页。

⑤ 同①，79页。

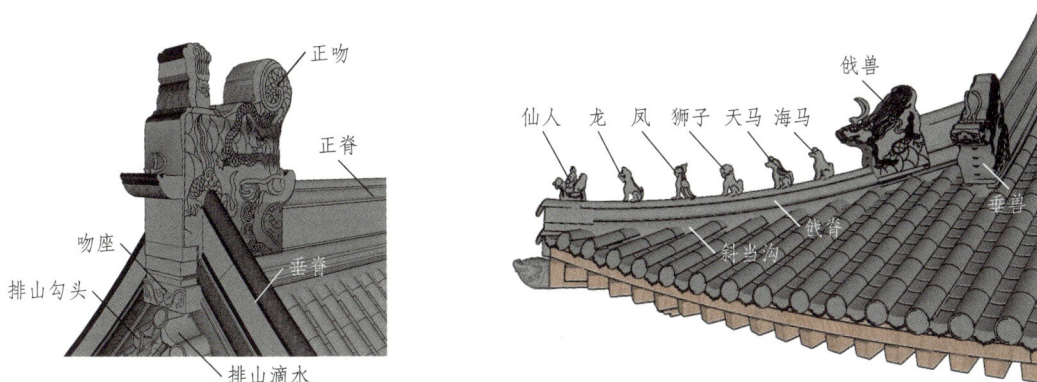

图3-7-37　九檩重檐歇山周围廊建筑正吻、翼角三维示意图

3.7.18　横剖面图

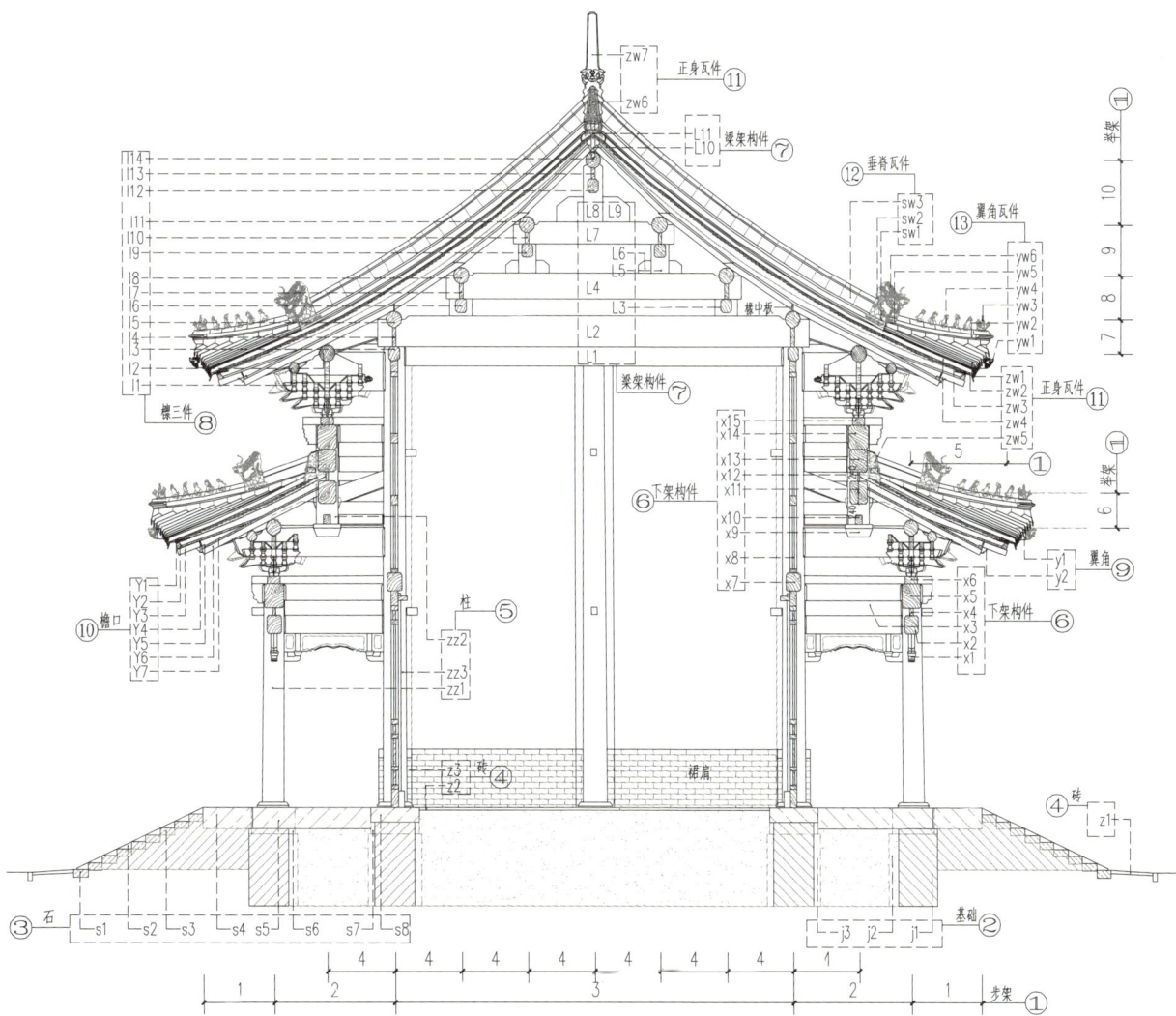

图3-7-38　九檩重檐歇山周围廊建筑横剖面图

表3-7-11

分类	图3-7-38中的序号	构件	诠释
①步架、举架	1	台明出	详见3.7.6
	2	廊步距离	
	3	间进深	
	4	步架距离	详见3.7.11
	5	上檐出	
	6	一层廊步举架	举架，为使屋顶斜坡或曲面而将每层桁较下层比例的加高之方法。①一层廊步举架为正心桁中与承椽枋中的垂直距离与水平距离之比；二层檐步举架为上层正心桁中与老檐桁中的垂直距离与水平距离之比；下金步举架为老檐桁中与下金桁中的垂直距离与水平距离之比；上金步举架为下金桁中与上金桁中的垂直距离与水平距离之比。脊步举架为上金桁中与脊桁中的垂直距离与水平距离之比
	7	二层檐步举架	
	8	下金步举架	
	9	上金步举架	
	10	脊步举架	
②基础	j1	拦土	详见3.7.6
	j2	檐磉墩	
	j3	金磉墩	
③石	s1	砚窝石	详见3.7.7
	s2	垂带石	
	s3	踏跺石	
	s4	阶条石	
	s5	分心石	
	s6	檐柱顶石	
	s7	金柱顶石	
	s8	槛垫石	
④砖	z1	散水	
	z2	方砖墁地	
	z3	槛墙	槛窗以下之槛墙②
⑤柱	zz1	檐柱	详见3.7.7
	zz2	童柱	详见3.7.11
	zz3	金柱	详见3.7.7
⑥下架构件	x1	雀替	即角替，额枋与柱相交处，自柱内伸出，承托额枋下之分件③
	x2	小额枋	柱头间，在大额枋之下，与之平行之辅助材④
	x3	穿插枋	详见3.7.8
	x4	由额垫板	大小额枋间之垫板⑤
	x5	大额枋	详见3.7.8
	x6	平板枋	详见3.7.9
	x7	棋枋	详见3.7.8

---

① 参见：梁思成. 清式营造则例[M]. 北京：清华大学出版社，2006：77.

② 同①，81页。

③ 同①，74页。

④ 同①，71页。

⑤ 同①，73页。

分类	图3-7-38中的序号	构件	诠释
⑥下架构件	x8	棋枋板	详见3.7.11
	x9	墩斗	
	x10	管脚枋	
	x11	承椽枋	
	x12	围脊板	
	x13	围脊枋	详见3.7.12
	x14	重檐上大额枋	详见3.7.13
	x15	重檐上平板枋	详见3.7.9
⑦梁架构件	L1	随梁枋	详见3.7.13
	L2	七架梁	详见3.7.16
	L3	柁墩	在梁或顺梁上，将上一层梁垫起，使达到需要的高度的木块，其本身之高小于本身之长宽者为柁墩，大于本身之长宽者为瓜柱①
	L4	五架梁	详见3.7.16
	L5	金瓜柱	金桁下之瓜柱。②
	L6	金角背	详见3.7.16
	L7	三架梁	
	L8	脊瓜柱	
	L9	脊角背	
	L10	扶脊木	
	L11	椿桩	
⑧檩三件	11	挑檐桁	详见3.7.11
	l2	正心桁	
	13	老檐枋	详见3.7.13
	l4	老檐垫板	老檐桁下，老檐枋上之垫板。③
	l5	老檐桁	详见3.7.16
	l6	下金枋	在下金桁之下，与之平行，而两端在左右两下金瓜柱上之枋。④
	l7	下金垫板	下金桁与下金枋间之垫板。⑤
	l8	下金桁	详见3.7.16
	l9	上金枋	与上金桁平行，在其下，而两端在左右两上金瓜柱上之枋。②
	l10	上金垫板	上金桁与上金枋间之垫板。②
	l11	上金桁	详见3.7.16
	l12	脊枋	脊桁之下，与之平行，脊瓜柱上之枋。②

① 参见：梁思成. 清式营造则例[M]. 北京：清华大学出版社，2006：77.

② 同①，75页。

③ 同①，73页。

④ 同①，70页。

⑤ 同①，71页。

分类	图3-7-38中的序号	构件	诠释
⑧檩三件	l13	脊垫板	脊桁之下，脊枋之上之垫板。[1]
	l14	脊桁	详见3.7.16
⑨翼角	y1	仔角梁	详见3.7.11
	y2	老角梁	详见3.7.16
⑩檐口	Y1	瓦口木	详见3.7.11
	Y2	大连檐	
	Y3	飞椽	
	Y4	闸挡板	
	Y5	小连檐	
	Y6	檐椽	
	Y7	望板	
⑪正身瓦件	zw1	勾头	详见3.7.12
	zw2	滴水	
	zw3	板瓦	
	zw4	筒瓦	
	zw5	围脊	
	zw6	正脊	详见3.7.17
	zw7	正吻	
⑫垂脊瓦件	sw1	垂兽座	
	sw2	垂兽	
	sw3	垂脊	
⑬翼角瓦件	yw1	套兽	详见3.7.12
	yw2	兽前戗脊	
	yw3	仙人	
	yw4	小兽	
	yw5	戗兽座	
	yw6	戗兽	

① 参见：梁思成. 清式营造则例[M]. 北京：清华大学出版社，2006：78.

3.7.19 纵剖面图

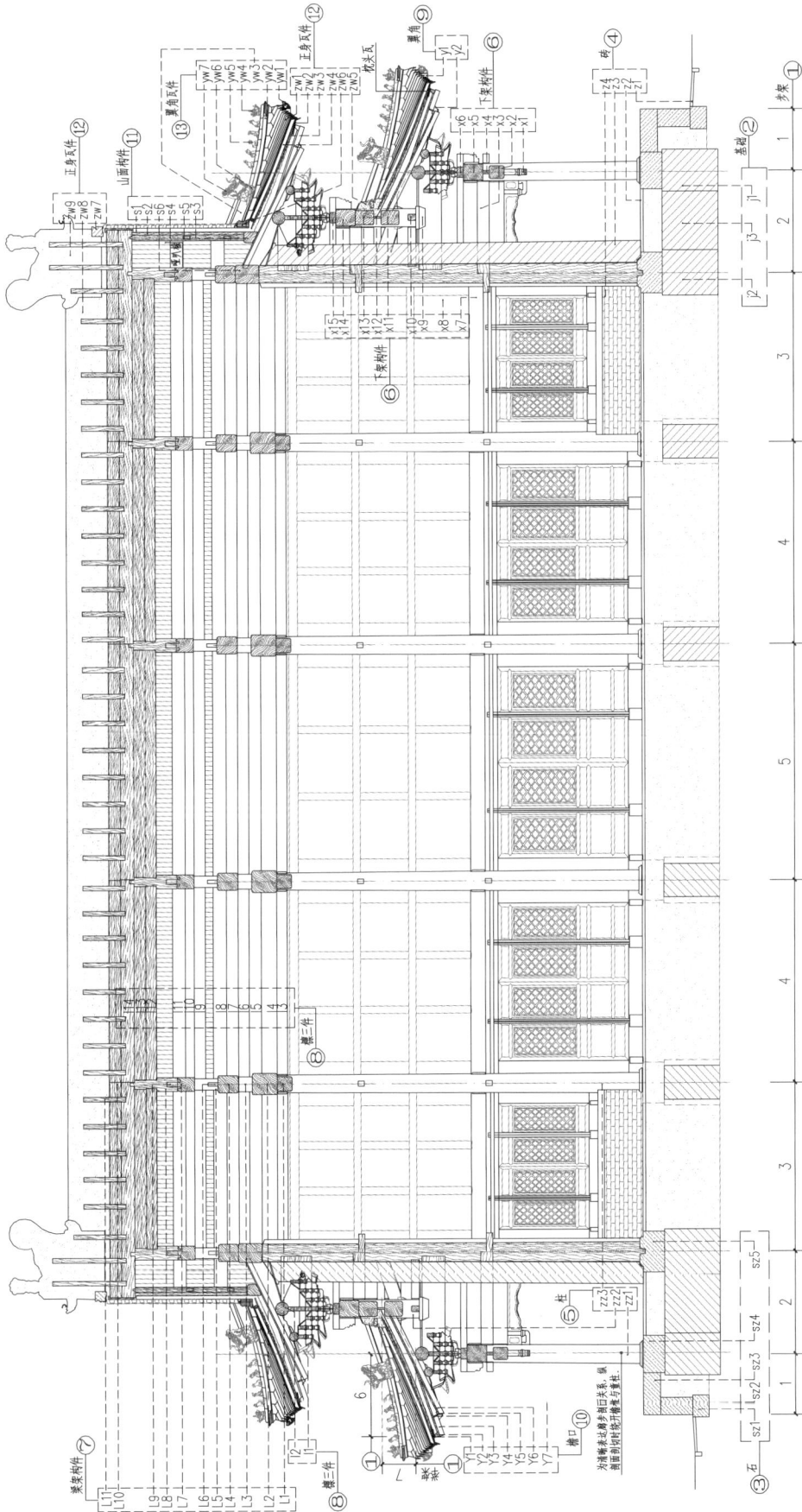

图3-7-39 九檩重檐歇山周围廊建筑纵剖面图

表3-7-12

分类	图3-7-39中的序号	构件	诠释	分类	图3-7-39中的序号	构件	诠释
①步架、举架	1	台明出	详见3.7.6	⑥下架构件	x13	围脊枋	详见3.7.12
	2	廊步距离			x14	重檐上大额枋	详见3.7.13
	3	梢间面阔			x15	重檐上平板枋	详见3.7.9
	4	次间面阔		⑦梁架构件	L1	随梁枋	详见3.7.13
	5	明间面阔			L2	七架梁	详见3.7.16
	6	上檐出	详见3.7.11		L3	柁墩	详见3.7.18
	7	一层廊步举架	详见3.7.18		L4	五架梁	详见3.7.16
②基础	j1	檐磉墩	详见3.7.6		L5	金瓜柱	详见3.7.18
	j2	金磉墩			L6	金角背	详见3.7.16
	j3	拦土			L7	三架梁	
③石	sz1	土衬石	详见3.7.7		L8	脊瓜柱	
	sz2	陡板石	即陡板，台基阶条石以下，土衬石以上，左右角柱之间之部分①		L9	脊角背	
	sz3	阶条石	详见3.7.7		L10	扶脊木	
	sz4	檐柱顶石			L11	椿桩	
	sz5	金柱顶石		⑧檩三件	l1	挑檐桁	详见3.7.11
④砖	z1	散水			l2	正心桁	
	z2	方砖墁地			l3	老檐枋	详见3.7.13
	z3	山墙			l4	老檐垫板	详见3.7.18
	z4	槛墙	详见3.7.18		l5	老檐桁	详见3.7.16
⑤柱	zz1	檐柱	详见3.7.7		l6	下金枋	详见3.7.18
	zz2	童柱	详见3.7.11		l7	下金垫板	
	zz3	金柱	详见3.7.7		l8	下金桁	详见3.7.16
⑥下架构件	x1	雀替	详见3.7.18		l9	上金枋	详见3.7.18
	x2	小额枋			l10	上金垫板	
	x3	穿插枋	详见3.7.8		l11	上金桁	详见3.7.16
	x4	由额垫板	详见3.7.18		l12	脊枋	详见3.7.18
	x5	大额枋	详见3.7.8		l13	脊垫板	
	x6	平板枋	详见3.7.9		l14	脊桁	详见3.7.16
	x7	棋枋	详见3.7.8	⑨翼角	y1	仔角梁	详见3.7.11
	x8	棋枋板			y2	老角梁	详见3.7.16
	x9	墩斗	详见3.7.11	⑩檐口	Y1	瓦口木	详见3.7.11
	x10	管脚枋			Y2	大连檐	
	x11	承椽枋			Y3	飞椽	
	x12	围脊板			Y4	闸挡板	

---

① 参见：刘大可. 中国古建筑瓦石营法[M]. 2版. 北京：中国建筑工业出版社，2015：378.

分类	图3-7-39中的序号	构件	诠释	分类	图3-7-39中的序号	构件	诠释
⑩檐口	Y5	小连檐		⑫正身瓦件	zw5	围脊	详见3.7.12
	Y6	檐椽	详见3.7.11		zw6	博脊	详见3.7.17
	Y7	望板			zw7	吻座	
⑪山面构件	s1	博缝板	详见3.7.16		zw8	正脊	
	s2	山花板			zw9	正吻	
	s3	踏脚木		⑬翼角瓦件	yw1	套兽	详见3.7.12
	s4	草架柱	即草架柱子，歇山山花之内，立在榻脚木上，支托挑出之桁头之柱[1]		yw2	兽前戗脊	
	s5	穿	详见3.7.16		yw3	兽后戗脊	
	s6	踩步金			yw4	仙人	
⑫正身瓦件	zw1	勾头	详见3.7.12		yw5	小兽	
	zw2	滴水			yw6	戗兽座	
	zw3	板瓦			yw7	戗兽	
	zw4	筒瓦					

3.7.20 正立面图

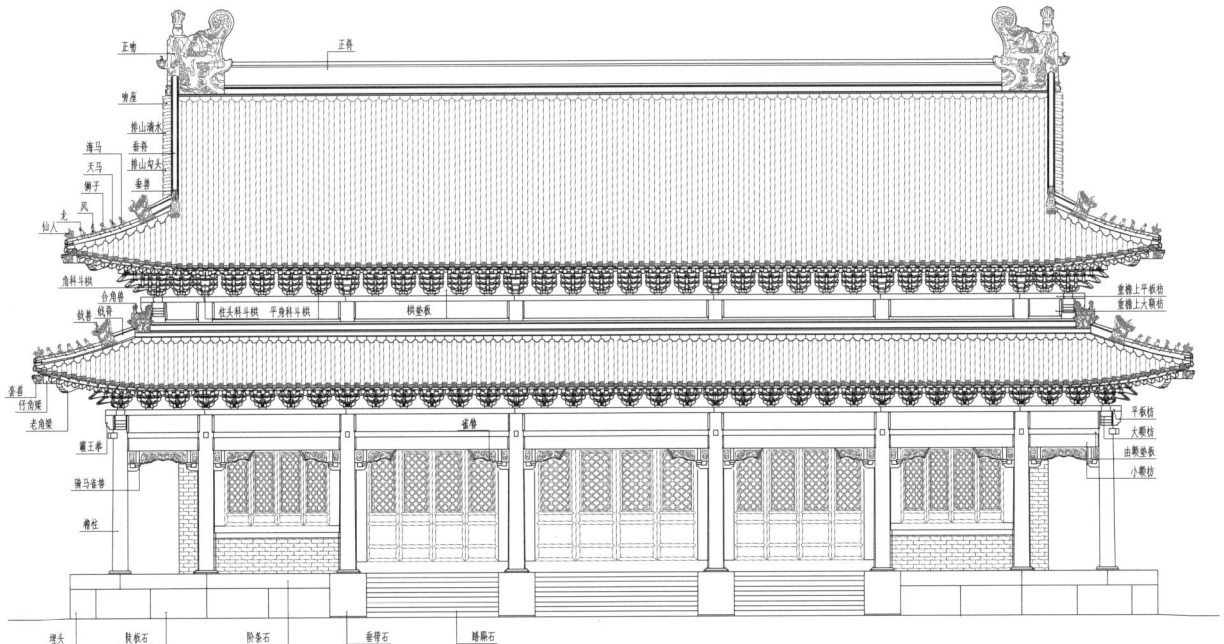

图3-7-40 九檩重檐歇山周围廊建筑正立面图

---

[1] 参见：梁思成. 清式营造则例[M]. 北京：清华大学出版社，2006：78.

3.7.21 侧立面图

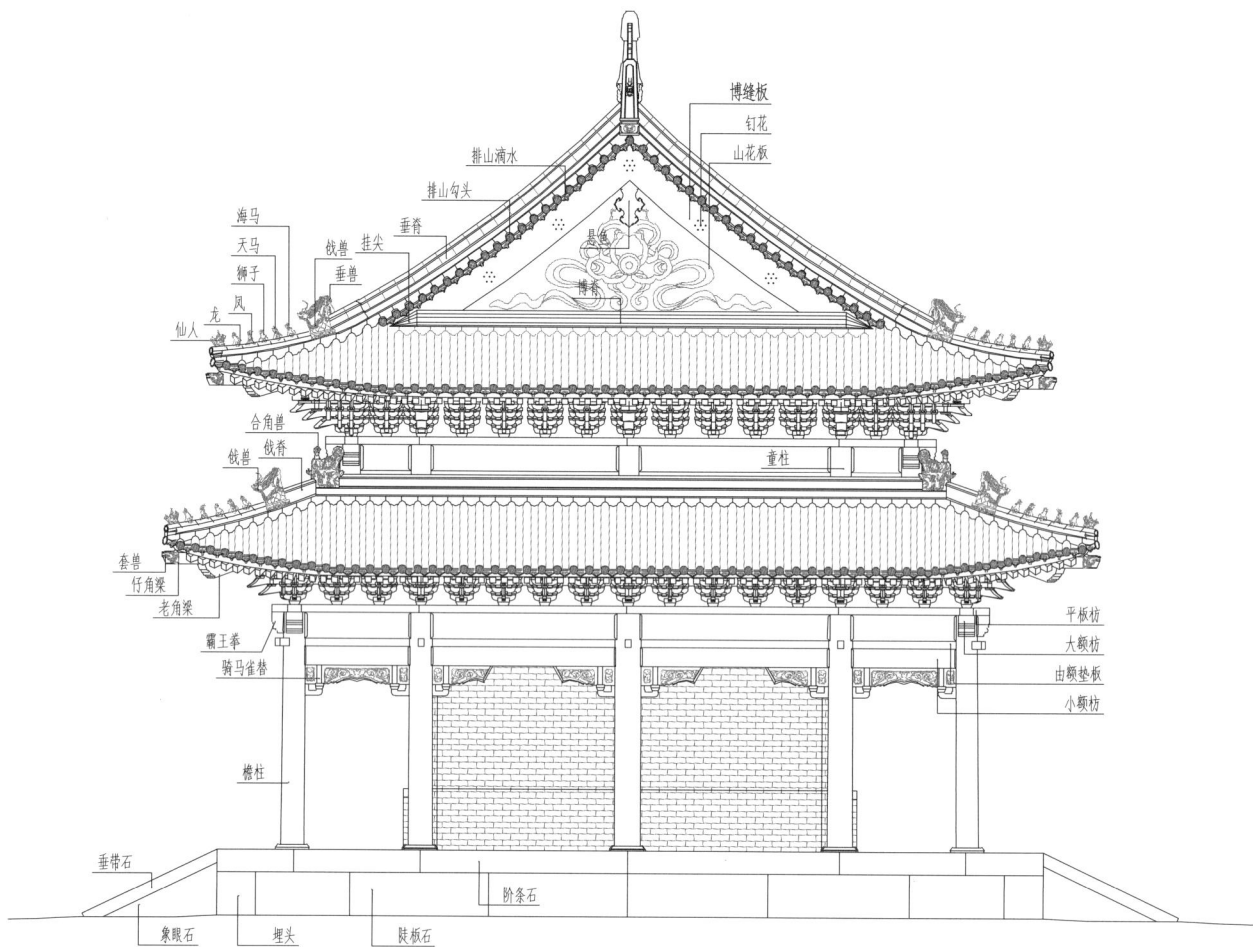

图3-7-41 九檩重檐歇山周围廊建筑侧立面图

3.8 重檐歇山建筑设计计算书

本节为重檐歇山建筑的设计计算书（以九檩重檐歇山周围廊建筑为例），主要编制思路按照施工图绘图顺序，即先平面后剖面，从下向上逐层编制。

设计计算书中标注为"/"表示构件在图中不可视的尺寸。具体权衡可参考2.1.4。

九檩重檐歇山周围廊建筑，以斗口为基本模数，依次编制建筑设计计算书。

3.8.1 基础平面图

基础平面图在柱顶石下皮处进行剖切，主要表达柱根轴线定位、磉墩定位、拦土定位等内容。在基础平面图中磉墩、拦土等构件仅画出其平面长、宽尺寸，与此对应，在基础平面设计计算书中也只表示磉墩、拦土的平面长、宽，不表示其高度。

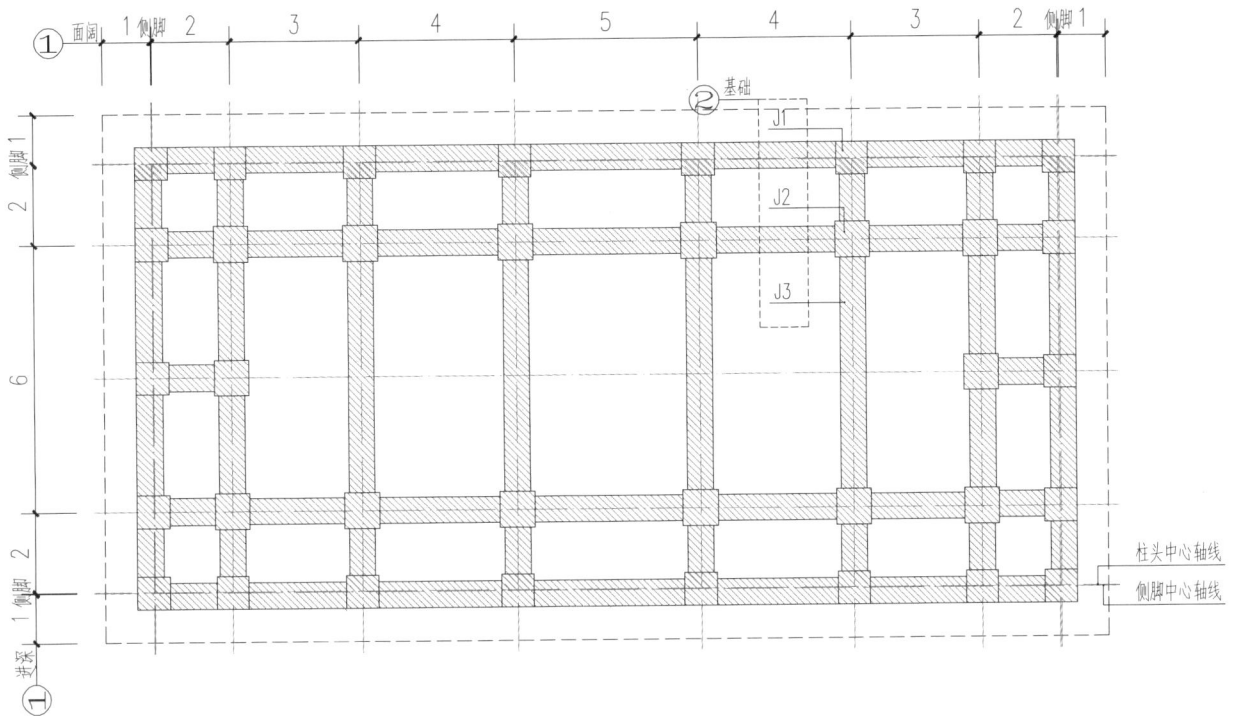

图3-8-1 九檩重檐歇山周围廊建筑基础平面图

表3-8-1

位置	图3-8-1中的序号	构件	长	依据
①面阔、进深	1	台明出	20.25斗口	长：3/4上檐出，即27斗口×0.75=20.25斗口
	2	廊步距离	33斗口	廊深普通以2攒为最多。本例为3攒 3×11斗口=33斗口
	3	梢间面阔	55斗口	梢间较次间减一攒 5×11斗口=55斗口
	4	次间面阔	66斗口	次间较明间减一攒 6×11斗口=66斗口
	5	明间面阔	77斗口	面阔按斗栱攒数定。本例为7攒 7×11斗口=77斗口
	6	间进深	110斗口	间之深称为进深。本例为10攒 10×11斗口=110斗口
位置	图3-8-1中的序号	构件	宽	依据
②基础	J1	檐磉墩	12斗口+128mm（见方）	宽：2D+4寸=2×6斗口+4寸=12斗口+4寸，檐柱径D=6斗口
	J2	金磉墩	13.2斗口128mm（见方）	宽：2金柱径+4寸=2×6.6斗口+4寸=13.2斗口+4寸，金柱径=6.6斗口
	J3	拦土	1/2（檐磉墩长+柱径）+96mm	长按面阔进深，除磉墩得净长。按磉墩半份柱径半份再加三寸定宽

3.8.2 台基平面图

台基平面图在隔扇窗二抹以上进行剖切，表达剖切面及俯视视角水平投影方向可见的建筑构造以及必要的尺寸等信息。

台基平面图所表达的构件较为繁杂，在编制设计计算书时首先计算建筑面阔、进深、台明出等尺寸以确定其轴网定位，再根据构件材质分别计算各构件的尺寸（如石类构件中的砚窝石、垂带石等，砖类构件中的散水等）。对于这些构件，在台基平面图中仅画出其平面长、宽尺寸，与此对应，在台基平面设计计算书中也只表示构件的平面长、宽，不表示其高度。

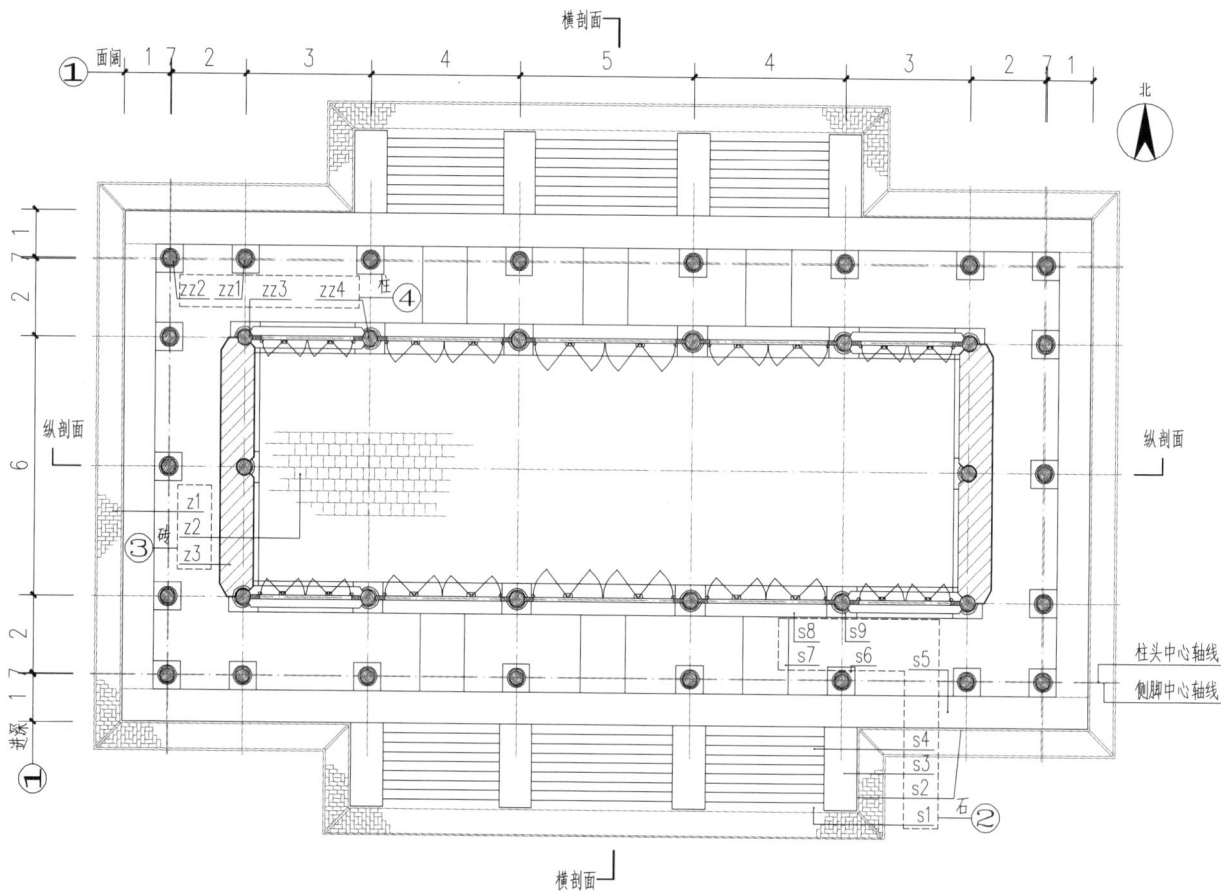

图3-8-2 九檩重檐歇山周围廊建筑台基平面图

表3-8-2

位置	图3-8-2中的序号	构件	长	依据
①面阔、进深	1	台明出	20.25斗口	长：上檐出的3/4，即27斗口×3/4=20.25斗口
	2	廊步距离	33斗口	廊深普通以2攒为最多，本例为3攒 3×11斗口=33斗口
	3	梢间面阔	55斗口	梢间较次间减一攒 5×11斗口=55斗口
	4	次间面阔	66斗口	次间较明间可以收一攒 6×11斗口=66斗口

位置	图3-8-2中的序号	构件	长	依据
①面阔、进深	5	明间面阔	77斗口	面阔进深按斗栱攒数定。本例为7攒 7×11斗口=77斗口
	6	间进深	110斗口	间之深称为进深，本例为10攒 10×11斗口=110斗口
	7	侧脚	0.42斗口	大式：侧脚距离为柱高的7/1000 60斗口×7/1000=0.42斗口

材料	图3-8-2中的序号	构件	宽	依据
②石	s1	砚窝石	320mm	长：踏跺面阔加2份平头土衬的金边宽度 宽：同上基石宽度 垂带前金边宽：1~1.5倍土衬金边
	s2	平头土衬/土衬石（金边）	128mm+陡板厚	宽按陡板厚一份，加金边二份（金边宽2寸）
	s3	垂带石	14.25斗口	《清式营造则例》权衡尺寸表
	s4	踏跺石	320mm	长：垂带之间的距离 宽：大式1~1.5尺
	s5	阶条石	14.25斗口	宽：3/4上檐出−D=3/4×27斗口−6斗口=14.25斗口
	s6	檐柱顶石	12斗口	柱顶盘：宽2D=12斗口 古镜石：宽1.2D=7.2斗口。檐柱顶石由柱顶盘和古镜石组成
	s7	分心石	19.8斗口	长：阶条石里皮至槛垫石外皮 宽：1/3~2/5本身长或按1.5倍金柱顶宽，即1.5×13.2斗口=19.8斗口
	s8	槛垫石	13.2斗口	宽：2金柱径=13.2斗口
	s9	金柱顶石	13.2斗口	柱顶盘：宽2金柱径=13.2斗口 古镜石：宽1.2金柱径=7.92斗口。金柱顶石由柱顶盘和古镜石组成
③砖	z1	散水	900mm	步步锦散水
	z2	方砖墁地	448mm（见方）	尺四方砖
	z3	山墙	13.2斗口+64mm	里包金厚：1/2金柱径+2寸=0.5×6.6斗口+2寸=3.3斗口+2寸 外包金厚：1.5金柱径=1.5×6.6斗口=9.9斗口

位置	图3-8-2中的序号	构件	径	依据
④柱	zz1	檐角柱	6斗口	《清式营造则例》权衡尺寸表
	zz2	檐柱	6斗口	《清式营造则例》权衡尺寸表
	zz3	金角柱	6.6斗口	《清式营造则例》权衡尺寸表
	zz4	金柱	6.6斗口	《清式营造则例》权衡尺寸表

3.8.3 一层柱头平面图

一层柱头平面图应在一层檐柱头位置水平剖切，表达剖切面及俯视视角水平投影方向可见的建筑构造以及必要的尺寸等信息。

柱头平面图表达的构件主要有穿插枋、大额枋、棋枋等，按照先面阔后进深的顺序逐个计尺寸。对于这些构件，在一层柱头平面图中仅画出其平面长、宽尺寸，其长随面阔或进深尺寸确定，与此对应，在柱头平面设计计算书中也只表示构件的平面厚（宽），不表示其高度。

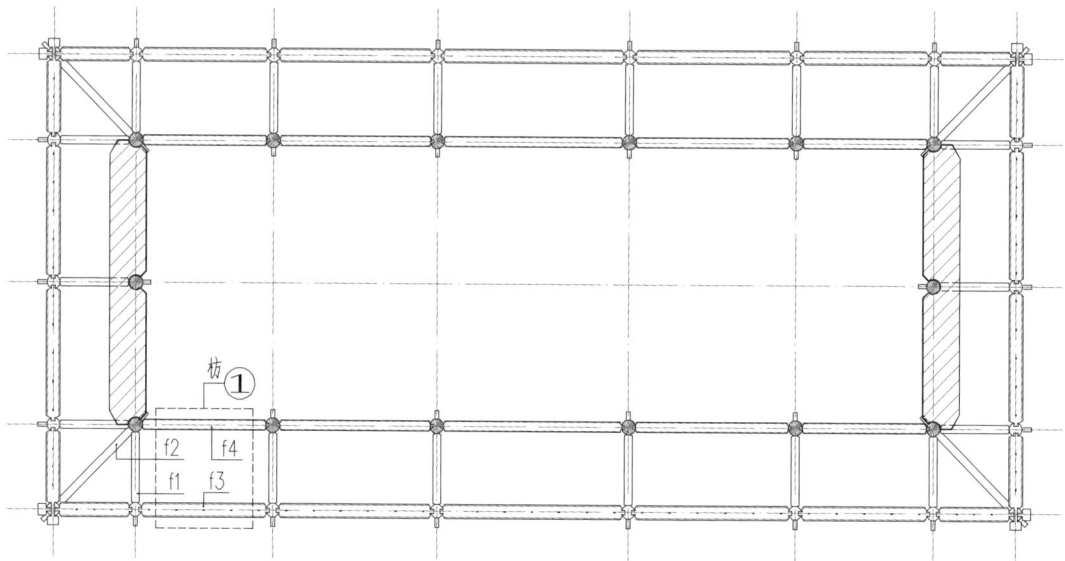

图3-8-3　九檩重檐歇山周围廊建筑一层柱头平面图

表3-8-3

材料	图3-8-3中的序号	构件	宽（厚）	依据	材料	图3-8-3中的序号	构件	宽（厚）	依据
①枋	f1	穿插枋	3.2斗口	宽3.2斗口	①枋	f3	大额枋	5.4斗口	《清式营造则例》权衡尺寸表
	f2	斜穿插枋	3.2斗口	同穿插枋		f4	棋枋	厚4斗口	厚4斗口

3.8.4　一层平板枋平面图

一层平板枋平面图在平板枋上皮进行剖切，表达平板枋被剖切到的暗销及俯视视角水平投影方向所见的平板枋以及必要的尺寸等信息。

平板枋及暗销在平板枋平面图中仅表示出其长、宽尺寸，平板枋长随面阔或进深尺寸确定，与此对应，在平板枋平面设计计算书中也只表示其平面宽，不表示其高度。

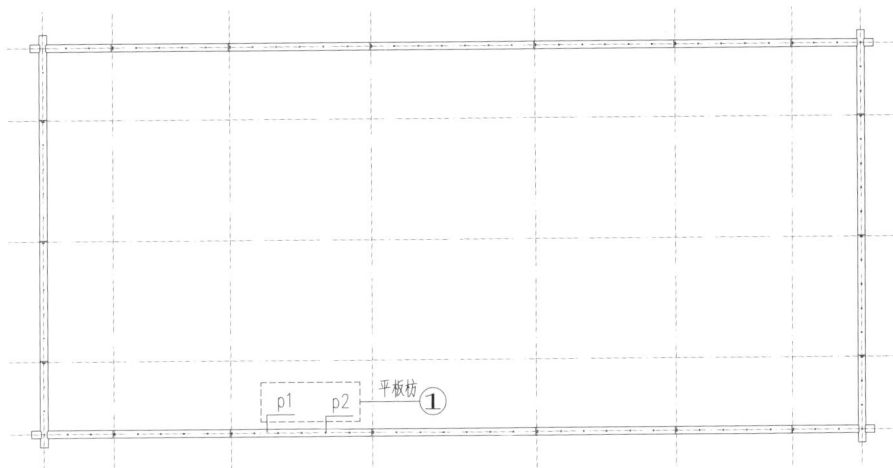

图3-8-4　九檩重檐歇山周围廊建筑一层平板枋平面图

表3-8-4

位置	图3-8-4中的序号	构件	宽	依据
①平板枋	p1	平板枋	3.5斗口	《清式营造则例》权衡尺寸表
	p2	暗销	0.4斗口（见方）	

3.8.5　一层斗栱仰视平面图

斗栱平面图在平板枋上皮呈曲线剖切，表达平板枋上皮至挑檐桁、正心桁、桁椀之间所见的构件。具体尺寸详见《清官式建筑营造设计法则　榫卯篇》第7章。

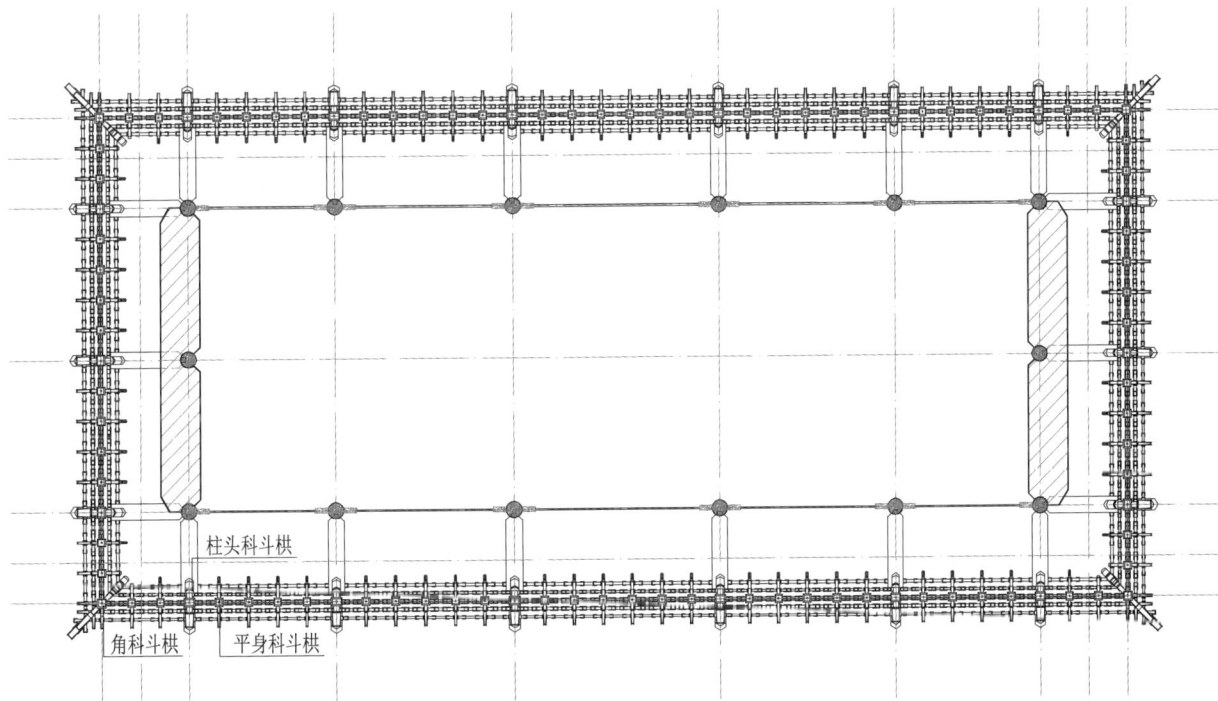

图3-8-5　九檩重檐歇山周围廊建筑一层斗栱仰视平面图

3.8.6　一层步架平面图

一层步架平面图应在仔角梁、飞椽、檐椽、挑檐桁、正心桁、承椽枋上方处呈折线剖切，表达剖切面及俯视视角水平投影方向可见的建筑构造以及必要的尺寸等信息，包括步架构件、桁类构件、翼角、檐口构件等。

步架平面图所表达的构件较为繁杂，在编制设计计算书时首先计算建筑面阔、进深、步架、出檐等尺寸以确定其轴网定位，再根据构件类别及位置分别计算各构件的尺寸（如：步架构件中的抹角梁、墩斗等，桁类构件中的正心桁、挑檐桁等）。对于这些构件，在一层步架平面图中仅表示出其平面长、厚（宽）尺寸，其长随面阔或进深尺寸确定，与此对应，在步架平面设计计算书中也只表示构件的平面厚（宽），不表示其高度。

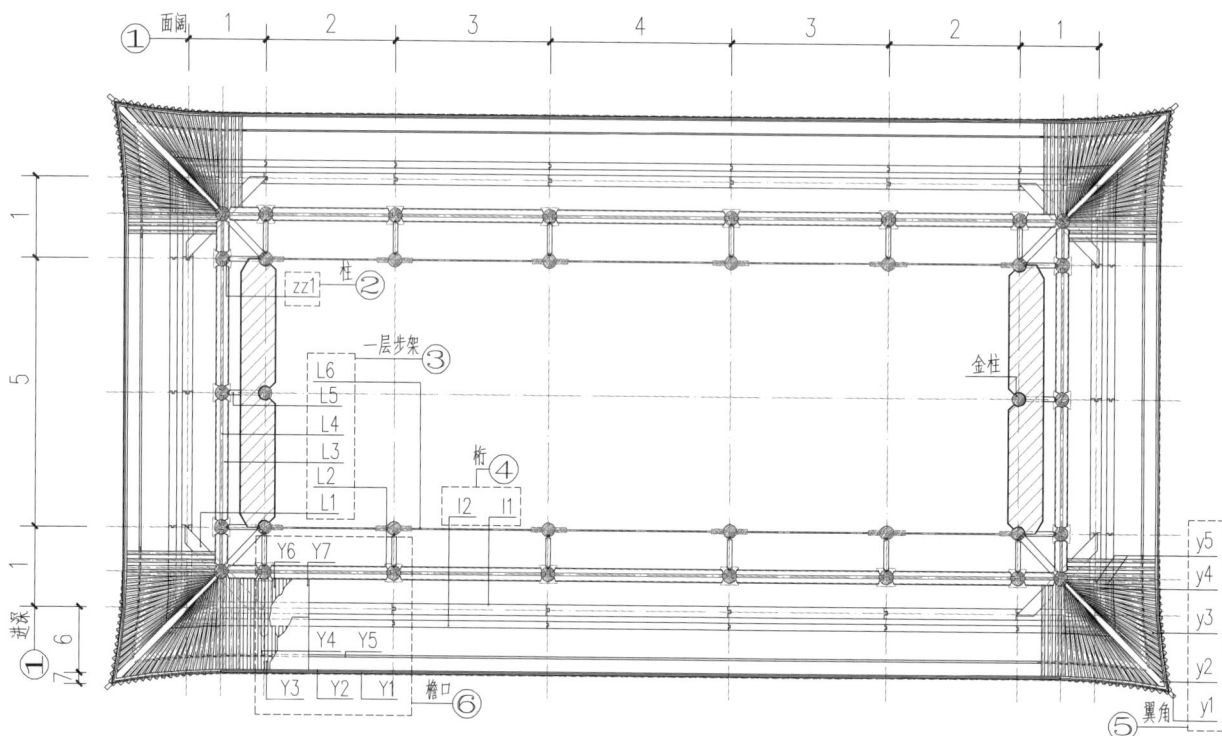

图3-8-6　九檩重檐歇山周围廊建筑一层步架平面图

表3-8-5

位置	图3-8-6中的序号	构件	长	依据
①面阔、进深	1	廊步距离	33斗口	廊深普通以2攒为最多，本例为3攒 3×11斗口=33斗口
	2	梢间面阔	55斗口	梢间较次间减一攒 5×11斗口=55斗口
	3	次间面阔	66斗口	次间较明间可以减一攒 6×11斗口=66斗口
	4	明间面阔	77斗口	面阔进深按斗栱攒数定，本例为7攒 7×11斗口=77斗口
	5	间进深	110斗口	间之深称为进深，本例为10攒 10×11斗口=110斗口
	6	上檐出	27斗口	俱按斗栱口数并拽架 21斗口+6斗口=27斗口
	7	翼角冲出距离	4.5斗口	翼角冲出按3椽径，即3×1.5斗口=4.5斗口

位置	图3-8-6中的序号	构件	径			依据
②柱	zz1	童柱	6斗口			

位置	图3-8-6中的序号	构件	长	宽	厚	依据
③一层步架	L1	抹角梁	按实际	/	5.2斗口	《清式营造则例》权衡尺寸表
	L2	墩斗	/	7.5斗口（见方）	/	见方按5/4童柱径，即5/4×6斗口=7.5斗口
	L3	承椽枋	/	/	4.8斗口	厚4.8斗口
	L4	围脊板	/	/	1斗口	厚1斗口
	L5	管脚枋	/	/	2斗口	
	L6	棋枋板	/	/	0.6斗口	厚1/10D 门头板（亦称走马板）

位置	图3-8-6中的序号	构件	径			依据
④桁	l1	正心桁	4.5斗口			《清式营造则例》权衡尺寸表
	l2	挑檐桁	3斗口			《清式营造则例》权衡尺寸表

位置	图3-8-6中的序号	构件	长	厚	径	依据
⑤翼角	y1	套兽榫	3斗口	1.5斗口	/	长3斗口，厚1.5斗口
	y2	仔角梁	/	2.8斗口	/	《清式营造则例》权衡尺寸表
	y3	翘飞椽	/	1.5斗口	/	《清式营造则例》权衡尺寸表
	y4	翼角檐椽	/	/	1.5斗口	《清式营造则例》权衡尺寸表
	y5	衬头木	/	1.5斗口	/	《清式营造则例》权衡尺寸表
⑥檐口	Y1	瓦口木	/	0.6斗口	/	《清式营造则例》权衡尺寸表
	Y2	大连檐	/	1.5斗口	/	《清式营造则例》权衡尺寸表
	Y3	飞椽	/	1.5斗口	/	《清式营造则例》权衡尺寸表
	Y4	闸挡板	/	0.375斗口	长1.8斗口	厚按1/4高，长：1.5斗口+0.15斗口×2=1.8斗口 高：1.5斗口；厚：1/4×1.5斗口=0.375斗口
	Y5	小连檐	/	宽1斗口	/	宽1斗口
	Y6	檐椽	/	/	1.5斗口	《清式营造则例》权衡尺寸表
	Y7	望板	/	/	/	屋面满铺

3.8.7 一层屋顶平面图（以琉璃瓦屋面为例）

一层屋顶平面图应在重檐上大额枋下皮位置进行水平剖切，表达水平投影方向可见的建筑构造以及必要的尺寸等信息，主要包括屋面瓦的排布、围脊、戗脊、小兽等构件的尺寸及平面定位，屋面排水方向等。屋顶平面图表达的瓦类构件主要包括板瓦、筒瓦、滴水、勾头以及各类脊和小兽等。平面图中仅画出其平面尺寸及定位，与此对应，在屋顶平面设计计算书中也只表示构件的平面厚（宽），不表示其高度。

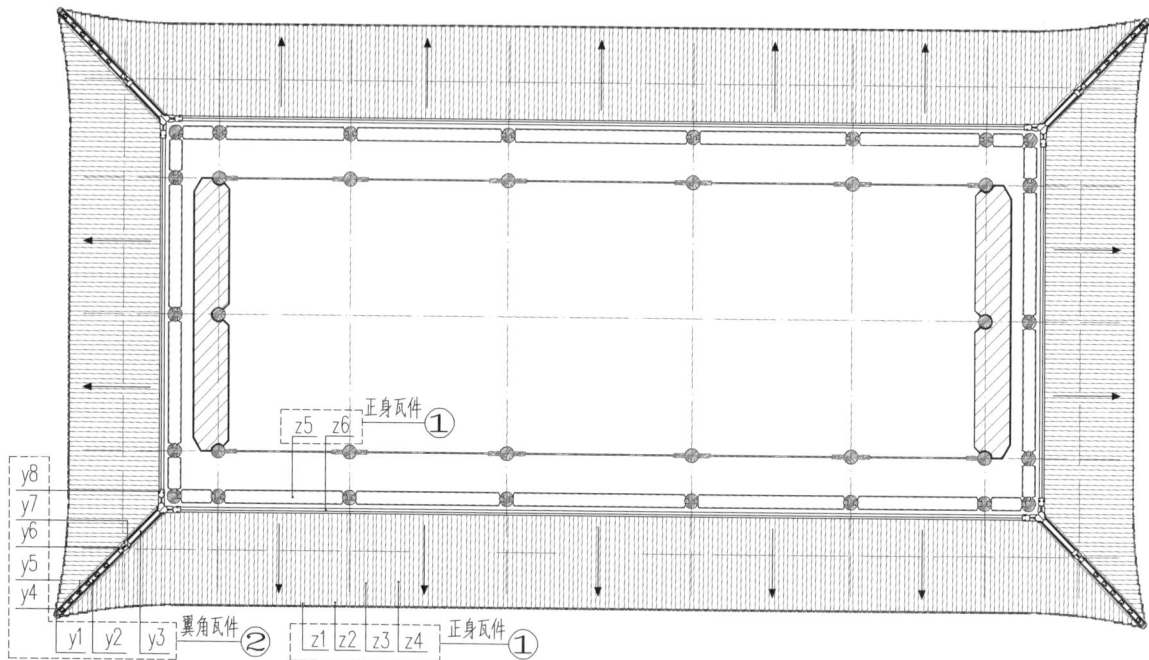

图3-8-7　九檩重檐歇山周围廊建筑一层屋顶平面图

表3-8-6

位置	图3-8-7中的序号	构件	宽	依据
①正身瓦件	z1	滴水	304mm	选择与椽径相近的筒瓦宽度，宜大不宜小，确定为四样瓦
	z2	勾头	176mm	
	z3	板瓦	304mm	
	z4	筒瓦	176mm	
	z5	围脊枋	4.8斗口	厚4.8斗口
	z6	围脊	约300mm	围脊全高等于底瓦上皮至大额枋下皮的距离

位置	图3-8-7中的序号	构件	长	宽	依据
②翼角瓦件	y1	套兽	236mm	236mm	应选择与角梁宽相近的尺寸，宜大不宜小，本例瓦样为四样，但梁宽224mm，与五样尺寸相近，则应选择五样套兽
	y2	兽前戗脊	/	270mm	同瓦样数
	y3	兽后戗脊	/	270mm	
	y4	仙人	336mm	59mm	
	y5	小兽	182.4mm	91.2mm	
	y6	戗兽座	440mm	270mm	
	y7	戗兽	440mm	270mm	
	y8	合角兽	640mm	厚315mm	厚：从金柱外皮至合角兽外皮，约315mm。合角兽平面为L形构件

3.8.8　二层柱头平面图

二层柱头平面图应在童柱头与金柱头位置呈折线剖切，表达剖切面及俯视视角水平投影方向可见的建筑构造以及必要的尺寸等信息。

二层柱头平面图中表达的构件主要有穿插枋、重檐上大额枋、随梁枋等。按照先面阔、后进深的顺序逐个计算其尺寸。对于这些构件，在二层柱头平面图中仅画出其平面长、宽尺寸，其长随面阔或进深尺寸确定，与此对应，在柱头平面设计计算书中也只表示构件的平面厚（宽），不表示其高度。

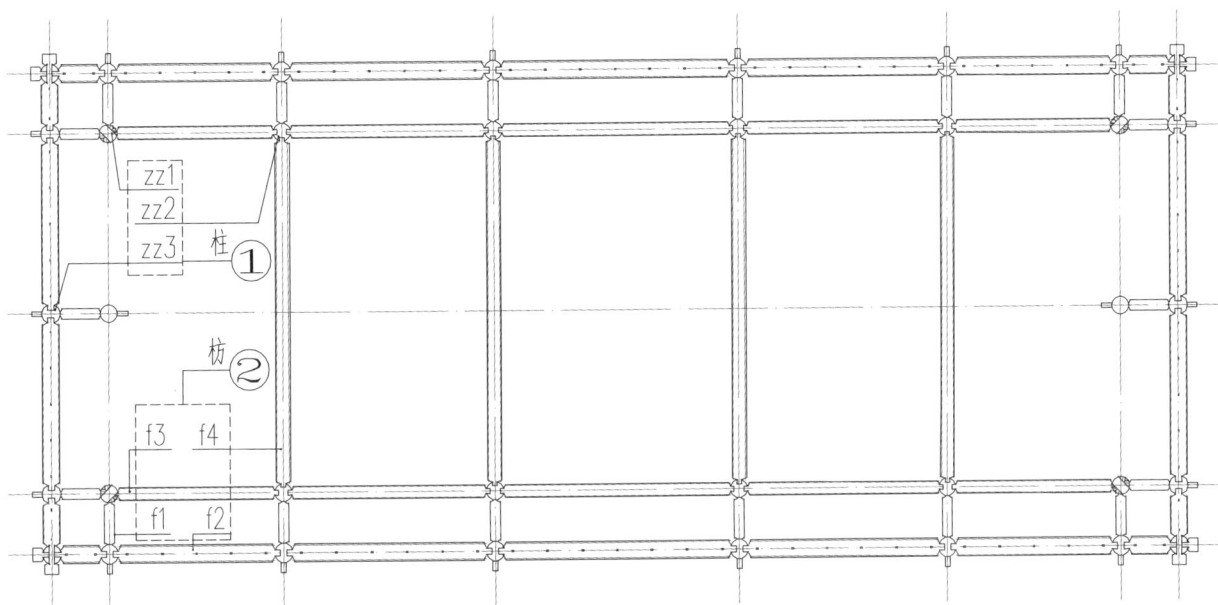

图3-8-8　九檩重檐歇山周围廊建筑二层柱头平面图

表3-8-7

位置	图3-8-8中的序号	构件	厚	依据
①柱	zz1	金角柱	径6.6斗口	《清式营造则例》权衡尺寸表
	zz2	金柱		
	zz3	童柱	径6斗口	
②枋	f1	二层穿插枋	3.2斗口	同一层穿插枋
	f2	重檐上大额枋	5.4斗口	《清式营造则例》权衡尺寸表
	f3	老檐枋	3斗口	厚3斗口
	f4	随梁枋	3.5斗口+1/100自身长	《清式营造则例》权衡尺寸表

3.8.9　二层平板枋平面图

二层平板枋平面图在平板枋上皮进行剖切，表达平板枋被剖切到的暗销及水平投影方向可见的平板枋以及必要的尺寸等信息。

平板枋及暗销在二层平板枋平面图中仅画出其长、厚（宽）尺寸，平板枋长随面阔或进深尺寸确定，与此对应，在平板枋平面设计计算书中也只表示构件的平面厚（宽），不表示其高度。

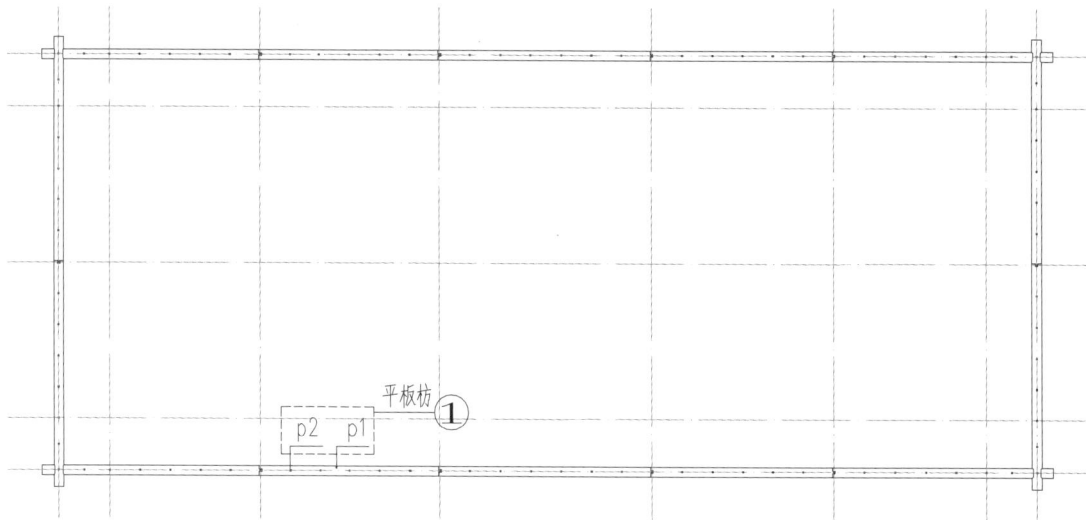

图3-8-9 九檩重檐歇山周围廊建筑二层平板枋平面图

表3-8-8

位置	图3-8-9中的序号	构件	宽	依据
①平板枋	p1	重檐上平板枋	3.5斗口	《清式营造则例》权衡尺寸表
	p2	暗销	0.4斗口（见方）	

3.8.10 二层斗栱仰视平面图

二层斗栱平面图在平板枋上皮呈曲线剖切，包括平板枋上皮至挑檐桁、正心桁、桁椀之间所见的构件。具体尺寸详见《清官式建筑营造设计法则 榫卯篇》第7章。

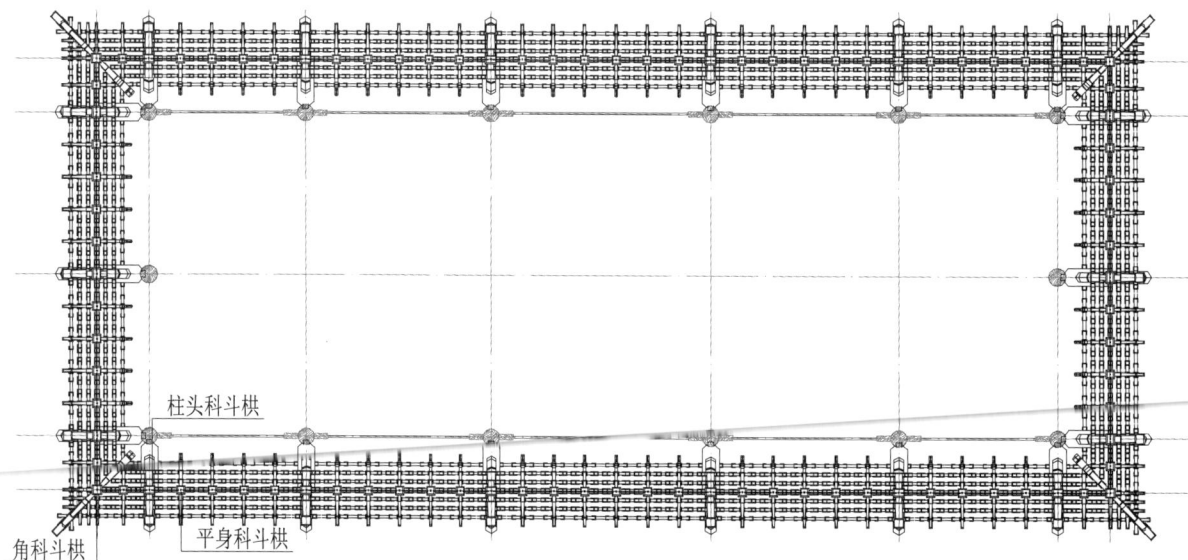

图3-8-10 九檩重檐歇山周围廊建筑二层斗栱仰视平面图

3.8.11 二层步架平面图

二层步架平面图应在仔角梁、飞椽、檐椽、花架椽，脑椽、扶脊木上皮处呈折线剖，表达包括剖切面及俯视视角水平投影方向可见的建筑构造以及必要的尺寸等信息，包括步架构件、桁类构件、翼角、檐口构件等。

步架平面图表达的构件较为繁杂，在编制设计计算书时首先计算建筑面阔、进深、步架、出檐等尺寸以确定其轴网定位，再根据构件类别及位置分别计算各构件的尺寸（如步架构件中的五架梁、三架梁等，桁类构件中的正心桁、下金桁等）。

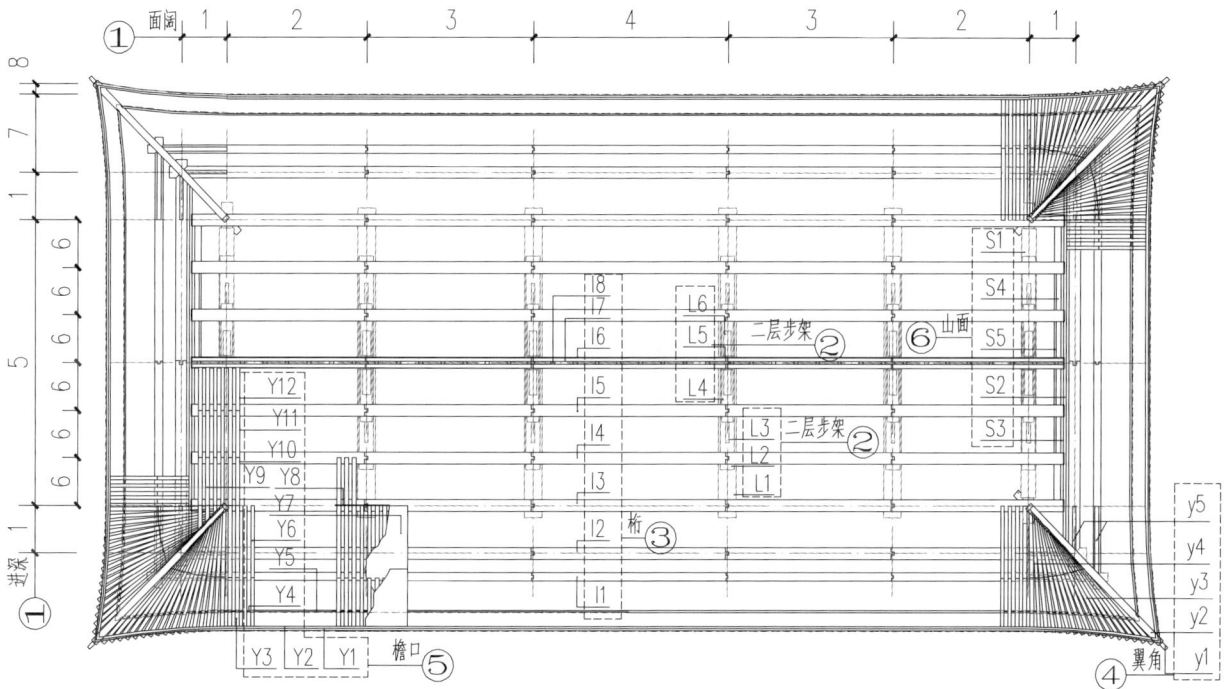

图3-8-11 九檩重檐歇山周围廊建筑二层步架平面图

表3-8-9

位置	图3-8-11中的序号	构件	长	依据
①面阔进深	1	檐步架	18.33斗口	10×11斗口÷6（步）=18.33斗口，檐步同步架
	2	梢间面阔	55斗口	梢间较次间减一攒 5×11斗口=55斗口
	3	次间面阔	66斗口	次间较明间可以减一攒 6×11斗口=66斗口
	4	明间面阔	77斗口	面阔进深按斗栱攒数定，本例为7攒 7×11斗口=77斗口
	5	间进深	110斗口	间之深称为进深，本例为10攒 10×11斗口=110斗口
	6	步架距离	18.33斗口	按步架数定 10×11斗口÷6（步）=18.33斗口
	7	上檐出	30斗口	俱按斗栱口数并拽架 21斗口+9斗口=30斗口
	8	翼角冲出距离	4.5斗口	翼角冲出按3椽径，即3×1.5斗口=4.5斗口

位置	图3-8-11中的序号	构件	长	宽	厚	依据
②二层步架	L1	七架梁	/	/	7斗口	《清式营造则例》权衡尺寸表
	L2	五架梁	/	/	5.6斗口	《清式营造则例》权衡尺寸表
	L3	金角背	一步架	/	1/3自身高	《清式营造则例》权衡尺寸表
	L4	三架梁	/	/	4.48斗口	厚4/5×5.6斗口=4.48斗口
	L5	脊瓜柱	/	5.5斗口	4.5斗口	《清式营造则例》权衡尺寸表
	L6	脊角背	一步架	/	1/3自身高	《清式营造则例》权衡尺寸表

位置	图3-8-11中的序号	构件	宽	厚	径	依据
③桁	l1	挑檐桁	/	/	3斗口	《清式营造则例》权衡尺寸表
	l2	正心桁	/	/	4.5斗口	《清式营造则例》权衡尺寸表
	l3	老檐桁	/	/	4.5斗口	同金桁
	l4	下金桁	/	/	4.5斗口	《清式营造则例》权衡尺寸表
	l5	上金桁	/	/	4.5斗口	《清式营造则例》权衡尺寸表
	l6	脊桁	/	/	4.5斗口	《清式营造则例》权衡尺寸表
	l7	扶脊木	/	/	4斗口	《清式营造则例》权衡尺寸表
	l8	椿桩	1.5斗口	1斗口	/	每通脊一件用一根。宽按1/3桁径，厚按2/3宽 宽：4.5斗口×1/3=1.5斗口，厚：1.5斗口×2/3=1斗口

位置	图3-8-11中的序号	构件	长	厚	径	依据
④翼角	y1	套兽榫	3斗口	1.5斗口	/	长3斗口，厚1.5斗口
	y2	仔角梁	/	2.8斗口	/	《清式营造则例》权衡尺寸表
	y3	翘飞椽	/	1.5斗口	/	《清式营造则例》权衡尺寸表
	y4	翼角檐椽	/	/	1.5斗口	《清式营造则例》权衡尺寸表
	y5	衬头木	/	1.5斗口	/	《清式营造则例》权衡尺寸表

位置	图3-8-11中的序号	构件	厚	径	依据
⑤檐口	Y1	瓦口木	0.6斗口	/	《清式营造则例》权衡尺寸表
	Y2	大连檐	1.5斗口	/	《清式营造则例》权衡尺寸表
	Y3	飞椽	1.5斗口	/	《清式营造则例》权衡尺寸表
	Y4	闸挡板	0.375斗口	长1.8斗口	厚按1/4高，长：1.5斗口+0.15斗口×2=1.8斗口 高：1.5斗口；厚：1/4×1.5斗口=0.375斗口
	Y5	小连檐	宽1斗口	/	小连檐宽1斗口
	Y6	檐椽	/	1.5斗口	《清式营造则例》权衡尺寸表
	Y7	望板	/	/	屋面满铺
	Y8	椽中板	0.3斗口	/	厚0.3斗口

位置	图3-8-11中的序号	构件	厚	径	依据
⑤檐口	Y9	哑叭椽	/	1.5斗口	同檐椽
	Y10	下花架椽	/	1.5斗口	同檐椽
	Y11	上花架椽	/	1.5斗口	同檐椽
	Y12	脑椽	/	1.5斗口	同檐椽
⑥山面	S1	踩步金	6斗口	/	《清式营造则例》权衡尺寸表
	S2	博缝板	1.2斗口	/	《清式营造则例》权衡尺寸表
	S3	山花板	1斗口	/	《清式营造则例》权衡尺寸表
	S4	穿	1.8斗口	/	《清式营造则例》权衡尺寸表
	S5	踏脚木	3.6斗口	/	《清式营造则例》权衡尺寸表

3.8.12　二层屋顶平面图（以琉璃瓦屋面为例）

二层屋顶平面图在屋面以上俯视，表达俯视视角水平投影方向可见的建筑构造以及必要的尺寸等信息，主要包括屋面瓦的排布、正脊、垂脊、戗脊、正吻、小兽等构件的尺寸及平面定位和屋面排水方向等信息。

屋顶平面所表达的是瓦类构件，包括板瓦、筒瓦、滴水、勾头以及各类脊、小兽等。二层屋顶平面图中仅画出其平面尺寸及定位，与此对应，在屋顶平面设计计算书中也只表示构件的平面厚（宽），不表示其高度。

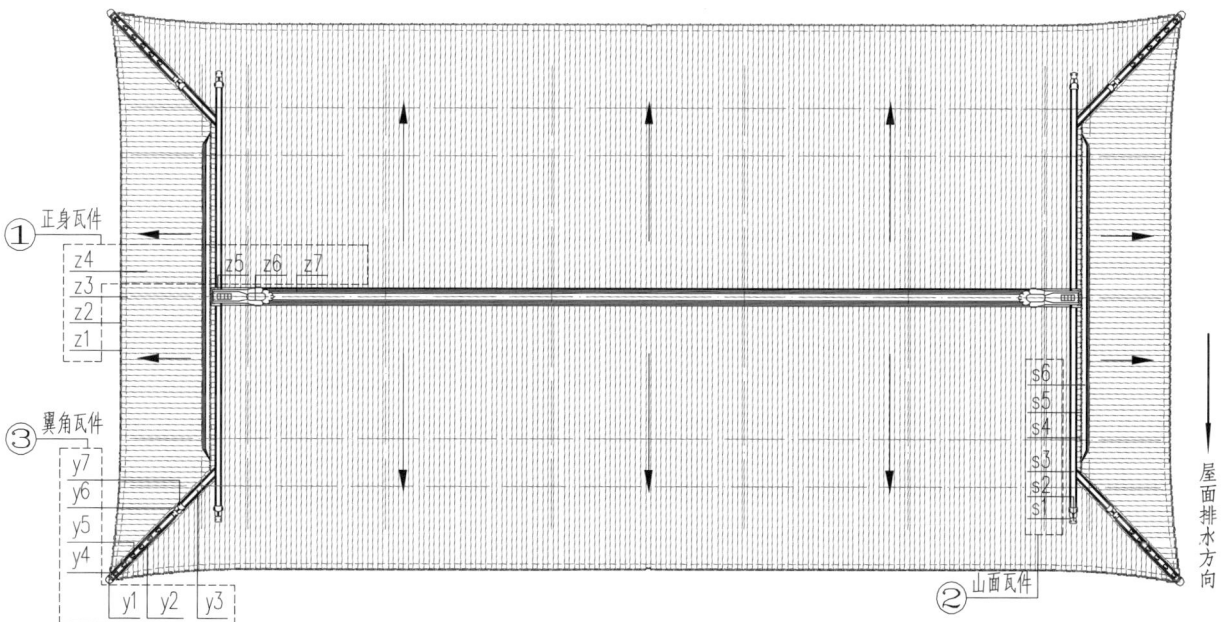

图3-8-12　九檩重檐歇山周围廊建筑二层屋顶平面图

表3-8-10

位置	图3-8-12中的序号	构件	长	宽	依据
①正身瓦件	z1	滴水	/	304mm	选择与椽径相近的筒瓦宽度，宜大不宜小，确定为四样瓦
	z2	勾头	/	176mm	
	z3	板瓦	/	304mm	
	z4	筒瓦	/	176mm	
	z5	吻座	330mm	256mm	同吻样数
	z6	正吻	1790mm	330mm	按柱高2/5定吻高，然后用高度相符或相近正吻定样数。斗栱从要头下皮起算（60+2+5.2）斗口×2/5=26.88斗口，选用四样吻（取最大值）
	z7	正脊	/	厚约300mm	厚为四样筒瓦加四寸。厚：176+4×32=304mm，约为300mm
②山面瓦件	s1	垂兽座	512mm	285mm	同瓦样数
	s2	垂兽	504mm	285mm	
	s3	垂脊	/	285mm	
	s4	排山滴水	/	304mm	
	s5	排山勾头	/	176mm	
	s6	博脊	按实际	约272mm	长按实际。宽同瓦数
③翼角瓦件	y1	套兽	236mm	236mm	应选择与角梁宽相近的尺寸，宜大不宜小，本例瓦样为四样，但梁宽224mm，与五样尺寸相近，则应选择五样套兽
	y2	兽前戗脊	/	270mm	同瓦样数
	y3	兽后戗脊	/	270mm	
	y4	仙人	336mm	59mm	
	y5	小兽	182.4mm	91.2mm	
	y6	戗兽座	440mm	270mm	
	y7	戗兽	440mm	270mm	

3.8.13 横剖面图

横剖面图是沿进深方向在建筑中线上假设一个垂直于地面的面将建筑剖切的侧面投影图。

横剖面图表达的构件较为繁杂，在编制计算书时首先计算建筑步架、举架、上檐出、台明出等尺寸，以确定其轴网定位，然后从基础到屋面，根据构件类别及位置分别计算各构件的尺寸（如基础构件中的檐磉墩、金磉墩等，梁架构件中的五架梁、三架梁等）。横剖面图中所表达的构件，可以根据其是否被剖切到分为两类：一是被剖切到的构件，二是投影看到的构件，横剖面设计计算书中表示出了各构件的长、宽、高、厚、径。

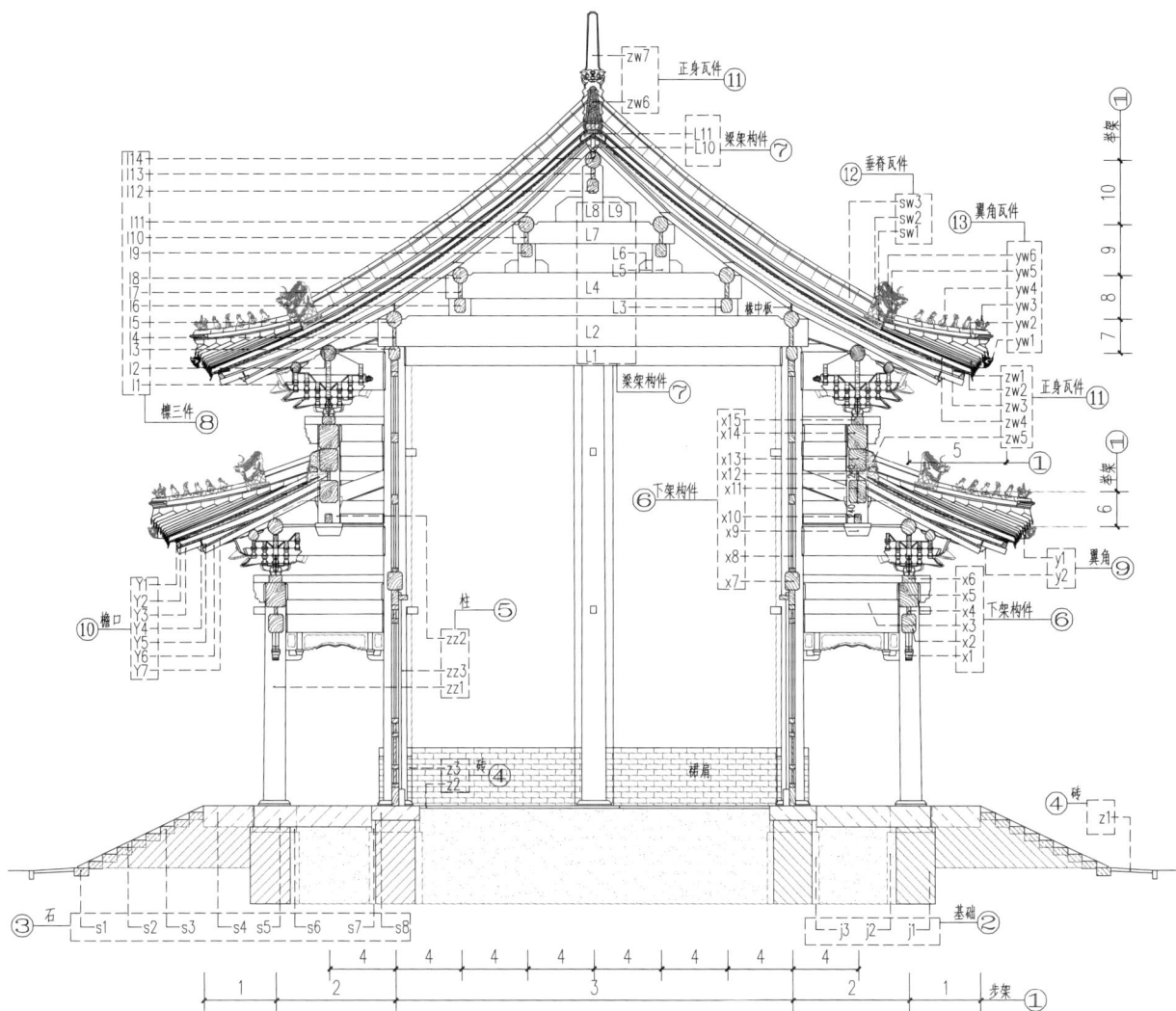

图3-8-13 九檩重檐歇山周围廊建筑横剖面图

表3-8-11

位置	图3-8-13中的序号	构件	长	高	依据
①步架、举架	1	台明出	20.25斗口	16.8斗口	上檐出的3/4，即27斗口×3/4=20.25斗口 高：1/4地面至耍头下皮，即1/4（5.2+2+60）斗口=16.8斗口
	2	廊步距离	33斗口	/	廊深普通以2攒为最多。本例为3攒 3×11斗口=33斗口
	3	间进深	110斗口	/	间之深称为进深，本例为10攒 10×11斗口=110斗口
	4	步架距离	18.33斗口	/	按步架数定 10×11斗口÷6（步）=18.33斗口
	5	上檐出	27斗口	/	按斗栱口数并拽架 21斗口+6斗口=27斗口
	6	一层廊步举架	/	7.34斗口	（廊步距离-步架距离）×0.5，即（33斗口-18.33斗口）×0.5=7.34斗口
	7	二层檐步举架	/	9.17斗口	二层檐步距离×0.5，即18.33斗口×0.5=9.17斗口

位置	图3-8-13中的序号	构件	长	高	依据
①步架、举架	8	下金步举架	/	11.91斗口	下金步距离×0.65，即18.33斗口×0.65=11.91斗口
	9	上金步举架	/	13.75斗口	上金步距离×0.75，即18.33斗口×0.75=13.75斗口
	10	脊步举架	/	16.50斗口	脊步距离×0.9，即18.33斗口×0.9=16.50斗口

位置	图3-8-13中的序号	构件	宽	高	依据
②基础	j1	拦土	1/2（檐磉墩长+柱径）+96mm	19.2斗口	长按面阔进深，除磉墩得净长；按磉墩半份柱径半份再加三寸定宽；高同磉墩
	j2	檐磉墩	12斗口+128mm	19.2斗口	宽：2D+4寸=2×6斗口+4寸=12斗口+4寸 高：台明高-柱顶盘厚+埋头高=16.8斗口-6斗口+1/2台基露明高=10.8斗口+16.8斗口×1/2=19.2斗口 檐柱径D=6斗口
	j3	金磉墩	13.2斗口+128mm	19.2斗口	宽：2金柱径+4寸=2×6.6斗口+4寸=13.2斗口+4寸； 高：台明高-柱顶盘厚+埋头高=16.8斗口-6斗口+1/2台基露明高=10.8斗口+16.8斗口×1/2=19.2斗口 金柱径=6.6斗口

材料	图3-8-13中的序号	构件	宽	厚	依据
③石	s1	砚窝石	320mm	160mm	宽：同上基石宽度 厚：同上基石厚，露明高同台基土衬露明高
	s2	垂带石	/	斜高5.7斗口	斜高同阶条石高
	s3	踏跺石	320mm	160mm	宽：大式1~1.5尺 厚：大式约5寸
	s4	阶条石	14.25斗口	高5.7斗口	宽：3/4上檐出-D=0.75×27斗口-6斗口=14.25斗口 高：2/5宽=0.4×14.25斗口=5.7斗口
	s5	分心石	/	5.7斗口	宽：阶条石里皮至槛垫石外皮 厚：3/10自身宽或同阶条石厚
	s6	檐柱顶石	12斗口	7.2斗口	柱顶盘：宽2D=12斗口。高：D=6斗口 古镜石：宽1.2D=7.2斗口。高：1/5D=1.2斗口，檐柱顶石由柱顶盘和古镜石组成
	s7	金柱顶石	13.2斗口	7.2斗口	柱顶盘宽：2金柱径=2×6.6斗口=13.2斗口，高：D=6斗口 古镜石：宽1.2金柱径=7.92斗口。高：1/5D=1.2斗口，金柱顶石由柱顶盘和古镜石组成
	s8	槛垫石	13.2斗口	4斗口	宽：2金柱径=13.2斗口 高：2/3D=4斗口
④砖	z1	散水	900mm	70mm	步步锦散水
	z2	方砖墁地	448mm	64mm	尺四方砖
	z3	槛墙	9斗口	高按实际	1.5D=1.5×6斗口=9斗口；里包金4.5斗口；外包金4.5斗口。高按实际

位置	图3-8-13中的序号	构件	高	径	依据
⑤柱	zz1	檐柱	60斗口	6斗口	《清式营造则例》权衡尺寸表
	zz2	童柱	按实际	6斗口	
	zz3	金柱	按实际	6.6斗口	《清式营造则例》权衡尺寸表

位置	图3-8-13 中的序号	构件	长	高	厚	依据
⑥下架构件	x1	雀替	/	7.5斗口	1.8斗口	高5/4D=7.5斗口；厚3/10D=1.8斗口 注：骑马雀替高同雀替，长按实际
	x2	小额枋	/	4.8斗口	4斗口	《清式营造则例》权衡尺寸表
	x3	穿插枋	/	4斗口	/	高4斗口
	x4	由额垫板	/	2斗口	1斗口	《清式营造则例》权衡尺寸表
	x5	大额枋	/	6.6斗口	5.4斗口	《清式营造则例》权衡尺寸表
	x6	平板枋	/	2斗口	宽3.5斗口	《清式营造则例》权衡尺寸表
	x7	棋枋	/	4.8斗口	4斗口	高4.8斗口，厚4斗口
	x8	棋枋板	/	按实际	0.6斗口	厚1/10D
	x9	墩斗	7.5斗口见方	/	3斗口	厚按童柱径折半 长：见方按5/4童柱径，即5/4×6斗口=7.5斗口
	x10	管脚枋	按实际	2.5斗口	2斗口	
	x11	承椽枋	/	6斗口	4.8斗口	高6斗口；厚4.8斗口
	x12	围脊板	/	按实际	1斗口	厚1斗口，高按实际
	x13	围脊枋	/	6斗口	4.8斗口	高6斗口，厚4.8斗口
	x14	重檐上大额枋	/	6.6斗口	5.4斗口	《清式营造则例》权衡尺寸表
	x15	重檐上平板枋	/	2斗口	宽3.5斗口	同平板枋

位置	图3-8-13 中的序号	构件	长	宽	高	依据
⑦梁架构件	L1	随梁枋	/	/	4斗口+1%长	《清式营造则例》权衡尺寸表
	L2	七架梁	/	/	8.4斗口	《清式营造则例》权衡尺寸表
	L3	柁墩	/	9斗口	按实际	《清式营造则例》权衡尺寸表
	L4	五架梁	/	/	7斗口	《清式营造则例》权衡尺寸表
	L5	金瓜柱	/	5.6斗口−32mm	按实际	厚：5.6斗口−2寸，宽：自身厚+1寸
	L6	金角背	一步架	/	1/2金瓜柱高	
	L7	三架梁	/	/	5.83斗口	5/6五架梁高=高5/6×7斗口=5.83斗口
	L8	脊瓜柱	/	5.5斗口	按实际	《清式营造则例》权衡尺寸表
	L9	脊角背	一步架	/	1/2脊瓜柱高	《清式营造则例》权衡尺寸表
	L10	扶脊木	/	/	径4斗口	《清式营造则例》权衡尺寸表
	L11	椿桩	/	厚1斗口	16.925斗口	每通脊一件用一根。高按1/4桁径，8/10扶脊木径，又9/10脊高，三共凑即高。厚按2/3宽 高：4.5斗口/4+4斗口×8/10+14斗口×9/10=16.925斗口

位置	图3-8-13 中的序号	构件	高	厚	径	依据
⑧檩三件	l1	挑檐桁	/	/	3斗口	《清式营造则例》权衡尺寸表
	l2	正心桁	/	/	4.5斗口	《清式营造则例》权衡尺寸表
	l3	老檐枋	3.6斗口	3斗口	/	
	l4	老檐垫板	按实际	1斗口	/	《清式营造则例》权衡尺寸表
	l5	老檐桁	/	/	4.5斗口	同金桁

位置	图3-8-13中的序号	构件	高	厚	径	依据
⑧檩三件	l6	下金枋	3.6斗口	3斗口	/	《清式营造则例》权衡尺寸表
	l7	下金垫板	按实际	1斗口	/	《清式营造则例》权衡尺寸表
	l8	下金桁	/	/	4.5斗口	《清式营造则例》权衡尺寸表
	l9	上金枋	3.6斗口	3斗口	/	《清式营造则例》权衡尺寸表
	l10	上金垫板	按实际	1斗口	/	《清式营造则例》权衡尺寸表
	l11	上金桁	/	/	4.5斗口	《清式营造则例》权衡尺寸表
	l12	脊枋	3.6斗口	3斗口	/	《清式营造则例》权衡尺寸表
	l13	脊垫板	4斗口	1斗口	/	《清式营造则例》权衡尺寸表
	l14	脊桁	/	/	4.5斗口	《清式营造则例》权衡尺寸表
⑨翼角	y1	仔角梁	4.2斗口	/	/	
	y2	老角梁	4.2斗口	/	/	
⑩檐口	Y1	瓦口木	1斗口	0.6斗口	/	《清式营造则例》权衡尺寸表
	Y2	大连檐	1.5斗口	1.5斗口	/	《清式营造则例》权衡尺寸表
	Y3	飞椽	1.5斗口	/	/	《清式营造则例》权衡尺寸表
	Y4	闸挡板	1.5斗口	0.375斗口	/	长按面阔，高按椽径，厚按1/4高 高：1.5斗口；厚：1/4×1.5斗口=0.375斗口
	Y5	小连檐	宽1斗口	1.5倍望板厚	/	宽1斗口；厚1.5望板厚
	Y6	檐椽	/	/	1.5斗口	《清式营造则例》权衡尺寸表
	Y7	望板	/	0.5斗口	/	《清式营造则例》权衡尺寸表

位置	图3-8-13中的序号	构件	长	高	依据
⑪正身瓦件	zw1	勾头	368mm	88mm	选择与正吻样数相同的筒瓦宽度，确定为四样瓦
	zw2	滴水	400mm	144mm	
	zw3	板瓦	384mm	60.8mm	
	zw4	筒瓦	352mm	88mm	
	zw5	围脊	宽约300mm	695mm	围脊全高等于底瓦上皮至大额枋下皮的距离
	zw6	正脊	厚约300mm	1280mm	高连当沟通高，按正吻高折半。高：2560×0.5=1280mm。正脊高：扣脊筒瓦+赤脚通脊+黄道+大群色+压当条+正当沟=88+643+160+160+19.2+210，约为1280mm 厚为四样筒瓦加四寸。厚：176+4×32=304mm，约为300mm
	zw7	正吻	厚约330mm	2560mm	按2/5柱高定吻高，然后用高度相符或相近正吻定样数。斗栱从耍头下皮起算（60+2+5.2）斗口×2/5=26.88斗口，选用四样吻确定吻的长度和高度
⑫垂脊瓦件	sw1	垂兽座	512mm	57.6mm	同瓦样数
	sw2	垂兽	504mm	504mm	
	sw3	垂脊	/	约650mm	垂脊斜高低于或等于正脊。自身高：扣脊筒瓦+垂脊筒子+压当条+斜当沟=88+368+19.2+210=685.2mm。此案例适当调整垂脊高约等于650mm

位置	图3-8-13中的序号	构件	长	宽	高	依据
⑬翼角瓦件	yw1	套兽	236mm	/	236mm	应选择与角梁宽相近的尺寸,宜大不宜小,本例瓦样为四样,但梁宽224mm,与五样尺寸相近,则应选择五样套兽
	yw2	兽前戗脊	/	/	417.2mm	戗脊高度低于垂脊。兽后高:扣脊筒瓦+戗脊筒子+压当条+斜当沟=88+368+19.2+210=685.2mm;兽前高:扣脊筒瓦+三连砖+压当条+斜当沟=88+100+19.2+210=417.2mm
	yw3	仙人	336mm	/	336mm	同瓦样数
	yw4	小兽	/	182.4mm	304mm	
	yw5	戗兽座	440mm	/	51.2mm	
	yw6	戗兽	/	440mm	440mm	

3.8.14 纵剖面图

纵剖面图,是沿面阔方向在建筑中线上假设一个垂直于地面的面将建筑剖切的正面投影图。

纵剖面图表达的构件较为繁杂,在编制设计计算书时首先计算建筑面阔、台明出等尺寸,以确定其轴网定位,然后从基础到屋面,根据构件类别及位置分别计算各构件的尺寸(如基础构件中的檐磉墩、金磉墩等,梁架构件中的五架梁、三架梁等)。

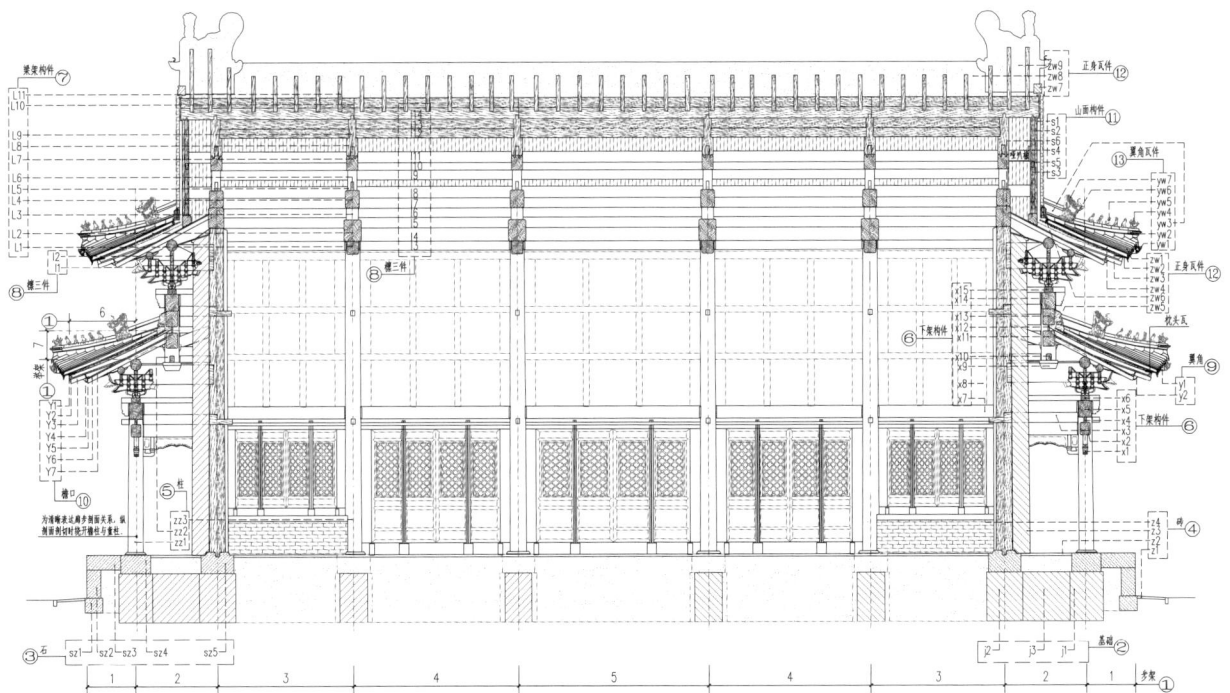

图3-8-14 九檩重檐歇山周围廊建筑纵剖面图

表3-8-12

位置	图3-8-14中的序号	构件	长	高	依据
①步架举架	1	台明出	20.25斗口	16.8斗口	长：3/4上檐出，即27斗口×3/4=20.25斗口 高：1/4地面至耍头下皮，即1/4（60+2+5.2）斗口=16.8斗口
	2	廊步距离	33斗口	/	廊深普通以2攒为最多，本例为3攒 3×11斗口=33斗口
	3	梢间面阔	55斗口	/	梢间较次间减一攒 5×11斗口=55斗口
	4	次间面阔	66斗口	/	次间较明间可以减一攒 6×11斗口=66斗口
	5	明间面阔	77斗口	/	面阔进深按斗栱攒数定，本例为7攒 7×11斗口=77斗口
	6	上檐出	27斗口	/	按斗栱口数并拽架 21斗口+6斗口=27斗口
	7	一层廊步举架	/	7.34斗口	（廊步距离-步架距离）×0.5，即（33斗口-18.33斗口）×0.5=7.34斗口

位置	图3-8-14中的序号	构件	宽	高	依据
②基础	j1	檐磉墩	12斗口+128mm	19.2斗口	宽：2D+4寸=2×6斗口+4寸=12斗口+4寸； 高：台明高-柱顶盘厚+埋头高=16.8斗口-6斗口+1/2台基露明高=10.8斗口+16.8斗口×1/2=19.2斗口，檐柱径D=6斗口
	j2	金磉墩	13.2斗口+128mm	19.2斗口	宽：2金柱径+4寸=2×6.6斗口+4寸=13.2斗口+4寸； 高：台明高-柱顶盘厚+埋头高=16.8斗口-6斗口+1/2台基露明高=10.8斗口+16.8斗口×1/2=19.2斗口，金柱径=6.6斗口
	j3	拦土	1/2（磉墩长+柱径）+96mm	19.2斗口	长按面阔进深，除磉墩得净长。按磉墩半份柱径半份再加三寸定宽。高同磉墩

材料	图3-8-14中的序号	构件	宽	厚	依据
③石	sz1	土衬石	128mm+陡板厚	5.7斗口	宽按陡板厚一份，加金边二份（金边宽2寸）。厚同阶条高
	sz2	陡板石	高11.1斗口	5.7斗口	宽：同阶条石高，高：台明高-阶条高=16.8斗口-5.7斗口=11.1斗口
	sz3	阶条石	14.25斗口	高5.7斗口	宽：3/4上檐出-D=3/4×27斗口-6斗口=14.25斗口 高：2/5宽=2/5×14.25斗口=5.7斗口
	sz4	檐柱顶石	12斗口	7.2斗口	柱顶盘：宽2D=12斗口，高：D=6斗口 古镜石：宽1.2D=7.2斗口。高：1/5D=1.2斗口，檐柱顶石由柱顶盘和古镜石组成
	sz5	金柱顶石	13.2斗口	7.2斗口	柱顶盘宽：2金柱径=2×6.6斗口=13.2斗口，高：D=6斗口 古镜石：宽1.2金柱径=7.92斗口。高：1/5D=1.2斗口，金柱顶石由柱顶盘和古镜石组成
④砖	z1	散水	900mm	70mm	步步锦散水
	z2	方砖墁地	448mm	64mm	尺四方砖
	z3	山墙	13.2斗口+64mm	高按实际	里包金厚：1/2金柱径+2寸=0.5×6.6斗口+2寸；外包金厚：1.5金柱径=1.5×6.6斗口=9.9斗口
	z4	槛墙	/	高按实际	高按实际

位置	图3-8-14中的序号	构件	高	径	依据
⑤柱	zz1	檐柱	60斗口	6斗口	《清式营造则例》权衡尺寸表
	zz2	童柱	按实际	6斗口	
	zz3	金柱	按实际	6.6斗口	《清式营造则例》权衡尺寸表

位置	图3-8-14中的序号	构件	长	高	厚	依据
⑥下架构件	x1	雀替	/	7.5斗口	1.8斗口	高5/4D=7.5斗口；厚3/10D=1.8斗口 注：骑马雀替高同雀替，长按实际
	x2	穿插枋	/	4斗口	/	高4斗口
	x3	棋枋	/	4.8斗口	4斗口	高4.8斗口，厚4斗口
	x4	小额枋	/	4.8斗口	4斗口	《清式营造则例》权衡尺寸表
	x5	由额垫板	/	2斗口	1斗口	《清式营造则例》权衡尺寸表
	x6	大额枋	/	6.6斗口	5.4斗口	《清式营造则例》权衡尺寸表
	x7	平板枋	/	2斗口	宽3.5斗口	《清式营造则例》权衡尺寸表
	x8	棋枋板	/	按实际	/	
	x9	墩斗	7.5斗口（见方）	/	3斗口	厚按童柱径折半 长：见方按童柱径四分之五，即5/4×6斗口=7.5斗口
	x10	管脚枋	按实际	2.5斗口	2斗口	
	x11	承椽枋	/	6斗口	4.8斗口	高6斗口；厚4.8斗口
	x12	围脊板	/	按实际	1斗口	厚1斗口，高按实际
	x13	围脊枋	/	6斗口	4.8斗口	高6斗口，厚4.8斗口
	x14	重檐上大额枋	/	6.6斗口	5.4斗口	《清式营造则例》权衡尺寸表
	x15	重檐上平板枋	/	2斗口	宽3.5斗口	同平板枋

位置	图3-8-14中的序号	构件	宽	高	厚	依据
⑦梁架构件	L1	随梁枋	/	4斗口+1%长	3.5斗口+1%长	《清式营造则例》权衡尺寸表
	L2	七架梁	/	8.4斗口	7斗口	《清式营造则例》权衡尺寸表
	L3	柁墩	/	按实际	5.6斗口-64mm	《清式营造则例》权衡尺寸表
	L4	五架梁	/	7斗口	5.6斗口	《清式营造则例》权衡尺寸表
	L5	金瓜柱	/	按实际	4.48斗口-64mm	厚：4.48斗口-2寸
	L6	金角背	/	1/2金瓜柱高	1/3自身高	《清式营造则例》权衡尺寸表
	L7	三架梁	/	5.83斗口	4.48斗口	高5/6×7斗口=5.83斗口；厚4/5×5.6斗口=4.48斗口
	L8	脊瓜柱	/	按实际	4.5斗口	《清式营造则例》权衡尺寸表
	L9	脊角背	/	1/2脊瓜柱高	1/3自身高	《清式营造则例》权衡尺寸表
	L10	扶脊木	/	径4斗口	/	《清式营造则例》权衡尺寸表
	L11	椿桩	1.5斗口	16.925斗口	/	每通脊一件用一根。高按1/4桁径，8/10扶脊木径，又9/10脊高，三共凑即高。厚按2/3宽 高：4.5/4斗口+4斗口×8/10+14斗口×9/10=16.925斗口

位置	图3-8-14中的序号	构件	高	厚	径	依据
⑧檩三件	11	挑檐桁	/	/	3斗口	《清式营造则例》权衡尺寸表
	12	正心桁	/	/	4.5斗口	《清式营造则例》权衡尺寸表
	13	老檐枋	3.6斗口	3斗口	/	

位置	图3-8-14中的序号	构件	高	厚	径	依据
⑧檩三件	l4	老檐垫板	按实际	1斗口	/	
	l5	老檐桁	/	/	4.5斗口	同金桁
	l6	下金枋	3.6斗口	/	/	《清式营造则例》权衡尺寸表
	l7	下金垫板	按实际	/	/	《清式营造则例》权衡尺寸表
	l8	下金桁	/	/	4.5斗口	《清式营造则例》权衡尺寸表
	l9	上金枋	3.6斗口	/	/	《清式营造则例》权衡尺寸表
	l10	上金垫板	按实际	/	/	《清式营造则例》权衡尺寸表
	l11	上金桁	/	/	4.5斗口	《清式营造则例》权衡尺寸表
	l12	脊枋	3.6斗口	/	/	《清式营造则例》权衡尺寸表
	l13	脊垫板	4斗口	/	/	《清式营造则例》权衡尺寸表
	l14	脊桁	/	/	4.5斗口	《清式营造则例》权衡尺寸表
⑨翼角	y1	仔角梁	4.2斗口	/	/	《清式营造则例》权衡尺寸表
	y2	老角梁	4.2斗口	/	/	《清式营造则例》权衡尺寸表
⑩檐口	Y1	瓦口木	1斗口	0.6斗口	/	《清式营造则例》权衡尺寸表
	Y2	大连檐	1.5斗口	1.5斗口	/	《清式营造则例》权衡尺寸表
	Y3	飞椽	1.5斗口	1.5斗口	/	《清式营造则例》权衡尺寸表
	Y4	闸挡板	1.5斗口	0.375斗口	/	高按椽径，厚按1/4高 厚：1/4×1.5斗口=0.375斗口
	Y5	小连檐	宽1斗口	1.5倍望板厚	/	宽1斗口；厚1.5望板厚
	Y6	檐椽	/	/	1.5斗口	《清式营造则例》权衡尺寸表
	Y7	望板	/	0.5斗口	/	《清式营造则例》权衡尺寸表

位置	图3-8-14中的序号	构件	高	厚	依据
⑪山面构件	s1	博缝板	8斗口	1.2斗口	《清式营造则例》权衡尺寸表
	s2	山花板	按实际	1斗口	《清式营造则例》权衡尺寸表
	s3	踏脚木	4.5斗口	3.6斗口	《清式营造则例》权衡尺寸表
	s4	草架柱	按实际	1.8斗口	《清式营造则例》权衡尺寸表
	s5	穿	2.3斗口	1.8斗口	《清式营造则例》权衡尺寸表
	s6	踩步金	7斗口+1%长	6斗口	《清式营造则例》权衡尺寸表

位置	图3-8-14中的序号	构件	长	高	依据
⑫正身瓦件	zw1	勾头	368mm	88mm	选择与正吻样数相同的筒瓦宽度，确定为四样瓦
	zw2	滴水	400mm	144mm	
	zw3	板瓦	384mm	60.8mm	
	zw4	筒瓦	352mm	88mm	
	zw5	围脊	宽约300mm	695mm	围脊全高等于底瓦上皮至大额枋下皮的距离
	zw6	博脊	272mm	528mm	长按实际。宽同瓦数，高为三倍筒瓦宽。高：176×3=528mm
	zw7	吻座	宽256mm	294.4mm	同吻样数

位置	图3-8-14中的序号	构件	长	高	依据
⑫正身瓦件	zw8	正脊	按实际	1280mm	高连当沟通高，按正吻高折半。高：2560×0.5=1280mm。正脊高：扣脊筒瓦+赤脚通脊+黄道+大群色+压当条+正当沟=88+643+160+160+19.2+210，约为1280mm
	zw9	正吻	1790mm	2560mm	按2/5柱高定吻高，然后用高度相符或相近正吻定样数。斗栱从要头下皮起算（60+2+5.2）斗口×2/5=26.88斗口，选用四样吻确定吻的长度和宽度

位置	图3-8-14中的序号	构件	长	宽	高	依据
⑬翼角瓦件	yw1	套兽	236mm	/	236mm	应选择与角梁宽相近的尺寸，宜大不宜小，本例瓦样为四样，但梁宽224mm，与五样尺寸相近，则应选择五样套兽
	yw2	兽前戗脊	/	270mm	417.2mm	戗脊高度低于垂脊。兽后高：扣脊筒瓦+戗脊筒子+压当条+斜当沟=88+368+19.2+210=685.2；兽前高：扣脊筒瓦+三连砖+压当条+斜当沟=88+100+19.2+210=417.2mm
	yw3	兽后戗脊	/	270mm	约650mm	
	yw4	仙人	336mm	/	336mm	同瓦样数
	yw5	小兽	/	182.4mm	304mm	
	yw6	戗兽座	440mm	/	51.2mm	
	yw7	戗兽	/	440mm	440mm	

3.8.15 门窗

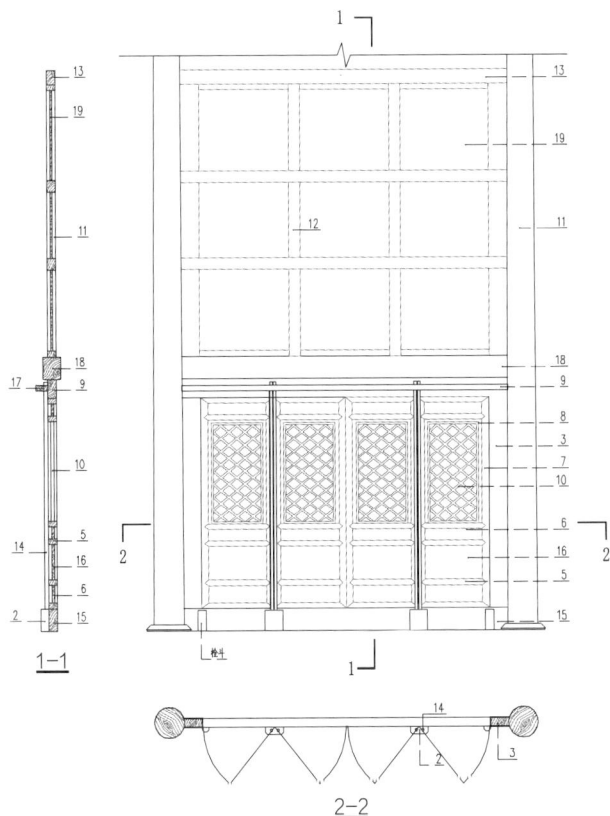

图3-8-15 九檩重檐歇山周围廊建筑门详图

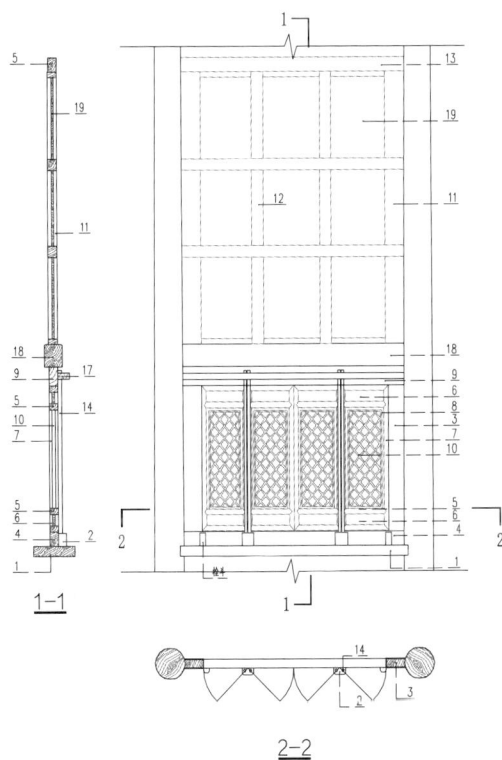

图3-8-16 九檩重檐歇山周围廊建筑窗详图

表3-8-13

位置	图3-8-15和图3-8-16中的序号	构件	宽	高	厚	依据
隔扇门窗	1	木榻板	9斗口	/	2.25斗口	宽3/2D=9斗口；厚3/8D=2.25斗口
	2	连二榀	120mm	4.32斗口	长350mm	长350mm，宽120mm，高：0.9下槛宽
	3	抱框	4斗口	/	1.8斗口	宽2/3D=4斗口；厚3/10D=1.8斗口
	4	风槛	3斗口	/	1.8斗口	宽1/2D=3斗口；厚3/10D=1.8斗口
	5	抹头	1.2斗口	/	1.8斗口	宽1/5D=1.2斗口；厚3/10D=1.8斗口
	6	绦环板	/	0.2隔扇宽	0.05隔扇宽	《清式营造则例》权衡尺寸表
	7	边梃	1.2斗口	/	1.8斗口	宽1/5D=1.2斗口；厚3/10D=1.8斗口
	8	仔边	2/3边梃宽	/	7/10边梃厚	《清式营造则例》权衡尺寸表
	9	中槛	4斗口	/	1.8斗口	宽2/3D=4斗口；厚3/10D=1.8斗口
	10	棂条	1/3仔边宽	/	9/10仔边厚	宽1/3-1/2仔边宽，厚1/10仔边厚
	11	短抱框	4斗口	/	1.8斗口	宽2/3D=4斗口；厚3/10D=1.8斗口
	12	横陂间框	4斗口	/	1.8斗口	同抱框
	13	上槛	3斗口	/	1.8斗口	宽1/2D=3斗口；厚3/10D=1.8斗口
	14	转轴	径50mm	/	/	径50mm
	15	下槛	4.8斗口	/	1.8斗口	宽4/5D=4.8斗口；厚3/10D=1.8斗口
	16	裙板	/	0.8隔扇宽	0.05隔扇宽	《清式营造则例》权衡尺寸表
	17	连楹	2.4斗口	/	1.2斗口	宽2/5D=2.4斗口；厚1/5D=1.2斗口
	18	棋枋	/	4.8斗口	4斗口	高4.8斗口，厚4斗口
	19	棋枋板	/	按实际	0.6斗口	厚1/10D

3.9 清官式建筑九檩庑殿周围廊构件记忆及诠释

九檩庑殿周围廊构件记忆法分为16小节：

3.9.1：诠释梁思成先生《清式营造则例》中单体建筑的"三个基本要素"。

3.9.2：诠释清官式建筑施工图表达与建筑模型剖切位置对应关系和"三个基本要素"分别对应的模型部位。

3.9.3和3.9.4：概括性地介绍九檩庑殿周围廊建筑砖、瓦、石、大木构件的各部名称，以及竖向高度的分层位置和构件关系，建立对九檩庑殿周围廊建筑的外观和内部构造的初步认识。

3.9.5至3.9.16：详细介绍九檩庑殿周围廊建筑各层平面、剖面和正立面、侧立面中，实体构件的记忆顺序、细节名称、位置、功能，同时标注依据来源，以便查找更加详细的资料。

3.9.1 《清式营造则例》"三个基本要素"概念的诠释

《清式营造则例》提到："单个建筑物，由最古代简陋的胎形，到最近代穷奢极巧的殿宇，均始终保留着三个基本要素：台基部分，柱梁或木造部分，及屋顶部分。"[①]

将九檩庑殿周围廊建筑模型分为下段、中段、上段，对应《清式营造则例》"三个基本要素"，可得：

下段-台基部分：阶条石上皮以下为台基部分，包含基坑开挖、基础和台基平面三部分内容。

中段-柱梁（木造）部分：阶条石上皮以上至望板以下（包含望板、椿桩）为柱梁（木造）部分，包含柱头平面、平板枋平面、斗栱平面和步架平面四部分内容。

上段-屋顶部分：望板、大连檐以上为屋顶部分，包含屋顶平面。

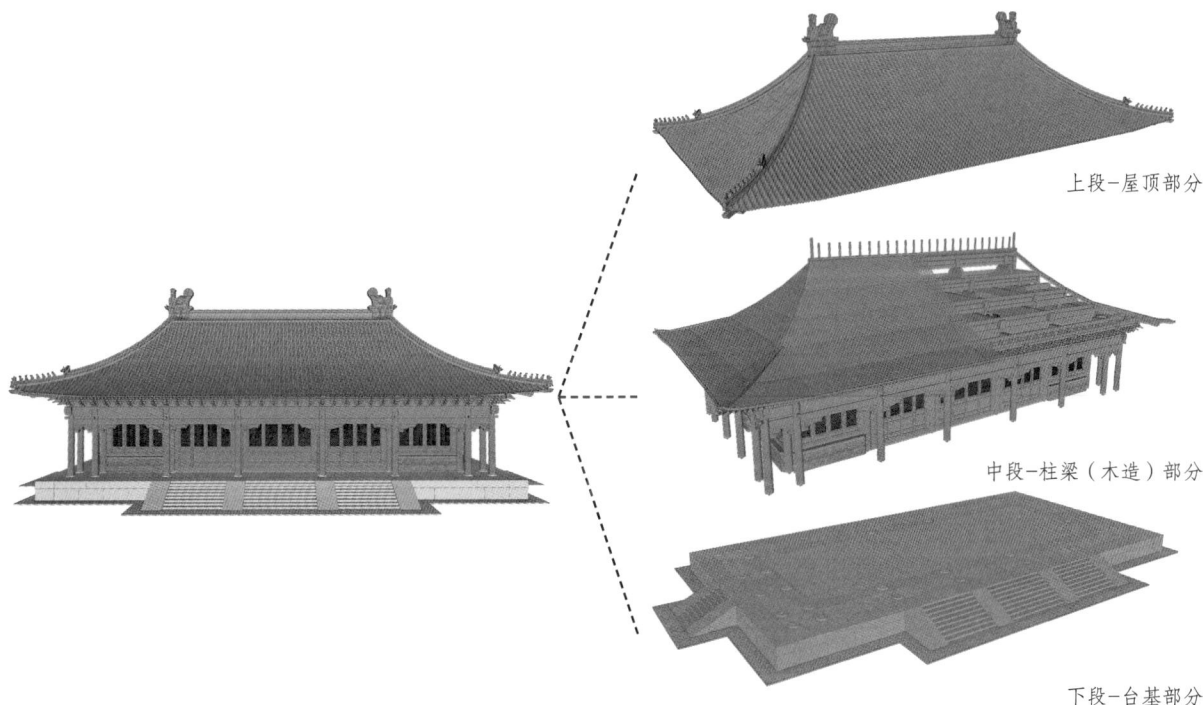

上段-屋顶部分

中段-柱梁（木造）部分

下段-台基部分

图3-9-1　九檩庑殿周围廊建筑模型分段示意图

单体建筑分段的作用在于将建筑的砖作、石作、木作、瓦作结合竖向高度进行分类，"三段"分别与设计成果图的各层平面图对应，能够帮助读者对九檩庑殿周围廊建筑的构造建立更系统的认知和更全面的空间概念。

---

① 参见：梁思成. 清式营造则例[M]. 北京：清华大学出版社，2006：9.

3.9.2　九檩庑殿周围廊建筑分段竖向高度剖切位置示意图

将九檩庑殿周围廊建筑按竖向高度关系剖切后，可以清晰展现出建筑的内部构造。屋顶平面的瓦件在步架平面之上，由于屋面有坡度高差，屋顶平面和步架平面在高度上有重合，故将屋顶平面和步架平面分在一个高度区间内。

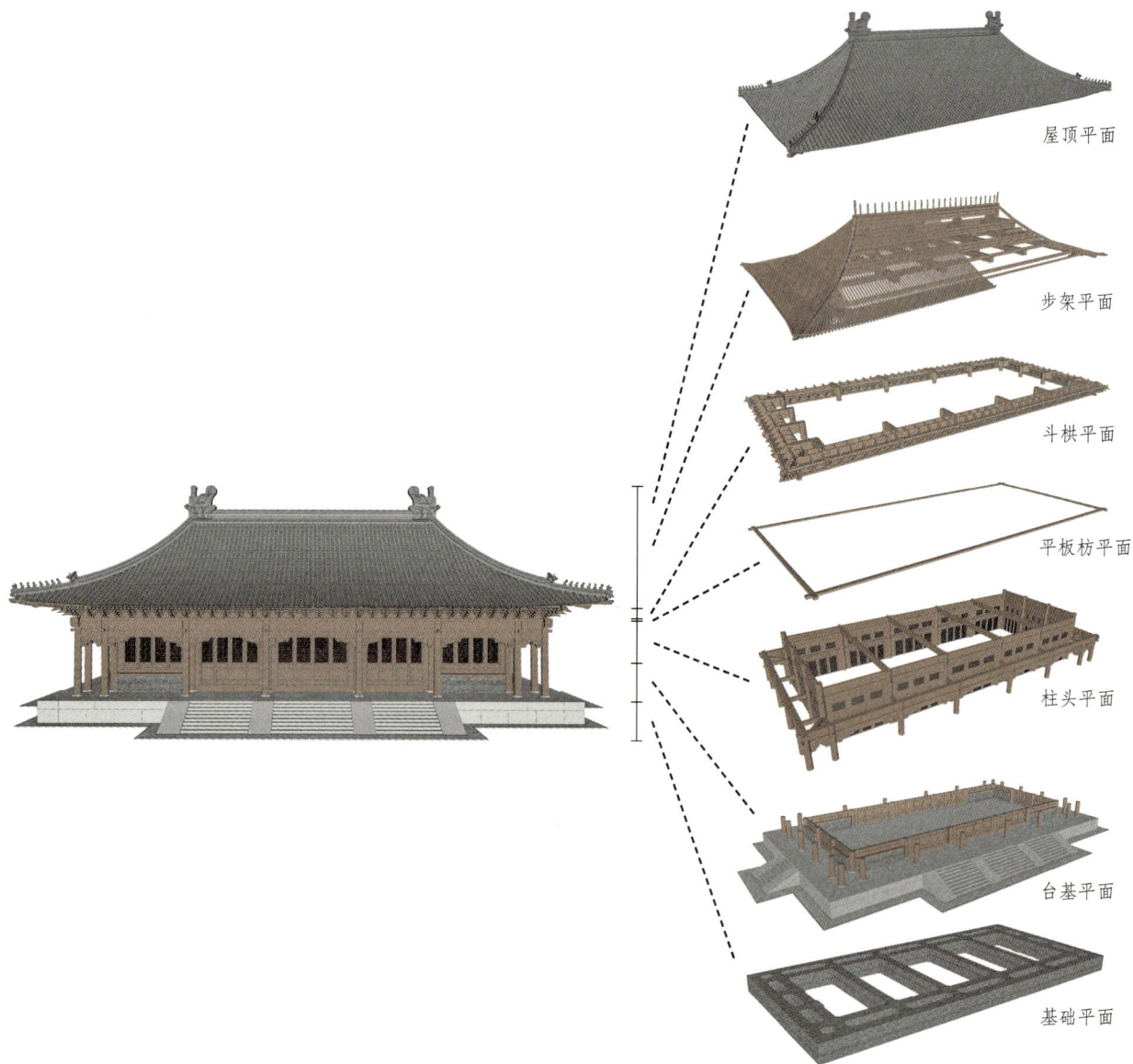

屋顶平面

步架平面

斗栱平面

平板枋平面

柱头平面

台基平面

基础平面

图3-9-2　九檩庑殿周围廊建筑分段竖向高度剖切位置示意图

屋顶平面（上段）
　　屋顶平面包括从建筑上方俯视所能观察到的瓦件。

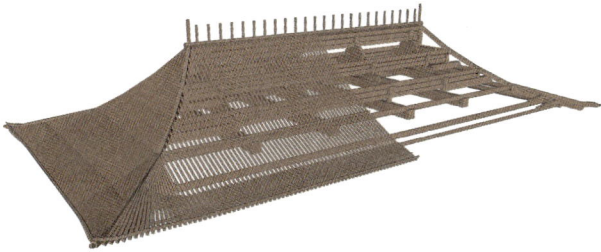

步架平面（中段）
　　步架平面包括挑檐桁以上，扶脊木和椿桩以下的所有步架构件。图中为了保证步架不被遮挡，椽子和望板构件只表示局部。

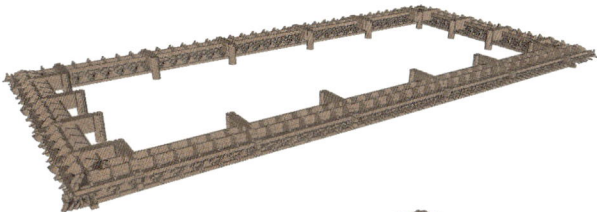

斗栱平面（中段）
　　平板枋以上斗栱构件的平面示意，其中包括平身科斗栱、柱头科斗栱和角科斗栱。

平板枋平面（中段）
　　檐柱柱头之上平板枋的平面示意。

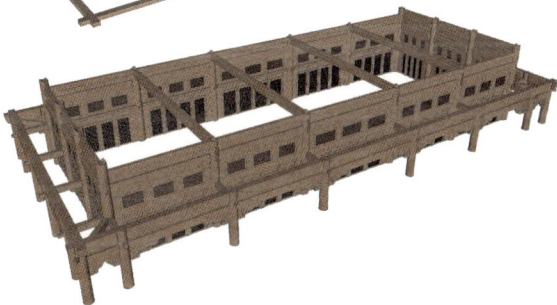

柱头平面（中段）
　　柱头平面包括隔扇窗二抹以上，柱头以下所有构件。

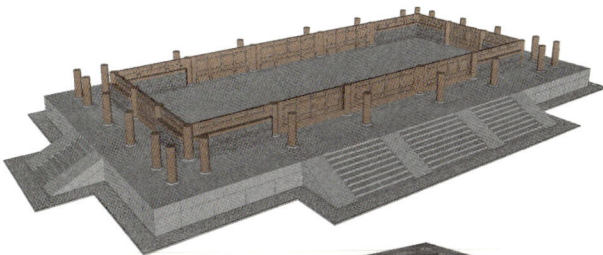

台基平面（下段、中段）
　　台基平面包括隔扇窗二抹上皮位置俯视能观察到的所有砖、石、木构件。

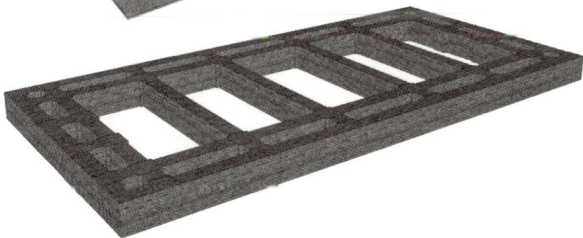

基础平面（下段）
　　基础平面包括柱顶石以下的构件：拦土、碴墩。为了更加清晰体现上述构件的构造关系，图中将灰土和包砌台基进行隐藏处理。

图3-9-3　九檩庑殿周围廊建筑模型与分段剖切位置示意图

3.9.3　九檩庑殿周围廊建筑砖、瓦、石构件名称示意图

图3-9-4、图3-9-5直观展示九檩庑殿周围廊建筑砖作、瓦作、石作构件的形态、位置和名称。

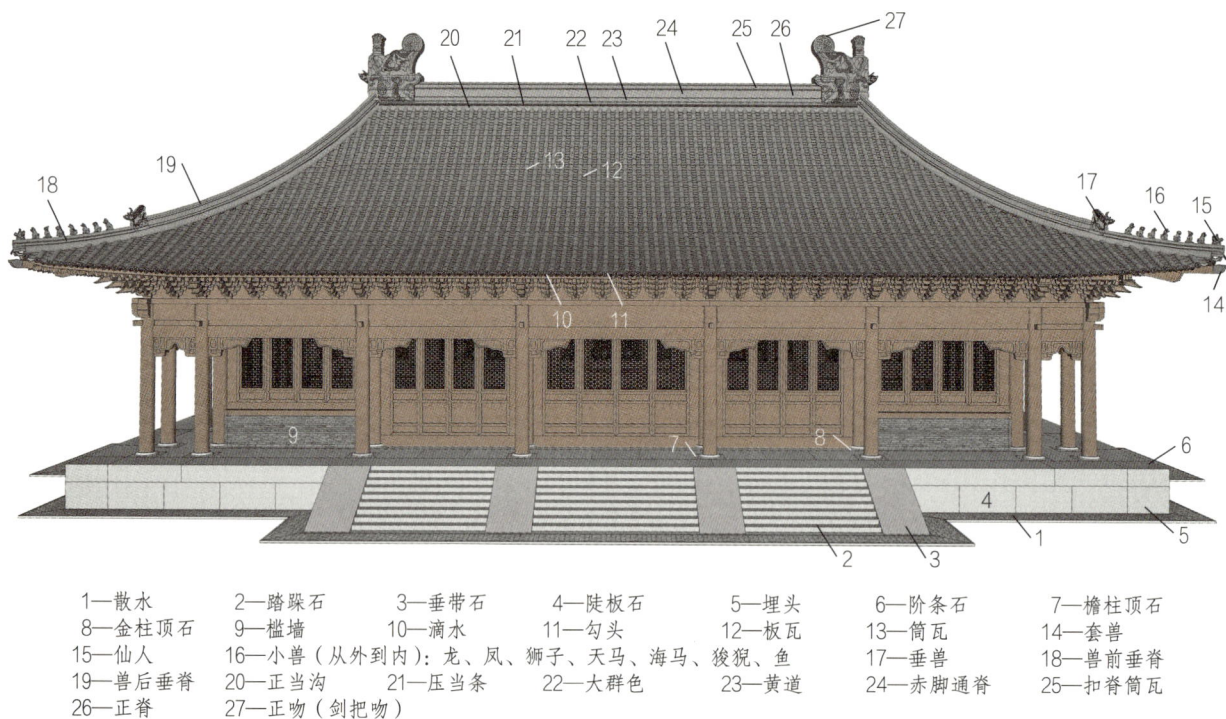

1—散水	2—踏跺石	3—垂带石	4—陡板石	5—埋头	6—阶条石	7—檐柱顶石
8—金柱顶石	9—槛墙	10—滴水	11—勾头	12—板瓦	13—筒瓦	14—套兽
15—仙人	16—小兽（从外到内）：龙、凤、狮子、天马、海马、狻猊、鱼				17—垂兽	18—兽前垂脊
19—兽后垂脊	20—正当沟	21—压当条	22—大群色	23—黄道	24—赤脚通脊	25—扣脊筒瓦
26—正脊	27—正吻（剑把吻）					

图3-9-4　九檩庑殿周围廊建筑模型正面构件名称示意图

1—平头土衬（金边）
2—土衬石（金边）
3—砚窝石
4—象眼石
5—方砖墁地
6—分心石
7—槛垫石
8—吻座

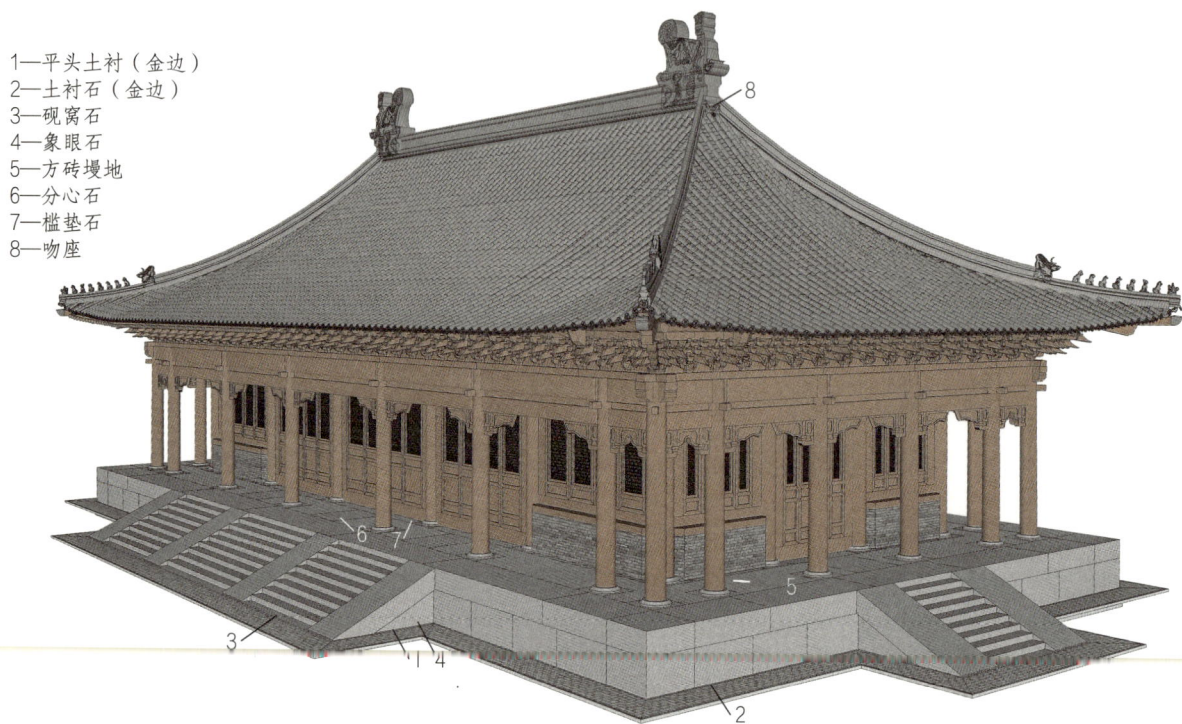

图3-9-5　九檩庑殿周围廊建筑模型侧面构件名称示意图

3.9.4 九檩庑殿周围廊建筑大木构件名称示意图

图3-9-6、图3-9-7直观展示九檩庑殿周围廊建筑木作构件的形态、位置和名称，按照构件分类：梁架构件、檩三件、翼角、山面构件、檐口构件的顺序从下到上进行标注记忆。

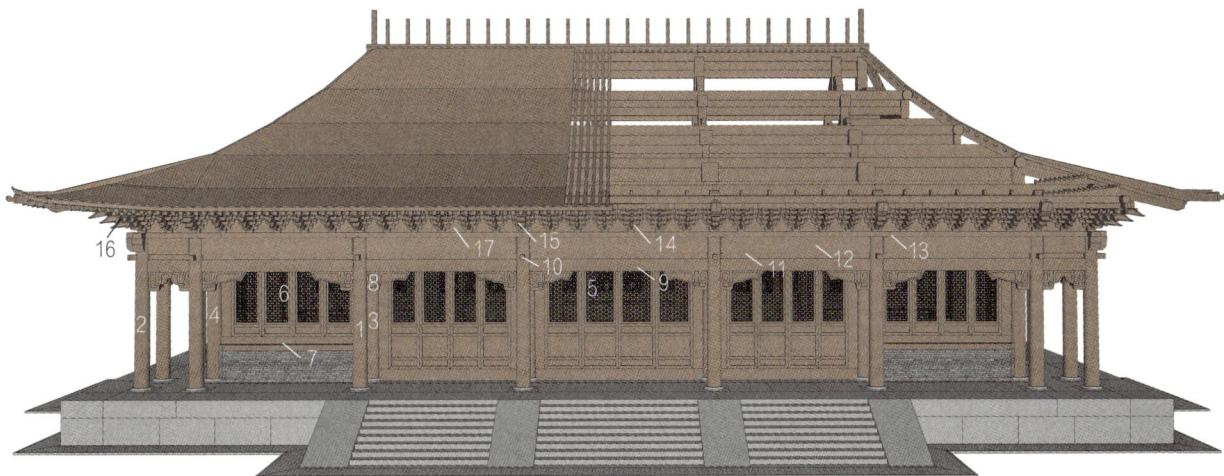

1—檐柱　2—檐角柱　3—金柱　4—金角柱　5—隔扇门　6—隔扇窗　7—木榻板　8—雀替　9—小额枋
10—穿插枋头　11—由额垫板　12—大额枋　13—平板枋　14—平身科斗栱　15—柱头科斗栱　16—角科斗栱　17—栱垫板

图3-9-6　九檩庑殿周围廊建筑正面大木构件名称示意图

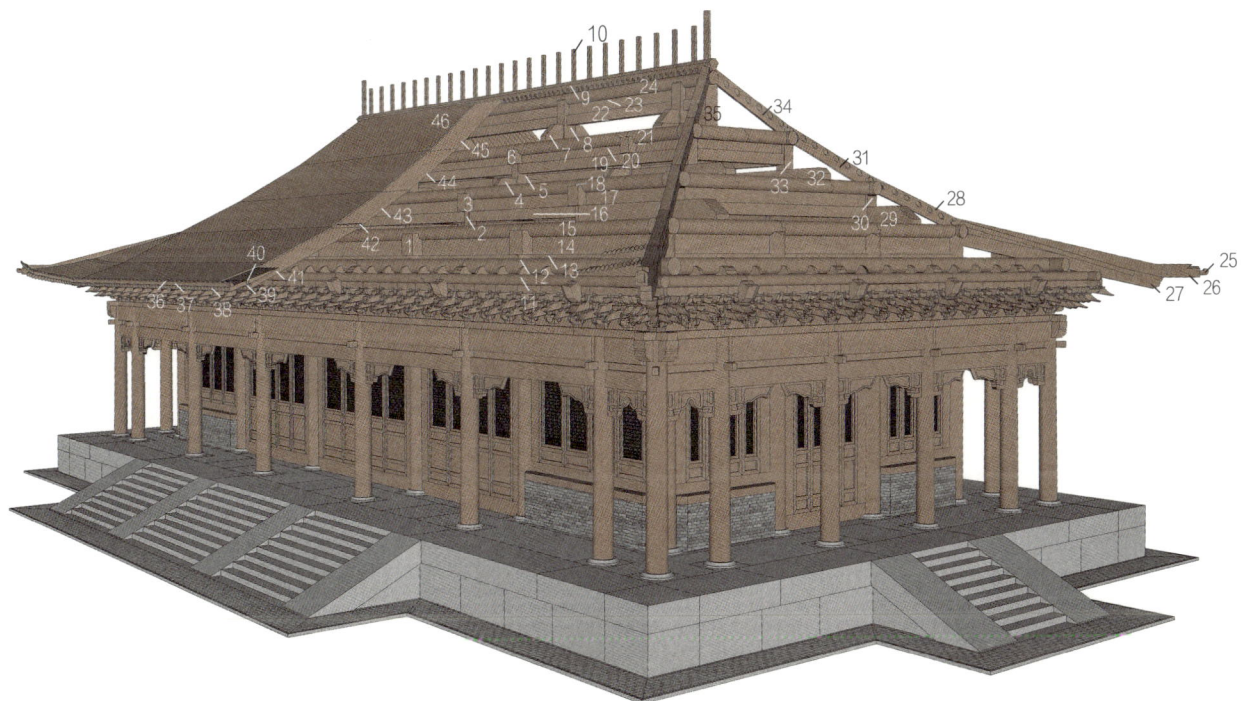

1—七架梁　2—下金瓜柱　3—五架梁　4—金角背　5—上金瓜柱　6—三架梁　7—脊角背　8—脊瓜柱　9—扶脊木　10—椿桩
11—挑檐桁　12—正心桁　13—老檐枋　14—老檐垫板　15—老檐桁　16—下金枋　17—下金垫板　18—下金桁　19—上金桁
20—上金垫板　21—上金桁　22—脊枋　23—脊垫板　24—脊桁　25—套兽榫　26—仔角梁　27—老角梁　28—下花架由戗　29—上金顺扒梁
30—交金墩　31—上花架由戗　32—上金顺扒梁　33—下金交金瓜柱　34—脊由戗　35—雷公柱　36—瓦口木
37—大连檐　38—飞椽　39—小连檐　40—闸挡板　41—檐椽　42—椽中板　43—下花架椽　44—上花架椽　45—脑椽　46—望板

图3-9-7　九檩庑殿周围廊建筑侧面大木构件名称示意图

3.9.5 基坑开挖图——地基处理工艺工法诠释

地基处理做法同3.1.5。

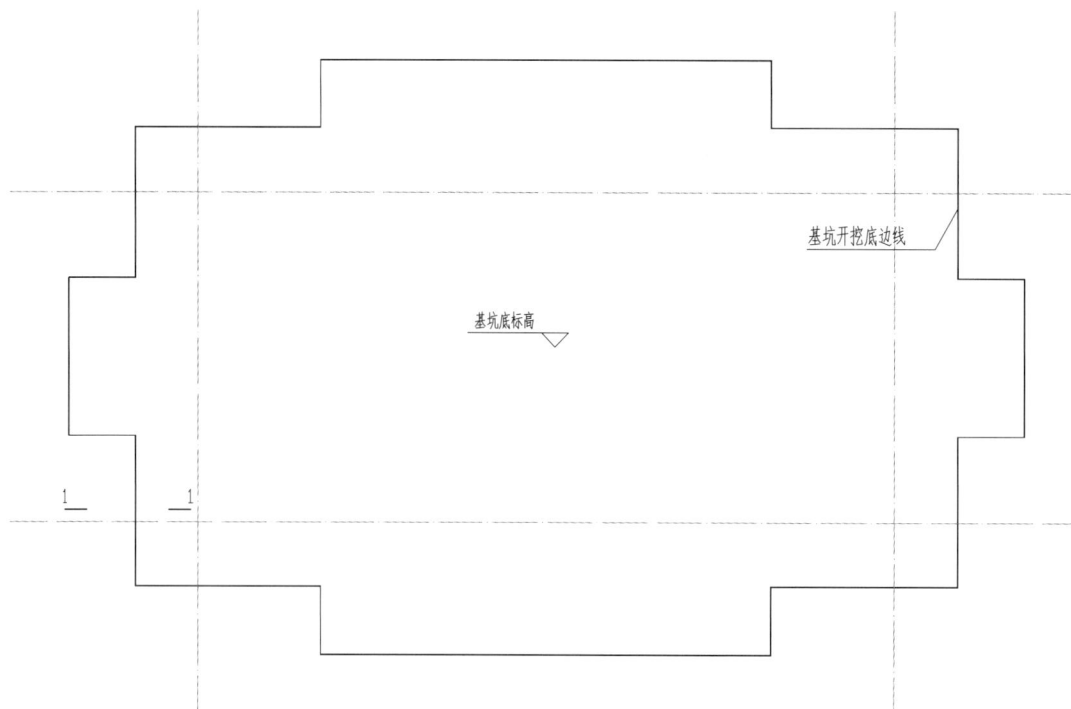

图3-9-8 九檩庑殿周围廊建筑基坑开挖图

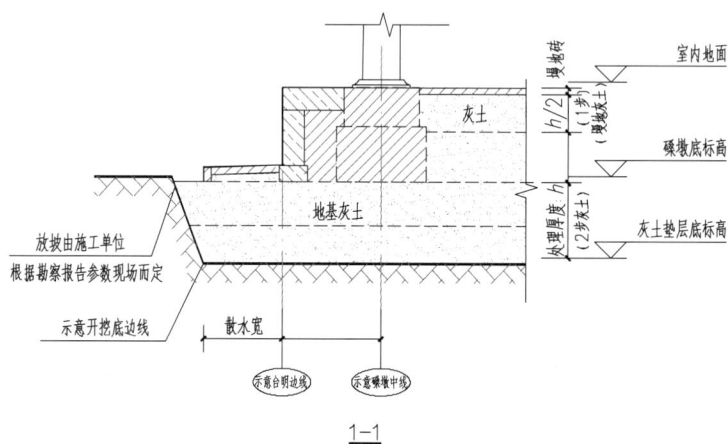

1—1

图3-9-9 九檩庑殿周围廊建筑灰土垫层处理范围示意

注：部分未注明尺寸根据实际确定

3.9.6 基础平面图

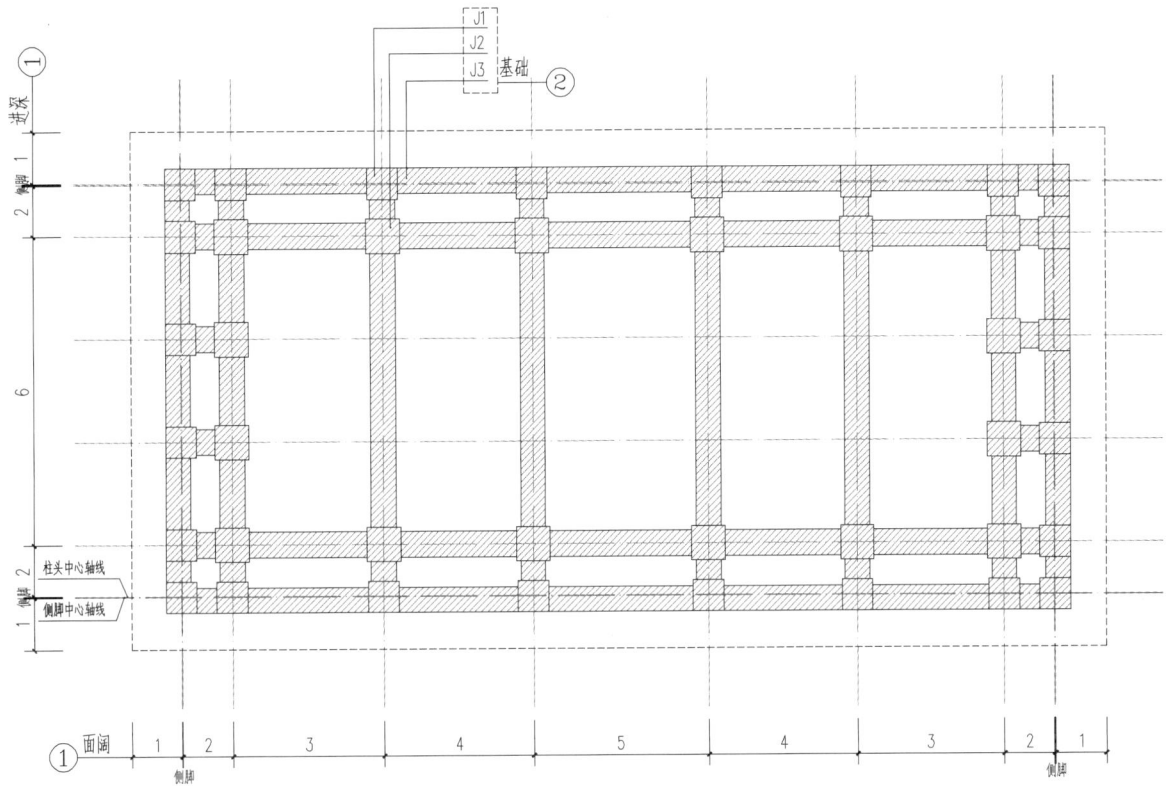

图3-9-10 九檩庑殿周围廊建筑基础平面图

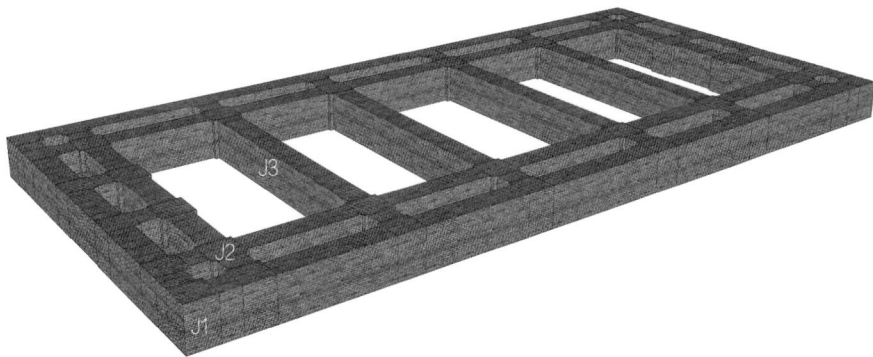

图3-9-11 九檩庑殿周围廊建筑磉墩拦土三维示意图

表3-9-1

分类	图3-9-10中的序号	构件	诠释
①面阔、进深	1	台明出	台基露出地面部分称为台明，台明由檐柱中向外延展出的部分为台明出沿，即台明出①
	2	廊步距离	正心桁至老檐桁中—中的水平距离，一般为两攒斗栱，最大为三攒斗栱
	3	梢间面阔	面阔，一指建筑物正面之长度，二指建筑物正面檐柱与檐柱间之距离，又称间宽。明间面阔即建筑物正面中央、两柱间之部分；梢间面阔即建筑物在左右两端之间；次间面阔即建筑物在明间与梢间间之间②
	4	次间面阔	
	5	明间面阔	
	6	间进深	每四棵柱子围成一间，深为"进深"③，间进深即为房间的进深
②基础	J1	檐磉墩	磉墩，柱顶石下之基础④，檐柱顶石下为檐磉墩；金柱顶石下为金磉墩
	J2	金磉墩	
	J3	拦土	磉墩与磉墩间之矮墙，高同磉墩⑤

3.9.7 台基平面图

九檩庑殿周围廊台基平面图表达的是从隔扇窗二抹以上位置水平剖切，以俯视角度看到的所有构件。

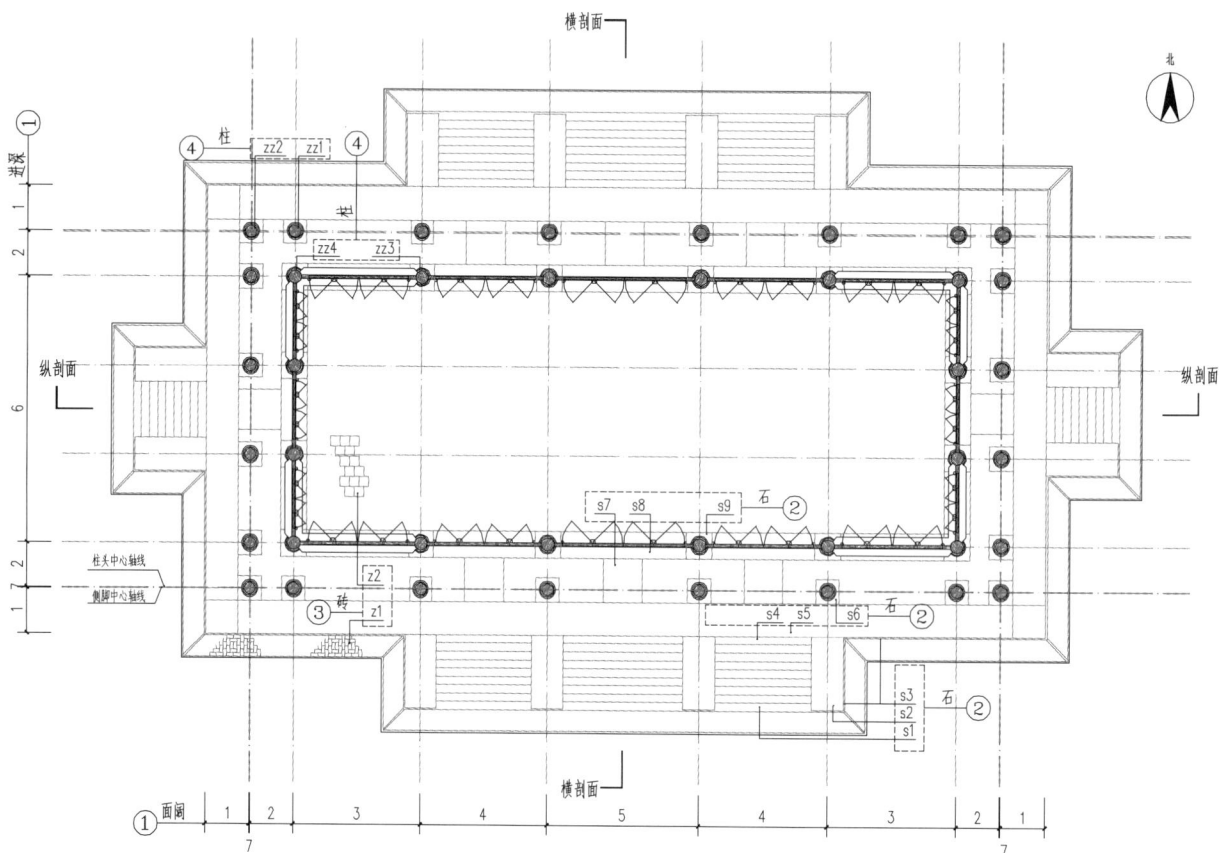

图3-9-12 九檩庑殿周围廊建筑台基平面图

注：门窗平面见门窗详图3-10-10、图3-10-11。

---

① 参见：马炳坚. 中国古建筑木作营造技术[M]. 2版. 北京：科学出版社，2003：5.

② 参见：梁思成. 清式营造则例[M]. 北京：清华大学出版社，2006：73-79.

③ 同①，2页。

④ 同②，81页。

⑤ 同②，76页。

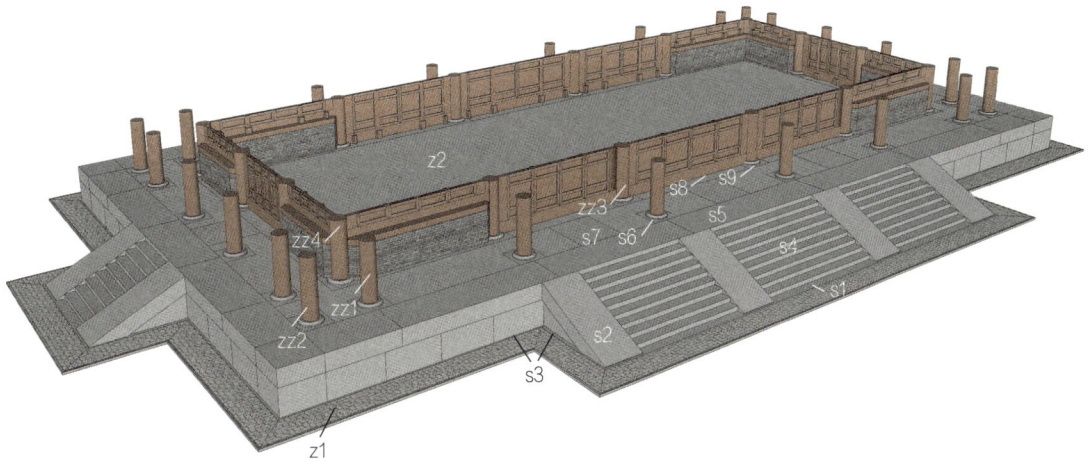

图3-9-13　九檩庑殿周围廊建筑台基平面三维示意图

表3-9-2

分类	图3-9-12中的序号	构件	诠释
①面阔、进深	1	台明出	详见3.9.6
	2	廊步距离	
	3	梢间面阔	
	4	次间面阔	
	5	明间面阔	
	6	间进深	
	7	侧脚	为了加强建筑的整体稳定性，古建筑最外一圈柱子的下脚通常要向外侧移出一定尺寸，使外檐柱子的上端略向内侧倾斜[1]
②石	s1	砚窝石	踏跺之最下一级，较地面微高一、二分之石[2]
	s2	垂带石	即垂带，踏跺两旁由台基至地上斜置之石[3]
	s3	平头土衬/土衬石（金边）	平头土衬，踏跺象眼之下，与砚窝石土衬石平之石。[4]土衬石，在台基陡 板以下与地面平之石。[5]金边，建筑物任何立体部分上皮沿边处，其上立另一立体；上者竖立之侧面，较下者之上边略退入少许而留出狭长之部分。例如土衬石上未被陡板遮盖之部分[6]
	s4	踏跺石	即踏跺，由一高度达另一高度之阶级[7]
	s5	阶条石	即阶条，台基四周上面之石块[8]
	s6	檐柱顶石	承托柱下之石。[2]檐柱下为檐柱顶石
	s7	分心石	建筑物中线上，由阶条石至槛垫石之间之石[9]

① 参见：马炳坚. 中国古建筑木作营造技术[M]. 2版. 北京：科学出版社，2003：4.

② 参见：梁思成. 清式营造则例[M]. 北京：清华大学出版社，2006：77.

③ 同②，76页。

④ 同②，73页。

⑤ 同②，71页。

⑥ 同②，75页。

⑦ 同②，81页。

⑧ 同②，74页。

⑨ 同②，72页。

分类	图3-9-12中的序号	构件	诠释
②石	s8	槛垫石	门槛下，与槛平行，上皮与台基面平，垫于槛下之石①
	s9	金柱顶石	承托柱下之石②。金柱下为金柱顶石
③砖	z1	散水	即散水砖，台基下四周，与土衬石平之墁砖，以受檐上滴下之水者③
	z2	方砖墁地	用方砖铺装地面的做法
④柱	zz1	檐柱	承支屋檐之柱④
	zz2	檐角柱	角柱即在建筑物角上之柱⑤
	zz3	金柱	在檐柱一周以内，但不在纵中线上之柱⑥
	zz4	金角柱	同檐角柱，角柱即在建筑物角上之柱

3.9.8　柱头平面图

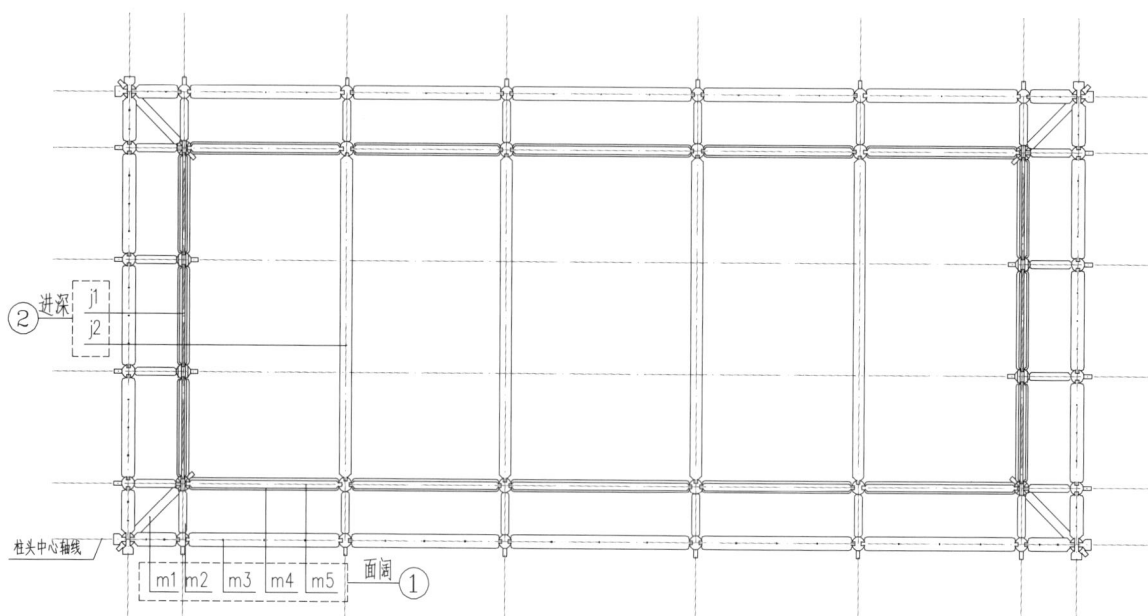

图3-9-14　九檩庑殿周围廊建筑柱头平面图

① 参见：梁思成. 清式营造则例[M]. 北京：清华大学出版社，2006：81.

② 同①，77页。

③ 同①，80页。

④ 同①，82页。

⑤ 同①，74页。

⑥ 同①，75页。

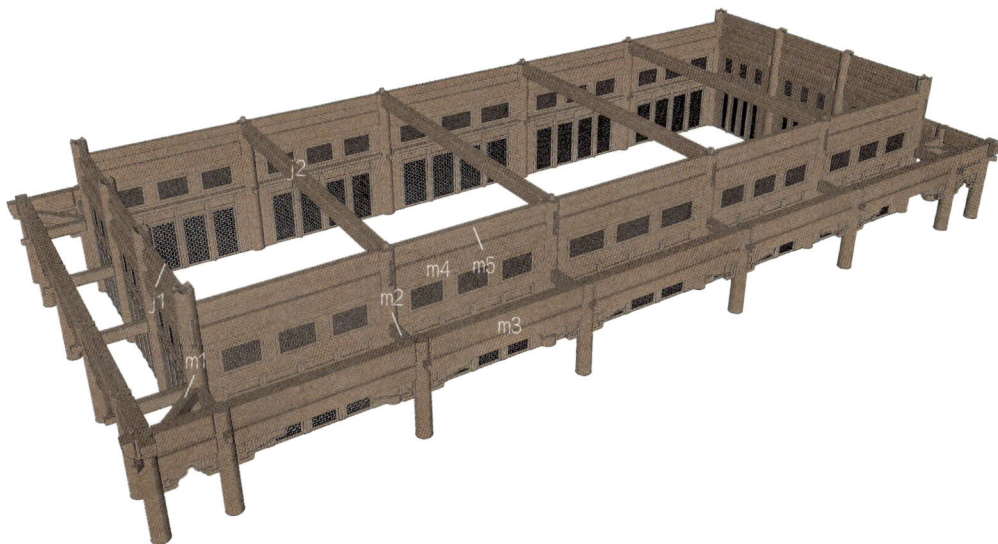

图3-9-15 九檩庑殿周围廊建筑柱头平面三维示意图

表3-9-3

分类	图3-9-14中的序号	构件	诠释
①面阔	m1	斜穿插枋	即斜插金枋，自角檐柱至角金柱间之穿插枋[1]
	m2	穿插枋	抱头梁下与之平行，檐柱与金柱间之联络辅材[2]
	m3	大额枋	檐柱与檐柱头间之联络材，并承平身斗栱[3]
	m4	天花枋	左右金柱间，老檐枋之下，与天花梁同高，安放天花之枋[4]
	m5	老檐枋	金柱柱头间，与建筑物外檐平行之联络材，在老檐桁之下[5]
②进深	j1	老檐垫板	老檐桁下，老檐枋上之垫板[5]
	j2	随梁枋	紧贴大梁之下，与之平行之辅材[1]

---

[1] 参见：梁思成. 清式营造则例[M]. 北京：清华大学出版社，2006：79.

[2] 同[1]，78页。

[3] 同[1]，71页。

[4] 同[1]，72页。

[5] 同[1]，73页。

3.9.9　平板枋平面图

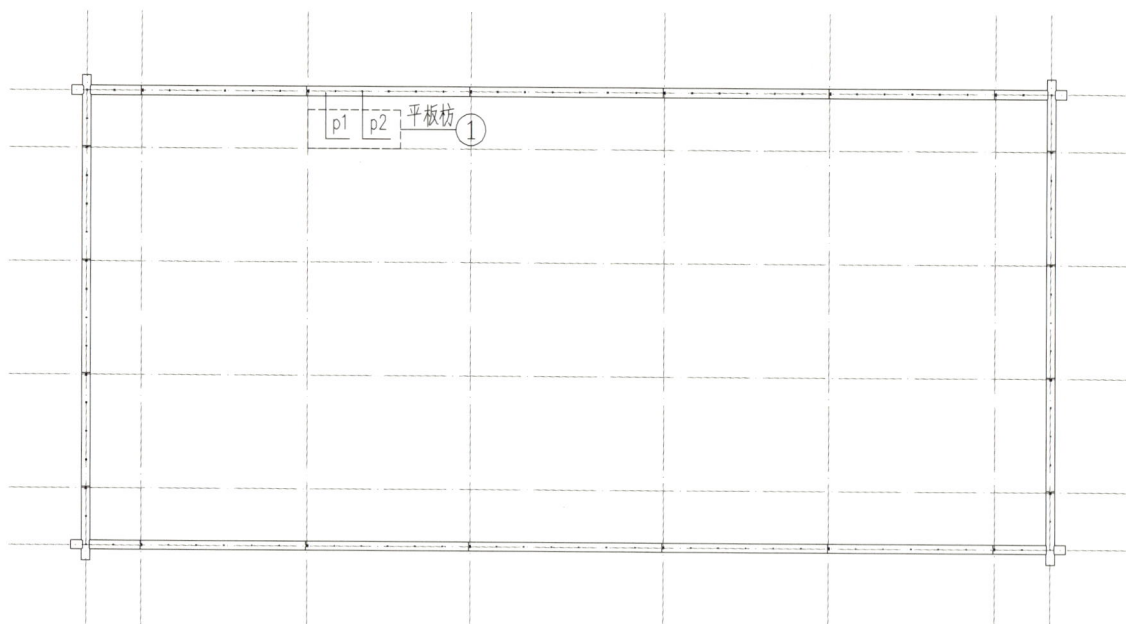

图3-9-16　九檩庑殿周围廊建筑平板枋平面图

构件分类示意

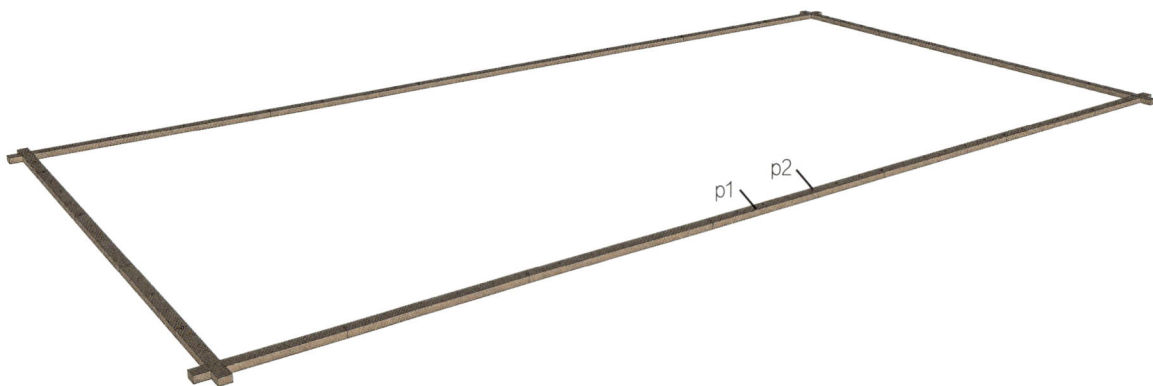

图3-9-17　九檩庑殿周围廊建筑平板枋平面三维示意图

表3-9-4

分类	图3-9-16中的序号	构件	诠释
①平板枋	p1	平板枋	在额枋之上，承托斗栱之枋①
	p2	暗销	上下两层木构件相叠面的对应位置所凿之榫卯

---

① 参见：梁思成. 清式营造则例[M]. 北京：清华大学出版社，2006：72.

3.9.10 斗栱仰视平面图

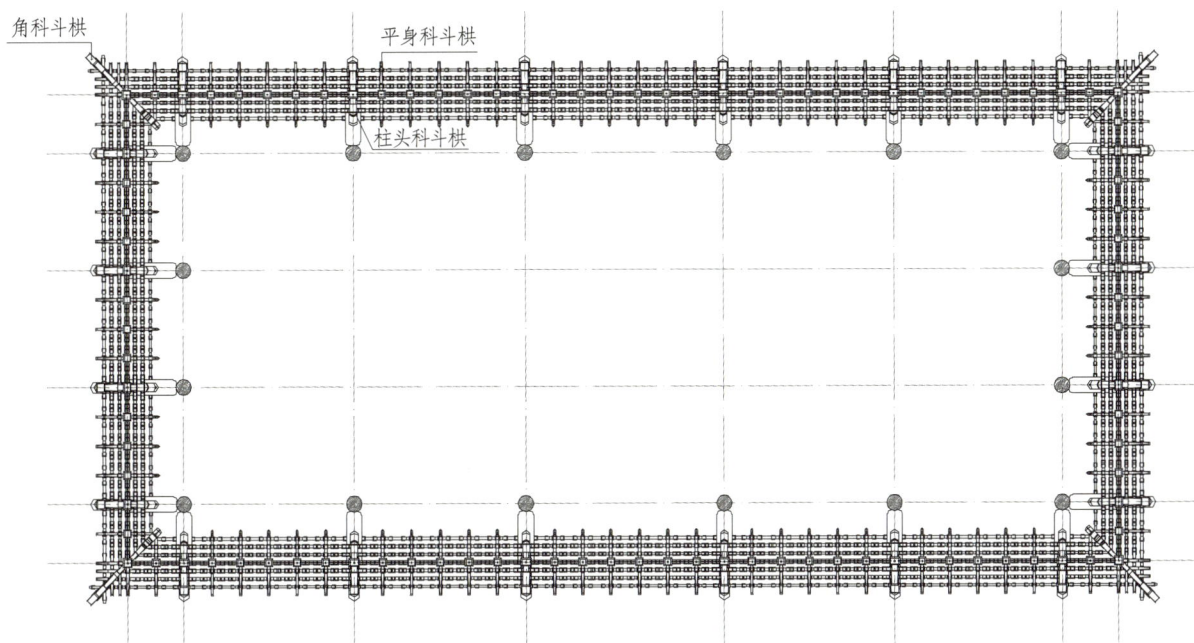

图3-9-18 九檩庑殿周围廊建筑斗栱仰视平面图

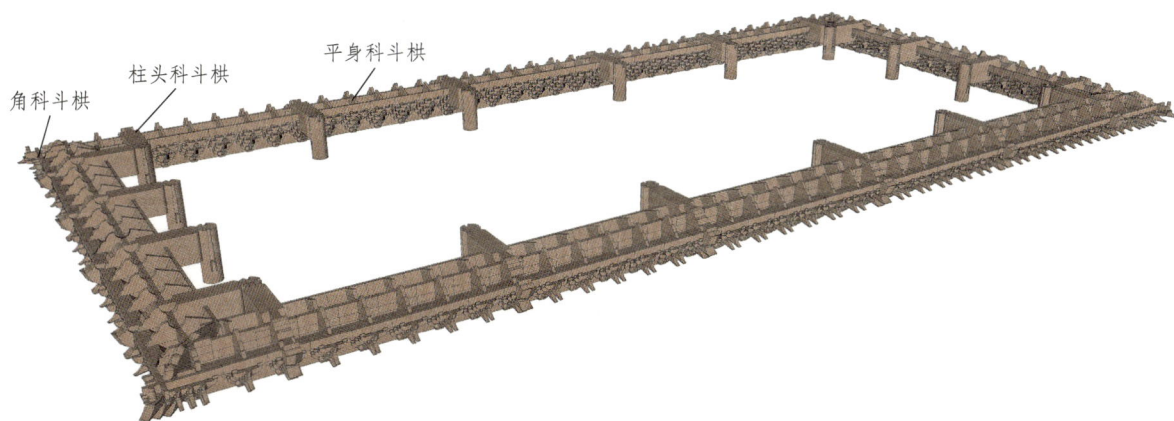

图3-3-19 九檩庑殿周围廊建筑斗栱平面三维示意图

注：斗栱构件的构造及分件详见《清官式建筑营造设计法则 榫卯篇》第7章。

3.9.11　步架平面图

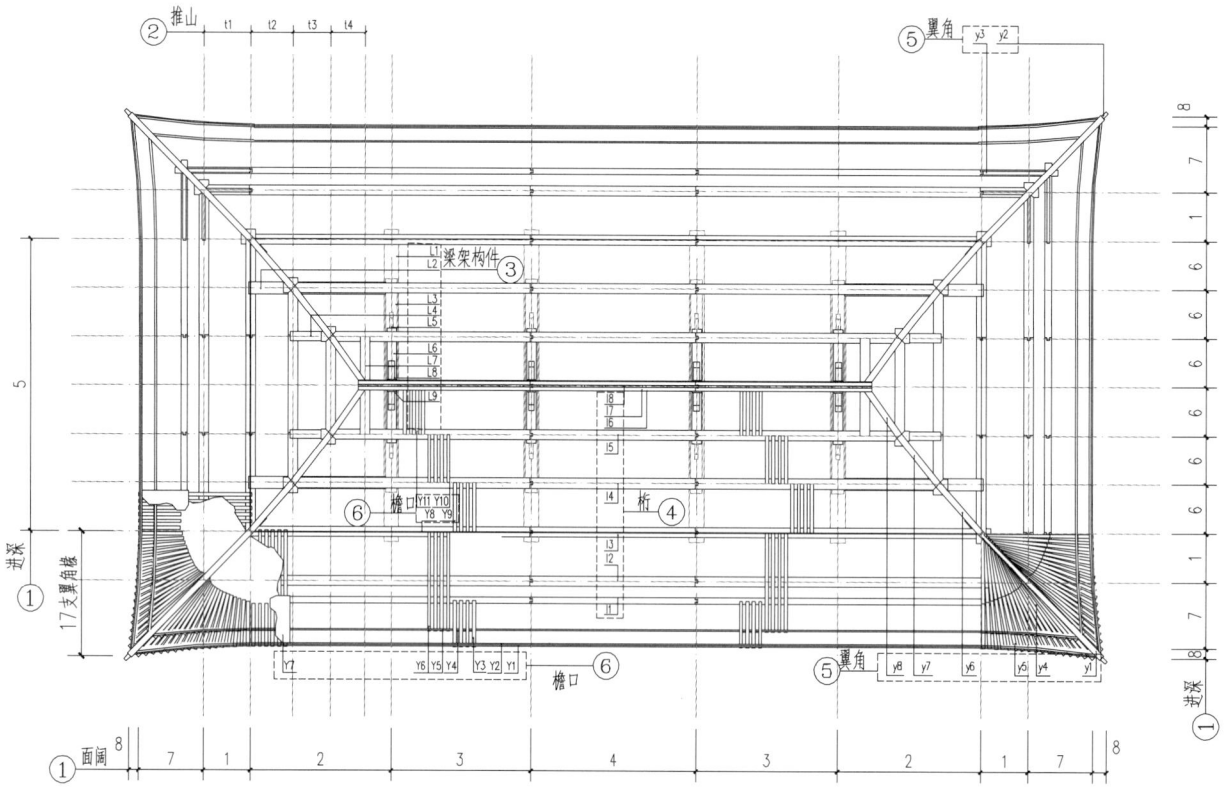

图3-9-20　九檩庑殿周围廊建筑步架平面图

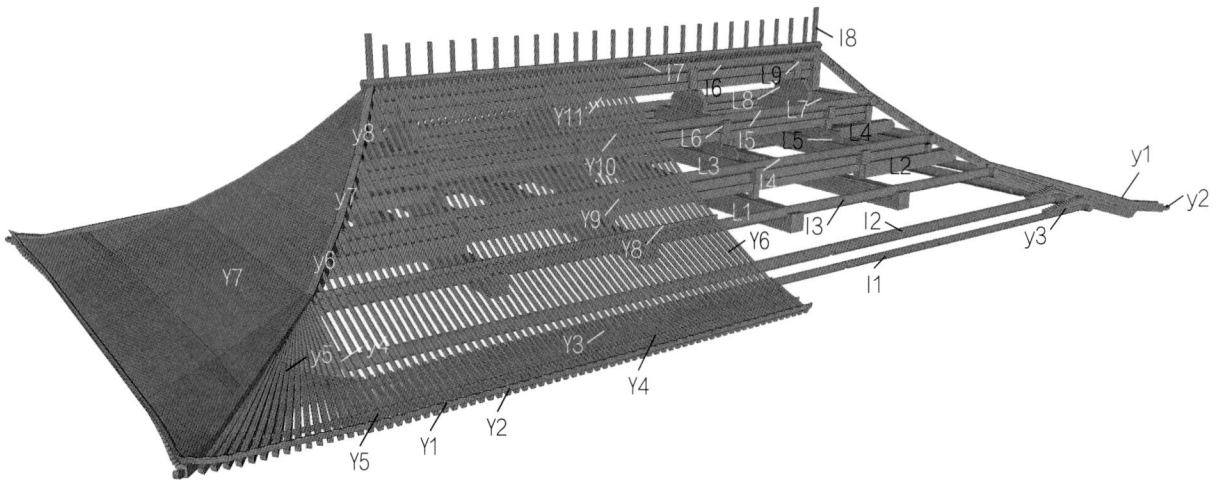

图3-9-21　九檩庑殿周围廊建筑步架平面三维示意图

表3-9-5

分类	图3-9-20中的序号	构件	诠释
①面阔进深	1	廊步距离	详见3.9.6
	2	梢间面阔	
	3	次间面阔	
	4	明间面阔	
	5	间进深	
	6	步架距离	即步架，梁架上檩与檩间之平距[1]
	7	上檐出	正心桁中至飞椽外皮的水平距离
	8	翼角冲出距离	翼角做法尺寸为"冲三翘四"，翼角冲出为"冲三"，翼角"冲三"是指仔角梁梁头（不包括套兽榫）的平面投影位置，要比正身檐平出（即飞檐椽头部至挑檐桁中之间的水平距离）长度加出三椽径。"翘四"，是指角梁头部边棱线（即大连檐下皮，第一翘上皮位置）与正身飞椽椽头上皮之间的高差。这段高差通常规定为四椽径[2]
②推山	t1	廊步	推山即庑殿正脊加长向两山推出之做法[3]
	t2	下金步	
	t3	上金步	
	t4	脊步	
③梁架构件	L1	七架梁	长六步架之梁[4]
	L2	下金顺扒梁	下金桁上之顺扒梁[5]
	L3	五架梁	长四步架之梁[5]
	L4	上金顺扒梁	紧在下金桁上之顺扒梁[4]
	L5	金角背	即角背，瓜柱脚下之支撑木。[1]金角背即在金瓜柱脚下
	L6	三架梁	长两步架，上共承三桁之梁[4]
	L7	太平梁	庑殿推山结构内，与三架梁平，承托雷公柱之梁[5]
	L8	脊角背	三架梁上脊瓜柱脚下之支撑木[6]
	L9	脊瓜柱	立在三架梁上，顶托脊桁之瓜柱[6]
④桁	l1	挑檐桁	斗栱厢栱上之桁[6]
	l2	正心桁	斗栱左右中线上之桁[7]
	l3	老檐桁	金柱上之桁[8]

---

① 参见：梁思成. 清式营造则例[M]. 北京：清华大学出版社，2006：74.

② 参见：马炳坚. 中国古建筑木作营造技术[M]. 2版. 北京：科学出版社，2003：188-190.

③ 同①，78页。

④ 同①，70页。

⑤ 同①，71页。

⑥ 同①，77页。

⑦ 同①，72页。

⑧ 同①，73页。

分类	图3-9-20中的序号	构件	诠释
④桁	l4	下金桁	金桁，在老檐桁以上，脊桁以下之桁。[1]五架梁承托之桁为下金桁，三架梁承托之桁为上金桁。上金桁与下金桁统称为金桁
	l5	上金桁	
	l6	脊桁	屋脊之主要骨架，在脊瓜柱之上[2]
	l7	扶脊木	承托脑椽上端之木，脊桁之上，与之平行，横断面作六角形[3]
	l8	椿桩	即脊桩，扶脊木上竖立之木桩，穿入正脊之内，以防正脊移动者[2]
⑤翼角	y1	仔角梁	两层角梁中之在上而较长者。[4]
	y2	套兽榫	仔角梁头上承托套兽之榫[2]
	y3	衬头木	即枕头木，屋角檐桁上，将椽子垫托，使椽背与角梁背齐平之三角形木[5]
	y4	翼角檐椽	即翼角翘椽，屋角部分如翼形或扇形展出而翘起之椽[6]
	y5	翘飞椽	屋角部分翘起之飞椽[7]
	y6	下花架由戗	
	y7	上花架由戗	庑殿正面及侧面屋顶斜坡相交处之骨干构架[3]
	y8	脊由戗	
⑥檐口	Y1	瓦口木	即瓦口，大连檐之上，承托瓦陇之木[8]
	Y2	大连檐	飞椽头上之联络材，其上安瓦口[9]
	Y3	飞椽	附在檐椽之上的飞檐椽[10]
	Y4	闸挡板	屋顶起翘处飞檐椽头间之板[3]
	Y5	小连檐	檐椽头上之联络材，在飞椽之下[9]
	Y6	檐椽	屋檐部分之椽，上端在老檐桁上，下端搭过正心及挑檐桁[6]
	Y7	望板	椽上所铺以承屋瓦之板[11]
	Y8	椽中板	带廊子建筑金里安装时，钉在老檐桁上的长条板，用此板隔开檐椽及下花架椽
	Y9	下花架椽	花架椽两端皆由金桁承托之椽。[1]下花架椽即由老檐桁与下金桁承托之椽；上花架椽是由下金桁与上金桁承托之椽
	Y10	上花架椽	
	Y11	脑椽	最上一段椽，一端在扶脊木上，一端在上金桁上[2]

① 参见：梁思成. 清式营造则例[M]. 北京：清华大学出版社，2006：75.

② 同①，78页。

③ 同①，74页。

④ 同①，73页。

⑤ 同①，76页。

⑥ 同①，82页。

⑦ 同①，80页。

⑧ 同①，72页。

⑨ 同①，71页。

⑩ 参见：马炳坚. 中国古建筑木作营造技术[M]. 2版. 北京：科学出版社，2003：176.

⑪ 同①，79页。

3.9.12 屋顶平面图（以琉璃瓦屋面为例）

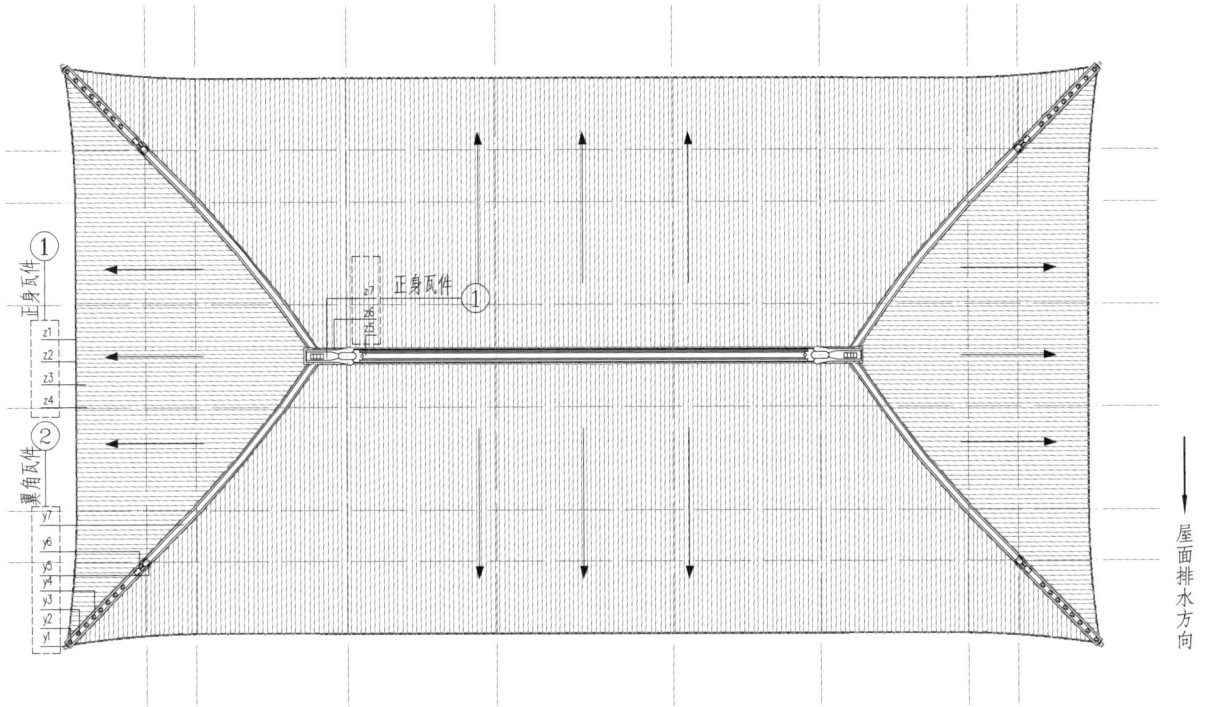

图3-9-22 九檩庑殿周围廊建筑屋顶平面图

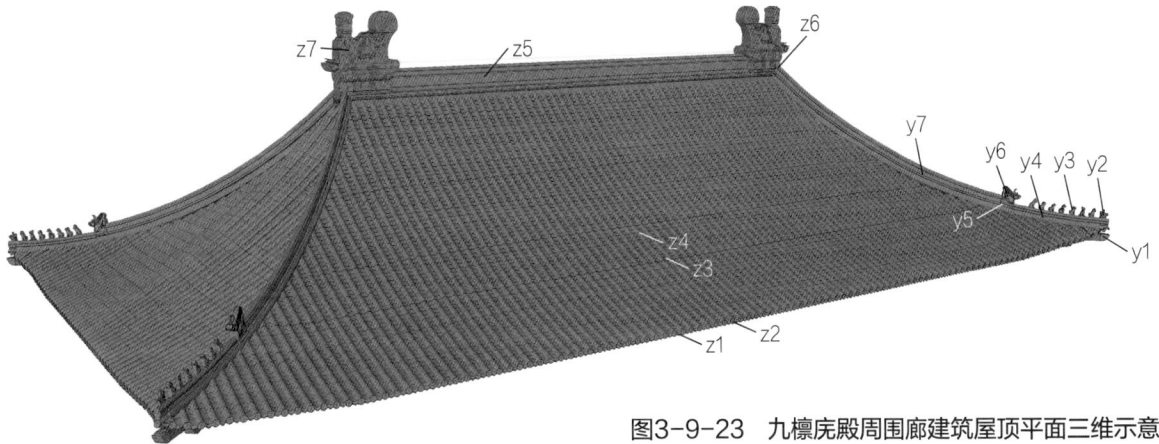

图3-9-23 九檩庑殿周围廊建筑屋顶平面三维示意图

表3-9-6

分类	图3-9-22中的序号	构件	诠释
①正身瓦件	z1	滴水	陇沟最下端有如意形舌片下垂之板瓦[①]
	z2	勾头	筒瓦每陇最下有圆盘为头之瓦[②]
	z3	板瓦	横断面作四分之一圆之弧形瓦[③]
	z4	筒瓦	横断面作半圆形之瓦[④]

---

① 参见：梁思成. 清式营造则例[M]. 北京：清华大学出版社，2006：81.

② 同①，73页。

③ 同①，76页。

④ 同①，80页。

分类	图3-9-22中的序号	构件	诠释
①正身瓦件	z5	正脊	屋顶前后两斜坡相交而成之脊①
	z6	吻座	正吻背下之承托物②
	z7	正吻	即吻，正脊两端龙头形翘起之雕饰②
②翼角瓦件	y1	套兽	仔角梁头上之瓦质雕饰③
	y2	仙人	垂脊屋角最下端之雕饰④
	y3	小兽	即走兽，垂脊下端上之雕饰②
	y4	兽前垂脊	垂脊即庑殿屋顶正面与侧面相交处之脊。⑤兽前即垂脊垂兽以前之部分⑥
	y5	垂兽座	垂兽背下之承托物
	y6	垂兽	垂脊近下端之兽头形雕饰，亦称角兽⑦
	y7	兽后垂脊	兽后即垂脊垂兽以后之部分⑥

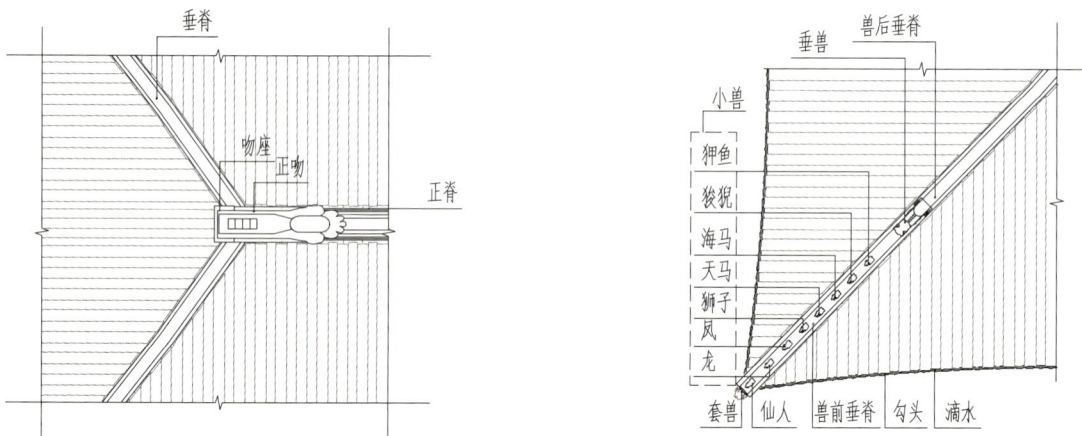

图3-9-24　九檩庑殿周围廊建筑正吻、翼角平面详图

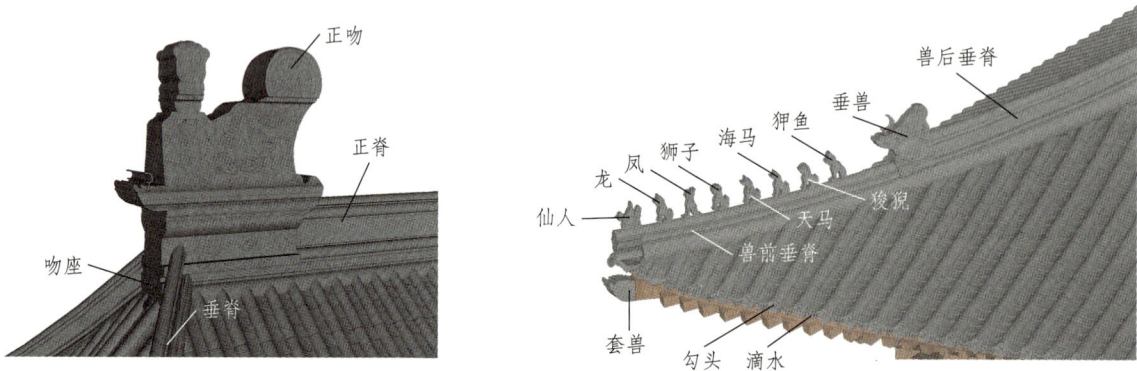

图3-9-25　九檩庑殿周围廊建筑正吻、翼角三维示意图

① 参见：梁思成. 清式营造则例[M]. 北京：清华大学出版社，2006：72.
② 同①，74页。
③ 同①，78页。
④ 同①，73页。
⑤ 同①，75页。
⑥ 同①，79页。
⑦ 同①，76页。

3.9.13 横剖面图

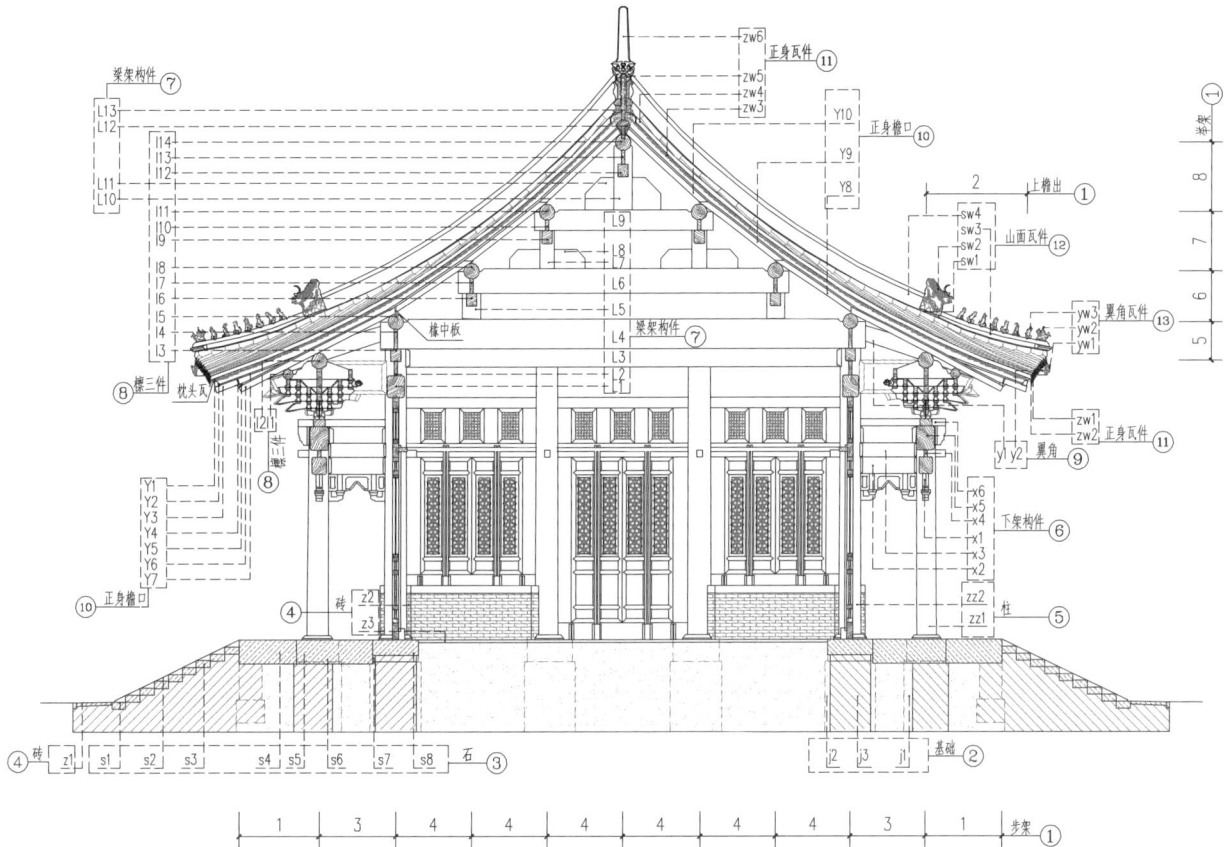

图3-9-26 九檩庑殿周围廊建筑横剖面图

表3-9-7

分类	图3-9-26中的序号	构件	诠释
①步架、举架、上檐出	1	台明出	详见3.9.6
	2	上檐出	详见3.9.11
	3	廊步距离	详见3.9.6
	4	步架距离	详见3.9.11
	5	廊步举架	举架,为使屋顶斜坡或曲面而将每层桁较下层比例的加高之方法[1]。廊步举架为正心桁中与老檐桁中的垂直距离与水平距离之比;下金步举架为老檐桁中与下金桁中的垂直距离与水平距离之比;上金步举架为下金桁中与上金桁中的垂直距离与水平距离之比。脊步举架为上金桁中与脊桁中的垂直距离与水平距离之比
	6	下金步举架	
	7	上金步举架	
	8	脊步举架	
②基础	j1	檐磉墩	详见3.9.6
	j2	金磉墩	
	j3	拦土	

---

① 参见：梁思成. 清式营造则例[M]. 北京：清华大学出版社，2006：77.

分类	图3-9-26中的序号	构件	诠释
③石	s1	砚窝石	详见3.9.7
	s2	垂带石	
	s3	踏跺石	
	s4	阶条石	
	s5	分心石	
	s6	檐柱顶石	
	s7	金柱顶石	
	s8	槛垫石	
④砖	z1	散水	
	z2	槛墙	槛窗之下之矮墙①
	z3	方砖墁地	
⑤柱	zz1	檐柱	详见3.9.7
	zz2	金柱	
⑥下架构件	x1	雀替	即角替，额枋与柱相交处，自柱内伸出，承托额枋下之分件②
	x2	小额枋	柱头间，在大额枋之下，与之平行之辅助材③
	x3	穿插枋	详见3.9.8
	x4	由额垫板	大小额枋间之垫板④
	x5	大额枋	详见3.9.8
	x6	平板枋	详见3.9.9
⑦梁架构件	L1	天花枋	详见3.9.8
	L2	天花垫板	老檐枋之下，天花枋之上，两枋间之垫板⑤
	L3	随梁枋	详见3.9.8
	L4	七架梁	详见3.9.11
	L5	下金瓜柱	金瓜柱即金桁下之瓜柱⑥。下金瓜柱即下金桁下之瓜柱
	L6	五架梁	详见3.9.11
	L7	上金瓜柱	上金瓜柱即上金桁下之瓜柱
	L8	金角背	详见3.9.11
	L9	三架梁	
	L10	脊瓜柱	
	L11	脊角背	
	L12	扶脊木	
	L13	椿桩	
⑧檩三件	l1	挑檐桁	详见3.9.8
	l2	正心桁	
	l3	老檐枋	
	l4	老檐垫板	

① 参见：梁思成. 清式营造则例[M]. 北京：清华大学出版社，2006：81.
② 同①，74页。
③ 同①，71页。
④ 同①，73页。
⑤ 同①，72页。
⑥ 同①，75页。

分类	图3-9-26中的序号	构件	诠释
⑧檩三件	l5	老檐桁	详见3.9.11
	l6	下金枋	在下金桁之下，与之平行，而两端在左右两下金瓜柱上之枋[1]
	l7	下金垫板	下金桁与下金枋间之垫板[2]
	l8	下金桁	详见3.9.11
	l9	上金枋	与上金桁平行，在其下，而两端在左右两上金瓜柱上之枋[1]
	l10	上金垫板	上金桁与上金枋间之垫板[1]
	l11	上金桁	详见3.9.11
	l12	脊枋	脊桁之下，与之平行，两端在脊瓜柱上之枋[3]
	l13	脊垫板	脊桁之下，脊枋之上之垫板[4]
	l14	脊桁	详见3.9.11
⑨翼角	y1	老角梁	上下两层角梁中居下而较短者[5]
	y2	仔角梁	
⑩正身檐口	Y1	瓦口木	详见3.9.11
	Y2	大连檐	
	Y3	飞椽	
	Y4	闸挡板	
	Y5	小连檐	
	Y6	檐椽	
	Y7	望板	
	Y8	下花架椽	
	Y9	上花架椽	
	Y10	脑椽	
⑪正身瓦件	zw1	勾头	详见3.9.12
	zw2	滴水	
	zw3	板瓦	
	zw4	筒瓦	
	zw5	正脊	
	zw6	正吻	
⑫山面瓦件	sw1	垂兽座	
	sw2	垂兽	
	sw3	兽前垂脊	
	sw4	兽后垂脊	
⑬翼角瓦件	yw1	套兽	
	yw2	仙人	
	yw3	小兽	

---

① 参见：梁思成. 清式营造则例[M]. 北京：清华大学出版社，2006：70.

② 同①，71页。

③ 同①，77页。

④ 同①，78页。

⑤ 同①，73页。

3.9.14 纵剖面图

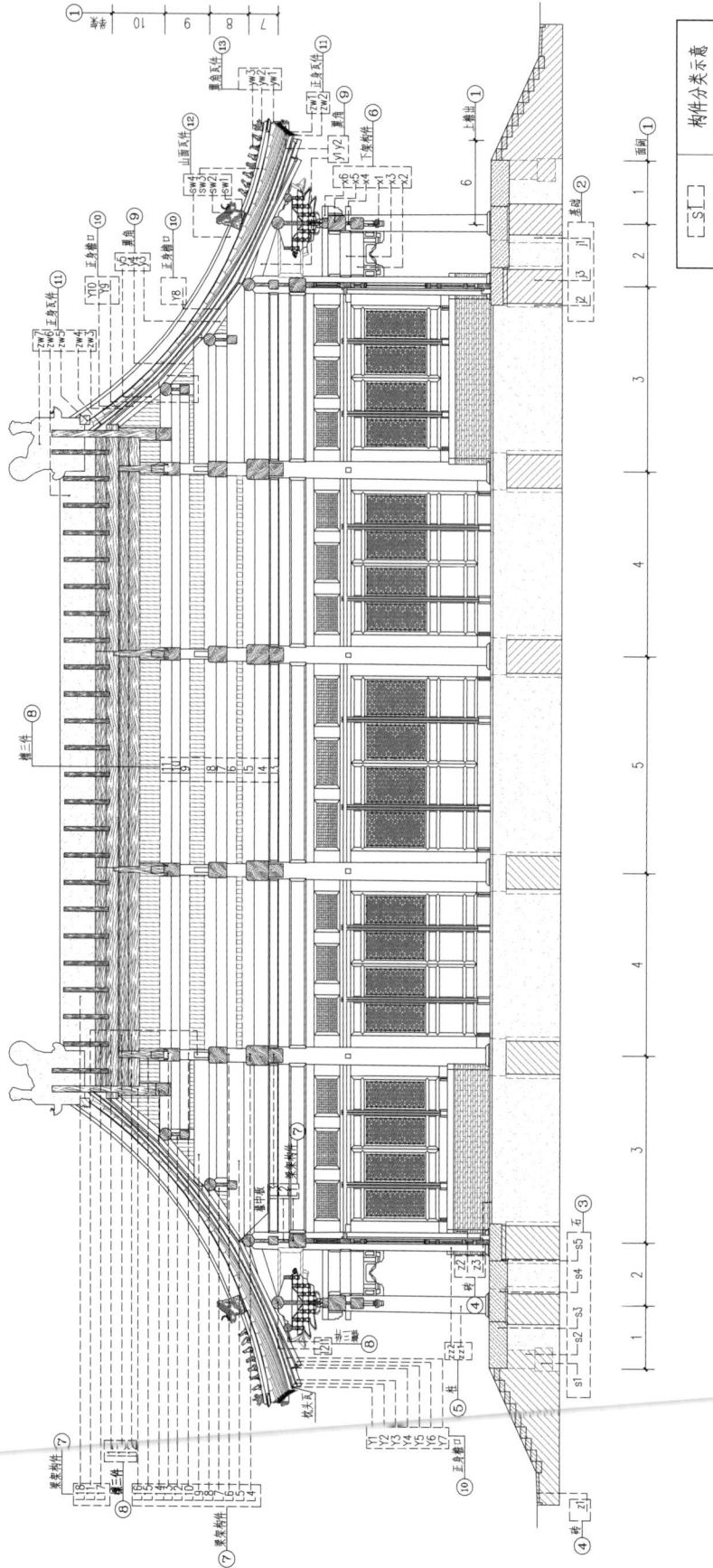

图3-9-27 九檩庑殿周围廊建筑纵剖面图

表3-9-8

分类	图3-9-27中的序号	构件	诠释
① 面阔、举架、上檐出	1	台明出	详见3.9.6
	2	廊步距离	
	3	梢间面阔	
	4	次间面阔	
	5	明间面阔	
	6	上檐出	详见3.9.11
	7	廊步举架	详见3.9.13
	8	下金步举架	
	9	上金步举架	
	10	脊步举架	
②基础	j1	檐磉墩	详见3.9.6
	j2	金磉墩	
	j3	拦土	
③石	s1	土衬石	详见3.9.7
	s2	陡板石	台基阶条石以下，土衬石以上，左右角柱之间之部分①
	s3	阶条石	详见3.9.7
	s4	檐柱顶石	
	s5	金柱顶石	
④砖	z1	散水	详见3.9.13
	z2	槛墙	
	z3	方砖墁地	
⑤柱	zz1	檐柱	详见3.9.7
	zz2	金柱	
⑥下架构件	x1	雀替	详见3.9.13
	x2	小额枋	
	x3	穿插枋	详见3.9.8
	x4	由额垫板	详见3.9.13
	x5	大额枋	详见3.9.8
	x6	平板枋	详见3.9.9
⑦梁架构件	L1	天花枋	详见3.9.8
	L2	天花垫板	详见3.9.13
	L3	随梁枋	详见3.9.8
	L4	七架梁	详见3.9.11
	L5	下金顺扒梁	
	L6	下金瓜柱	详见3.9.13
	L7	交金墩	下金顺扒梁上，正面侧面下金桁下之柁墩②
	L8	五架梁	详见3.9.11
	L9	上金顺扒梁	
	L10	上金瓜柱	详见3.9.13
	L11	金角背	详见3.9.11
	L12	上金交金瓜柱	上金顺扒梁上，正面及山面上金桁相交处之瓜柱③
	L13	三架梁	详见3.9.11
	L14	太平梁	
	L15	脊瓜柱	

---

① 参见：梁思成. 清式营造则例[M]. 北京：清华大学出版社，2006：78.

② 同①，73页。

③ 同①，70页。

分类	图3-9-27中的序号	构件	诠释
⑦梁架构件	L16	雷公柱	庑殿推山太平梁上承托桁头并正吻之柱[①]
	L17	扶脊木	详见3.9.11
	L18	椿桩	
⑧檩三件	l1	挑檐桁	
	l2	正心桁	
	l3	老檐枋	详见3.9.13
	l4	老檐垫板	
	l5	老檐桁	详见3.9.11
	l6	下金枋	详见3.9.13
	l7	下金垫板	
	l8	下金桁	详见3.9.11
	l9	上金枋	详见3.9.13
	l10	上金垫板	
	l11	上金桁	详见3.9.11
	l12	脊枋	详见3.9.13
	l13	脊垫板	
	l14	脊桁	详见3.9.11
⑨翼角	y1	老角梁	详见3.9.13
	y2	仔角梁	
	y3	下花架由戗	
	y4	上花架由戗	
	y5	脊由戗	
⑩正身檐口	Y1	瓦口木	详见3.9.11
	Y2	大连檐	
	Y3	飞椽	
	Y4	闸挡板	
	Y5	小连檐	
	Y6	檐椽	
	Y7	望板	
	Y8	下花架椽	
	Y9	上花架椽	
	Y10	脑椽	
⑪正身瓦件	zw1	勾头	详见3.9.12
	zw2	滴水	
	zw3	板瓦	
	zw4	筒瓦	
	zw5	吻座	
	zw6	正脊	
	zw7	正吻	
⑫山面瓦件	sw1	垂兽座	
	sw2	垂兽	
	sw3	兽前垂脊	
	sw4	兽后垂脊	
⑬翼角瓦件	yw1	套兽	
	yw2	仙人	
	yw3	小兽	

---

① 参见：梁思成. 清式营造则例[M]. 北京：清华大学出版社，2006：80.

3.9.15 正立面图

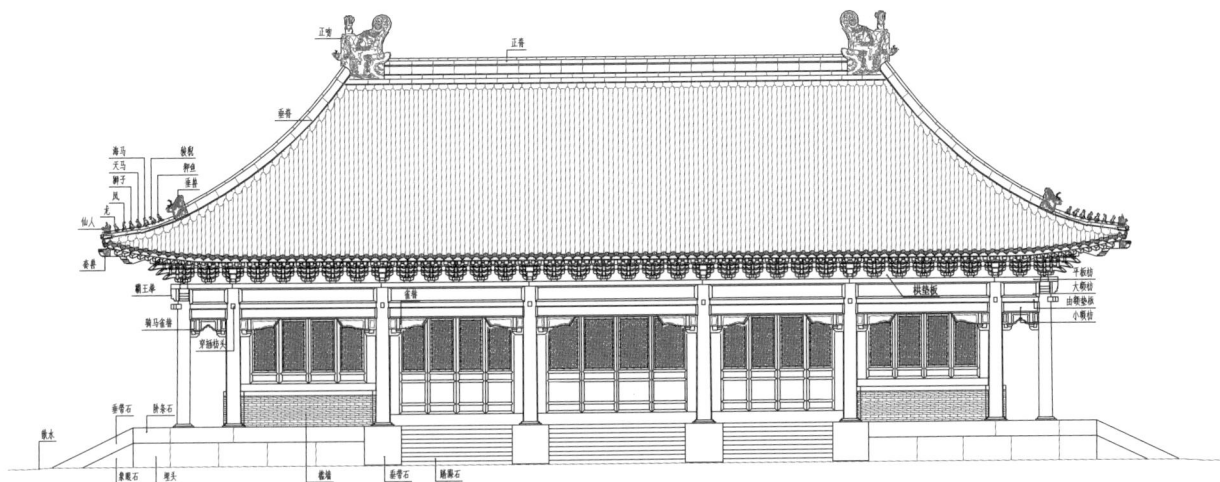

图3-9-28 九檩庑殿周围廊建筑正立面图

3.9.16 侧立面图

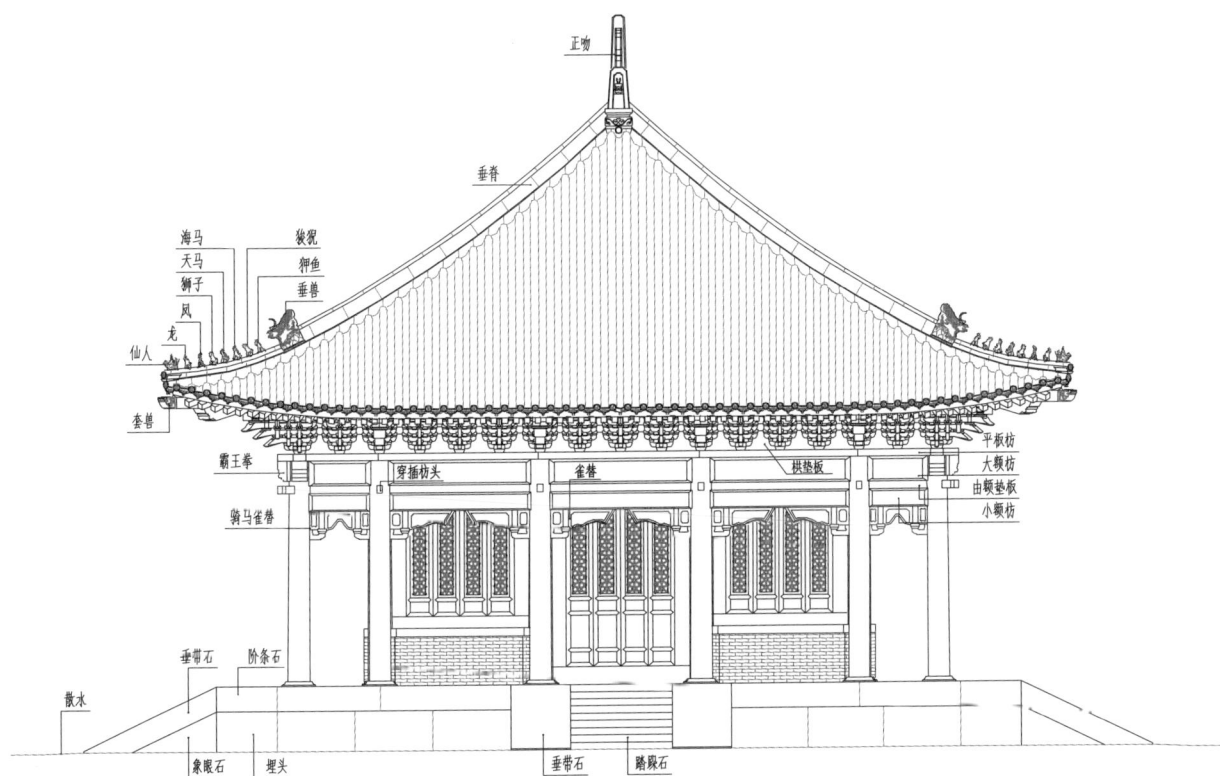

图3-9-29 九檩庑殿周围廊建筑侧立面图

3.10 庑殿建筑设计计算书

本节为庑殿建筑的设计计算书示例（以九檩庑殿周围廊建筑为例），主要编制思路按照施工图绘图顺序，即先平面后剖面，从下向上逐层编制。

设计计算书中标注"/"表示构件在图中不可视的尺寸。具体权衡可参考2.1.4。

九檩庑殿周围廊建筑，以斗口为基本模数，依次编制建筑设计计算书。

3.10.1 基础平面图

基础平面图在柱顶石下皮处进行剖切，主要表达柱根轴线定位、磉墩定位、拦土定位等内容。在基础平面图中磉墩、拦土等构件仅画出其平面长、宽尺寸，与此对应，在基础平面设计计算书中也只表示磉墩、拦土的平面长、宽，不表示其高度。

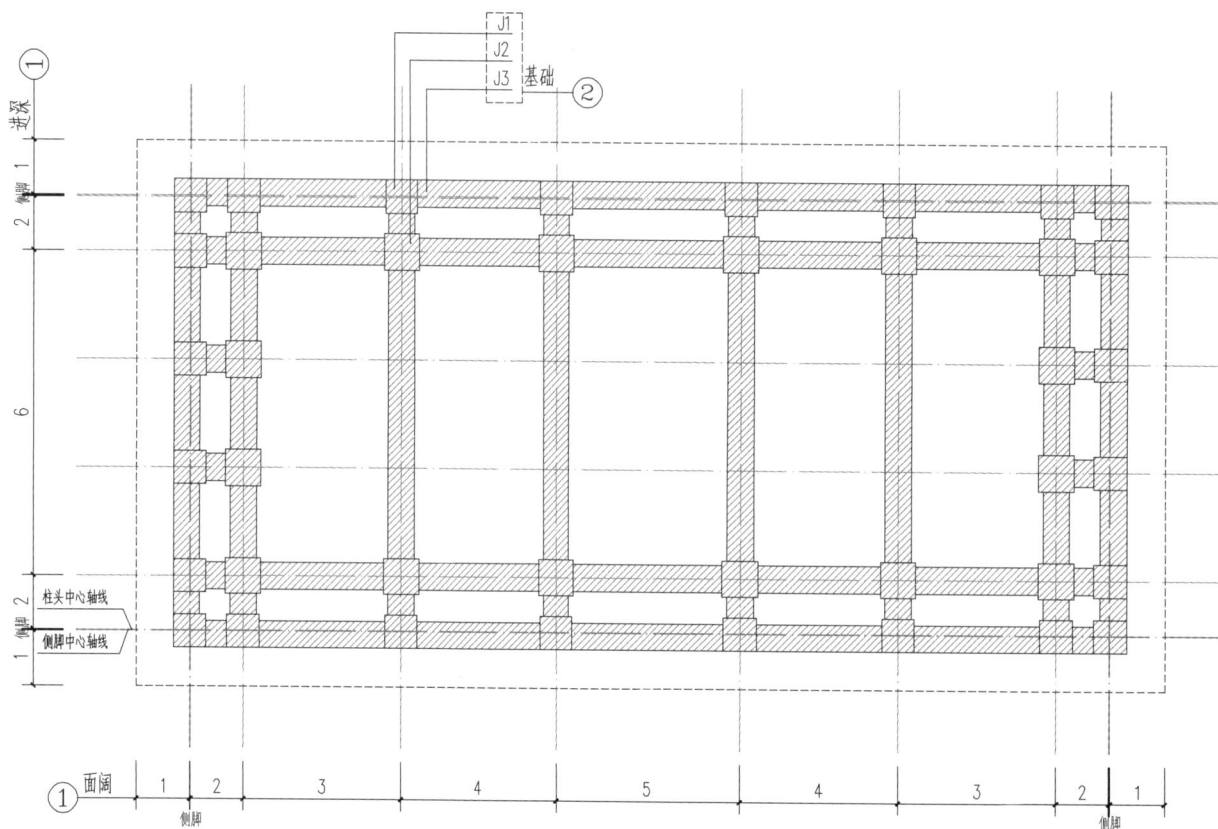

图3-10-1 九檩庑殿周围廊建筑基础平面图

表3-10-1

位置	图3-10-1中的序号	构件	长	依据
①面阔、进深	1	台明出	22.5斗口	长，上檐出的3/4，即30斗口×0.75=22.5斗口
	2	廊步距离	22斗口	廊深普通以2攒为最多，本例为2攒 2×11斗口=22斗口
	3	梢间面阔	66斗口	同次间面阔 6×11斗口=66斗口

位置	图3-10-1中的序号	构件	长	依据
①面阔、进深	4	次间面阔	66斗口	次间较明间减一攒 6×11斗口=66斗口
	5	明间面阔	77斗口	面阔按斗栱攒数定，本例为7攒 7×11斗口=77斗口
	6	间进深	132斗口	间之深称为进深，本例为12攒 12×11斗口=132斗口

位置	图3-10-1中的序号	构件	宽	依据
②基础	J1	檐磉墩	12斗口+128mm（见方）	宽：2D+4寸=2×6斗口+4寸=12斗口+4寸，檐柱径D=6斗口
	J2	金磉墩	13.2斗口+128mm（见方）	宽：2金柱径+4寸=2×6.6斗口+4寸=13.2斗口+4寸，金柱径=6.6斗口
	J3	拦土	1/2（磉墩长+柱径）+96mm	长按面阔进深，除磉墩得净长。按磉墩半份柱径半份再加三寸定宽

3.10.2　台基平面图

台基平面图在隔扇窗二抹以上进行剖切，表达剖切面及俯视视角水平投影方向可见的建筑构造以及必要的尺寸等信息。

台基平面图表达的构件较为繁杂，在编制设计计算书时首先计算建筑面阔、进深、台明出等尺寸以确定其轴网定位，再根据构件材质分别计算各构件的尺寸（如石类构件中的砚窝石、垂带石等，砖类构件中的散水等）。对于这些构件，在台基平面图中仅画出其平面长、宽尺寸，与此对应，在台基平面设计计算书中也只表示构件的平面长、宽，不表示其高度。

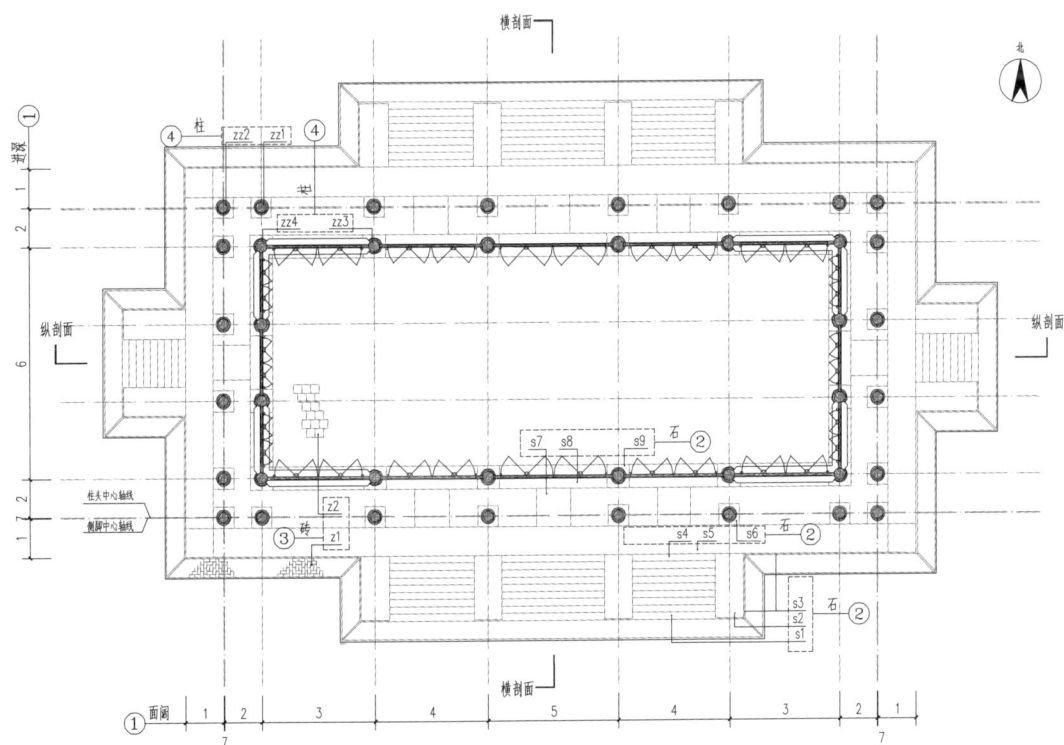

图3-10-2　九檩庑殿周围廊建筑台基平面图

表3-10-2

位置	图3-10-2中的序号	构件	长	依据
①面阔、进深	1	台明出	22.5斗口	长：上檐出的3/4，即30斗口×0.75=22.5斗口
	2	廊步距离	22斗口	廊深普通以2攒为最多，本例为2攒 2×11斗口=22斗口
	3	梢间面阔	66斗口	同次间面阔 6×11斗口=66斗口
	4	次间面阔	66斗口	次间较明间减一攒 6×11斗口=66斗口
	5	明间面阔	77斗口	面阔按斗栱攒数定，本例为7攒 7×11斗口=77斗口
	6	间进深	132斗口	间之深称为进深，本例为12攒 12×11斗口=132斗口
	7	侧脚	0.42斗口	大式：侧脚距离为柱高的7/1000 60斗口×0.007=0.42斗口

材料	图3-10-2中的序号	构件	宽	依据
②石	s1	砚窝石	320mm	长：踏跺面阔加2份平头土衬的金边宽度 宽：同上基石宽度 垂带前金边宽：1~1.5倍土衬金边
	s2	垂带石	16.5斗口	《清式营造则例》权衡尺寸表
	s3	平头土衬/土衬石（金边）	128mm+陡板厚	宽按陡板厚一份，加金边二份（金边宽2寸）
	s4	踏跺石	320mm	长：垂带之间的距离 宽：大式1~1.5尺
	s5	阶条石	16.5斗口	宽：上檐出的3/4-D=0.75×30斗口-6斗口=16.5斗口
	s6	檐柱顶石	12斗口	柱顶盘：宽2D=12斗口 古镜石：宽1.2D=7.2斗口。檐柱顶石由柱顶盘和古镜石组成
	s7	分心石	19.8斗口	长：阶条石里皮至槛垫石外皮 宽：1/3~2/5本身长或按1.5倍金柱顶宽，即1.5×13.2斗口=19.8斗口
	s8	槛垫石	13.2斗口	宽：2金柱径=13.2斗口
	s9	金柱顶石	13.2斗口	柱顶盘：宽2金柱径=13.2斗口 古镜石：宽1.2金柱径=7.92斗口。金柱顶石由柱顶盘和古镜石组成
③砖	z1	散水	900mm	步步锦散水
	z2	方砖墁地	448mm（见方）	尺四方砖

位置	图3-10-2中的序号	构件	径	依据
④柱	zz1	檐柱	6斗口	《清式营造则例》权衡尺寸表
	zz2	檐角柱	6斗口	《清式营造则例》权衡尺寸表
	zz3	金柱	6.6斗口	《清式营造则例》权衡尺寸表
	zz4	金角柱	6.6斗口	《清式营造则例》权衡尺寸表

3.10.3 柱头平面图

柱头平面图应在檐柱柱头和金柱柱头处呈折线剖切，表达剖切面及俯视视角水平投影方向可见的建筑构造以及必要的尺寸等信息。

柱头平面图表达的构件主要有穿插枋、大额枋、随梁枋等，按照先面阔后进深的顺序逐个计算尺寸。

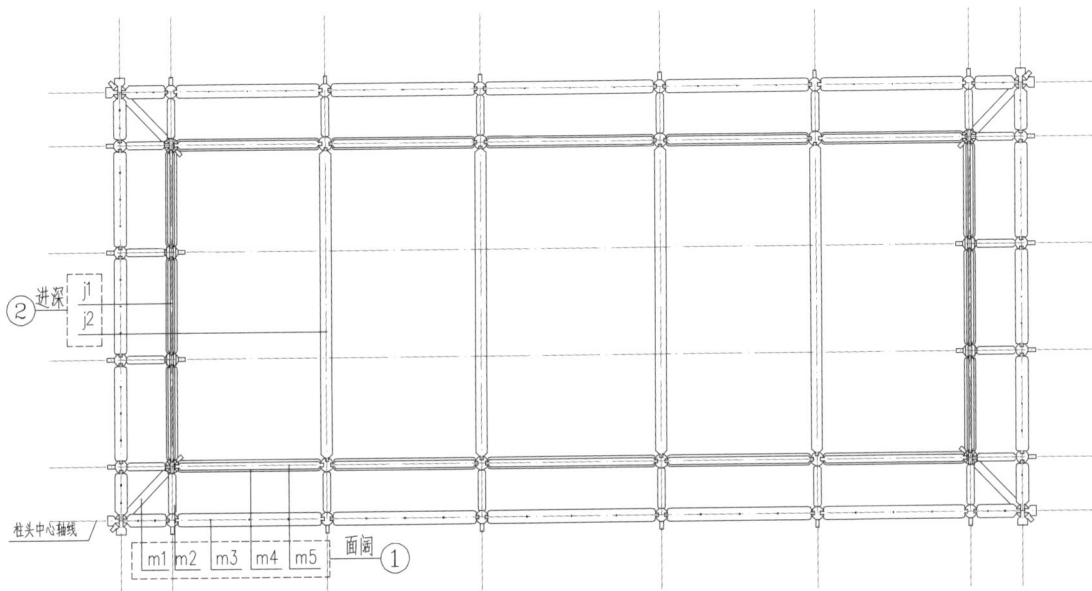

图3-10-3 九檩庑殿周围廊建筑柱头平面图

表3-10-3

位置	图3-10-3中的序号	构件	厚	依据
①面阔	m1	斜穿插枋	3.2斗口	同穿插枋
	m2	穿插枋	3.2斗口	宽3.2斗口
	m3	大额枋	5.4斗口	《清式营造则例》权衡尺寸表
	m4	天花枋	4.8斗口	《清式营造则例》权衡尺寸表
	m5	老檐枋	4斗口-64mm	《清式营造则例》权衡尺寸表
②进深	j1	老檐垫板	1斗口	同下金垫板
	j2	随梁枋	3.5斗口+1/100自身长	《清式营造则例》权衡尺寸表

3.10.4 平板枋平面图

平板枋平面图在平板枋上皮进行剖切，表达平板枋被剖切到的暗销及向下俯视所见的平板枋，以及必要的尺寸等信息。

平板枋及暗销在平板枋平面图中仅表示出其长、宽尺寸，平板枋长随面阔或进深尺寸确定，与此对应，在平板枋平面设计计算书中也只表示其平面宽，不表示其高度。

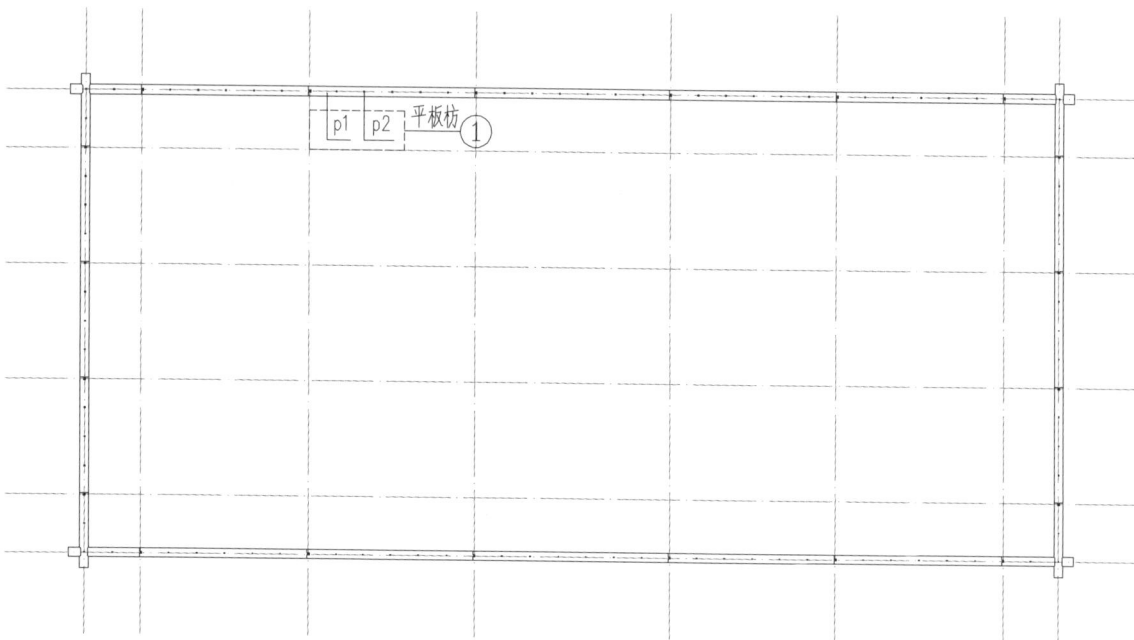

图3-10-4　九檩庑殿周围廊建筑平板枋平面图

表3-10-4

位置	图3-10-4中的序号	构件	宽	依据
①平板枋	p1	平板枋	3.5斗口	《清式营造则例》权衡尺寸表
	p2	暗销	0.4斗口（见方）	

3.10.5　斗栱仰视平面图

斗栱平面图在平板枋上皮呈曲线剖切，表达平板枋上皮至挑檐桁、正心桁、桁椀之间所见的构件。具体尺寸详见《清官式建筑营造设计法则　榫卯篇》第7章。

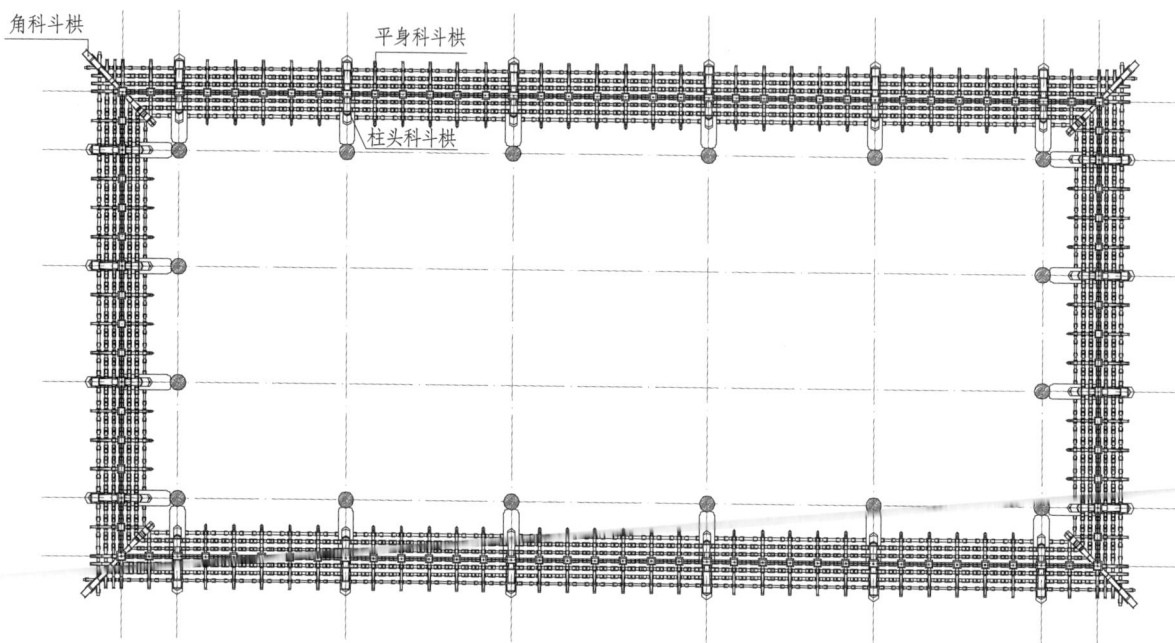

图3-10-5　九檩庑殿周围廊建筑斗栱仰视平面图

3.10.6　步架平面图

步架平面图应在仔角梁、飞椽、檐椽、花架椽，脑椽、扶脊木上皮处呈折线剖切，表达剖切面及俯视视角水平投影方向可见的建筑构造以及必要的尺寸等信息，包括步架构件、桁类构件、翼角、檐口构件等。

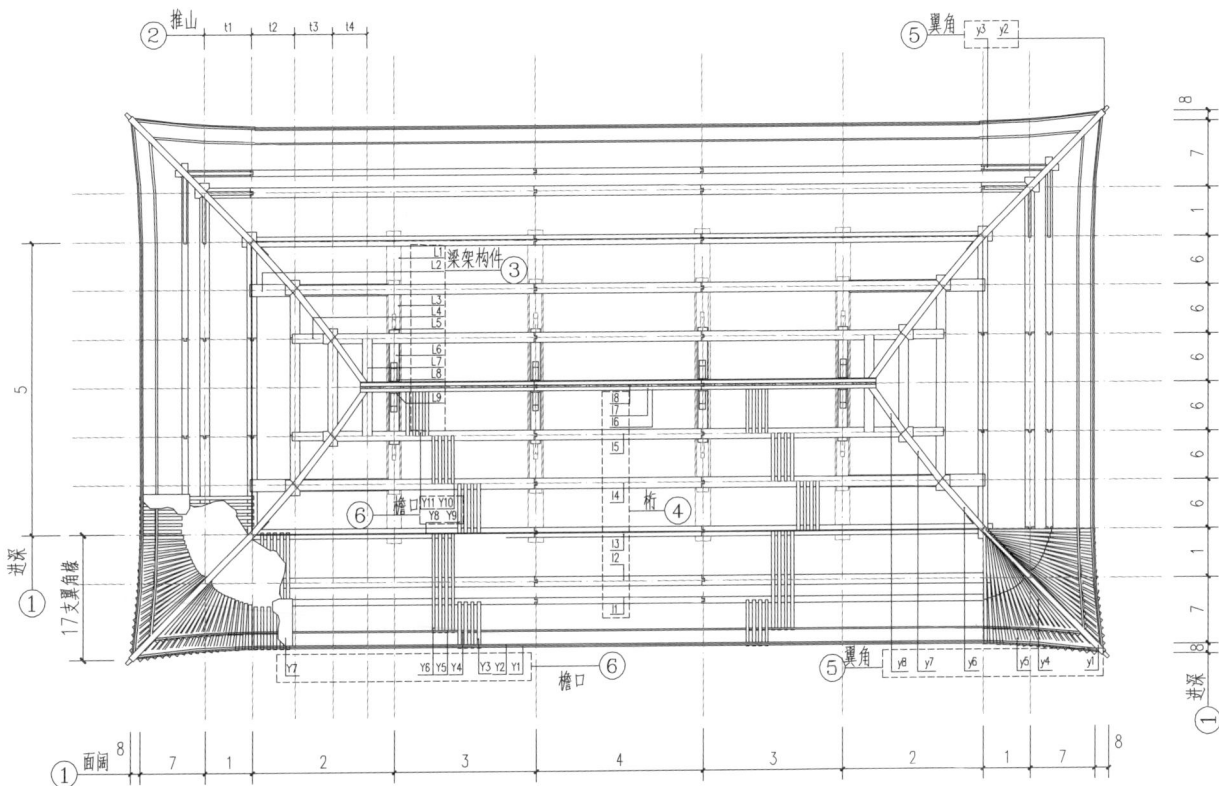

图3-10-6　九檩庑殿周围廊建筑步架平面图

步架平面图表达的构件较为繁杂，在编制计算书时首先计算建筑面阔、进深、步架、出檐等尺寸以确定其轴网定位，再根据构件类别及位置分别计算各构件的尺寸（如梁架构件中的五架梁、三架梁等，桁类构件中的正心桁、下金桁等）。对于这些构件，在步架平面图中仅表示出其平面长、厚（宽）尺寸，其长随面阔或进深尺寸确定，与此对应，在步架平面设计计算书中也只表示其平面厚（宽），不表示其高度。

表3-10-5

位置	图3-10-6中的序号	构件	长	依据
①面阔、进深	1	廊步距离	22斗口	廊深普通以2攒为最多，本例为2攒 2×11斗口=22斗口
	2	梢间面阔	66斗口	同次间面阔 6×11斗口=66斗口
	3	次间面阔	66斗口	次间较明间减一攒 6×11斗口=66斗口
	4	明间面阔	77斗口	面阔按斗栱攒数定，本例为7攒 7×11斗口=77斗口

位置	图3-10-6中的序号	构件	长		依据
①面阔、进深	5	间进深	132斗口		间之深称为进深，本例为12攒 12×11斗口=132斗口
	6	步架距离	22斗口		按步架数定 132斗口÷6（步）=22斗口
	7	上檐出	30斗口		按斗栱口数并拽架 21斗口+9斗口=30斗口
	8	翼角冲出距离	4.5斗口		翼角冲出按3椽径

位置	图3-10-6中的序号	构件	长	厚	依据
②推山	t1	廊步	22斗口	/	廊深普通以2攒为最多 2×11斗口=22斗口
	t2	下金步	19.8斗口	/	廊步×0.9，即22斗口×0.9=19.8斗口
	t3	上金步	17.82斗口	/	下金步×0.9，即19.8斗口×0.9=17.82斗口
	t4	脊步	16.038斗口	/	上金步×0.9，即17.82×0.9=16.038斗口
③梁架构件	L1	七架梁	/	7斗口	《清式营造则例》权衡尺寸表
	L2	下金顺扒梁	/	5.2斗口	《清式营造则例》权衡尺寸表
	L3	五架梁	/	5.6斗口	《清式营造则例》权衡尺寸表
	L4	上金顺扒梁	/	4.16斗口	厚5.2斗口×4/5=4.16斗口
	L5	金角背	一步架	1/3自身高	《清式营造则例》权衡尺寸表
	L6	三架梁	/	4.5斗口	《清式营造则例》权衡尺寸表
	L7	太平梁	/	4.5斗口	《清式营造则例》权衡尺寸表
	L8	脊角背	一步架	1/3自身高	《清式营造则例》权衡尺寸表
	L9	脊瓜柱	宽5.5斗口	4.5斗口	《清式营造则例》权衡尺寸表

位置	图3-10-6中的序号	构件	宽	厚	径	依据
④桁	l1	挑檐桁	/	/	3斗口	《清式营造则例》权衡尺寸表
	l2	正心桁	/	/	4.5斗口	《清式营造则例》权衡尺寸表
	l3	老檐桁	/	/	4.5斗口	同下金桁
	l4	下金桁	/	/	4.5斗口	《清式营造则例》权衡尺寸表
	l5	上金桁	/	/	4.5斗口	《清式营造则例》权衡尺寸表
	l6	脊桁	/	/	4.5斗口	《清式营造则例》权衡尺寸表
	l7	扶脊木	/	/	1斗口	《清式营造则例》权衡尺寸表
	l8	椿桩	1.5斗口	1斗口	/	每通脊一件用一根。宽按1/3桁径，厚按2/3宽；宽：4.5斗口÷3=1.5斗口，厚：1.5斗口×2/3=1斗口

位置	图3-10-6中的序号	构件	长	厚	径	依据
⑤翼角	y1	仔角梁	/	2.8斗口	/	《清式营造则例》权衡尺寸表
	y2	套兽榫	3斗口	1.5斗口	/	长3斗口，厚1.5斗口
	y3	衬头木	/	1.5斗口	/	《清式营造则例》权衡尺寸表
	y4	翼角檐椽	/	/	1.5斗口	《清式营造则例》权衡尺寸表
	y5	翘飞椽	/	1.5斗口	/	《清式营造则例》权衡尺寸表
	y6	下花架由戗	/	2.8斗口	/	《清式营造则例》权衡尺寸表
	y7	上花架由戗	/	2.8斗口	/	《清式营造则例》权衡尺寸表
	y8	脊由戗	/	2.8斗口	/	《清式营造则例》权衡尺寸表

位置	图3-10-6中的序号	构件	厚	径	依据
⑥檐口	Y1	瓦口木	0.6斗口	/	《清式营造则例》权衡尺寸表
	Y2	大连檐	1.5斗口	/	《清式营造则例》权衡尺寸表
	Y3	飞椽	1.5斗口	/	《清式营造则例》权衡尺寸表
	Y4	闸挡板	0.375斗口	长1.8斗口	厚按1/4高，长：1.5斗口+0.15斗口×2=1.8斗口 高：1.5斗口；厚：1/4×1.5斗口=0.375斗口
	Y5	小连檐	宽1斗口	/	小连檐宽1斗口
	Y6	檐椽	/	1.5斗口	《清式营造则例》权衡尺寸表
	Y7	望板	/	/	屋面满铺
	Y8	椽中板	0.3斗口	/	厚0.3斗口
	Y9	下花架椽	/	1.5斗口	同檐椽
	Y10	上花架椽	/	1.5斗口	同檐椽
	Y11	脑椽	/	1.5斗口	同檐椽

3.10.7 屋顶平面图（以琉璃瓦屋面为例）

屋顶平面图表达俯视视角水平投影方向可见的建筑构造以及必要的尺寸等信息，主要包括屋面瓦的排布、正脊、垂脊、小兽等构件的尺寸及平面定位，屋面排水方向等。

屋顶平面所表达的是瓦类构件，包括板瓦、筒瓦、滴水、勾头以及各类脊、小兽等，图中仅画出其平面尺寸及定位，与此对应，在屋顶平面设计计算书中也只表示出平面厚（宽），不表示其高度。

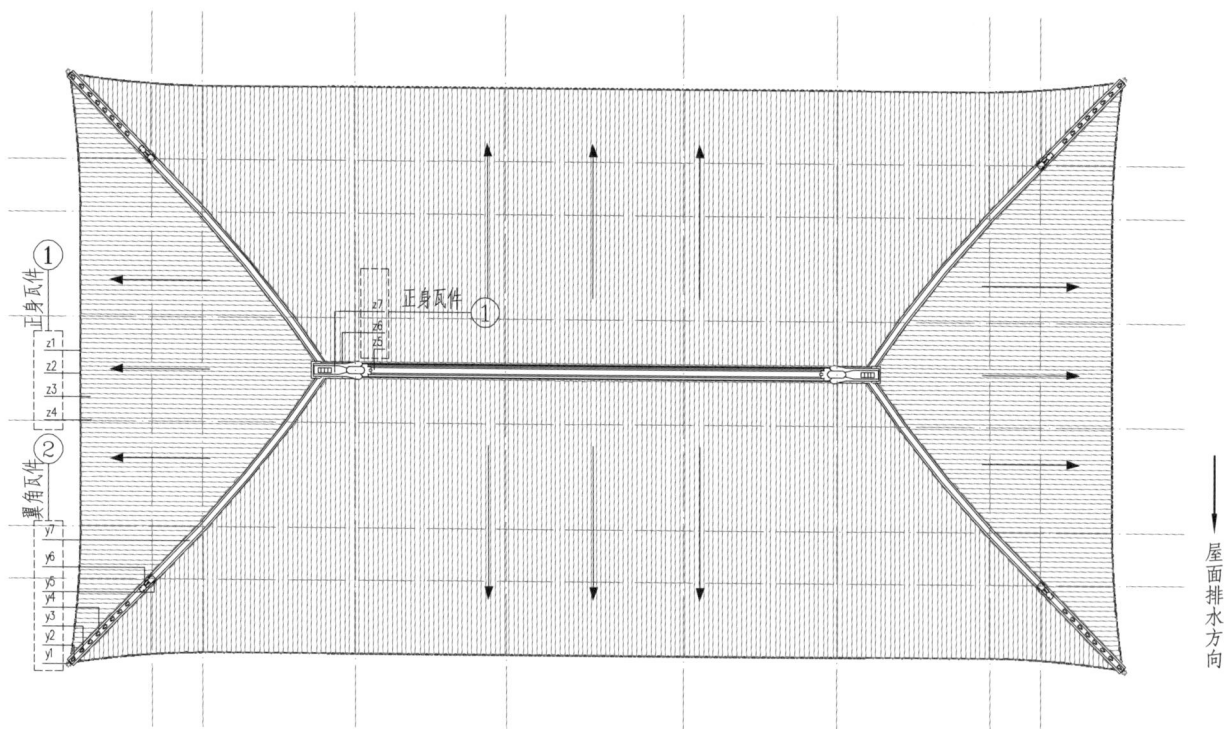

图3-10-7　九檩庑殿周围廊建筑屋顶平面图

表3-10-6

位置	图3-10-7中的序号	构件	长	宽	依据
①正身瓦件	z1	滴水	/	304mm	选择与椽径相近的筒瓦宽度，宜大不宜小，确定为四样瓦
	z2	勾头	/	176mm	
	z3	板瓦	/	304mm	
	z4	筒瓦	/	176mm	
	z5	正脊	/	厚300mm	厚为四样筒瓦加四寸。厚：176+4×32=304mm，约为300mm
	z6	吻座	330mm	256mm	同吻样数
	z7	正吻	1570mm	330mm	按2/5柱高定吻高，然后用高度相符或相近正吻定样数。如有斗栱从要头下皮起算（60+2+7.2）斗口×2/5=27.68斗口，选用四样吻确定吻的长度和高度
②翼角瓦件	y1	套兽	236mm	236mm	应选择与角梁宽相近的尺寸，宜大不宜小，本例瓦样为四样，但梁宽224mm，与五样尺寸相近，则应选择五样套兽
	y2	仙人	336mm	59mm	同瓦样数
	y3	小兽	182.4mm	91.2mm	
	y4	兽前垂脊	/	285mm	
	y5	垂兽座	512mm	285mm	
	y6	垂兽	504mm	285mm	
	y7	兽后垂脊	/	285mm	

3.10.8 横剖面图

横剖面图是沿进深方向在建筑中线上假设一个垂直于地面的面将建筑剖切的侧面投影图。剖面图用以表示建筑内部的构造形式及其竖向高度等，是与平面图、立面图相互配合的不可缺少的图样之一。

横剖面图表达的构件较为繁杂，在编制设计计算书时首先计算建筑步架、举架、出檐、台明出等尺寸定位，然后从基础到屋面，根据构件类别及位置分别计算各构件的尺寸（如：基础构件中的檐碛墩、金碛墩等，梁架构件中的五架梁、三架梁等）。

横剖面图中所表达的构件，可以根据其是否被剖切到分为两类：一是被剖切到的构件，二是投影看到的构件，在横剖面设计计算书中表示出各构件长、宽、高、厚、径。

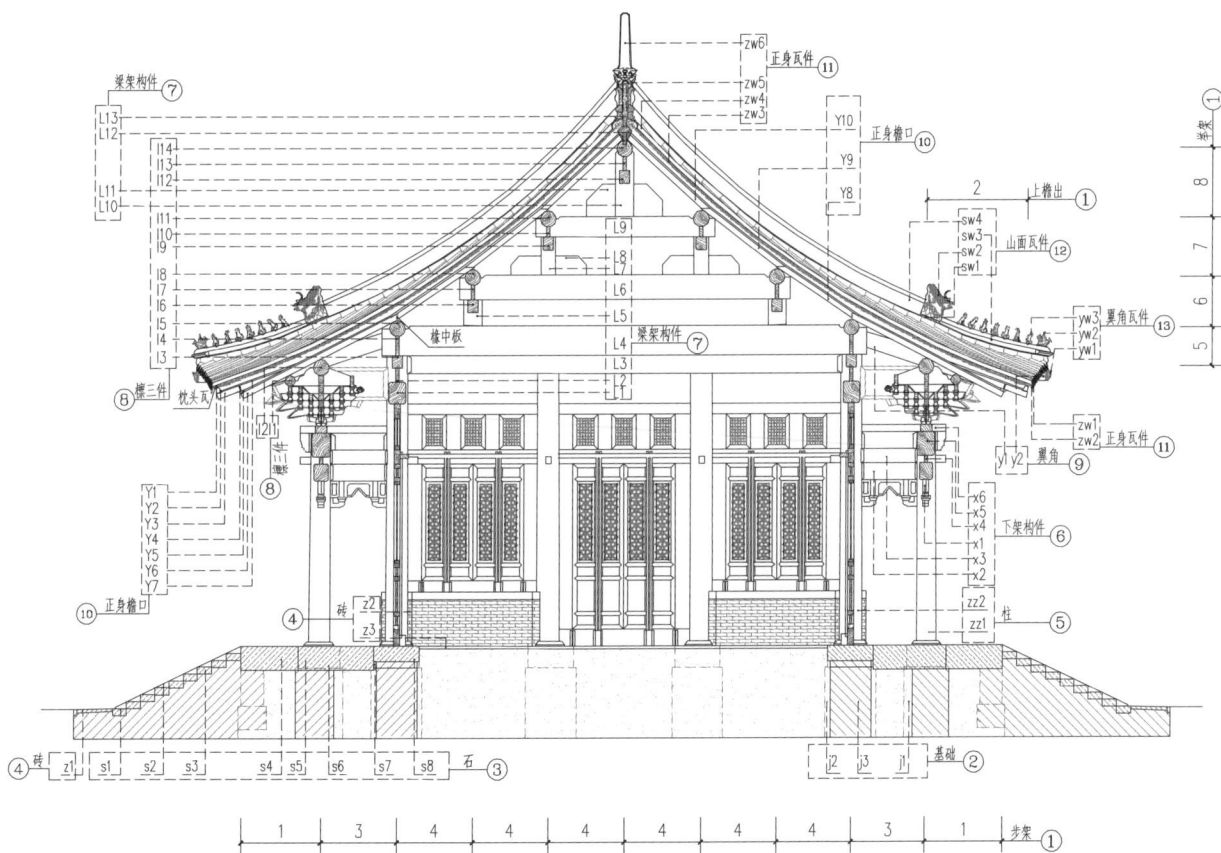

图3-10-8 九檩庑殿周围廊建筑横剖面图

表3-10-7

位置	图3-10-8中的序号	构件	长	高	依据
①步架、举架、上檐出	1	台明出	22.5斗口	17.3斗口	长：3/4上檐出，即30斗口×0.75=22.5斗口 高为1/4地面至要头下皮，即（7.2+2+60）斗口/4=17.3斗口
	2	上檐出	30斗口	/	按斗栱口数并搬架 21斗口+9斗口=30斗口
	3	廊步距离	22斗口	/	廊深普通以2攒为最多，本例为2攒 2×11斗口=22斗口

位置	图3-10-8中的序号	构件	长	高	依据
①步架、举架、上檐出	4	步架距离	22斗口	/	按步架数定; 132斗口÷6(步)=22斗口
	5	廊步举架	/	11斗口	廊步距离×0.5,即22斗口×0.5=11斗口
	6	下金步举架	/	14.3斗口	下金步距离×0.65,即22斗口×0.65=14.3斗口
	7	上金步举架	/	16.5斗口	上金步距离×0.75,即22斗口×0.75=16.5斗口
	8	脊步举架	/	19.8斗口	脊步距离×0.9,即22斗口×0.9=19.8斗口

位置	图3-10-8中的序号	构件	宽	高	依据
②基础	j1	檐磉墩	12斗口+128mm	19.95斗口	宽:$2D$+4寸=2×6斗口+4寸=12斗口+4寸; 高:台明高−柱顶盘厚+埋头高=17.3斗口−6斗口+1/2台基露明高=11.3斗口+17.3斗口×1/2=19.95斗口,檐柱径D=6斗口
	j2	金磉墩	13.2斗口+128mm	19.95斗口	宽:2金柱径+4寸=2×6.6斗口+4寸=13.2斗口+4寸; 高:台明高−柱顶盘厚+埋头高=17.3斗口−6斗口+1/2台基露明高=11.3斗口+17.3斗口×1/2=19.95斗口,金柱径=6.6斗口
	j3	拦土	1/2(磉墩长+柱径)+96mm	19.95斗口	按磉墩半份柱径半份再加三寸定宽;高同磉墩

材料	图3-10-8中的序号	构件	宽	厚	依据
③石	s1	砚窝石	320mm	160mm	宽:同上基石宽度 厚:同上基石厚,露明高同台基土衬露明高
	s2	垂带石	/	斜高6.6斗口	斜高同阶条石高
	s3	踏跺石	320mm	160mm	宽:大式1~1.5尺 厚:大式约5寸
	s4	阶条石	16.5斗口	高6.6斗口	宽:上檐出的3/4−D=0.75×30斗口−6斗口=16.5斗口 高:0.4宽=0.4×16.5斗口=6.6斗口
	s5	分心石	/	6.6斗口	长:阶条石里皮至槛垫石外皮 厚:3/10本身宽或同阶条石厚
	s6	檐柱顶石	12斗口	7.2斗口	柱顶石由柱顶盘与古镜石组成 柱顶盘:宽$2D$=12斗口;高:D=6斗口 古镜石:宽$1.2D$=7.2斗口;高:$1/5D$=1.2斗口
	s7	金柱顶石	13.2斗口	7.2斗口	柱顶石由柱顶盘与古镜石组成 柱顶盘:宽2金柱径=2×6.6斗口=13.2斗口;高:D=6斗口 古镜石:宽$1.2D$=7.2斗口;高:$1/5D$=1.2斗口
	s8	槛垫石	13.2斗口	4斗口	宽:2金柱径=13.2斗口;高$2/3D$=4斗口

④砖	图3-10-8中的序号	构件	宽	厚	依据
	z1	散水	900mm	70mm	步步锦散水
	z2	槛墙	9斗口	高按实际	宽:$1.5D$=1.5×6斗口=9斗口;里包金4.5斗口;外包金4.5斗口;高按实际
	z3	方砖墁地	448mm	64mm	尺四方砖

位置	图3-10-8中的序号	构件	高	径	依据
⑤柱	zz1	檐柱	60斗口	6斗口	《清式营造则例》权衡尺寸表
	zz2	金柱	按实际	6.6斗口	《清式营造则例》权衡尺寸表

位置	图3-10-8中的序号	构件	高	厚	依据
⑥下架构件	x1	雀替	7.5斗口	1.8斗口	高:$1.25D$=7.5斗口;厚:$0.3D$=1.8斗口 注:骑马雀替高同雀替,长按实际
	x2	小额枋	4.8斗口	4斗口	《清式营造则例》权衡尺寸表
	x3	穿插枋	4斗口	/	高4斗口
	x4	由额垫板	2斗口	1斗口	《清式营造则例》权衡尺寸表
	x5	大额枋	6.6斗口	5.4斗口	《清式营造则例》权衡尺寸表
	x6	平板枋	2斗口	宽3.5斗口	《清式营造则例》权衡尺寸表

位置	图3-10-8中的序号	构件	长	宽	高	依据
⑦梁架构件	L1	天花枋	/	厚4.8斗口	6斗口	高6斗口；厚4/5高=4.8斗口
	L2	天花垫板	/	厚1斗口	4斗口	同金垫板
	L3	随梁枋	/	/	4斗口+1%长	《清式营造则例》权衡尺寸表
	L4	七架梁	/	/	8.4斗口	《清式营造则例》权衡尺寸表
	L5	下金瓜柱	/	5.6斗口−32mm	按实际	《清式营造则例》权衡尺寸表
	L6	五架梁	/	/	7斗口	《清式营造则例》权衡尺寸表
	L7	上金瓜柱	/	4.5斗口−32mm	按实际	《清式营造则例》权衡尺寸表
	L8	金角背	一步架	/	1/2金瓜柱高	《清式营造则例》权衡尺寸表
	L9	三架梁	/	/	5.83斗口	高5/6×7斗口=5.83斗口
	L10	脊瓜柱	/	5.5斗口	按实际	《清式营造则例》权衡尺寸表
	L11	脊角背	一步架	/	1/2脊瓜柱高	《清式营造则例》权衡尺寸表
	L12	扶脊木	径4斗口	/	/	《清式营造则例》权衡尺寸表
	L13	椿桩	/	厚1斗口	16.925斗口	每通脊一件用一根。高按1/4桁径，8/10扶脊木径，又9/10脊高，三共凑即高。宽按1/3桁径，厚按2/3宽高：4.5斗口×1/4+4斗口×8/10+14斗口×9/10=16.925斗口=1354mm

位置	图3-10-8中的序号	构件	高	厚	径	依据
⑧檩三件	l1	挑檐桁	/	/	3斗口	《清式营造则例》权衡尺寸表
	l2	正心桁	/	/	4.5斗口	《清式营造则例》权衡尺寸表
	l3	老檐枋	4斗口	4斗口−64mm	/	《清式营造则例》权衡尺寸表
	l4	老檐垫板	按实际	1斗口	/	同下金垫板
	l5	老檐桁	/	/	4.5斗口	同下金桁
	l6	下金枋	3.6斗口	3斗口	/	《清式营造则例》权衡尺寸表
	l7	下金垫板	按实际	1斗口	/	《清式营造则例》权衡尺寸表
	l8	下金桁	/	/	4.5斗口	《清式营造则例》权衡尺寸表
	l9	上金枋	3.6斗口	3斗口	/	《清式营造则例》权衡尺寸表
	l10	上金垫板	按实际	1斗口	/	《清式营造则例》权衡尺寸表
	l11	上金桁	/	/	4.5斗口	《清式营造则例》权衡尺寸表
	l12	脊枋	3.6斗口	3斗口	/	《清式营造则例》权衡尺寸表
	l13	脊垫板	4斗口	1斗口	/	《清式营造则例》权衡尺寸表
	l14	脊桁	/	/	4.5斗口	《清式营造则例》权衡尺寸表
⑨翼角	y1	老角梁	4.2斗口			《清式营造则例》权衡尺寸表
	y2	仔角梁	4.2斗口			《清式营造则例》权衡尺寸表
⑩正身檐口	Y1	瓦口木	1斗口	0.6斗口	/	《清式营造则例》权衡尺寸表
	Y2	大连檐	1.5斗口	1.5斗口	/	《清式营造则例》权衡尺寸表
	Y3	飞椽	1.5斗口	/	/	《清式营造则例》权衡尺寸表
	Y4	闸挡板	1.5斗口	0.375斗口	/	高按椽径，厚按1/4高 高：1.5斗口；厚：1/4×1.5斗口=0.375斗口
	Y5	小连檐	宽1斗口	1.5倍望板厚	/	宽1斗口，厚1.5倍望板厚
	Y6	檐椽	/	/	1.5斗口	《清式营造则例》权衡尺寸表

位置	图3-10-8中的序号	构件	高	厚	径	依据
⑩正身檐口	Y7	望板	/	0.5斗口	/	《清式营造则例》权衡尺寸表
	Y8	下花架椽	/	/	1.5斗口	同檐椽
	Y9	上花架椽	/	/	1.5斗口	同檐椽
	Y10	脑椽	/	/	1.5斗口	同檐椽

位置	图3-10-8中的序号	构件	长	高	依据
⑪正身瓦件	zw1	勾头	368mm	88mm	选择与正吻样数相同的筒瓦宽度，确定为四样瓦
	zw2	滴水	400mm	144mm	
	zw3	板瓦	384mm	60.8mm	
	zw4	筒瓦	352mm	88mm	
	zw5	正脊	厚约300mm	1120mm	高连当沟通高，按正吻高折半。高：2240×0.5=1120mm。正脊：扣脊筒瓦+赤脚通脊+黄道+大群色+压当条+正当沟=88+480+160+160+19.2+210，约为1120mm 厚为四样筒瓦加四寸。厚：176+4×32=304mm，约为300mm
	zw6	正吻	厚约330mm	2240mm	按2/5柱高定吻高，然后用高度相符或相近正吻定样数。如有斗栱从要头下皮起算。（60+2+7.2）斗口×2/5=27.68斗口，选用四样吻确定吻的长度和高度
⑫山面瓦件	sw1	垂兽座	512mm	57.6mm	同瓦样数
	sw2	垂兽	504mm	504mm	同瓦样数
	sw3	兽前垂脊	/	417.2mm	自身高：扣脊筒瓦+三连砖+压当条+斜当沟=88+100+19.2+210=417.2mm
	sw4	兽后垂脊	/	603.2mm	自身高：扣脊筒瓦+垂脊筒子+压当条+斜当沟=88+286+19.2+210=603.2mm
⑬翼角瓦件	yw1	套兽	236mm	236mm	应选择与角梁宽相近的尺寸，宜大不宜小，本例瓦样为四样，但梁宽224mm，与五样尺寸相近，则应选择五样套兽
	yw2	仙人	336mm	336mm	同瓦样数
	yw3	小兽	182.4mm	304mm	

3.10.9 纵剖面图

纵剖面图是沿面阔方向在建筑中线上假设一个垂直于地面的面将建筑剖切的投影图。剖面图用以表示建筑内部的构造形式及其竖向高度等，是与平面图、立面图相互配合的不可缺少的图样之一。

纵剖面图表达的构件较为繁杂，在编制设计计算书时首先计算面阔、台明出等尺寸和定位，然后从基础到屋面，根据构件类别及位置分别计算各构件对应的尺寸（如基础构件中的檐磉墩、金磉墩等，梁架构件中的五架梁、三架梁等）。

纵剖面图中所表达的构件，可以根据其是否被剖切到分为两类：一是被剖切到的构件，二是投影看到的构件，在纵剖面设计计算书中表示出各构件长、宽、高、厚、径。

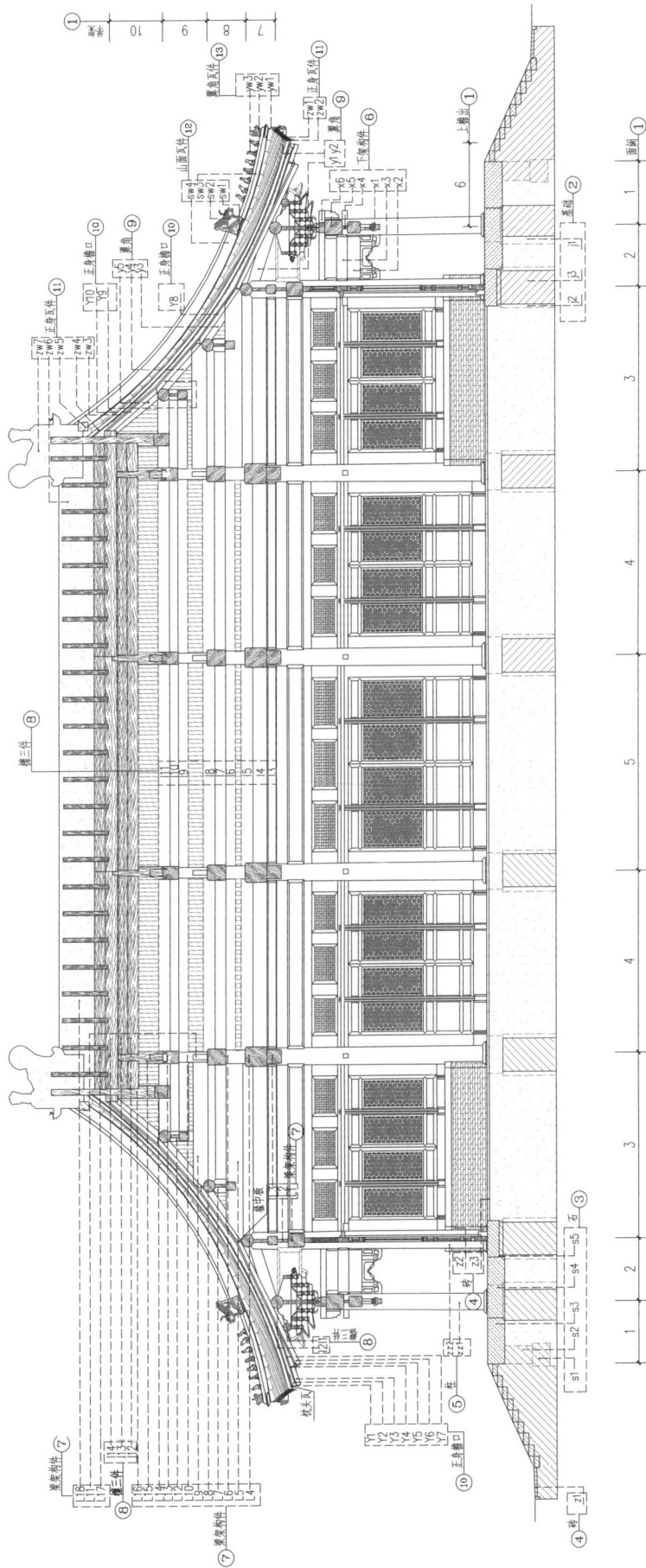

图3-10-9 九檩庑殿周围廊建筑纵剖面图

表3-10-8

位置	图3-10-9中的序号	构件	长	高	依据
①面阔、举架、上檐出	1	台明出	22.5斗口	17.3斗口	长：3/4上檐出，即30斗口×0.75=22.5斗口 高为1/4地面至耍头下皮，即（7.2+2+60）斗口×1/4=17.3斗口
	2	廊步距离	22斗口	/	廊深普通以2攒为最多，本例为2攒 2×11斗口=22斗口
	3	梢间面阔	66斗口	/	同次间面阔 6×11斗口=66斗口
	4	次间面阔	66斗口	/	次间较明间减一攒 6×11斗口=66斗口
	5	明间面阔	77斗口	/	面阔按斗栱攒数定，本例为7攒 7×11斗口=77斗口
	6	上檐出	30斗口	/	按斗栱口数并拽架； 21斗口+9斗口=30斗口
	7	廊步举架	/	11斗口	廊步距离×0.5，即22斗口×0.5=11斗口
	8	下金步举架	/	14.3斗口	下金步距离×0.65，即22斗口×0.65=14.3斗口
	9	上金步举架	/	16.5斗口	上金步距离×0.75，即22斗口×0.75=16.5斗口
	10	脊步举架	/	19.8斗口	脊步距离×0.9，即22斗口×0.9=19.8斗口

位置	图3-10-9中的序号	构件	宽	厚（高）	依据
②基础	j1	檐磉墩	12斗口+128mm	高19.95斗口	宽：2D+4寸=2×6斗口+4寸=12斗口+4寸； 高：台明高-柱顶盘厚+埋头高=17.3斗口-6斗口+1/2台基露明高=11.3斗口+17.3斗口×1/2=19.95斗口，檐柱径D=6斗口
	j2	金磉墩	13.2斗口+128mm	高19.95斗口	宽：2金柱径+4寸=2×6.6斗口+4寸=13.2斗口+4寸； 高：台明高-柱顶盘厚+埋头高=17.3斗口-6斗口+1/2台基露明高=11.3斗口+17.3斗口×1/2=19.95斗口金柱径=6.6斗口
	j3	拦土	1/2（磉墩长+柱径）+96mm	高19.95斗口	按磉墩半份柱径半份再加三寸定宽。高同磉墩
③石	s1	土衬石	128mm+陡板厚	高6.6斗口	宽按陡板厚一份，加金边二份（金边宽2寸）； 厚同阶条高
	s2	陡板	6.6斗口	10.7斗口	高：台明高-阶条高=17.3斗口-6.6斗口=10.7斗口；宽同阶条高
	s3	阶条石	16.5斗口	6.6斗口	宽：上檐出的3/4-D=0.75×30斗口-6斗口=16.5斗口； 高：0.4宽=0.4×16.5斗口=6.6斗口
	s4	檐柱顶石	12斗口	7.2斗口	柱顶石由柱顶盘与古镜石组成 柱顶盘：宽2D=12斗口；高D=6斗口 古镜石：宽1.2D=7.2斗口；高1/5D=1.2斗口
	s5	金柱顶石	13.2斗口	7.2斗口	柱顶石由柱顶盘与古镜石组成 柱顶盘：宽2金柱径=2×6.6斗口=13.2斗口；高D=6斗口 古镜石：宽1.2D=7.2斗口；高1/5D=1.2斗口
④砖	z1	散水	900mm	70mm	步步锦散水
	z2	槛墙	9斗口	高按实际	宽：1.5D=1.5×6斗口=9斗口；里包金4.5斗口，外包金4.5斗口；高按实际
	z3	方砖墁地	448mm	64mm	尺四方砖

位置	图3-10-9中的序号	构件	高	径	依据
⑤柱	zz1	檐柱	60斗口	6斗口	《清式营造则例》权衡尺寸表
	zz2	金柱	按实际	6.6斗口	《清式营造则例》权衡尺寸表

位置	图3-10-9中的序号	构件	高	厚	依据
⑥下架构件	x1	雀替	7.5斗口	1.8斗口	高：1.25D=7.5斗口；厚：0.3D=1.8斗口 注：骑马雀替高同雀替，长按实际
	x2	小额枋	4.8斗口	4斗口	《清式营造则例》权衡尺寸表
	x3	穿插枋	4斗口	/	高4斗口
	x4	由额垫板	2斗口	1斗口	《清式营造则例》权衡尺寸表
	x5	大额枋	6.6斗口	5.4斗口	《清式营造则例》权衡尺寸表
	x6	平板枋	2斗口	宽3.5斗口	《清式营造则例》权衡尺寸表
⑦梁架构件	L1	天花枋	6斗口	4.8斗口	高6斗口；厚4/5高=4.8斗口
	L2	天花垫板	4斗口	1斗口	同金垫板
	L3	随梁枋	4斗口+1%长	3.5斗口+1%长	《清式营造则例》权衡尺寸表
	L4	七架梁	8.4斗口	7斗口	《清式营造则例》权衡尺寸表
	L5	下金顺扒梁	6.5斗口	/	《清式营造则例》权衡尺寸表
	L6	下金瓜柱	按实际	5.6斗口-64mm	厚按五架梁厚收两寸
	L7	交金墩	按实际	5.6斗口-64mm	厚同下金瓜柱
	L8	五架梁	7斗口	5.6斗口	《清式营造则例》权衡尺寸表
	L9	上金顺扒梁	5.42斗口	/	高：6.5斗口×5/6=5.42斗口
	L10	上金瓜柱	按实际	4.5斗口-64mm	厚按三架梁厚收两寸
	L11	金角背	1/2金瓜柱高	1/3自身高	《清式营造则例》权衡尺寸表
	L12	上金交金瓜柱	按实际	4.5斗口-64mm	厚同上金瓜柱
	L13	三架梁	5.83斗口	4.5斗口	高：5/6×7斗口=5.83斗口；厚：4.5斗口
	L14	太平梁	5.83斗口	4.5斗口	《清式营造则例》权衡尺寸表
	L15	脊瓜柱	/	4.5斗口	《清式营造则例》权衡尺寸表
	L16	雷公柱	/	径4.5斗口	《清式营造则例》权衡尺寸表
	L17	扶脊木	/	/	《清式营造则例》权衡尺寸表
	L18	椿桩	16.925斗口	1斗口	每通脊一件用一根。高按1/4桁径，8/10扶脊木径，又9/10脊高，三共凑即高。宽按1/3桁径，厚按2/3宽。高：4.5斗口×1/4+4斗口×8/10+14斗口×9/10=16.925斗口

位置	图3-10-9中的序号	构件	高	厚	径	依据
⑧檩三件	l1	挑檐桁	/	/	3斗口	《清式营造则例》权衡尺寸表
	l2	正心桁	/	/	4.5斗口	《清式营造则例》权衡尺寸表
	l3	老檐枋	4斗口	4斗口-64mm	/	《清式营造则例》权衡尺寸表
	l4	老檐垫板	按实际	1斗口	/	同下金垫板

位置	图3-10-9中的序号	构件	高	厚	径	依据
	l5	老檐桁	/	/	4.5斗口	同下金桁
	l6	下金枋	3.6斗口	3斗口	/	《清式营造则例》权衡尺寸表
	l7	下金垫板	按实际	1斗口	/	《清式营造则例》权衡尺寸表
	l8	下金桁	/	/	4.5斗口	《清式营造则例》权衡尺寸表
⑧檩三件	l9	上金枋	3.6斗口	3斗口	/	《清式营造则例》权衡尺寸表
	l10	上金垫板	按实际	1斗口	/	《清式营造则例》权衡尺寸表
	l11	上金桁	/	/	4.5斗口	《清式营造则例》权衡尺寸表
	l12	脊枋	3.6斗口	/	/	《清式营造则例》权衡尺寸表
	l13	脊垫板	4斗口	/	/	《清式营造则例》权衡尺寸表
	l14	脊桁	/	/	4.5斗口	《清式营造则例》权衡尺寸表

位置	图3-10-9中的序号	构件	高			依据
	y1	老角梁	4.2斗口			《清式营造则例》权衡尺寸表
	y2	仔角梁	4.2斗口			《清式营造则例》权衡尺寸表
⑨翼角	y3	下花架由戗	4.2斗口			《清式营造则例》权衡尺寸表
	y4	上花架由戗	4.2斗口			《清式营造则例》权衡尺寸表
	y5	脊由戗	4.2斗口			《清式营造则例》权衡尺寸表

位置	图3-10-9中的序号	构件	高	厚	径	依据
	Y1	瓦口木	1斗口	0.6斗口	/	《清式营造则例》权衡尺寸表
	Y2	大连檐	1.5斗口	1.5斗口	/	《清式营造则例》权衡尺寸表
	Y3	飞椽	1.5斗口	/	/	《清式营造则例》权衡尺寸表
	Y4	闸挡板	1.5斗口	0.375斗口	/	高按椽径，厚按1/4高 高：1.5斗口；厚：1/4×1.5斗口=0.375斗口
⑩正身檐口	Y5	小连檐	宽1斗口	1.5倍望板	/	宽1斗口，厚1.5望板
	Y6	檐椽	/	/	1.5斗口	《清式营造则例》权衡尺寸表
	Y7	望板	/	0.5斗口	/	《清式营造则例》权衡尺寸表
	Y8	下花架椽	/	/	1.5斗口	同檐椽
	Y9	上花架椽	/	/	1.5斗口	同檐椽
	Y10	脑椽	/	/	1.5斗口	同檐椽

位置	图3-10-9中的序号	构件	长	高	依据
	zw1	勾头	368mm	88mm	选择与正吻样数相同的筒瓦宽度，确定为四样瓦
	zw2	滴水	400mm	144mm	
	zw3	板瓦	384mm	60.8mm	
⑪正身瓦件	zw4	筒瓦	352mm	88mm	
	zw5	吻座	宽256mm	294.4mm	同瓦样数
	zw6	正脊	/	1120mm	高连当沟通高，按正吻高折半。高：2240×0.5=1120mm。正脊高：扣脊筒瓦+赤脚通脊+黄道+大群色+压当条+正当沟=88+480+160+160+19.2+210，约为1120mm

続表

位置	图3-10-9中的序号	构件	宽	高	依据
⑪正身瓦件	zw7	正吻	长1570mm	2240mm	按2/5柱高定吻高，然后用高度相符或相近正吻定样数。如有斗栱从要头下皮起算。（60+2+7.2）斗口×2/5=27.68斗口，选用四样吻确定吻的长度和高度

位置	图3-10-9中的序号	构件	长	高	依据
⑫山面瓦件	sw1	垂兽座	512mm	57.6mm	同瓦样数
	sw2	垂兽	504mm	504mm	同瓦样数
	sw3	兽前垂脊	/	417.2mm	自身高：扣脊筒瓦+三连砖+压当条+斜当沟=88+100+19.2+210=417.2mm
	sw4	兽后垂脊	/	603.2mm	自身高：扣脊筒瓦+垂脊筒子+压当条+斜当沟=88+286+19.2+210=603.2mm
⑬翼角瓦件	yw1	套兽	236mm	236mm	应选择与角梁宽相近的尺寸，宜大不宜小，本例瓦样为四样，但梁宽224mm，与五样尺寸相近，则应选择五样套兽
	yw2	仙人	336mm	336mm	同瓦样数
	yw3	小兽	182.4mm	304mm	

3.10.10 门窗

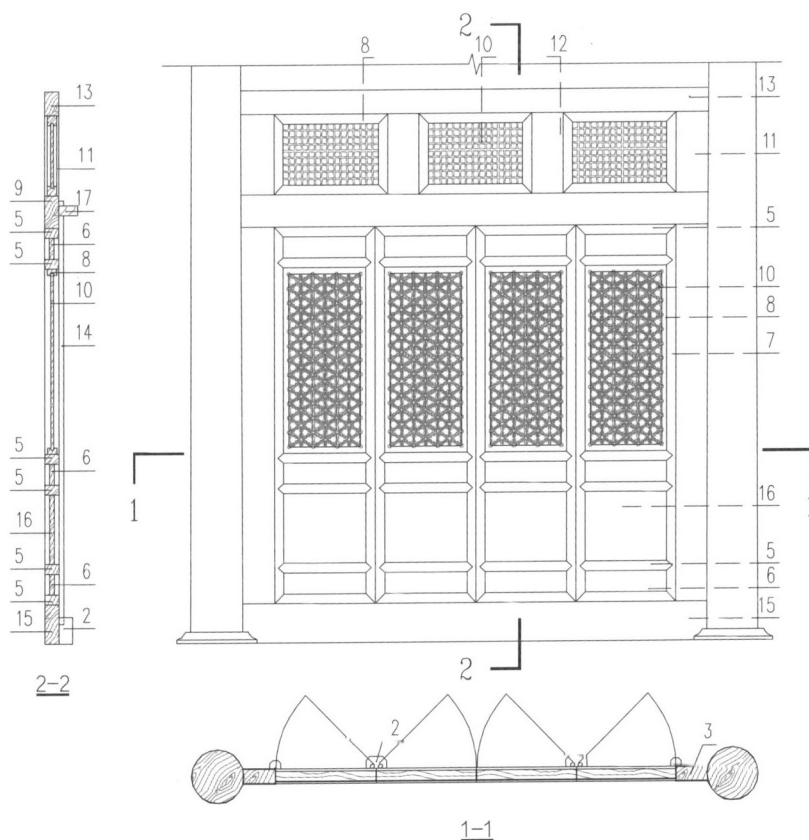

图3-10-10 九檩庑殿周围廊建筑门详图

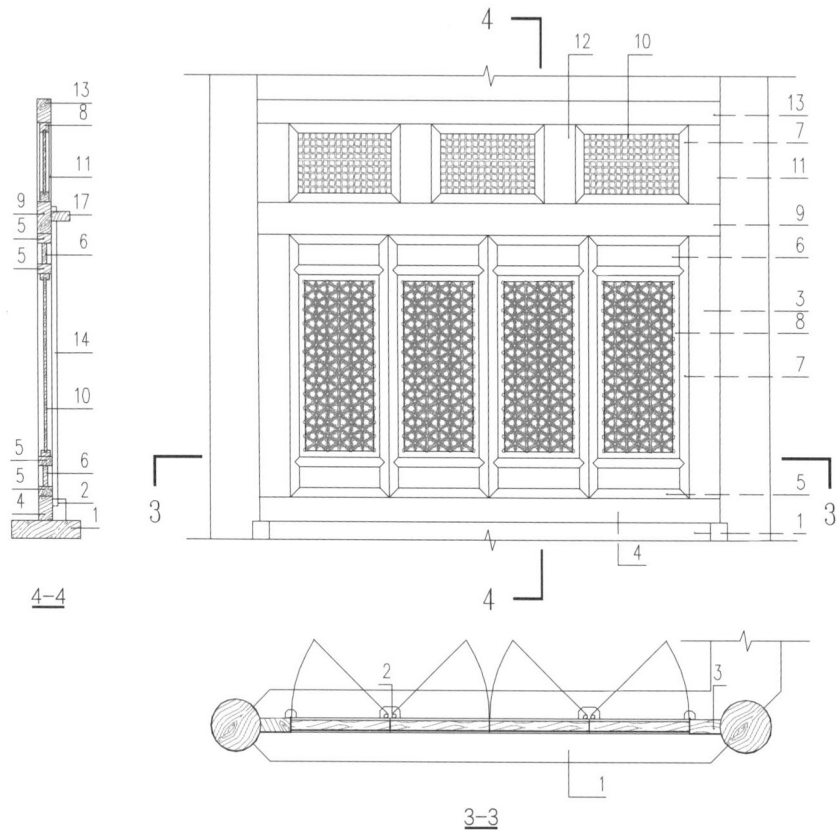

图3-10-11　九檩庑殿周围廊建筑窗详图

表3-10-9

位置	图3-10-10和图3-10-11中的序号	构件	宽	高	厚	依据
隔扇门窗	1	木榻板	9斗口	/	2.25斗口	宽3/2D=9斗口；厚3/8D=2.25斗口
	2	连二楹	120mm	4.32斗口	长210mm	长210mm，宽120mm，高0.9下槛宽
	3	抱框	4斗口	/	1.8斗口	宽2/3D=4斗口；厚3/10D=1.8斗口
	4	风槛	3斗口	/	1.8斗口	宽1/2D=3斗口；厚3/10D=1.8斗口
	5	抹头	1.2斗口	/	1.8斗口	宽1/5D=1.2斗口；厚3/10D=1.8斗口
	6	绦环板	/	0.2隔扇宽	0.05隔扇宽	《清式营造则例》权衡尺寸表
	7	边梃	1.2斗口	/	1.8斗口	宽1/5D=1.2斗口；厚3/10D=1.8斗口
	8	仔边	2/3边梃宽	/	7/10边梃厚	《清式营造则例》权衡尺寸表
	9	中槛	4斗口	/	1.8斗口	宽2/3D=4斗口；厚3/10D=1.8斗口
	10	棂条	1/3仔边宽	/	9/10仔边厚	宽1/3~1/2仔边宽，厚9/10仔边厚
	11	短抱框	4斗口	/	1.8斗口	宽2/3D=4斗口；厚3/10D=1.8斗口
	12	横陂间框	4斗口	/	1.8斗口	同抱框，宽2/3D=4斗口；厚3/10D=1.8斗口
	13	上槛	3斗口	/	1.8斗口	宽1/2D=3斗口；厚3/10D=1.8斗口
	14	转轴	径50mm	/	/	径50mm
	15	下槛	4.8斗口	/	1.8斗口	宽4/5D=4.8斗口；厚3/10D=1.8斗口
	16	裙板	/	0.8隔扇宽	0.05隔扇宽	《清式营造则例》权衡尺寸表
	17	连楹	2.4斗口	/	1.2斗口	宽2/5D=2.4斗口；厚1/5D=1.2斗口